中国国家标准汇编

661

GB 32300～32332

（2015 年制定）

中国标准出版社　编

中国标准出版社

北　京

图书在版编目(CIP)数据

中国国家标准汇编:2015年制定.661:
GB 32300～32332/中国标准出版社编.—北京:
中国标准出版社,2016.10
ISBN 978-7-5066-8409-5

Ⅰ.①中… Ⅱ.①中… Ⅲ.①国家标准-
汇编-中国-2015 Ⅳ.①T-652.1

中国版本图书馆CIP数据核字(2016)第214675号

中国标准出版社出版发行
北京市朝阳区和平里西街甲2号(100029)
北京市西城区三里河北街16号(100045)

网址 www.spc.net.cn
总编室:(010)68533533 发行中心:(010)51780238
读者服务部:(010)68523946
中国标准出版社秦皇岛印刷厂印刷
各地新华书店经销

*

开本 880×1230 1/16 印张 32.75 字数 991 千字
2016年10月第一版 2016年10月第一次印刷

*

定价 220.00 元

出 版 说 明

1.《中国国家标准汇编》是一部大型综合性国家标准全集。自 1983 年起，按国家标准顺序号以精装本、平装本两种装帧形式陆续分册汇编出版。它在一定程度上反映了我国建国以来标准化事业发展的基本情况和主要成就，是各级标准化管理机构，工矿企事业单位，农林牧副渔系统，科研、设计、教学等部门必不可少的工具书。

2.《中国国家标准汇编》收入我国每年正式发布的全部国家标准，分为"制定"卷和"修订"卷两种编辑版本。

"制定"卷收入上一年度我国发布的、新制定的国家标准，顺延前年度标准编号分成若干分册，封面和书脊上注明"20××年制定"字样及分册号，分册号一直连续。各分册中的标准是按照标准编号顺序连续排列的，如有标准顺序号缺号的，除特殊情况注明外，暂为空号。

"修订"卷收入上一年度我国发布的、被修订的国家标准，视篇幅分设若干分册，但与"制定"卷分册号无关联，仅在封面和书脊上注明"20××年修订-1，-2，-3，……"字样。"修订"卷各分册中的标准，仍按标准编号顺序排列(但不连续)；如有遗漏的，均在当年最后一分册中补齐。需提请读者注意的是，个别非顺延前年度标准编号的新制定的国家标准没有收入在"制定"卷中，而是收入在"修订"卷中。

读者配套购买《中国国家标准汇编》"制定"卷和"修订"卷则可收齐由我社出版的上一年度我国制定和修订的全部国家标准。

3. 由于读者需求的变化，自 1996 年起，《中国国家标准汇编》仅出版精装本。

4. 2015 年我国制修订国家标准共 2 113 项。本分册为"2015 年制定"卷第 661 分册，收入国家标准 GB 32300～32332 的最新版本。

中国标准出版社
2016 年 8 月

目　　录

ICS 49.020
V 73

中华人民共和国国家标准

GB/T 32300—2015

运载火箭和有效载荷分离点轨道要素计算最佳实践

Best practices for orbit elements at payload-launch vehicle separation

2015-12-31 发布 2016-07-01 实施

中华人民共和国国家质量监督检验检疫总局
中国国家标准化管理委员会 发布

前　言

本标准按照 GB/T 1.1—2009 给出的规则起草。

本标准由中国航天科技集团公司提出。

本标准由全国宇航技术及其应用标准化技术委员会(SAC/TC 425)归口。

本标准起草单位:北京航天自动控制研究所。

本标准主要起草人:禹春梅、柳嘉润、吕新广、徐国强、曹洁、徐帆、巩庆海。

引　言

轨道要素有多种集合，适用于不同的应用场合，本标准描述了星箭分离时刻对应的开普勒轨道要素；明确了分离时刻轨道要素计算的内、外测数据来源，相关坐标系和时间系统；提供了开普勒轨道要素的星箭分离点计算方法，以及由开普勒轨道要素换算成其他要素的方法；提出了作为衡量运载火箭发射任务是否顺利完成的重要依据的轨道要素误差计算方法。

运载火箭和有效载荷分离点轨道要素计算最佳实践

1 范围

本标准规定了运载火箭和有效载荷分离点轨道要素计算方法,包括轨道要素和计算条件、轨道要素计算方法、轨道要素误差计算方法。

本标准适用于卫星、载人飞船、空间站等不同有效载荷的轨道要素的计算方法,适用于低地球轨道、太阳同步轨道、中地球轨道、地球同步转移轨道、地球同步轨道等不同轨道。

2 规范性引用文件

下列文件对于本文件的应用是必不可少的。凡是注日期的引用文件,仅注日期的版本适用于本文件。凡是不注日期的引用文件,其最新版本(包括所有的修改单)适用于本文件。

ANSI/AIAA S-131-2010 天体动力学 定义和推荐惯例使用规范(Astrodynamics—Propagation specifications, technical definitions, and recommended practices)

CCSDS 500.0-G-3 空间数据系统 导航数据定义(Report concerning space data system standards—Navigation data definitions and conventions)

3 符号和缩略语

3.1 符号

表 1 中的符号适用于本文件。

表 1 符号

符号	名称	单位
A	远地点	米(m)
a	半长轴	米(m)
a_e	赤道半径	米(m)
b	半短轴	米(m)
C	几何中心	—
E	偏近点角	弧度(rad)
e	偏心率	—
GM	地球引力常数	立方米每二次方秒(m^3/s^2)
h_a	远地点高度	米(m)
h_p	近地点高度	米(m)
i	轨道倾角	弧度(rad)

表 1（续）

符号	名称	单位
M	平近点角	弧度(rad)
M_e	地球质量	千克(kg)
n	有效载荷在轨道上的平均角速度	弧度每秒(rad/s)
P	近地点	米(m)
p	半通径	米(m)
r	有效载荷轨道高度	米(m)
r_a	远地点地心距	米(m)
r_p	近地点地心距	米(m)
S_0	运载火箭和有效载荷分离时刻的格林尼治恒星时	弧度(rad)
T	轨道周期	秒(s)
t_p	有效载荷过近地点的时刻	秒(s)
t_{SEP}	从运载火箭惯性基准建立时刻到星箭分离的时间	秒(s)
u	升交角距	弧度(rad)
V	速度	米每秒(m/s)
V_x、V_y、V_z	发射点地心赤道惯性坐标系下的速度分量	米每秒(m/s)
x、y、z	发射点地心赤道惯性坐标系下的位置分量	米(m)
α_e	地球扁率	—
θ	真近点角	弧度(rad)
λ_0	发射点的经度	弧度(rad)
λ_N	升交点经度	弧度(rad)
φ_{e0}	发射点的地心纬度	弧度(rad)
Ω	升交点赤经	弧度(rad)
Ω_0	变量	—
ω	近地点幅角	弧度(rad)
ω_e	地球自转角速度	弧度每秒(rad/s)

3.2 缩略语

表 2 中的缩略语适用于本文件。

表 2　缩略语

缩略语	英文全称	中文含义
GAST	Greenwich apparent sidereal time	格林尼治真恒星时
GMST	Greenwich mean sidereal time	格林尼治平恒星时
GCRF	Geocentric celestial reference frame	地心天球参考系
GLONASS	Global Navigation Sate Unit System	全球导航卫星系统
ITRF	International terrestrial reference frame	国际地球参考系
J2000	Geocentric inertial system at 2000 years	2000 年地心惯性坐标系
LGEIF	Launch geocentric equatorial inertial frame	发射点地心赤道惯性坐标系
LV	Launch vehicle	运载火箭
PL	Payload	有效载荷
PZ-90	Acronym of Russian parametry zemli 1990	地球坐标参数系统 1990
THF	Topocentric horizon frame	测站地平系
UT	Universal time	世界时
WGS-84	World geodetic system 1984	世界大地坐标系 1984

4　轨道要素和计算条件

4.1　轨道要素

4.1.1　概述

通常，描述一条轨道需要 6 个独立的轨道要素。一般来说，半长轴 a、偏心率 e、轨道倾角 i、升交点赤经 Ω、真近角 θ 和近地点幅角 ω 这 6 个要素被称作开普勒轨道要素。开普勒轨道要素示意图见图 1 和图 2。

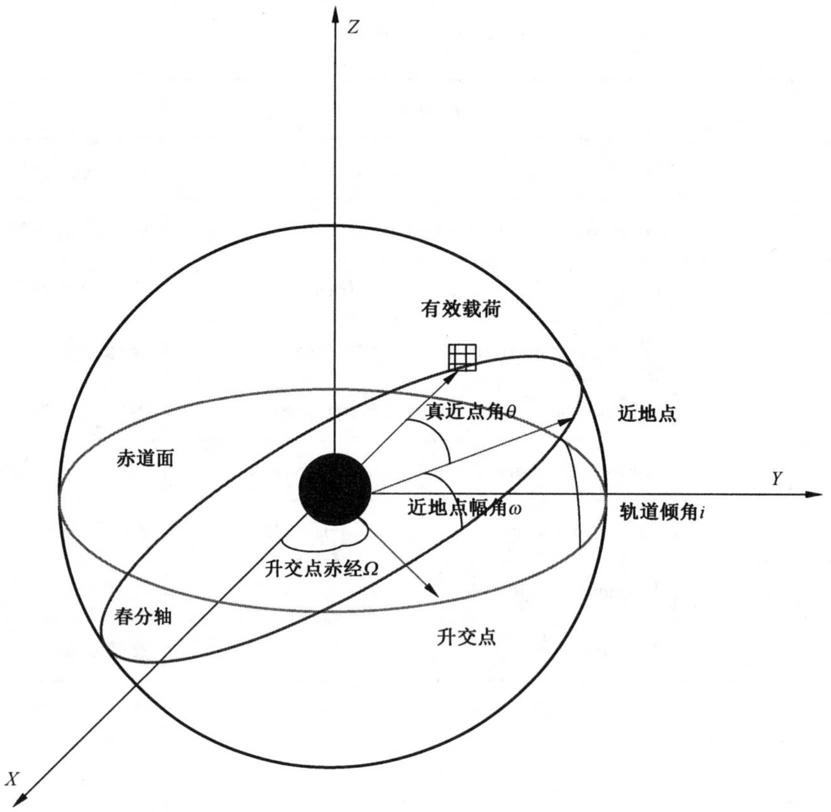

图 1　开普勒轨道要素球面示意图

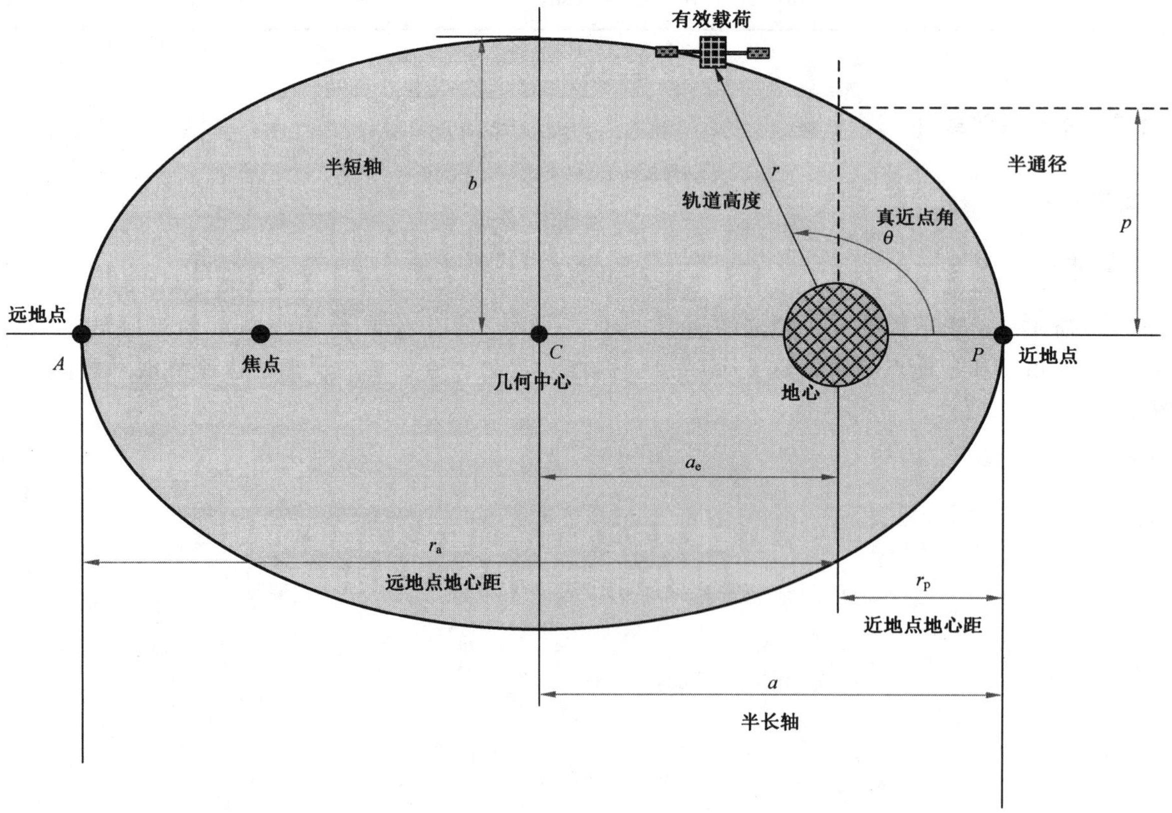

图 2　开普勒轨道要素平面示意图

4.1.2 轨道尺寸与形状参数

轨道尺寸与形状参数主要包括：

a) 半长轴 a；

b) 偏心率 e；

c) 半短轴 b；

d) 半通径 p；

e) 近地点地心距 r_p；

f) 远地点地心距 r_a；

g) 近地点高度 h_p；

h) 远地点高度 h_a；

i) 轨道周期 T；

j) 有效载荷在轨道上的平均角速度 n。

4.1.3 轨道方向参数

轨道方向参数主要包括：

a) 轨道倾角 i；

b) 升交点赤经 Ω；

c) 近地点幅角 ω；

d) 升交点经度 λ_N。

4.1.4 有效载荷位置参数

有效载荷位置参数主要包括：

a) 真近点角 θ；

b) 偏近点角 E；

c) 平近点角 M；

d) 升交角距 u。

4.2 数据来源要求

4.2.1 一般要求

运载火箭与有效载荷分离时刻轨道要素的计算使用速度矢量和位置矢量，应采用地基或者天基的外测数据。

4.2.2 对外测数据的修正要求

4.2.2.1 起飞零点修正要求

应规定各种测量设备的计时零点对齐要求，一般要求各测量设备的计时零点应对齐到运载火箭起飞零点。

4.2.2.2 跟踪点修正要求

应规定航区上各种测量设备的跟踪点修正要求，一般要求各种测量设备的跟踪点都必须转换到测量坐标系原点上。跟踪点修正数据一般由运载火箭总体单位提供。

4.2.2.3 异常值处理要求

对测量数据应进行合理性检验，剔除不合理数据。

4.2.2.4 测量误差修正要求

对测量数据应进行测量误差修正，一般包括：

a) 无线电测量误差修正；

b) 光学测量误差修正等。

对用海上测量船测得的数据还应进行测量船位漂移、船体变形和船体姿态等修正。

4.2.2.5 数据记录格式要求

数据记录格式应根据测量精度及测量任务需求确定数据位数，一般采用十进制浮点数。

4.2.3 对外测数据的精度要求

对外测数据的精度，一般考虑以下几个方面：

a) 运载火箭飞行试验目的的需要；

b) 飞行试验结果分析及入轨精度分析的需要；

c) 运载火箭对外测精度的要求；

d) 航区上外弹道测量设备的布局及能达到的精度和经济性。

4.3 坐标系与时间系统

4.3.1 坐标系

4.3.1.1 国际地球参考系(ITRF)

ITRF 的原点在地球的质心(包含海洋和大气)，XY 平面是地球赤道平面，Z 轴与地球自转轴一致，指向北极，X 轴的正方向指向本初子午线。

J2000 地球惯性坐标系的原点为地球质心，X 轴指向 J2000.0 平春分点方向，其基本面为 J2000.0 地球平赤道面。

WGS-84 坐标系和 PZ-90 均为 ITRF，两套坐标系所用参数存在差异。通常，GPS 的测量结果基于 WGS-84 坐标系给出，GLONASS 的测量结果基于 PZ-90 坐标系给出。

4.3.1.2 发射地心赤道惯性系(LGEIF)

LGEIF 是一种惯性坐标系，轨道要素计算在此坐标系下进行。LGEIF 是 ITRF 在惯性基准建立时刻的固化，通常在运载火箭起飞时刻建立惯性基准。

4.3.1.3 地心天球参考系(GCRF)

GCRF 的原点在地球的质心(包含海洋和大气)，X 轴指向春分点，Z 轴指向北极垂直于赤道平面，Y 轴按右手定则确定。J2000 为 GCRF 的一种，ITRF 与 GCRF 的转换见 ANSI/AIAA S-131-2010 中 5.5.6。

4.3.1.4 测站地平系(THF)

THF 与地球固连，坐标原点为观测点，XY 平面为当地地平，X 轴指向东，Y 轴指向北，Z 轴垂直于 XY 平面，指向天顶。

4.3.2 时间系统

4.3.2.1 恒星时

恒星时是地球自转时角所确定的时间，受岁差、章动的影响，是不均匀的时间系统。工程中使用格林尼治恒星时。格林尼治恒星时又分为格林尼治真恒星时 GAST 和格林尼治平恒星时 GMST。

4.3.2.2 世界时

格林尼治平太阳时称为世界时，记为 UT。

5 轨道要素计算

5.1 开普勒轨道要素计算

5.1.1 概述

计算轨道要素需要使用 t_{SEP}，发射地心赤道惯性坐标系(LGEIF)下速度分量 V_x、V_y、V_z 和坐标分量 x、y、z，以上数据均来自外部测量系统。如果数据来自其他坐标系，需要将其转换到发射地心赤道惯性坐标系中。

5.1.2 半长轴 *a* 的计算

半长轴 a 按式(1)～式(4)进行计算：

$$r=\sqrt{x^2+y^2+z^2} \qquad \cdots\cdots(1)$$

$$V=\sqrt{V_x^2+V_y^2+V_z^2} \qquad \cdots\cdots(2)$$

$$\upsilon=\frac{rV^2}{GM_{\mathrm{e}}} \qquad \cdots\cdots(3)$$

$$a=\frac{r}{2-\upsilon} \qquad \cdots\cdots(4)$$

5.1.3 偏心率 *e* 的计算

偏心率 e 按式(5)～式(6)进行计算：

$$\gamma=\arcsin\frac{V_x x+V_y y+V_z z}{Vr} \qquad \cdots\cdots(5)$$

$$e=\sqrt{1-(2-\upsilon)\upsilon\cos^2\gamma} \qquad \cdots\cdots(6)$$

5.1.4 轨道倾角 *i* 的计算

轨道倾角 i 按式(7)～式(9)进行计算：

$$\begin{bmatrix} h_x \\ h_y \\ h_z \end{bmatrix}=\begin{bmatrix} yV_z-zV_y \\ zV_x-xV_z \\ xV_y-yV_x \end{bmatrix} \qquad \cdots\cdots(7)$$

$$h=\sqrt{h_x^2+h_y^2+h_z^2} \qquad \cdots\cdots(8)$$

$$i=\arccos\frac{h_z}{h} \qquad \cdots\cdots(9)$$

5.1.5 升交点赤经 Ω 的计算

升交点赤经 Ω 按式(10)～式(12)进行计算：

$$\sin\Omega_0=\frac{h_x}{\sqrt{h_x^2+h_y^2}} \qquad \cdots\cdots(10)$$

$$\cos\Omega_0=-\frac{h_y}{\sqrt{h_x^2+h_y^2}} \qquad \cdots\cdots(11)$$

$$\Omega=\Omega_0-\omega_e t_{\mathrm{SEP}}+S_0, \Omega\in[0,2\pi] \qquad \cdots\cdots(12)$$

Ω_0 为中间变量，根据 $\sin\Omega_0$ 和 $\cos\Omega_0$ 的符号确定 Ω_0 的象限。

在计算分离点轨道要素时，可利用 GMST 代替 GAST，GMST 的计算方法见 CCSDS 500.0-G-3 中 4.4.2.4。

5.1.6 真近点角 θ 的计算

真近点角 θ 按式(13)进行计算：

$$\theta=\begin{cases}\arccos\dfrac{a(1-e^2)-r}{er} & (\gamma\geqslant 0)\\ 2\pi-\arccos\dfrac{a(1-e^2)-r}{er} & (\gamma<0)\end{cases} \qquad \cdots\cdots(13)$$

5.1.7 近地点幅角 ω 的计算

近地点幅角 ω 按式(14)～式(15)进行计算：

$$u=\begin{cases}\arccos\dfrac{x\cos\Omega_0+y\sin\Omega_0}{r} & (z\geqslant 0)\\ 2\pi-\arccos\dfrac{x\cos\Omega_0+y\sin\Omega_0}{r} & (z<0)\end{cases} \qquad \cdots\cdots(14)$$

$$\omega=u-\theta \qquad \cdots\cdots(15)$$

5.2 其他轨道要素的相互转换

5.2.1 轨道尺寸与形状参数

5.2.1.1 半短轴 b 的计算

半短轴 b 按式(16)进行计算：

$$b=a\sqrt{1-e^2} \qquad \cdots\cdots(16)$$

5.2.1.2 半通径 p 的计算

半通径 p 按式(17)进行计算：

$$p=a(1-e^2) \qquad \cdots\cdots(17)$$

5.2.1.3 近地点地心距 r_p 的计算

近地点地心距 r_p 按式(18)进行计算：

$$r_p=a(1-e) \qquad \cdots\cdots(18)$$

5.2.1.4 远地点地心距 r_a 的计算

一般采用式(19)进行计算：

$$r_a = a(1 + e) \tag{19}$$

5.2.1.5 近地点高度 h_p 的计算

一般采用式(20)进行计算：

$$h_p = r_p - a_e \tag{20}$$

5.2.1.6 远地点高度 h_a 的计算

远地点高度 h_a 按式(21)进行计算：

$$h_a = r_a - a_e \tag{21}$$

5.2.1.7 轨道周期 T 的计算

轨道周期 T 按式(22)进行计算：

$$T = 2\pi\sqrt{\frac{a^3}{GM_e}} \tag{22}$$

5.2.1.8 有效载荷在轨道上的平均角速度 n 的计算

有效载荷在轨道上的平均角速度 n 按式(23)进行计算：

$$n = \sqrt{\frac{GM_e}{a^3}} \tag{23}$$

5.2.2 轨道方向参数

升交点经度 λ_N 按式(24)进行计算：

$$\lambda_N = \Omega - S_0 \tag{24}$$

5.2.3 轨道位置参数

5.2.3.1 偏近点角 E 的计算

偏近点角 E 按式(25)进行计算：

$$E = 2\arctan\left(\sqrt{\frac{1-e}{1+e}}\tan\frac{\theta}{2}\right) \tag{25}$$

$\frac{E}{2}$ 和 $\frac{\theta}{2}$ 同象限。

5.2.3.2 平近点角 M 的计算

平近点角 M 按式(26)进行计算：

$$M = E - e\sin E \tag{26}$$

5.2.3.3 有效载荷过近地点的时间 t_p 的计算

有效载荷过近地点的时间 t_p 按式(27)进行计算：

$$t_p = t_{SEP} - \frac{E - e\sin E}{n} \tag{27}$$

5.2.3.4 升交角距 u 的计算

升交角距 u 按式(28)进行计算：

$$u = \omega + \theta \tag{28}$$

6 轨道要素误差计算方法

轨道要素偏差按式(29)～式(34)进行计算：

$$\Delta a = a - \overline{a} \tag{29}$$

$$\Delta e = e - \overline{e} \tag{30}$$

$$\Delta i = i - \overline{i} \tag{31}$$

$$\Delta \Omega = \Omega - \overline{\Omega} \tag{32}$$

$$\Delta \omega = \omega - \overline{\omega} \tag{33}$$

$$\Delta \theta = \theta - \overline{\theta} \tag{34}$$

式中：

$\Delta a, \Delta e, \Delta i, \Delta \Omega, \Delta \omega, \Delta \theta$ ——轨道要素偏差；

$a, e, i, \Omega, \omega, \theta$ ——按入轨时运动参数 $t_{SEP}, V_x, V_y, V_z, x, y, z$ 的测量值计算的轨道要素；

$\overline{a}, \overline{e}, \overline{i}, \overline{\Omega}, \overline{\omega}, \overline{\theta}$ ——根据发射任务要求提出的期望轨道要素，或按入轨时运动参数的理论值 $\overline{t}_{SEP}, \overline{V}_x, \overline{V}_y, \overline{V}_z, \overline{x}, \overline{y}, \overline{z}$ 计算的轨道要素。

参 考 文 献

[1] ISO/DIS 11233 空间系统 轨道确定与评估 描述技术方法(Space Systems—Orbit determination and estimation—Process for describing techniques)

[2] ISO 14303 空间系统 运载火箭与航天器接口(Space systems—Launch-vehicle-to-spacecraft interfaces)

[3] ISO 15863 空间系统 航天器与运载火箭接口文件(Space systems—Spacecraft-to-launch-vehicle interface control document)

[4] CCSDS 502.0-B-2 空间数据系统 轨道数据定义(Recommendation for Space Data System Standards—Orbit data message)

[5] CCSDS 503.0-B-1 空间数据系统 跟踪数据定义(Recommendation for Space Data System Standards—Tracking data message)

[6] CCSDS 504.0-B-1 空间数据系统 姿态数据定义(Recommendation for space data system standards—Attitude data message)

[7] Vladimir A. Chobotov,(2002),Orbital Mechanics,Third Edition,American Institute of Aeronautics and Astronautics,Inc.

[8] Howard D.Curtis,(2005),Orbital Mechanics for Engineering Students,Embry-Riddle Aeronautical UniversityDaytona Beach,Florida.

ICS 49.020
V 70

中华人民共和国国家标准

GB/T 32301—2015

航天器包装、运输通用要求

General requirements of packaging & transportation for spacecraft

(ISO 16458:2004,Space systems—Unmanned spacecraft transportation—General requirements,NEQ)

2015-12-31 发布　　2016-07-01 实施

中华人民共和国国家质量监督检验检疫总局
中国国家标准化管理委员会　发布

前　言

本标准按照 GB/T 1.1—2009 给出的规则起草。

本标准使用重新起草法参考 ISO 16458:2004《航天系统—非载人航天器运输通用要求》编制，与 ISO 16458:2004 的一致性程度为非等效。

本标准由全国宇航技术及其应用标准化技术委员会(SAC/TC 425)归口。

本标准起草单位：中国空间技术研究院总装与环境工程部。

本标准主要起草人：傅浩、代卫兵、马强、吕景辉、童慎琯、鲍晓萍、孙刚、赵书萍、孙威、郑圣余。

航天器包装、运输通用要求

1 范围

本标准规定了航天器的包装要求和运输要求。

本标准适用于卫星、飞船、空间站、探测器等航天器整器或舱段的包装及公路运输、铁路运输、航空运输和水路运输。

2 规范性引用文件

下列文件对于本文件的应用是必不可少的。凡是注日期的引用文件，仅注日期的版本适用于本文件。凡是不注日期的引用文件，其最新版本(包括所有的修改单)适用于本文件。

GB 146.1 标准轨距铁路机车车辆限界

GB 1589 道路车辆外廓尺寸、轴荷及质量限值

GB/T 4122.1 包装术语 第1部分：基础

GB/T 4122.3 包装术语 第3部分：防护

3 术语和定义

GB/T 4122.1、GB/T 4122.3 界定的以及下列术语和定义适用于本文件。

3.1

包装容器 packaging container

用于装载航天器，满足包装、运输要求的容器，又称包装箱。

4 包装要求

4.1 一般要求

航天器一般采用包装容器包装的方式进行运输，如采用软包装方式运输，应在符合航天器要求的环境下使用。包装的一般要求如下：

a) 包装应牢固、安全、简单、易拆装、易清洁；
b) 包装方式应根据航天器结构特点和设计要求确定，一般采用整体包装方式；
c) 随航天器运输的危险品、火工品等应采取可靠的措施或使其处于安全状态；
d) 有射频敏感设备的航天器的包装，应采用屏蔽等防护措施；
e) 包装容器应有防止昆虫、啮齿类动物等异物进入的措施；
f) 包装应使用化学性能稳定、不产生污染、不易产生静电的材料；
g) 包装的材料应优先选用金属材料，有磁环境要求的航天器包装容器应采用无磁或弱磁材料制造；
h) 对磁环境有特殊要求的，应有相应的磁屏蔽措施。

4.2 包装容器要求

4.2.1 包装容器内环境

包装容器内环境一般应满足以下要求：

a) 满足防潮、防水、防污染、防腐蚀等要求；
b) 应能承受一定压力并具有压力保持和调节功能，必要时可与外界气压保持一致；
c) 包装容器内相对湿度不应超过 60%，或按具体设计文件执行；
d) 包装容器内温度一般应控制在 5 ℃～35 ℃，或按具体设计文件执行；
e) 洁净度优于 100 000 级(ISO 8 级)，或按具体设计文件执行。

4.2.2 结构要求

包装容器的结构应满足以下要求：

a) 包装容器应能承受相应的运输环境载荷、装载、卸载、贮存及外界环境等要求；
b) 在满足包装及运输要求的前提下，包装容器应结构紧凑、重量轻，航天器与包装容器内壁的距离应不小于 80 mm；
c) 包装容器的尺寸应与相应运输工具(汽车、火车、运输船、运输机等)的接口尺寸匹配；
d) 包装容器应设置吊装点及运输固定点；
e) 包装容器应便于使用和维护，仪器、仪表及易损件应便于维护和更换；
f) 包装容器内壁结构材料的物理化学性能应稳定，一般不使用挥发性材料；用于加注后运输的包装容器，其材料应与加注燃料相容，避免因燃料泄漏引起燃烧。

4.2.3 强度和刚度

包装容器的强度和刚度应满足以下要求：

a) 包装容器的所有零部件应满足在使用过程中的强度、刚度、耐压、抗振动冲击等要求；
b) 密封包装容器应能承受不小于 5 000 Pa 内压(表压)，并能承受吊装、运输时的载荷；必要时，应具有一定的负压承受能力，或采取其他技术措施；
c) 包装容器的设计安全系数一般不小于 5(材料的强度极限)。

4.2.4 吊装和固定

包装容器的吊装和固定应满足以下要求：

a) 包装容器的吊装点或吊具的设计应保证包装容器在不同工况的水平起吊；
b) 包装容器应有满足转运要求的安装接口；
c) 对于超限的包装容器，应按照运输相关要求设置专用装载加固装置。

4.2.5 接地

包装容器的接地应满足以下要求：

a) 包装容器内侧应有与航天器相连接的接地点，外侧应有与运输工具连接的接地点，内外侧接地点间的电阻值应小于 1 Ω；
b) 包装容器上的电气设备应有良好的静电释放通道，接触电阻应小于 1 Ω。

4.2.6 减振装置

减振装置的设置应满足以下要求：

a) 包装容器应按相关要求配置振动、冲击吸收装置；

b) 减振装置的设置应考虑航天器固有频率、减振系统隔振频率、外界激励频率的关系，确保减振效果。

4.2.7 密封性

包装容器的密封性应满足以下要求：

a) 对包装容器有气密性要求时，包装容器应采用密封设计，并具有压力保持和压力调节功能；

b) 包装容器作为航天器的检漏容器时，应留有检漏接口。

4.2.8 温度控制

对有控温要求的包装容器，应配置适合的温控设备。

4.2.9 对运输的适应性

公路运输、铁路运输包装容器外廓尺寸限界应符合 GB 1589 和 GB 146.1 的规定。航空运输、水路运输应符合运输机、运输船的专用技术要求。

4.2.10 监控和记录

包装容器对需受控的参数一般应有监控和记录功能。监控和记录的具体要求应在相关文件中明确；一般应采取远程监控模式。

4.2.11 供电要求

对需要外接电源的包装容器，应设计供电接口。供电回路与包装容器应绝缘，绝缘阻值应大于 10 MΩ。电气设备应具有漏电、过电流保护措施。

4.2.12 喷涂及标识

包装容器的喷涂及标识要求如下：

a) 如无特殊要求，包装容器外表面应喷漆保护，内表面不应喷漆；

b) 包装容器一般应在醒目位置标记吊装点、固定点、运输方向、接地点、充排气口、供电接口等标识。

4.3 包装技术要求

4.3.1 包装环境

包装环境应满足以下要求：

a) 温度：20 ℃±5 ℃；

b) 相对湿度：30%～60%；

c) 洁净度：优于 100 000 级（ISO 8 级），或按相关文件要求执行；

d) 照度：不低于 300 lx；

e) 污染：空气中碳氢化合物总量小于 60 mg/m^3，有机污染量小于 1×10^{-6} g/cm^2，空气酸碱 pH 6～pH 8；

f) 接地：场地应配备接地装置；

g) 磁环境：对磁场环境有要求的航天器，磁环境应满足相关要求；

h) 其他按相关文件要求执行。

4.3.2 航天器状态

航天器应符合技术文件规定的包装技术状态，航天器上的火工品、放射源、高压部件、活动部件、密封件（舱）、工艺保护件等的包装状态应满足技术文件的要求。

4.3.3 航天器与包装容器的连接

航天器与包装容器应连接牢固，不应对航天器产生非期望的附加载荷。

4.3.4 吊装

航天器的吊装应满足以下要求：

a） 吊装前检查起重机、吊具和航天器的状态满足吊装要求；

b） 吊装前检查吊装路线上无障碍物，吊高超过 1.8 m 时，应至少系 2 条牵引绳，并有专人牵引；

c） 吊装时应有专人指挥，由培训合格的人员进行操作；

d） 除特殊规定外，吊装速度一般为：
   平移不大于 3 m/min；
   上升不大于 1 m/min；
   下降不大于 0.5 m/min；
   对接不大于 0.2 m/min；

e） 有特殊要求的吊装按专用技术文件执行。

4.3.5 安全性

航天器包装安全性应满足以下要求：

a） 操作人员应经过安全培训，持证上岗，着装满足相关要求，操作工具的使用和取放满足要求；

b） 在航天器上进行相关作业时，操作人员应按要求佩戴防静电腕带；

c） 执行双岗和“三检制”（自检、互检和专检）要求；

d） 需要辅助照明时，一般应使用不高于 36 V 的安全灯；使用 220 V 的探照灯时，探照灯距离航天器应不小于 3 m。

4.3.6 多余物控制

航天器包装过程中的多余物控制应满足以下要求：

a） 航天器包装前检查确认包装环境满足 4.3.1 的要求；

b） 包装容器的洁净度应满足要求；

c） 设立隔离区，无关人员不得进入隔离区，隔离区内不得放置与工作无关的物品，不应进行与包装无关的操作；

d） 操作人员按规定着装；

e） 紧固件、工艺件、物料、工具、辅料等按规定使用，并做好记录；

f） 航天器包装前应去除表面多余物，并进行检查确认；

g） 航天器包装过程中产生的多余物及时清洁回收；对易产生多余物的操作应采取有效的控制措施。

4.3.7 接地

包装过程中，航天器应始终保持与接地装置连接，接地电阻应不大于 1 Ω。

4.4 包装状态检查及确认

4.4.1 包装容器的外廓尺寸、与运输工具的固定方式应适合公路运输、铁路运输、航空运输和水路运输要求。

4.4.2 应检查包装箱的吊装位置、运输方向、固定方式、接地、供电、充排气、监控和记录等是否满足要求。

4.4.3 应按相关文件要求对包装容器内的温度、湿度、压力、振动、冲击等数据进行检测或控制。

5 运输要求

5.1 一般要求

5.1.1 承载

在运输和装卸过程中，航天器受加固方式、包装容器刚度、所用装载设备和运输环境的影响，其所允许承受的最大外力应在航天器设计文件中明确。

5.1.2 运输方式

按相关文件要求选择公路运输、铁路运输、航空运输和水路运输的一种或组合。

5.1.3 运输安全

运输应满足以下安全要求：

a） 吊具连接前，应检查吊具的使用状态；包装容器完全就位前，不得拆装吊具等设备；

b） 在吊装前，应检查起重机、吊具和包装容器的状态，应采用较低的吊装速度、配备可靠制动的起重机；

c） 其他运输过程中的吊装按照 4.3.4 执行；

d） 包装容器应确保航天器的运输安全，吊装过程中，应时刻注意防止航天器受力过载；

e） 吊装区域内，不得放置无关的易燃易爆物品，应清除沙土、水、雪、冰等，防止危害吊装安全；

f） 包装容器运输前应可靠加固；

g） 根据相关文件规定或需要，运输过程中应派专人押运；

h） 国际间运输应符合国际运输规则和相关安全要求；

i） 国内运输应符合国内运输相关安全要求，发射场内运输应符合发射场的相关安全规定。

5.1.4 温度、湿度、污染和压力控制

运输过程中，对包装容器内温度、湿度、污染、压力控制等有明确要求的，应按技术文件的要求进行控制。

5.1.5 包装容器接地

在公路运输、铁路运输过程中，包装容器应有良好的接地措施，接地阻值应满足相关文件要求。航空运输和水路运输时应使包装容器与运输工具保持等电位。

5.1.6 火工品运输

带火工品的航天器在运输过程中应防晒、禁止靠近火源或高温场所，并将火工品置于安全状态。

5.2 铁路运输

5.2.1 运输规定

航天器铁路运输应符合国际或国内铁路运输规范的要求。

5.2.2 装载要求

包装容器的布局、接地、供电及减振装置的安装方式应符合铁路运输文件要求;运输车辆应满足包装容器的固定要求。

5.2.3 超差许可

包装容器整体尺寸应满足 GB 146.1 的限界要求。如有超限,应征得铁路运输部门认可。

5.2.4 预防措施

铁路运输时,应采取以下预防措施:

a) 铁路运输过程中,禁止出现剧烈冲击、紧急制动和刹车系统突然松脱,铁路车辆不应受额外载荷影响,铁路车辆禁止驼峰溜放;

b) 机车与铁路车辆对接速度应不超过 0.8 m/s,机车与铁路车辆的分离速度应不超过 1.4 m/s;

c) 航天器不应与易燃、易爆等货物同车厢运输。

5.2.5 运输速度

运输速度一般应不大于 100 km/h,或按照相关文件执行。

5.2.6 进站检查

运输过程中,应对包装容器和包装容器的固定措施进行检查,检查方法和频次应在相关文件中明确。

5.3 公路运输

5.3.1 运输状态

公路运输状态应满足以下要求:

a) 运输前应按专用技术文件对运输车和包装容器的状态进行检查;

b) 应对运输路线进行确认,设置标杆导引车辆,满足运输高度和运输宽度的导引要求;

c) 运输车辆一般应为专用运输车;

d) 运输车应与路面有可靠的静电释放措施。

5.3.2 装载要求

包装容器的布局、固定、接地、供电及减振装置的安装方式应符合公路运输文件要求。

5.3.3 运输速度

遵守道路交通法规,在雷电、雨、雪、雾、霾、大风等恶劣天气或复杂路段行驶时,应将车速控制在低速安全运行,同时应避免突然制动和突然加速。除特殊规定外,运输速度一般为:

a) 高速公路不超过 80 km/h;

b) 一级公路不超过 60 km/h;

c) 二级公路不超过 40 km/h；

d) 在过铁路岔道、路障时，不超过 10 km/h；

e) 三级以下公路一般不允许长距离运输。

5.3.4 途中检查

一般运输起始的 1 km～1.5 km 以及运输过程中每隔 150 km～200 km，应停车检查包装容器、运输车辆，重点检查项目为：

a) 包装容器的接地及加固情况；

b) 运输车的刹车与转向系统，信号灯和照明灯等；

c) 运输车的气压制动器与机械牵引的电气连接；

d) 车轮、隔振器和减震机构。

5.4 航空运输

5.4.1 运输规定

航天器航空运输应符合航空运输规范的要求，一般对航线和飞行速度不作具体要求，如有要求，应对起飞、降落次数和总飞行时间作出规定。

5.4.2 装载要求

包装容器在运输机上的布局、固定、接地、供电及减振装置的安装方式等应符合航空运输文件要求。

5.4.3 运输检查

运输检查应满足以下要求：

a) 起飞前和降落后应及时检查包装容器气压平衡口的状态是否满足相关文件要求；

b) 每次起飞前和降落后，应及时对包装容器固定措施进行检查，必要时在运输过程中检查，检查程序应在运输文件要求中明确。

5.4.4 振动控制要求

航天器及包装容器应能承受运输过程中的最大静态加速度和振动加速度，同时能承受常规和应急情况下的气压变化。

5.4.5 加固要求

包装容器的固定方式应满足正常起降、应急着陆时的承载要求。

5.4.6 约束条件

运输机型、载重量、飞行高度、下降速度及相应的固定方式应满足航空运输的相关要求。

5.5 水路运输

5.5.1 运输规定

航天器水路运输包括海运和河运，水路运输应满足符合水运相关规范的要求，一般不限定运输速度和距离。

5.5.2 装载要求

包装容器的布局、固定、接地、供电及减振装置的安装方式应符合水路运输文件要求。

5.5.3 加固要求

包装容器应采用托架、绳索、钢索、垫木、横梁等进行妥善固定。

5.5.4 防水要求

包装容器一般应固定在运输舱中，固定在运输船上层甲板的包装容器应有防止风浪、降水、海水和河水危害的可靠措施。

5.5.5 运输过程检查

运输过程检查次数应不少于4次/24 h或按照相关文件要求执行，第一次检查应在启航后的0.5 h～1 h之内实施。

5.6 发射场运输

5.6.1 运输速度

航天器从技术区至发射塔架的运输过程，运输路线和运输速度均应在运输文件要求中进行明确。除特殊规定外，公路运输速度一般应不大于10 km/h。

5.6.2 运输条件

运输条件应满足以下要求：

a） 航天器在整流罩内运输时，应满足运载火箭接口控制文件要求；

b） 运输前应运输道路（路面、桥梁、架空线等）进行检查确认，消除不安全因素；

c） 一般应避开雷电、雨、雪、雾、霾、大风等恶劣天气运输。

5.7 运输过程的检查确认

5.7.1 对航天器和包装容器有明确环境控制要求的，应控制包装容器暴露在非正常环境下的时间。

5.7.2 运输及装卸过程中，应对包装容器固定点处的承载进行确认。

5.7.3 运输及装卸过程中，应对包装容器内的压力、温度、湿度、振动、冲击进行确认。

5.7.4 如果需受控的环境参数超出设定值，应评估对航天器造成的影响并对问题原因快速定位，所有超出规定的量值应与对应的时刻一同进行记录。

5.7.5 打开包装容器前，应在室温环境下静置一定时间，避免结露或结霜。

ICS 49.020
V 70

中华人民共和国国家标准

GB/T 32302—2015

运载火箭与航天器接口要求

Interface requirements for launch vehicle and spacecraft

2015-12-31 发布 2016-07-01 实施

中华人民共和国国家质量监督检验检疫总局
中国国家标准化管理委员会 发布

前　言

本标准按照 GB/T 1.1—2009 给出的规则起草。

本标准由中国航天科技集团公司提出。

本标准由全国宇航技术及其应用标准化技术委员会(SAC/TC 425)归口。

本标准起草单位:北京宇航系统工程研究所。

本标准主要起草人:罗恒、郑立伟、李聃、胡炜、雷凯、张亦朴、李君、李国爱、孙目、何巍、吴义田、刘建、刘秉、王旭、成鑫、徐珊姝、谢萱。

运载火箭与航天器接口要求

1 范围

本标准规定了运载火箭与所发射的航天器(以下简称器箭)之间相应的接口要求、接口验证方法(含分析和试验),以及发射场器箭联合操作要求。

本标准适用于运载火箭发射各种航天器的接口关系的确定、验证和检查。

2 规范性引用文件

下列文件对于本文件的应用是必不可少的。凡是注日期的引用文件,仅注日期的版本适用于本文件。凡是不注日期的引用文件,其最新版本(包括所有的修改单)适用于本文件。

GB/T 32455 运载火箭术语

3 术语和定义

GB/T 32455 界定的以及下列术语和定义适用于本文件。

3.1

航天器支架(航天器适配器) payload adaptor

连接航天器与运载火箭的结构以及器箭连接解锁装置。

4 缩略语

下列缩略语适用于本文件。

CDR——关键设计评审(Critical Design Review)

EMC——电磁兼容性(Electromagnetic Compatibility)

EMI——电磁干扰(Electromagnetic Interference)

EIRP——等效全向辐射功率(Effective Isotropic Radiated Power)

FMAR——最终任务分析评审(Final Mission Analysis Review)

ICD——接口控制文件(Interface Control Document)

PDR——初步设计评审(Preliminary Design Review)

PMAR——初步任务分析评审(Preliminary Mission Analysis Review)

RF——无线电频率(Radio Frequency)

5 一般要求

5.1 文件要求

5.1.1 航天器系统向运载火箭系统一般提供的文件要求如下:

a) 航天器对运载火箭的技术要求;

b) 航天器载荷耦合模型;

c） 航天器热模型；
d） 航天器入轨姿态；
e） 航天器射频特性；
f） 航天器发射窗口；
g） 各项试验结果。

5.1.2 运载火箭系统向航天器系统一般提供的文件：

a） 运载火箭用户手册；
b） 器箭载荷耦合分析；
c） 器箭热耦合分析；
d） 轨道分析；
e） 器箭联合操作；
f） 器箭分离分析；
g） 远场分析；
h） 电磁兼容性分析；
i） 整流罩排气分析；
j） 机械接口兼容性分析；
k） 电气接口兼容性分析；
l） 各项试验结果；
m） 发射任务评估报告。

5.1.3 器箭接口控制文件要求如下：

航天器与运载火箭接口控制文件由运载火箭承制方负责编制，运载火箭承制方和航天器承制方共同确定 ICD 的内容，并由双方共同签署。签署后的 ICD 作为整个发射服务执行期间双方唯一的接口控制及发射操作的基本工作文件。

5.2 主要技术要求

器箭接口要求一般包括以下内容：

a） 任务性能；
b） 环境条件与试验；
c） 电磁兼容性分析与试验；
d） 机械接口；
e） 电气接口；
f） 接口验证分析；
g） 接口验证试验；
h） 发射场器箭联合操作要求。

6 详细要求

6.1 任务性能

6.1.1 任务概述

器箭双方应对任务基本情况进行概述。

6.1.2 发射次数

器箭双方应明确发射次数。

6.1.3 计划发射日期和地点

器箭双方应明确发射日期和使用的发射场。

6.1.4 坐标系

器箭双方共同明确航天器与运载火箭相关的坐标系及对应关系，包括坐标原点及各坐标轴方位。常用坐标系包括：地球赤道坐标系、惯性地心赤道坐标系、发射坐标系、发射惯性坐标系、运载火箭箭体坐标系、航天器体坐标系等。

6.1.5 地球物理常数

器箭双方共同明确地球物理常数，包括地球参考椭球及标准大气。地球参考椭球包括赤道半径、地球扁率、地球引力常数、标准重力加速度等。标准大气应明确引用的相关标准。

6.1.6 航天器质量特性

应明确航天器质量特性，具体包括：

a) 航天器的发射质量及其偏差；

b) 航天器的质心和偏差；

c) 航天器的转动惯量、惯性积和偏差。

6.1.7 航天器外形尺寸

应明确航天器外形尺寸，具体包括航天器本体尺寸、最大外轮廓尺寸，宜给出航天器示意图。

6.1.8 航天器推进剂晃动特性

若航天器含有液体推进剂，应明确推进剂类型、贮箱类型和贮箱最大容积，并按如下内容提供航天器推进剂贮箱的晃动特性：

a) 加注容积(填充系数)；

b) 推进剂质量；

c) 加注后贮箱的质心位置。

若有效载荷的推进剂质量占总质量的比例较大，按如下内容提出晃动模型，进行姿态控制分析：

a) 晃动质量及其质心位置；

b) 等效刚度；

c) 晃动阻尼；

d) 一阶晃动频率(1 g 状态)；

e) 不同重力加速度下阻尼系数的计算方法。

6.1.9 发射轨道

6.1.9.1 轨道要求

应明确航天器和运载火箭分离时的轨道要求，例如轨道半长轴、轨道偏心率、轨道倾角、近地点幅角、升交点经度、平近点角等，运载火箭承制方应根据轨道要求和航天器质量确保运载能力满足要求。

6.1.9.2 入轨精度

应明确航天器与运载火箭分离时的入轨精度及概率，例如轨道倾角偏差、近地点高度偏差、远地点高度偏差、近地点幅角偏差等,并根据航天器承制方需求提供协方差矩阵。

6.1.10 航天器与运载火箭分离要求

6.1.10.1 分离定义

对航天器与运载火箭分离进行定义,明确分离系统的承制方,简要描述分离方案。

6.1.10.2 分离后机动

对器箭分离后,航天器与运载火箭的机动进行说明,并完成分离分析和远场分析,以避免器箭双方碰撞或污染。

6.1.10.3 分离操作

明确器箭分离时,分离系统工作流程,一般包括分离指令发出、分离插头脱落、分离火工品动作、分离信号发出、分离力提供等。

6.1.10.4 分离信号

明确分离信号的定义以及与器箭分离时间的关系。

6.1.10.5 相对分离速度及角速度

明确运载火箭末级质心和航天器质心在分离后瞬时的相对分离速度限值。明确俯仰、偏航、滚动三轴分离角速度限值。

6.1.10.6 分离姿态要求

应提供运载火箭可行入轨姿态、器箭分离时刻航天器入轨姿态要求、姿态误差要求。

6.1.10.7 分离后提供的文件

在发射后一段时间内应提供《发射任务评估报告》,一般为 3 个月。

6.1.11 发射窗口要求

应提供航天器发射窗口,器箭双方并对窗口宽度进行确认。

6.1.12 航天器要求的遥测参数

器箭双方对《发射任务评估报告》中应包含的有关遥测参数进行明确。

6.1.13 飞行时序

应提供从点火到器箭分离的关键事件飞行时序。

6.2 环境条件与试验

6.2.1 静态环境

应明确运载火箭各动力飞行时间段内典型的最大纵向静态过载。

6.2.2 准静态载荷

应以航天器质心过载形式明确航天器质心位置处静动态横向及纵向极限过载,作为航天器结构设计的极限载荷,一般情况下在考虑安全系数后获得航天器设计载荷。

6.2.3 频率要求

在器箭分离面刚性支撑下,应给出航天器整体结构的横向与纵向基本频率限值,航天器的纵向与横向基频一般不低于该限值,当低于该限值时,进行耦合分析后予以确认。

6.2.4 载荷耦合分析

应提供数学模型用于载荷耦合分析。通过载荷耦合分析结果预测航天器的最大动响应。确认在所预测的环境条件下航天器是安全的并有足够的安全余量。

6.2.5 正弦振动

应明确器箭界面正弦振动试验条件量级、频率偏差、振幅偏差、带谷试验要求。

6.2.6 冲击

应明确器箭界面冲击试验量级、偏差、验收和鉴定试验定义。

6.2.7 随机振动

应明确器箭界面随机振动试验条件、偏差等。

6.2.8 噪声

应明确整流罩内航天器噪声试验的声压水平、频谱及各自的偏差。

6.2.9 热环境

应明确运载火箭主动飞行不同时段的辐射热流密度限值,包括:

a) 抛罩前,整流罩内空间受到整流罩内壁的辐射热流密度;
b) 抛罩后,自由分子流加热的最大热流密度。

6.2.10 压力环境

应明确运载火箭整流罩内气压最大下降速率限值,运载火箭承制方应给出整流罩内压变化设计带。

6.2.11 航天器操作环境要求

应通过清洁操作满足航天器对整流罩清洁要求。

6.2.12 合罩后整流罩内的环境

应对整流罩合罩后的环境进行明确,包括温度及其控制偏差、相对湿度、气体流动速度、空气流动的噪声水平、洁净度,罩内空调时段、温湿度测量责任方以及调整责任方。

6.3 电磁兼容性分析与试验

6.3.1 航天器、运载火箭及发射场无线设备

6.3.1.1 航天器和运载火箭无线电设备

航天器和运载火箭无线电设备的特性要求如下:

a) 工作频段和带宽;

b) 天线极化方式；

c) 天线安装位置及方向性图；

d) 发射机发射功率及等效全向辐射功率(EIRP)；

e) 接收机灵敏度；

f) 在发射场工作阶段和运载火箭飞行段的工作计划。

6.3.1.2 发射场的地面无线电设备

器箭双方应明确发射场地面无线电设备的工作频率和带宽、发射功率与器箭的距离等数据。

6.3.2 航天器和运载火箭的电场辐射发射和辐射灵敏度

6.3.2.1 航天器和运载火箭电场辐射发射

应明确器箭对接面处(或由航天器承制方和运载火箭承制方约定的界面处)电场辐射发射特性数值和曲线，包括有意辐射和附加辐射。

6.3.2.2 航天器电磁辐射灵敏度

应明确器箭对接面处(或由航天器承制方和运载火箭承制方约定的界面处)电磁辐射敏感度特性数值和曲线。

6.3.3 EMC

6.3.3.1 器箭 EMC 要求

应对航天器和运载火箭的 RF 和 EMI 辐射和电磁敏感度分别进行控制，以确保整体的电磁兼容性。

6.3.3.2 器箭 EMC 试验

器箭双方应明确是否进行电磁兼容性试验。运载火箭和航天器完成 EMC 试验后，应向对方提供相关实验结果数据，并经过双方确认。

6.4 机械接口

6.4.1 有效载荷整流罩

6.4.1.1 整流罩可用包络分析

应明确运载火箭整流罩外形和整流罩可用包络，航天器应适应整流罩可用包络限制，以避免硬件碰撞。当航天器的外形局部超出了允许的整流罩可用包络时，进行动位移分析和分离分析后予以确认。

6.4.1.2 整流罩上舱门和气孔的位置和尺寸

应明确航天器测控天线位置参数、天线视场范围。根据航天器测控天线参数完成运载火箭整流罩开透波口，并得到航天器承制方和发射场系统确认。

应明确航天器操作要求，根据航天器操作要求完成整流罩开操作口，并得到航天器承制方确认。

6.4.2 航天器支架

航天器通过航天器支架与运载火箭连接。应明确航天器支架基本特性，其特性要求如下：

a) 航天器与航天器支架的坐标系对接关系；

b) 连接装置的类型及数量、尺寸、连接孔、定位销或者定位槽的位置；
c) 材料类型及特性；
d) 表面涂层；
e) 粗糙度；
f) 平面度。

6.4.3 器箭对接方位及器箭分离装置

6.4.3.1 器箭对接方位

应明确器箭对接方位，建立器箭双方坐标系的一一对应关系。

6.4.3.2 器箭分离装置

需提供器箭分离装置时，应明确采用何种器箭分离装置，并明确分离装置的组成、几何尺寸、释放程序、分离动态包络（包带）、预紧力。

6.4.3.3 分离执行机构

分离执行机构为器箭分离提供所需的能量，一般采用弹簧、反推火箭等形式。

若采用分离弹簧，运载火箭承制方应明确分离弹簧的数量、工作载荷、分离弹簧在航天器支架上的布局等。

若采用反推火箭，运载火箭承制方应明确反推火箭的数量、安装位置、污染评估等。

6.4.3.4 分离传感器

器箭双方一般均配置分离传感器或行程开关，器箭双方应明确分离传感器或行程开关的数量、触点顶压位置等。

6.4.3.5 分离插头

若配置分离插头，航天器承制方应明确分离插头的数量、安装位置等。

6.4.4 支撑机构

若配置支撑机构，应明确允许支撑机构接触的位置、接触面大小等接口参数。应明确支撑机构支撑的载荷大小及力学环境，明确支撑机构安装、操作的流程及要求。器箭双方应明确支撑机构使用状态要求及条件。

6.5 电气接口

6.5.1 航天器脐带电缆

若运载火箭承制方负责研制航天器脐带电缆，则航天器承制方应提供：
a) 分离电连接器型号、生产厂家、可用芯数、外形尺寸和安装方式等；
b) 接点定义、信号类型、信号频率和屏蔽要求等；
c) 线路工作电压、工作电流；
d) 线路阻值要求、线间及线地绝缘阻值要求；
e) 分离插头分离供电电压、工作电流及线包电感。

若航天器承制方负责研制航天器脐带电缆，且部分电缆安装在运载火箭上，则航天器承制方应提供：

a） 分离电连接器型号及生产厂家；

b） 分离连接器外形尺寸及安装方式；

c） 分离连接器供电用连接器的型号、代号、接点定义和生产厂家；

d） 分离插头分离供电电压、工作电流及线包电感；

e） 航天器脐带电缆箭上部分用转接连接器的型号、代号和生产厂家；

f） 脱落连接器的型号、代号和生产厂家。

6.5.2 器箭不带电指令接口

器箭不带电指令接口时，航天器承制方和运载火箭承制方应明确以下内容：

a） 指令用途、冗余方式；

b） 指令起始及终止时刻；

c） 工作及断开时的阻抗；

d） 连接器型号、代号、接点定义、工作电压和工作电流；

e） 绝缘要求；

f） 指令持续时间和保持要求。

6.5.3 器箭带电指令接口

器箭带电指令接口时，航天器承制方和运载火箭承制方应明确以下内容：

a） 指令用途、冗余方式；

b） 指令起始时刻及精度；

c） 指令信号间的最小时间间隔；

d） 输出电压、最大工作电流及电流与时间的特性；

e） 指令持续时间；

f） 电缆绝缘要求。

6.5.4 航天器火工品指令接口

运载火箭承制方为航天器提供火工品供电时，航天器承制方需提供以下内容：

a） 指令用途、冗余方式；

b） 接插件型号及接点分配；

c） 指令起始时刻及精度、指令信号的最小时间间隔；

d） 发火电流、脉冲宽度和安全测试电流；

e） 火工品回路阻值；

f） 火工品线路绝缘阻值。

运载火箭承制方应提供以下内容：

a） 火工品发火线路示意图；

b） 航天器电缆绝缘要求；

c） 火工品保险及安全措施。

6.5.5 航天器遥测、遥控接口

航天器通过运载火箭测量系统进行遥测遥控时，航天器承制方应提供以下内容：

a） 遥测通道数量、测量参数类型和传感器测量范围及精度；

b） 测量参数变化范围、采样频率；

c） 数据结构、数据处理方法；

d) 信号形式、码速率;

e) 接口类型、接口时序、接口电路和接点定义。

6.5.6 供电接口

发射准备阶段和飞行阶段由运载火箭为航天器提供电源时,航天器承制方应提供以下内容:

a) 接点定义;

b) 工作电压、工作电流和工作时间;

c) 航天器负载变化情况;

d) 在约定界面处的供电纹波、尖峰、瞬态特性等。

6.5.7 接地和绝缘

器箭双方应明确器箭对接后的等电位要求,必要时采用器箭等电位装置确保接地要求。器箭双方绝缘应符合各自系统的设计要求。

6.6 接口验证分析

6.6.1 验证分析内容

验证分析一般包括以下任务:

a) 运载火箭发射航天器轨道分析;

b) 远场安全分析;

c) 电气接口兼容性分析;

d) 电磁兼容性分析;

e) 机械接口兼容性分析;

f) 器箭分离计算;

g) 热耦合分析;

h) 载荷耦合分析;

i) 整流罩排气计算;

j) 污染分析。

6.6.2 验证分析方法

验证分析方法一般包括数学模型和仿真、概率计算和统计。

6.6.3 验证分析阶段

验证分析阶段应包括:

a) 可行性分析阶段。估计运载火箭和航天器在各项接口之间基本兼容的条件。

b) 初步任务分析阶段。根据航天器 PDR 后提供的数据进行轨道、远场、机电接口、器箭分离等航天器与运载火箭的兼容性分析,分析后完成 PMAR。

c) 最终任务分析阶段。根据航天器 CDR 后提供的数据进行轨道、远场、机电接口、器箭分离等航天器与运载火箭的兼容性分析,分析后完成 FMAR。如果航天器 CDR 后数据与 PDR 后的接口数据相同,则 PMAR 的分析结果仍然有效。

6.6.4 分析使用的输入数据

按照 5.1.1 的规定。

6.6.5 验证分析内容

6.6.5.1 概述

为确保航天器与运载火箭环境的兼容性，应采用航天器承制方所提供的输入数据完成6.6.5.2～6.6.5.11的内容。

6.6.5.2 运载火箭发射航天器轨道分析

应计算运载火箭发射轨道及航天器要求轨道的有关性能。分析应包括：

a) 发射轨道设计。包括飞行时序，运载火箭主要参数，特征轨道参数，入轨点参数。

b) 器箭分离后的航天器姿态指向。对航天器定向要求的姿态进行分析，确认是否满足。

c) 入轨精度。给出航天器入轨精度分析结果，根据航天器要求提供协方差矩阵。

d) 发射窗口。当发射窗口的约束条件与运载火箭相关时，运载火箭承制方应对航天器可利用的发射时间进行计算，最终得到的发射窗口与航天器提供的发射窗口进行对比。

6.6.5.3 远场安全分析

应根据器箭分离后器箭双方机动情况完成远场分析，给出数个轨道周期内的器箭最小距离，确保器箭远场安全。

6.6.5.4 电气接口兼容性分析

应根据器箭双方分工约定，明确器箭双方电连接图、分离插头、脐带电缆、指令接口等。

6.6.5.5 电磁兼容性分析

应根据航天器提供的电磁辐射、电磁灵敏度等完成器箭电磁兼容性分析，并对分析结果给出最终的评估。

6.6.5.6 机械接口兼容性分析

应明确整流罩参数、航天器支架参数、分离装置参数、对接方位、操作口参数、透波口参数、包络分析等。

6.6.5.7 器箭分离计算

应根据航天器提供的质量特性及外形尺寸，计算器箭相对分离速度、航天器分离角速度偏差、最小分离间隙。

6.6.5.8 热耦合分析

为满足航天器允许的热约束条件，应根据航天器承制方提供的热耦合分析模型进行热环境分析，预测航天器在地面工作和飞行期间的温度。应从航天器装入整流罩内一直到器箭分离时，预测运载火箭对航天器的热环境影响。应计算整流罩分离时的气动热流。

6.6.5.9 载荷耦合分析

应根据航天器承制方提供的耦合分析模型进行载荷耦合分析，航天器承制方使用分析结果验证航天器设计与运载火箭环境之间的兼容性，调整航天器的振动试验量值。

对所有关键性的地面和飞行工况，应计算耦合的器箭结构纵向和横向载荷。应给出器箭接口处的力、加速度和时间历程以及航天器模型选定结点处的加速度、相对位移和时间历程等。

6.6.5.10 整流罩排气计算

应明确卫星体积，完成整流罩排气计算。

6.6.5.11 污染分析

完成运载火箭和航天器之间的污染分析。

6.7 接口验证试验

6.7.1 航天器环境试验

一般应完成静载试验、模态试验、正弦振动试验、噪声试验、随机振动试验、冲击试验等接口研制试验，并提供准确的数据说明航天器的试验结果满足运载火箭的有关要求。

6.7.2 联合试验

6.7.2.1 概述

器箭双方应共同完成对接试验、分离冲击试验、器箭分离插头脱落试验、电气接口匹配试验和 EMC 试验，并由试验承担方向对方提供试验结果。

6.7.2.2 对接试验

验证运载火箭与航天器之间的机械、电气接口匹配性。

6.7.2.3 分离冲击试验

验证器箭接口的冲击环境适应性。

6.7.2.4 脐带电缆分离插头脱落试验

验证脐带电缆分离插头脱落功能。

6.7.2.5 电气接口匹配试验

验证器箭之间电气接口的匹配性。

6.7.2.6 EMC 试验

在进行 EMC 分析的基础上，根据运载火箭与航天器各方协调要求完成 EMC 试验，确保器箭电磁环境兼容。

6.8 发射场器箭联合操作要求

6.8.1 概述

航天器承制方和运载火箭承制方以及发射场（必要时）应共同完成器箭联合操作实施流程的协调和判定，操作文件的编制和确认。若使用整流罩，按航天器与整流罩、运载火箭对接方式和次序的不同，通常有分体吊装、整体吊装两种类型的联合操作；若不使用整流罩，则为直接对接联合操作。

6.8.2 分体吊装

分析吊装主要操作要求如下：

a) 航天器与航天器支架在技术区对接；
b) 电气接口检查；
c) 航天器与航天器支架组合体(以下简称组合体)装入密封容器，充氮气保存；
d) 装有组合体的密封容器转运至发射区；
e) 密封容器吊入发射塔上航天器操作平台；
f) 从密封容器中吊出组合体与运载火箭对接；
g) 航天器与运载火箭分别进行测试；
h) 安装整流罩；
i) 航天器电测；
j) 联合总检查。

6.8.3 整体吊装

整体吊装主要操作要求如下：
a) 航天器与航天器支架在技术区对接；
b) 电气接口检查；
c) 航天器和航天器支架组合体在技术区与整流罩对接；
d) 转运至发射区，转运过程中应对航天器和整流罩组合体进行空调供风；
e) 航天器和整流罩组合体整体吊装与运载火箭对接；
f) 航天器电测；
g) 联合总检查。

6.8.4 直接对接

直接对接主要操作要求如下：
a) 航天器转运至发射区；
b) 航天器吊装与运载火箭对接；
c) 航天器电测；
d) 联合总检查。

ICS 49.140
V 70

中华人民共和国国家标准

GB/T 32303—2015

航天结构断裂与损伤控制要求

Requirements for structure fracture and damage control of space systems

(ISO 21347:2005, Space systems—Fracture and damage control, MOD)

2015-12-31 发布　　2016-07-01 实施

中华人民共和国国家质量监督检验检疫总局
中国国家标准化管理委员会　发布

前言

本标准按照 GB/T 1.1—2009 给出的规则起草。

本标准使用重新起草法修改采用 ISO 21347:2005《航天系统 断裂与损伤控制》。

本标准与 ISO 21347:2005 相比在结构上有所调整,附录 A 中列出了本标准与 ISO 21347:2005 的章条编号对照一览表。

本标准与 ISO 21347:2005 相比存在技术性差异,这些差异涉及的条款已通过在其外侧页边空白位置的垂直单线(|)进行了标示,本标准与 ISO 21347:2005 的技术性差异如下:

——本标准 5.4.4“损伤容限的确定”中用“12.5 mm”代替了“12.7 mm”。由于我国航天工程研制中已经使用“12.5 mm”开展损伤容限试验,且不影响试验结论的认定,因此进行此项修改;

——本标准第 6 章增加了对从事无损检测的人员的资质要求;

——本标准附录 B 中,删除了 ISO 21347:2005 的资料性附录 A 中的表 A.2 以及 A.2.2.4 中关于常规检测、非常规检测的表述。由于我国无损检测标准一般按检测级别分别给出测量精度值,没有分“常规检测”与“非常规检测”的表述,与表 A.2 给出的几种常规检测方法的推荐精度值缺乏对应关系,因此删除此内容。

本标准还做了下列编辑性修改:

——将标准名称改为“航天结构断裂与损伤控制要求”;

——本标准删除了 ISO 21347:2005 的规范性引用文件 ISO 14623:2003,为便于使用,将引用的 ISO 14623:2003 部分内容以文字的形式补充到本标准第 6 章;

——本标准删除了 ISO 21347:2005 的 2.13“fracture-limited life item”和 2.28“pressurized hardware”两项术语和定义,因为这两个术语与定义没有在正文中出现;

——本标准删除了 ISO 21347:2005 的 2.14“断裂力学”的定义,因为“断裂力学”作为一个力学分支,已经具有明确的含义,没有必要作为术语和定义进行解释;

——本标准增加了 2.13“断裂关键件”、2.23“机械损伤关键件”和 2.29“检验试验”3 项术语和定义;

——本标准修改了 ISO 21347:2005 第 3 章中符号和缩略语的前后次序;

——本标准删除了 ISO 21347:2005 第 3 章中的“Gr/Ep”、“ISS”、“POD”、“PTC”、“T”等 5 个条目,因为这些被删除的符号和缩略语在本标准中不再出现;

——本标准增加了 5.4“复合材料压力容器机械损伤控制要求”,并与复合材料压力容器有关的机械损伤控制要求放到本条进行统一的表述。

本标准由中国航天科技集团公司提出。

本标准由全国宇航技术及其应用标准化技术委员会(SAC/TC 425)归口。

本标准起草单位:北京宇航系统工程研究所、中国航天标准化研究所。

本标准主要起草人:王江、彭伟斌、吴浩、王立朋、王淑范、李林生、林海波、徐卫秀、曾杜娟、朱振涛、章凌、徐珊珊、曹昱、王斌、杨帆、林川、乐晨。

引 言

本标准主要参考了 ISO 21347:2005 的内容，并进行了局部的修改。

在航天系统中实施断裂控制的目的是防止结构在工作寿命期间由于裂纹或类裂纹的扩展而提前失效。这些系统包括民用或军用的航天运载器、航天器以及相关的地面支持设备。对于载人航天系统，大多数采购方将断裂控制作为保障宇航员安全的强制性要求。例如，美国宇航局（NASA）和欧洲太空局（ESA）要求所有使用航天飞机发射的有效载荷和安装在国际空间站的设备必须实施断裂控制，并为此制定了专门的断裂控制要求。

为避免航天发射造成人身伤害或地面发射设施的损失，断裂控制要求开始在一次性运载火箭（ELV）的主发动机贮箱、无人航天器的高压气瓶等关键结构上实施，机械损伤控制要求同样适用于对冲击损伤比较敏感的复合材料压力容器（COPV）。ISO 21347:2005 针对除国际空间站、航天飞机及其有效载荷之外的航天系统，提供了统一的断裂与损伤控制要求，适用于关系到任务安全性和可靠性的关键结构。

航天结构断裂与损伤控制要求

1 范围

本标准规定了包括运载火箭、航天器等在内的通用航天结构断裂控制与机械损伤控制的最低要求。可重复使用运载器可以参照本标准执行。

本标准旨在规范断裂控制技术和机械损伤控制技术在航天结构中的应用，使航天系统在工作和使用过程中达到高水平的可靠性和安全性，保障航天任务的成功。本标准适用于以断裂为主要失效模式的金属、非金属或复合材料结构，以及可能遭受机械损伤并因此而导致承载能力下降、甚至提前失效的复合材料结构。本标准不适用于已知缺陷的处理。

2 术语和定义

下列术语和定义适用于本文件。

2.1

冲击后的爆破强度 burst strength after impact；BAI

压力容器在受到冲击后的实际爆破压力。

2.2

灾难性危险 catastrophic hazard

具有可能导致人员死亡，造成威胁生命的或永久性的人身伤害或职业疾病，使载人航天器丧失重要功能模块，对地面发射设备造成重大破坏，或者对环境造成长期破坏的潜在风险的状况或局势。

2.3

复合材料 composite material

由两种或以上不同宏观成分或形态的材料组合而成的材料。

注：一般来讲，复合材料的各个材料组分之间具有明显的界面，能够在物理上识别出来。这里所说的复合材料不包括由多个部分粘接而成的结构，例如金属蜂窝夹层结构。

2.4

复合材料压力容器 composite-overwrapped pressure vessel；COPV

由内衬和纤维增强复合材料外壳两部分组成的压力容器。

注：内衬分为金属内衬和非金属内衬等类型，用来盛放液体并防止液体的泄露；纤维增强复合材料缠绕在内衬外表面的局部或全部，形成复合材料外壳，通常用来承受内压和外部载荷。

2.5

临界缺陷 critical flaw

具有特定外形和尺寸且在特定的载荷和环境作用下会发生不稳定扩展的缺陷。

2.6

重大危险 critical hazard

具有可能导致暂时性或非致命性人身伤害，暂时性职业疾病，对运载火箭或航天器的模块或地面发射设备造成严重破坏，对公共或私人财产造成破坏，或对环境造成短期破坏的潜在风险的状况或局势。

2.7

损伤容限 damage tolerance

材料或结构因抵抗缺陷、裂纹或其他损伤而失效或破坏的能力。

2.8

损伤容限门槛应变水平　damage tolerance threshold strain level

在预期的载荷与环境条件下，裂纹或损伤不会发生扩展的最大应变水平。

2.9

设计安全系数　design safety factor

用来乘以结构的使用载荷/最高预期工作压力/最高使用压力的系数，得到的乘积用来进行结构强度的分析评估、试验验证，以保证结构具有足够的剩余强度。

2.10

失效安全结构　fail-safe structure

经过分析或试验证明具有充分冗余设计的结构，当其中任意一个单元或零部件失效时，该结构仍然可以承受使用载荷。对于用于多任务或多次飞行的结构，还应具有足够的疲劳寿命以满足其在工作寿命期间的使用要求。

2.11

缺陷　flaw

结构材料中的局部不连续，如裂纹、分层、脱粘等。

2.12

断裂控制　fracture control

通过设计思想、分析方法、制造工艺、验证方法、质量保证、操作规程等的综合应用，防止结构产品因为裂纹或类裂纹缺陷在制造、试验/测试、运输、使用过程中发生扩展而过早失效的技术。

2.13

断裂关键件　fracture-critical item；FCI

在载荷与环境条件作用下可能发生裂纹扩展并因此而失效的结构件。

2.14

冲击损伤标示　impact damage indicator

用来标示冲击事件发生的方法或途径。

2.15

冲击损伤防护装置　impact damage protector

用来防止结构产品因遭受意外冲击而出现机械损伤的物理装置。

2.16

初始缺陷尺寸　initial flaw size

通过无损检测得到的最大缺陷的尺寸。该数据用来进行结构的损伤容限/安全寿命分析和试验。

2.17

泄露先于爆破　leak-before-burst；LBB

一种设计思想，即压力容器在最高预期工作压力下，临界缺陷将会扩展并穿透压力容器壁，或者穿透复合材料压力容器的内衬，引起压力容器发生泄漏，从而导致压力容器内的压力降低。通过合理的设计使压力容器在爆破前发生泄露，可以避免因压力容器爆破而造成灾难性的后果。

2.18

使用载荷　limit load

结构在其工作寿命期间，在所有预期的工作或环境条件下，需要承受的最大载荷或最大组合载荷。

注：如果统计估计值适用，则使用载荷应在90%置信度下覆盖最大载荷的概率为99%。

2.19

最高使用压力　maximum design pressure；MDP

压力容器在任务环境中所承受的压力（包括瞬态压力）能够或允许达到的最大值，一般指保险阀门打开压力、常规工作压力，以及温度最高时的压力当中的最大值。

注：在最高使用压力下，压力容器应具有同时出现两个缺陷而不发生失效的能力。

2.20

最高预期工作压力　maximum expected operating pressure；MEOP

结构产品在其工作寿命期间，预期能够承受、且不丧失其使用功能和工作寿命的最大表压。这里所说的"不丧失使用功能"是指结构产品在恢复到特定的环境条件后，依然具备正常的功能。

2.21

机械损伤　mechanical damage

复合材料结构产品中，由于磨损、划伤或冲击导致的缺陷。

2.22

机械损伤控制　mechanical damage control

通过运用机械损伤防护措施、标示系统以及适当的检测程序，保证复合材料结构产品内不会生成缺陷，或者带有缺陷的产品的剩余强度能够满足设计载荷要求和寿命要求。

2.23

机械损伤关键件　mechanical-damage-critical item；MDCI

易遭受机械损伤、并因此而导致承载能力下降甚至提前失效的结构件。

2.24

金属内衬复合材料压力容器　metal-lined COPV

带有金属内衬的复合材料压力容器。

2.25

无损检测　non-destructive evaluation；non-destructive examination；NDE

在被检测对象不会产生永久性改变或损害的前提下，确定材料、零件或组件的质量及特性等的方法或工艺。

2.26

压力容器　pressure vessel

用于盛放具有一定压力的流体(气体或液体)的容器。该流体应至少满足下列条件之一：

a) 所盛放的流体含有较高的能量；

b) 所盛放的流体如果发生泄露或溢出，会导致严重的不良后果；

c) 所盛放的流体具有较高的压力水平。

注：压力容器不包括充压结构、充压组件、设备等，如电池、热管、低温容器、密封的外包装等。能量与压力水平的定义应由所在的项目(型号)提出、并经主管部门或用户批准。如果所在的项目(型号)没有给出明确的定义，可以参考下列的水平：a)基于理想气体绝热膨胀条件下的能量不小于 19 310 J；b)最高使用压力大于或等于 0.69 MPa。

2.27

充压结构　pressurized structure

承受内部压力的同时还要承受其他飞行载荷的结构，如推进剂贮箱、宇航员的座舱、有宇航员进驻的舱段模块。

2.28

检验系数　proof factor

用来乘以结构的使用载荷/最高预期工作压力/最高使用压力的系数，得到的乘积作为载荷/压力，用于该结构产品的检验试验。

2.29

检验试验　proof test

用于检验结构产品完整性、制造工艺及材料质量的试验。

2.30

剩余强度　residual strength

在正常的使用和工作环境下，含有裂纹或损伤缺陷的结构产品的最大承载/承内压能力。

2.31

旋转机械　rotational machinery

含有高速旋转部件的机械装置。

注：陀螺仪、贮能飞轮等都属于旋转机械。旋转机械的能量水平一般由所属的项目(型号)确定。如果所属的项目(型号)没有给出明确的定义，可以按照不小于 19 310 J 执行。能量的计算方法为：$0.5I\omega^2$，其中 I 为转动惯量($kg \cdot m^2$)，ω 是转动角速度($rad \cdot s^{-1}$)。

2.32

安全寿命　safe life

产品要求达到的、并经过分析或试验验证的一个时间周期。

注：在这个时间周期内，金属结构产品，即使带有未发现的裂纹，在预期的载荷和环境条件下也不会发生失效，或者失效不会导致严重的后果。

2.33

安全寿命分析　safe-life analysis

以断裂力学为基础的分析，用来预测结构产品的缺陷在使用载荷谱作用下的生长和扩展行为。

注：本标准中，安全寿命分析是损伤容限分析的同义词。

2.34

安全寿命试验　safe-life test

针对带有缺陷的结构产品，用于确定缺陷在使用载荷谱作用下的生长与扩展行为的试验。

注：本标准中，安全寿命试验是损伤容限试验的同义词。

2.35

工作寿命　service life

产品从制造之后的检测开始所持续经历的一段时间或周期，应包括测试、装配、贮存、运输、发射、在轨操作、再入返回以及重复使用等一系列的使用阶段，直至产品报废处理。对于金属内衬复合材料压力容器来讲，其工作寿命应从加工过程的自紧工艺处理开始。

2.36

应力腐蚀开裂　stress-corrosion cracking

在持续的拉应力和活性介质化学腐蚀的综合作用下，金属结构产品生成裂纹或类裂纹缺陷，并发生扩展，最终导致产品失效的过程。

2.37

结构产品　structural item

用来承受载荷和(或)压力、并维持特定的几何形状及位置的硬件产品。例如航天器的杆系结构、运载火箭的整流罩、压力容器等，也包括紧固件、仪器支座等。

2.38

设计载荷　ultimate load

使用载荷乘以设计安全系数得到的数值。在预期的工作环境条件下，结构产品必须能够承受该载荷而不发生破裂或垮塌。

2.39

目测损伤临界值　visual damage threshold；VDT

通过试验得到的冲击能量水平，该能量水平下的冲击所导致的损伤或痕迹刚刚能够被专业的检测人员在不使用其他检测技术或仪器的情况下用肉眼观察到。

3 符号和缩略语

下列符号和缩略语适用于本文件。

a——裂纹深度(crack depth)

c——裂纹半长度(half crack length)

K_C——平面应力断裂韧度(plane stress fracture toughness)

K_{IC}——平面应变断裂韧度(plane strain fracture toughness)

K_{ISCC}——应力腐蚀开裂应力强度因子门槛值(stress intensity factor threshold for stress corrosion cracking)

K_{max}——最大应力强度因子(maximum stress intensity factor)

ΔK——应力强度因子范围(stress intensity factor range)

ΔK_{th}——疲劳裂纹扩展门槛值(fatigue crack growth threshold)

BAI——冲击后的爆破强度(Burst strength After Impact)

COPV——复合材料压力容器(Composite Overwrapped Pressure Vessel)

DBF——设计爆破系数(Design Burst Factor)

FCI——断裂关键件(Fracture-Critical Item)

LBB——泄露先于爆破(Leak-Before-Burst)

LEFM——线弹性断裂力学(Linear Elastic Fracture Mechanics)

MDCI——机械损伤关键件(Mechanical-Damage-Critical Item)

MEOP——最高预期工作压力(Maximum Expected Operating Pressure)

NDE——无损检测(Non-Destructive Evaluation or Examination)

VDT——目测损伤临界值(Visual Damage Threshold)

4 断裂控制要求

4.1 一般要求

对于那些可能由于未被发现的裂纹发生扩展而失效、且失效可能产生重大或灾难性危险的结构产品,应实施断裂控制。属于失效安全结构的,可免于实施断裂控制。失效安全结构的认定按7.1要求执行。

4.2 断裂关键件(FCI)的认定

属于下列一项或多项的结构产品应认定为断裂关键件:

a) 压力容器;

b) 具有脆性断裂失效模式(非“泄露先于爆破”,non-LBB)或者装有危险流体的充压结构;

c) 具有较高动能的非受控旋转机械;

d) 复合材料或者非金属结构产品。

出于确保任务成功的原因,可以将其他结构产品认定为断裂关键件。

4.3 断裂控制计划

所有断裂关键件都应制定并实施相应的断裂控制计划。断裂控制计划应提供详细的基于产品特征的断裂控制方法和规程,以避免在包括制造、测试、操作、运输、使用在内的全寿命周期当中出现因裂纹扩展而导致的重大或灾难性失效。断裂控制计划应明确计划实施过程中的责任单位和相应的职责。

断裂控制计划还应包含如下数据和信息：

a） 记录并描述每一个断裂关键件；

b） 全面审查和评估与断裂控制有关的行为活动及后果；

c） 提供对该断裂关键件可能产生不利影响的并因此而导致重大或灾难性危险的非断裂关键件（如失效安全结构、安装在压力容器内的附属结构等）的相关信息。

如果断裂控制方法或规程发生变化，应及时修订断裂控制计划。

4.4 损伤容限要求

4.4.1 一般要求

所有断裂关键件都应具备在工作寿命乘以安全系数的时间周期内，不会因裂纹的存在而失效的能力。除非特别说明，此安全系数取 4。

断裂关键件的损伤容限应通过分析或试验进行确认。

4.4.2 损伤容限（安全寿命）分析

4.4.2.1 对于应力水平处于弹性（相对于塑性）范围内的金属断裂关键件，应基于线弹性断裂力学（LEFM）进行损伤容限分析（也称安全寿命分析）。损伤容限分析应依据产品的应力分布状况和材料属性，假定裂纹存在于最危险的部位和最不利的方向。确定假定裂纹的位置和方向时，应充分考虑结构的应力集中和环境的影响。当初始裂纹的最危险位置或方向不明确时，应选取足够多的位置和方向进行分析，以确定该产品的临界状态。

除非特别规定，损伤容限分析应使用断裂韧度（K_{IC}或 K_C）和疲劳裂纹扩展速率（da/dN）的平均值，确定断裂韧度和疲劳裂纹扩展速率时应保证材料牌号、热处理状态、生产工艺过程以及热/化学环境等参数的一致性。当基于试验的方法确定初始裂纹尺寸时，应使用断裂韧度的上限值确定初始裂纹大小和断裂时的临界裂纹大小。无法确定上限值时，应取断裂韧度平均值的 1.3 倍作为上限值。

对于持续承载的金属断裂关键件，应使其在持续性载荷作用下的最大应力强度因子（K_{max}）低于相应环境下的应力腐蚀开裂应力强度因子门槛值（K_{ISCC}）。损伤容限分析应考虑有害的拉伸残余应力。

对于半穿透性裂纹（包括表面裂纹和角裂纹），损伤容限分析应考虑裂纹的形状变化（$a/2c$）。未经采购方同意，不应考虑因变幅值载荷产生的裂纹扩展率滞后效应。

对于复合材料断裂关键件，损伤容限分析所用的方法应经过试验验证。经采购方批准后，可通过损伤容限分析（而不是损伤容限试验）来确定其损伤容限。

4.4.2.2 损伤容限分析结果应以报告的形式归档，其内容应包含如下信息：

a） 完整描述产品所用的材料，包括牌号、热处理状态、晶粒方向等，并图示所有假设裂纹的大小、位置和方向。

b） 完整描述分析的过程，包括：

——应力数据的引用来源或计算方法；

——载荷环境谱及其获取方法；

——材料数据，及其引用来源或获取方法；

——初始裂纹大小和采用的无损检测方法；

——分析得到的工作寿命和临界裂纹大小；

——结论。

4.4.3 损伤容限（安全寿命）试验

可以通过损伤容限（安全寿命）试验确定金属断裂关键件的损伤容限。损伤容限试验所用的试验件和试验边界应能够模拟飞行状态，试验件中的可控预制裂纹应位于最危险部位。只有在应力场能够准确定义、材料属性能够代表实际产品的情况下，才能允许使用试片进行试验。裂纹的大小和形状应与用于真实产品的无损检测的检测能力保持一致。金属断裂关键件损伤容限试验成功的标志为：该产品在使用载荷谱作用下，经历了四倍于工作寿命的时间周期后，仍然具备正常的功能。

对于复合材料断裂关键件的损伤容限试验，含有可控预制缺陷(比如分层)的试验件必须与用于飞行的产品一致，并使用与飞行状态一致的试验边界，以模拟真实的飞行状态。预制缺陷的初始大小应与用于真实产品的无损检测的检测能力保持一致。缺陷的类型应能够代表飞行产品中可能存在或产生的缺陷。复合材料断裂关键件损伤容限试验成功的标志为：该产品在使用载荷谱作用下，经历了四倍于工作寿命的时间周期后，位于最危险部位的预制缺陷没有发生可检测的扩展。在试验之后，如果预制缺陷出现了可检测的扩展，需要针对具体情况进行是否可用的评估，以保证该复合材料断裂关键件的剩余强度不低于设计载荷。

损伤容限试验完成后，形成试验报告并归档。试验报告应包含以下内容：

a) 试件的技术状态、初始裂纹的尺寸和形状；

b) 试验设备和试验准备；

c) 试验载荷谱和相应的环境条件；

d) 裂纹或缺陷尺寸的测量；

e) 试验结果；

f) 结论。

4.4.4 工作寿命载荷(压力)谱

在制定用于损伤容限(安全寿命)分析和试验的工作寿命载荷谱时，应全面考虑断裂关键件在其使用过程中所经历的各种工况。工作寿命载荷谱的定义应清晰明确，以识别出所有的周期性和持续性载荷。制定载荷谱时应适当考虑下列事件(如果在相关的无损检测之后出现)：

a) 制造与装配；

b) 验收试验(比如检验试验、振动试验)；

c) 地面操作，例如移动和起吊；

d) 运输，包括陆路、海路和空运；

e) 发射和上升段；

f) 在轨运行(适用于航天器)；

g) 再入及降落(适用于重复使用飞行器或返回式航天器)；

h) 着陆(适用于重复使用飞行器或返回式航天器)。

制定载荷谱时应充分考虑最危险的载荷/压力以及最危险的组合工况。

4.4.5 应力谱

在假设存在缺陷的最危险部位，载荷、压力和温度所产生的应力应考虑其三向应力状态。对于压力容器，为了计及几何不连续的影响，内压导致的膜应力和弯曲应力均应考虑。在某些工况下，在考虑线加速度的同时，还应考虑转动加速度。制造、装配、测试或预加载引起的残余应力也应考虑。

应通过应力换算方法将轴向载荷、剪切载荷和弯曲载荷等各种类型的载荷换算为应力。

4.5 其他

对于单次使用的复合材料结构，损伤容限的确认可以使用检验试验代替损伤容限(安全寿命)分析及试验，具体要求如下：

a) 每个用于飞行的产品(零部件或组件)均需进行检验试验。用于载人飞行的产品应加载至使用载荷的 1.2 倍，其他产品应加载至使用载荷的 1.1 倍；

b） 如果能够准确地模拟或复制在全系统试验中出现的载荷或应力，该结构产品可以在部件或组件级完成试验；

c） 检验试验应避免造成用于飞行的结构产品中的金属零件和紧固件发生有害的屈服或永久变形，应避免对复合材料造成损伤；

d） 检验试验完成后，应通过无损检测检查试验产生的损伤。

5 机械损伤控制要求

5.1 一般要求

对于复合材料结构，如果未检测到的机械损伤可能引起结构失效并因此产生重大或灾难性危险，应对该结构实施机械损伤控制。

5.2 机械损伤关键件的认定

复合材料压力容器、复合材料充压结构、固体火箭发动机复合材料壳体等复合材料结构均属于机械损伤关键件。如果出于安全性或任务成功的需要，并经采购方同意，其他复合材料结构也可被视为机械损伤关键件。

5.3 机械损伤控制计划

5.3.1 一般要求

应针对机械损伤关键件进行机械损伤控制计划。机械损伤控制计划应包含风险分析，给出在工作寿命期间可能导致机械损伤的风险来源和量级。

机械损伤控制计划应清晰地描述从开始产品制造至使用结束期间所有事件和检测节点。应在下列事件发生之前通过无损检测、目测等方式进行检查：

——每次加压，如果该容器破裂可能导致危险情况发生；

——生产完成、装箱或交付，如果该节点之后将无法进行检测，或者正常情况下不会再出现新的机械损伤。

机械损伤控制计划应根据机械损伤关键件的特点确定实施机械损伤控制所采取的方法。机械损伤控制可以采用下列两种措施：

——恰当地使用机械损伤防护装置或标示；

——确定机械损伤容限。

5.3.2 机械损伤防护和标示

如果采用机械损伤防护和标示的措施，需要满足以下要求：

a） 机械损伤防护装置：在机械损伤控制计划期间，机械损伤防护装置的设计应能够满足最严酷工况下对机械损伤关键件完全防护的要求。防护装置的防护效果应通过试验进行验证。从机械损伤关键件的制造开始至发射时，防护装置尽可能地保留和使用；

b） 机械损伤标示：对机械损伤关键件而言，应通过试验验证标示对于防止机械损伤事件的有效性。机械损伤标示作为一种降低损伤风险的手段可以单独使用；

c） 常规检测：机械损伤控制计划应规定机械损伤关键件的常规检测时间节点，并按计划对产品的机械损伤进行检测。检测的有效性按照第 7 章的规定执行。

5.3.3 机械损伤容限的确定

确定机械损伤关键件的机械损伤容限是另一种满足机械损伤控制要求的方法。该方法可以作为使用机械损伤防护装置的补充措施。机械损伤应考虑表面磨损、划伤和冲击。

机械损伤关键件的冲击损伤容限应采用试验的方法确定。冲击损伤采用落体式的冲击器产生。在能量相等的前提下,也可以使用摆锤以钟摆的方式进行。最小的冲击能量水平应大于可能发生的最恶劣情况或目测损伤临界值。应在最恶劣条件(例如,对于复合材料压力容器,加压相对于不加压)下生成损伤。机械损伤关键件在生成冲击损伤后,应进行破坏试验,以证实该产品在冲击损伤之后的强度不小于极限强度。需执行多项/多次任务的机械损伤关键件应进行寿命试验。寿命试验成功的标志是:该产品在使用载荷谱作用下,经历了4倍于工作寿命的时间周期后没有发生失效。

可以通过分析或试验的方法确定与表面磨损、划伤等有关的机械损伤容限。只有经过验证的分析方法才能用于此类机械损伤容限的分析。

5.4 复合材料压力容器机械损伤控制要求

5.4.1 一般要求

应对所有复合材料压力容器实施机械损伤控制,设计爆破系数不小于4.0且壁厚不小于6.35 mm的除外。

5.4.2 机械损伤控制计划

机械损伤控制计划应对可能导致机械损伤的风险进行分析,包括风险的来源、量级等,并对潜在的冲击事件对复合材料压力容器产生的影响进行描述。机械损伤控制计划应清晰地描述每一个事件和检查节点,从复合材料压力容器纤维缠绕固化起,直至该压力容器使用结束。复合材料压力容器应在下列事件之前进行目视检查:

——每一次加压之前,如果该复合材料压力容器破裂可能导致危险发生;

——生产完成或交付。

应根据复合材料压力容器的设计或特点选用适当的机械损伤控制方法,并在机械损伤控制计划中明确。机械损伤控制方法应至少采用下列两种方法中的一种:

——恰当地使用机械损伤防护装置或标示;

——通过试验确定损伤容限。

5.4.3 机械损伤防护和标示

5.4.3.1 机械损伤防护装置

对于所含的能量超过19 310 J或含有有害液体的复合材料压力容器,当有人员对该容器进行增压操作,并暴露于该容器时,应设置防护装置或安全距离,以使人员与该容器分离。

5.4.3.2 标示

对于已经加压的复合材料压力容器,如果有人员在其周围活动,不得将标示作为唯一的方法用于防范在机械损伤控制计划中已经明确定义的风险。

5.4.4 损伤容限的确定

复合材料压力容器的冲击损伤容限应通过试验的方式确定。冲击损伤应使用直径为12.5 mm的半球形落锤通过跌落的方式生成;在能量相等的前提下,也可以使用摆锤以钟摆的方式进行。撞击的能量水平应大于潜在风险的最恶劣情况或者目测损伤临界值。应在最恶劣条件(例如,加压相对于不加压)和最危险的位置生成损伤。损伤生成后,复合材料压力容器应进行破坏试验以证实该容器在冲击损伤之后的爆破强度不小于设计爆破压力。

应基于风险分析确定表面划伤或磨损等其他机械损伤的大小,并通过分析或试验的方式对其损伤容限进行确认。应确认这些可能的机械损伤不会使复合材料压力容器的爆破强度降低至设计爆破压力以下。

6 无损检测

应对所有断裂关键件进行无损检测,以确定其初始状态,特别是缺陷的种类和尺寸。对于金属断裂关键件,所选用的无损检测技术或设备应能够在95% 置信度下使裂纹被检测到的概率达到90%。

对于要参加飞行的金属结构产品,检验试验可以作为一种无损检测方法用于缺陷的筛查,但是试验前应得到用户的批准。

对于所有的金属压力容器和充压结构,在检验试验前、后,应对焊接部位进行无损检测。对于复合材料压力容器和其他复合材料断裂关键件,检验试验后应对其进行无损检测。

应针对特定结构产品的特点选用合适的无损检测技术和设备。从事无损检测的人员应取得相应项目和等级的无损检测人员资格后方可进行相应的工作。

7 其他要求

7.1 失效安全验证

被认定为失效安全的结构产品应满足以下条件:

a) 能够通过分析或试验证明,该结构具有足够的冗余,当出现任何单一的(局部)失效后,仍然能够承受使用载荷,且不丧失正常功能。分析或试验应充分考虑因结构失效产生的动态载荷。

b) 结构产品失效不应产生可能导致重大或灾难性后果的碎片或飞溅物。

c) 应能够证明,在考虑适当的散差系数的前提下,结构产品在工作寿命期间或检查间隔中不会产生新的初始裂纹或其他缺陷并导致失效的发生。

7.2 爆破前泄漏(LBB)失效模式的验证

对于金属压力容器、充压结构、复合材料压力容器的金属内衬,如果金属材料处于弹性状态,可以通过分析或试验对其爆破前泄漏的失效模式进行验证。如果其金属材料处于塑性状态,则必须通过试验的方式进行验证。

当通过分析的方法验证爆破前泄漏的失效模式时,应采用线弹性断裂力学方法。在最高预期工作压力下,裂纹纵横比($a/2c$)介于0.1与0.5之间的初始表面裂纹(半穿透性裂纹)应满足下列条件:

a) 该裂纹不会以表面裂纹的形式失效。

b) 对于金属压力容器或复合材料压力容器的金属内衬,表面裂纹将不断扩展直至穿透壁厚,穿透时的裂纹长度不小于壁厚的10倍,从而导致泄漏发生,避免因爆破产生灾难性后果。

通过试验的方法验证爆破前泄漏的失效模式时,应使用带有预制表面裂纹的试片或全尺寸样件作为试验件。试片的材料(包括母材金属,焊缝和热影响区)和厚度应与实际产品一致。当使用全尺寸样件时,全尺寸样件应能够代表参加实际飞行的产品。预制表面裂纹的纵横比应介于0.1与0.5之间。在试验件上施加循环应力(或应变),使裂纹扩展,直至穿透试验件厚度方向成为穿透性裂纹。加载时,最大应力对应于最高预期工作压力,最小应力应为零,或者为能够实际达到的、且足够保守的最小应力。爆破前泄漏失效模式验证试验成功的标志是:表面裂纹扩展至发生穿透时,此穿透裂纹的长度不小于试验件厚度的10倍，且此试验件依然能够稳定地承受该循环载荷。

7.3 可追溯性和文件归档

所有断裂关键件和机械损伤关键件的材料应具有可追溯性，用以保证生产制造所用的材料与分析、验证试验所用的材料具有充分一致的性能。

所有断裂关键件和机械损伤关键件应具有可追溯性，以保证该结构产品的生产制造与检测满足断裂/机械损伤控制要求。

断裂关键件和机械损伤关键件应满足以下有关可追溯性和文件归档的要求：

a) 所有制图、制造和质量控制的相关文件均应注明该产品是断裂关键件或机械损伤关键件；

b) 应编制断裂关键件和机械损伤关键件的清单，每件产品应对应一个唯一的编号，并能够通过此编号对产品进行追溯；

c) 每件断裂关键件或机械损伤关键件的标签和数据包中应有“断裂关键件”或“机械损伤关键件”的标识；

d) 损伤容限(安全寿命)分析或试验结果应归档。其他断裂控制相关的分析或试验，如失效安全分析或试验，也应按照同样的要求归档；

e) 应对每件断裂关键件或机械损伤关键件在其工作寿命当中的储存条件建立日志并保存，记录该产品的环境和操作情况(包括充压结构接触流体的情况)；

f) 应对每件断裂关键件或机械损伤关键件承受载荷(压力)的情况建立日志并保存，记录其在试验、装配或操作中承受的载荷(压力)。

附 录 A
（资料性附录）
本标准与 ISO 21347:2005 相比的结构变化情况

本标准与 ISO 21347:2005 相比在结构上有较多调整，具体章条编号对照情况见表 A.1。

表 A.1 本标准与 ISO 21347:2005 的章条编号对照情况

本标准章条编号	对应的 ISO 21347:2005 章条编号
引言的第一段	—
引言的第二段	引言第一段
引言的第三段	引言第二段
2.13	—
—	3.13
—	3.14
2.14	3.15
2.15	3.16
2.16	3.17
2.17	3.18
2.18	3.19
2.19	3.20
2.20	3.21
2.21	3.22
2.22	3.23
2.23	—
—	3.28
2.28	3.29
2.29	—
—	5
4	5.1
4.1	5.1.1
4.2	5.1.2
4.3	5.1.3
4.4	5.1.4
4.4.1	5.1.4.1
4.4.2	5.1.4.2
4.4.2.1	5.1.4.2 前四段
4.4.2.2	5.1.4.2 除前四段以外的部分

表 A.1（续）

本标准章条编号	对应的 ISO 21347:2005 章条编号
4.4.3	5.1.4.3
4.4.4	5.1.4.4
4.4.5	5.1.4.5
4.5	5.1.5
5	5.2
5.1	5.2.1
5.2	5.2.2
5.3	5.2.3
5.3.1	5.2.3.1
5.3.2	5.2.3.2
5.3.3	5.2.3.3
5.4	—
5.4.1	—
5.4.2	—
5.4.3	—
5.4.3.1	—
5.4.3.2	—
5.4.4	—
6	5.3
7	5.4
7.1	5.4.1
7.2	5.4.2
7.3	5.4.3
附录 A	—
附录 B	附录 A
附录 C	附录 B

附 录 B
（资料性附录）
断裂控制实施指南

B.1 断裂控制计划

针对金属断裂关键件实施断裂控制，首先要制定断裂控制计划。断裂控制计划的内容和范围很大程度上与航天系统（空间系统）的复杂性相关。一个完整的断裂控制计划应包括以下信息：

a） 断裂关键件的清单，简要描述其功能、技术状态和材料；

b） 用于确定断裂关键件初始状态的无损检测技术或设备；

c） 用于分析损伤容限（安全寿命）的分析工具与方法；

d） 对于需要通过试验验证其损伤容限的断裂关键件，给出损伤容限（安全寿命）试验规程；

e） 用于损伤容限分析、试验的载荷/环境谱的产生过程及方法；

f） 原材料、制成品检测以及超差产品处置的步骤或程序；

g） 控制设计更改、载荷/环境谱改进的程序。

大型空间系统的断裂控制计划除以上内容外，还应包括实施断裂控制的主体及其所属的单位或组织，以及相关责任人的姓名和职责。

B.2 损伤容限的验证

B.2.1 一般要求

对于由钢、铝、钛或者镍基合金等金属材料制造的断裂关键件，其损伤容限需要通过损伤容限分析（安全寿命分析）来确定。如果因为缺乏材料性能数据、裂纹几何形状或载荷情况非常复杂、应力处于弹塑性状态等原因，损伤容限分析可以由安全寿命试验来代替。以下章节给出了经常需要用到的安全寿命分析与试验的指导原则。

B.2.2 损伤容限（安全寿命）分析方法

B.2.2.1 一般要求

以安全寿命分析为目的的裂纹扩展分析应采用基于线弹性断裂力学的分析工具。用于裂纹扩展分析的计算机软件工具应经过验证。新软件在应用之前，需用现有的裂纹扩展试验数据验证其安全寿命预测能力。

B.2.2.2 工作寿命载荷谱的编制

载荷谱可以采用变幅值的格式或等效恒定幅值的格式。必要时，可以将正弦扫描试验、随机振动试验与噪声试验的载荷谱转换成等效的恒定幅值的格式。格式的转换需要注意结构材料的影响。

对于随机振动试验或者噪声试验，等效循环次数按式（B.1）计算：

$$N_{eq}=f_n\Delta t\left\{(0.471)^n\Gamma\left[\frac{n+2}{n}\right]\right\} \qquad \text{(B.1)}$$

式中：

f_n ——共振频率，单位为赫兹（Hz）；

Δt ——试验持续时间，单位为秒(s)；

Γ ——伽马函数；

n ——特定金属材料的 Paris 裂纹扩展速率因子。

表 B.1 给出了随机振动试验与噪声试验等效极限循环次数，材料的裂纹扩展速率因子 n 须通过试验测定。

表 B.1 随机振动试验与噪声试验等效极限循环次数

n	N_{eq}
2	$f_n \Delta t(0.222)$
3	$f_n \Delta t(0.139)$
4	$f_n \Delta t(0.222)$
5	$f_n \Delta t(0.077)$
6	$f_n \Delta t(0.066)$

B.2.2.3 生成应力谱

对于最危险部位，载荷(例如压力和温度)所产生的应力应考虑其三向应力状态。对于压力容器，内压产生的应力以膜应力为主，并伴随有弯曲应力，为了考察几何不连续的影响，两种应力都应进行计算。在某些工况下，在考虑线加速度的同时，应考虑转动加速度。制造、装配、测试或预加载引起的残余应力也应考虑。

轴力、剪力以及弯矩等各种类型的载荷应通过相应的公式或方法转换成应力。不会导致裂纹扩展的载荷可以忽略。在前处理中，应排除一些虽然产生拉应力但其对应的"应变能密度因子"低于裂纹扩展门槛值的载荷。

式(B.2)提供了一种简单、保守的方法，利用裂纹临界尺寸来计算应力强度因子的范围：

$$\Delta K=(1-R)K_{max}=(1-R)[\beta\sigma_{max}(\pi a_{cr})^{0.5}] \quad\cdots\cdots(B.2)$$

式中：

R ——一个应力循环周期内，最小、最大应力比，$R=\sigma_{min}/\sigma_{max}$，$\sigma_{min}$ 为一个应力循环周期内的最小应力，σ_{max} 为一个应力循环周期内的最大应力。

β ——几何修正系数；

a_{cr}——临界裂纹尺寸。

如果计算得到的 ΔK 低于 ΔK_{th}，相应的应力循环可以从应力谱中删除。

每一个计算得到的危险部位都应生成应力谱，应力谱均应考虑工作寿命中出现的所有载荷。应力谱中的每个应力步都应包括循环次数、最大应力幅值、最小应力幅值。

B.2.2.4 设定初始裂纹大小、形状

大多数情况下，在裂纹扩展分析中所用的初始裂纹大小是通过特定的无损检测技术或设备从结构产品上测得的。一般而言，针对特定部位，首先选定相应的无损检测技术和设备，确定初始裂纹大小，然后使用相应的裂纹尺寸进行安全寿命分析或者试验。如果分析或试验表明该项检测方法相对应的可测裂纹尺寸不能满足要求时，应尝试其他的无损检测手段及相应的可测裂纹尺寸。无损检测应检测内部和表面裂纹。

B.2.2.5 材料数据

裂纹扩展分析应使用有效的材料性能数据，包括晶粒生长方向、材料厚度、载荷比例(最小、最大应

力之比)、以及预期的使用环境。除特殊说明外,线弹性断裂力学裂纹扩展分析所用到的下列材料数据应使用平均值:

a) 循环裂纹扩展速率 da/dN 与 ΔK;
b) 持续载荷下的裂纹扩展速率 da/dt;
c) 疲劳裂纹扩展门槛值 ΔK_{th};
d) 平面应变断裂韧度 K_{IC};
e) 平面应力断裂韧度 K_C;

应力腐蚀裂纹的平面应变断裂韧度 K_{ISCC}。

B.2.3 损伤容限(安全寿命)试验

损伤容限(安全寿命)试验是可以用来验证金属断裂关键件的损伤容限的方法之一。试验件应采用全尺寸的、与飞行状态一致、且带有可控缺陷的结构。缺陷应位于危险部位的最易开裂方向上,具体位置和方向应根据所施加的载荷和材料的断裂特性确定。通常,用试验代替分析来确定损伤容限的主要原因是断裂关键件采用了新材料,或使用了新生产工艺,或者材料的断裂性能数据不足以满足分析的需要。如果载荷条件非常复杂,分析工具不是很可靠,试验则是比较好的替代方案。

在安全寿命试验中,有以下需要注意的问题:

a) 在试验件中预制的初始缺陷的形状和大小应与在飞行产品中使用的无损检测设备的能力一致。预制初始缺陷一般采用电火花工艺,采用电火花产生的缺陷宽度应为 0.1 mm 左右。在对试验件施加使用载荷谱之前,应使预制裂纹产生一定的疲劳扩展;
b) 根据载荷谱/环境谱施加载荷应按照先后顺序进行,以保证试验结果的典型性和代表性;
c) 对于组件级的试验件,一次试验即可充分验证其损伤容限。如果对试验结果有疑义,应进行一次重复试验;
d) 对于带有金属内衬的复合材料压力容器,损伤容限(安全寿命)试验应以金属内衬为试验对象。可以用试片代替全尺寸金属内衬进行试验。全尺寸容器会因为自紧法生产工艺的原因带有残余应力,这有利于防止裂纹扩展,因此,试片的试验结果通常是保守的;
e) 试验之前,试验载荷谱需进行独立的复核;
f) 如果化学环境会导致应力腐蚀开裂,在整个试验期间应增加相应的持续载荷。加速试验的方案须通过试验验证,否则不能开展加速试验。试验应在特定的温度下进行,以便考虑温度的影响;否则,应通过温度补偿系数对试验结果进行修正;
g) 在安全寿命试验过程中需要监测裂纹扩展。应按照一定的时间间隔,采用经过校准的光学仪器,对裂纹大小进行测量并记录。如果无法使用光学仪器直接测量,应采用电子显微镜观察金属断面。应以图表的形式记录测得的裂纹长度和疲劳周期数据及其相互关系;
h) 除特殊要求外,损伤容限(安全寿命)试验须考虑寿命系数(一般为 4)。在损伤容限验证试验完成后,试验件应进行破坏试验,以得到结构的剩余强度。

B.2.4 试验报告

损伤容限试验报告应包含以下内容:

a) 试验件的技术状态,初始裂纹的大小与形状;
b) 试验设备与试验准备;
c) 试验载荷谱及相关的环境条件;
d) 裂纹尺寸的测量结果;
e) 试验结果;
f) 结论。

附 录 C
（资料性附录）
复合材料压力容器机械损伤控制指南

C.1 机械损伤控制计划

应针对需要进行机械损伤控制的复合材料压力容器制定机械损伤控制计划。需要通过系统风险分析确定潜在的机械损伤来源及其风险的大小，例如制造、搬运、装配环境中的各类工具。计划应明确无损检测（包括目视检测）的灵敏度，并说明冲击控制方法的选择。

C.2 复合材料压力容器冲击损伤容限验证

C.2.1 复合材料压力容器的机械损伤通常是由于人员在该容器附近开展工作时不正确的操作或意外撞击导致的。大多数看似微不足道的损伤事件都会对压力容器外层包裹的复合材料造成影响。应依据压力容器受到冲击后的爆破压力对压力容器的冲击损伤进行评估。下面给出了确定冲击损伤容限的整套方法。

C.2.2 评估应包括可能的冲击条件、冲击位置、压力水平以及环境条件。评估应确定潜在撞击物的跌落高度、速度、质量以及外形。在系统分析阶段所做的制造后处理过程（如运输、搬运）中的损伤风险分析应用于冲击损伤容限分析。评估过程可以使用之前已有的类似数据，但是，两者必须在金属内衬材料、金属内衬直径厚度比、复合材料及其厚度、铺层设计等方面具有相似性。也可以将该复合材料压力容器在研发过程中的试验数据用于评估。

C.2.3 评估完成后，应使用评估结果建立该复合材料压力容器设计的目视损伤临界值。可以通过在压力容器预先选定的位置和冲击状态下进行的冲击事件开展此项工作。目视检测应在冲击事件发生后立即开展。实施目视检测的技术人员应接受过专业培训，并取得相应的资格认证。同一个试验件可以进行多次冲击，包括多次不同条件状态下的冲击，但是各冲击点之间的距离应不小于冲击物体尺寸的10倍。应使用全尺寸的复合材料压力容器，以避免因尺寸不同带来的影响。

C.2.4 该复合材料压力容器设计的目视损伤临界值建立之后，应使用未损伤的容器作为试验件进行冲击损伤容限的验证试验。开展验证试验时，压力容器应处于最恶劣工况下的压力水平，并选择相应的最危险位置作为冲击位置，所施加的冲击处于目视损伤临界值水平。应通过应力分析结果选择冲击位置。应通过目视检测确认冲击没有造成肉眼可观察到的损伤，或者造成的损伤刚刚能够被肉眼观察到。目视检测之后，试验件应进行压力爆破试验，直至试验件失效。

C.2.5 冲击损伤容限试验成功的准则

冲击后的爆破压力不小于设计爆破系数与最高预期工作压力的乘积（BAI≥DBF×MEOP）。

冲击损伤容限的验证试验可以按照如下步骤进行：

a） 将压力容器从25.4 cm的高度跌落至木制桌面上。对于圆柱形复合材料压力容器，应按照先柱段后封头的顺序撞击木板表面。对于球形复合材料压力容器，撞击区域应位于复合材料厚度最小的区域，或者复合材料应力最大的区域和纤维最终打结的位置；

b） 将压力容器从15.24 cm的高度跌落，并使两端区域首先撞击木板表面。试验之前应先移除表面凸起物（如接头、管路等）；

c） 使用直径为12.5 mm的落锤以6.8 J的能量撞击压力容器。撞击位置应位于对损伤最为敏感的区域。对于圆柱形复合材料压力容器，敏感区域包括圆柱段纤维打结的位置、封头应力最大的位置。球形复合材料压力容器的冲击位置应位于纤维最终打结的位置、以及通过应力分析得到的无损伤状态下的失效危险点；

d) 依据产品交付条件中规定的方法对容器进行检测，记录所有检测结果及环境条件；

e) 对该压力容器进行静态水压测试：

 1) 加注液体，使压力达到最高使用压力的 110%。加注速度应不超过规定的最大加注速度；

 2) 按照最高预期工作压力的 110%保压 10 min；

 3) 继续加注液体，将压力增加至检验压力(最高预期工作压力的 125%)。加注速度应不超过规定的最大加注速度；

 4) 按照检验压力保压 5 min；

 5) 按照规定的加压速度将压力增加至设计爆破压力；

 6) 按照设计爆破压力保压 30 s；

 7) 加压至破裂。

压力试验中，压力传感器应安装在容器内尽量靠近液体入口的位置。记录试验结果并归档，包括破裂位置的初始状态、位置等，并与无损伤试验件的试验现象和结果进行比对。

C.3 复合材料压力容器冲击损伤的防护

用于飞行的复合材料压力容器应遵守以下的冲击损伤防护规程：

a) 如果不需要频繁进行操作，如加工制造、装配、检测等，复合材料压力容器应存放于牢固、刚性的包装物内；

b) 复合材料外表面的涂层不应降低表面损伤的可检测性。增强表面损伤的可检测性应作为选择表面涂层的考虑因素之一；

c) 运输包装内应使用泡沫衬垫，避免复合材料压力容器在运输过程中遭受冲击损伤；

d) 制造方应在容器即将运输之前对容器进行检测，并以图示的方式标示损伤的位置等信息，用于后续使用(如集成、总装等)之前的检测。这些图示应作为该容器产品数据的一部分提供给用户；

e) 在复合材料压力容器产品接收时，应对运输过程中可能发生的损伤进行检测。

ICS 49.060
V 70

中华人民共和国国家标准

GB/T 32304—2015

航天电子产品静电防护要求

Electrostatic discharge protection requirements for aerospace electronic products

2015-12-31 发布　　2016-07-01 实施

中华人民共和国国家质量监督检验检疫总局
中国国家标准化管理委员会　发布

前　　言

本标准按照 GB/T 1.1—2009 给出的规则起草。

本标准由中国航天科技集团公司提出。

本标准由全国宇航技术及其应用标准化技术委员会(SAC/TC 425)归口。

本标准起草单位:北京东方计量测试研究所、西安空间无线电技术研究所。

本标准主要起草人:张书锋、刘民、朱建华、马志毅、刘志宏、徐思伟、王志勇、季启政、路润喜、蔡阿宁、王南光、袁亚飞、冯文武、许丽丽、汤浩军、胡立栋、张絮洁。

引　　言

随着电子技术的飞速发展，航天电子产品中使用了大量静电敏感器件，在电子产品研制、生产、使用等过程中使用的工具和设备以及操作人员携带的静电荷有可能造成静电敏感器件的损伤甚至失效，会给航天电子产品带来严重的质量隐患。为了杜绝由于静电放电造成的电子产品质量事故，我国对航天电子产品的静电防护提出了明确的管理和技术要求，并在航天系统电子产品生产单位运行实施，得到了成功验证和应用。本标准将对航天电子产品全寿命周期的静电防护起到有效指导和控制作用。

航天电子产品静电防护要求

1 范围

本标准规定了航天电子产品静电防护的一般要求以及策划、培训、防静电工作区、包装、标识、采购和外包、监视和测量、审核、管理评审和改进等详细技术和管理要求。

本标准适用于航天静电放电敏感电子产品的采购、生产、检验、测试、失效分析、包装、标识、维修、储存、分发和运输等科研、生产活动,也可作为对组织的静电防护管理体系进行评价或审核的依据。

2 规范性引用文件

下列文件对于本文件的应用是必不可少的。凡是注日期的引用文件,仅注日期的版本适用于本文件。凡是不注日期的引用文件,其最新版本(包括所有的修改单)适用于本文件。

GB/T 15463 静电安全术语

GB/T 19000 质量管理体系 基础和术语

3 术语和定义、缩略语

3.1 术语和定义

GB/T 15463 和 GB/T 19000 界定的以及下列术语和定义适用于本文件。

3.1.1

静电放电 electrostatic discharge

两个具有不同静电电位的物体,由于直接接触或静电场感应引起的两物体间的静电电荷的快速转移。

3.1.2

静电(放电)防护 electrostatic discharge protection

防静电

为防止发生静电放电所采取的各种技术方法或防护措施。

3.1.3

组织 organization

处置静电放电敏感电子产品的厂所、公司或其他实体,包括外包单位。

3.1.4

静电防护方针 electrostatic discharge protection policy

由组织最高管理者正式发布的关于静电防护方面的全面意图和方向。

3.1.5

处置 handling

在静电放电敏感电子产品的采购、制造、加工、组装、装联、包装、标识、维修、失效分析、测试、检验、环境试验、储存、分发和运输等过程中,直接或间接地作用于产品的活动。

3.1.6

静电(放电)敏感度　electrostatic discharge sensitivity

电子元器件耐受静电放电不降低性能的能力,以能够耐受相应放电模型的最大静电放电电压值或级别来描述。

3.1.7

静电(放电)抗扰度　electrostatic discharge immunity

装置、设备或系统面临静电放电不降低运行性能的能力,以电压值或级别来描述。

3.1.8

防静电工作区　electrostatic discharge protected area

配备各种防静电装备(用品)和设置接地系统(或等电位连接)、能限制静电电位、具有确定边界和专门标记的场所。

3.1.9

静电防护包装　electrostatic discharge protective packaging

为静电敏感电子产品提供防护的包装物品或材料,如防静电的包装袋、填充物、运输箱、转运盒以及集成电路包装管等。

3.1.10

保护接地线　protective earth conductor

设备接地线　equipment grounding conductor

为安全目的把仪器设备金属外壳和电源外部接地系统连接起来的导线。

3.1.11

功能地　functional ground

辅助地　auxiliary ground

除保护地之外的与大地连接起来的装置。

3.1.12

公共连接点　common connection point

为使防静电器材设备处于相同的电位,把两件或多件防静电器材、设备的连接导线连接起来的装置。

3.2　缩略语

下列缩略语适用于本文件。

ESDS ——静电放电敏感(的)(electrostatic discharge sensitive)

EPA ——防静电工作区(electrostatic discharge protected area)

HBM ——人体模型(human body model)

CDM ——带电器件模型(charged device model)

4　静电防护一般要求

4.1　组织

4.1.1　组织应按本标准的要求建立、实施和保持与其活动范围相适应的静电防护管理体系。

4.1.2　组织应将其制度、计划、程序和指导书形成文件,加以实施和保持,并持续改进其有效性。组织应将体系文件传达至有关人员,并被其理解、获取和执行。

4.1.3　最高管理者是组织的最高行政领导,具体职责如下:

a)　指定静电防护负责人并授予相应的权力;

b） 确保静电防护方针和目标的实现；

c） 提供必要的资源。

4.1.4 静电防护负责人应是参加静电防护管理体系决策的最高管理层成员，并具备履行以下职责所需的技术和行政能力，具体职责如下：

a） 确保静电防护管理体系得到建立、实施和保持；

b） 向最高管理者报告静电防护管理体系的绩效和任何改进的需求；

c） 确保在整个组织内提高静电防护的意识。

4.1.5 组织应明确静电防护主管部门，负责静电防护管理体系的建立、日常监督和管理，并审核、验证与本标准要求的符合性。

4.1.6 组织应在体系文件中规定相关部门及人员的静电防护职责。

4.2 文件

4.2.1 总则

静电防护管理体系文件应包括：

a） 形成文件的静电防护方针和静电防护目标，静电防护方针应包括对满足要求和持续改进静电防护管理体系有效性的承诺；

b） 静电防护管理手册；

c） 本标准所要求的程序文件；

d） 组织为确保体系有效策划、运行和控制所需的文件；

e） 本标准所要求的记录。

4.2.2 静电防护管理手册

4.2.2.1 组织应编制和保持静电防护管理手册。静电防护管理手册是实行静电防护、认证静电防护能力的主要管控文件。静电防护管理手册应适用于科研、生产的各个环节。组织应制定程序文件或操作规程，确保管理手册得到有效实施。静电防护管理手册应包括本标准的全部要求。

4.2.2.2 静电防护管理手册应由组织最高管理者签发。

4.2.3 文件控制

4.2.3.1 静电防护管理体系所要求的文件应予以控制。记录是一种特殊类型的文件，应按4.2.4的要求进行控制。

4.2.3.2 组织应编制程序文件，规定以下方面所需的控制：

a） 文件发布前获得批准，以确保文件的充分性与适宜性；

b） 必要时对文件进行评审与更新，并再次批准；

c） 确保文件的更改和现行修订状态得到有效识别；

d） 确保在使用处可获得适用文件的现行有效版本；

e） 确保文件保持清晰、易于识别；

f） 确保外来文件得到识别，并控制其分发；

g） 防止作废文件的非预期使用，若因任何原因而保留作废文件时，应对这些文件进行准确标识。

4.2.4 记录控制

4.2.4.1 组织应建立并保持记录，以提供符合要求和静电防护管理体系有效运行的证据。记录应保持清晰、易于识别和检索。

4.2.4.2 记录应能提供ESDS电子产品实现过程的完整静电防护证据,并能清楚地证明电子产品静电防护满足规定要求的程度。

4.2.4.3 组织应编制程序文件,以规定记录的标识、储存、保护、检索、保存期限和处置所需的控制。

5 静电防护详细要求

5.1 策划

5.1.1 静电防护目标

最高管理者应确保在组织的相关职能和层次上建立静电防护目标。静电防护目标应具体、量化、可考核,并与静电防护方针保持一致。

5.1.2 识别

5.1.2.1 组织应识别所处置的电子产品的静电敏感度、静电抗扰度或静电防护要求。

5.1.2.2 组织应识别有静电防护要求的过程、区域、人员等。

注:上述静电防护管理体系所需的过程包括与航天电子产品的采购、制造、加工、组装、装联、包装、标识、维修、失效分析、测试、检验、环境试验、储存、分发和运输等科研生产活动有关的环节。

5.1.2.3 组织应对客户的静电防护需求进行识别并加以满足,主动与客户交流沟通。

5.1.2.4 组织应编制程序文件,以确保组织的静电防护需求得到持续有效识别。

5.2 培训

5.2.1 组织应规定人员培训要求。对静电防护管理人员、处置或可能接触ESDS电子产品的所有人员(包括保洁人员、维修人员、来访人员等)应进行有关静电放电及其防护知识的初始培训和周期性培训。在作业人员从事ESDS电子产品处置工作前,应通过培训和考核获得上岗资格。培训和考核的方式方法可自行确定。

注:上述静电防护管理人员包括静电防护负责人、静电防护主管部门领导、静电防护主管部门主管人员、EPA负责人、EPA所属部门领导、EPA现场管理人员等。

5.2.2 组织应编制程序文件,规定以下内容:

a) 对人员进行静电防护培训的类型与频次做出规定;

b) 明确保存培训记录的要求;

c) 规定培训效果的评价和考核办法。

5.3 防静电工作区

5.3.1 总则

组织应编制程序文件,以规定防静电工作区的划分、配置、接地要求和管理要求。处置未经静电防护(无静电防护封装或包装)的ESDS电子产品必须在EPA中进行。

5.3.2 防静电工作区划分

组织应根据5.1.2识别的结果明确划分出EPA,用于处置ESDS电子产品。在非固定场所或临时场所处置未经防护的ESDS电子产品,也应建立一个临时EPA。每个EPA应设置明确的边界和统一、醒目的标识,并指定责任人。

5.3.3 防静电工作区配置

5.3.3.1 组织应根据相关要求,为EPA配置必要的防静电用品(包括静电防护包装、防静电服装鞋帽、防静电腕带、防静电工具、防静电材料等)、设备和设施等。

5.3.3.2 所有与静电防护要求相关的用品、设备和设施等,均应按专用技术文件的要求检测,验收合格后方可投入使用。在使用过程中应按专用技术文件的要求进行周期性检测,并在有效期内使用。

5.3.4 接地/等电位连接系统

5.3.4.1 组织应采用规范的接地/等电位连接系统实现 EPA 内静电接地,使 ESDS 电子产品、人员和防静电用品、设备和设施(如台面、小车、电烙铁等)处于相同的电位,同时满足电源供电和人身安全的相关要求。接地/等电位连接系统要求见表 1,其中:

a) 具备电源保护接地时,应优先选择电源保护接地系统;

b) 没有电源保护接地系统、不便利用或有特殊需要时,可选用电源保护接地系统之外的接地装置(功能接地);

c) 既无电源保护接地系统又无功能接地装置可利用时,应使 ESDS 电子产品、人员和防静电用品、设备和设施通过等电位连接,处于相同的电位。

表 1 接地/等电位连接系统要求

技术要求	实施方法	要求的限值
接地/等电位连接系统	保护接地线	符合电源供电的安全要求
	功能地	符合电源供电的安全要求
	等电位连接	小于 1×10^{9} Ω[a]

[a] 防静电用品、设备和设施对其公共连接点的最大电阻值应小于 1×10^{9} Ω。对于静电防护来说,此电阻没有最小值,应根据相关的安全要求,确定安全防护所需的最小电阻值。

5.3.4.2 各接地干线之间的连接和静电防护设备、设施的固定接地线路应采用钎焊、熔焊或压力连接件、螺栓等进行可靠连接。防静电工具、装置如防静电腕带(以下简称腕带)等接地端子可使用电气连接可靠、易于装拆的各种夹式连接器。

5.3.4.3 EPA 内每个静电防护设备、设施的接地线应尽量独立与接地系统连接,除特殊情况(如防静电椅子、防静电鞋等通过防静电地面接地等)之外不应多个静电防护设备、设施串联接地。

5.3.4.4 组织应对可能接触电子产品 ESDS 部位的孤立导体进行控制,不能接地或等电位连接的导体,如两端空置的电缆线,必须保证孤立导体和 ESDS 部位之间的电压值应不大于 35 V。

5.3.5 人员接地

5.3.5.1 在处置 ESDS 电子产品时,应通过腕带系统和地板-鞋束系统,使所有操作人员电气连接到接地/等电位连接系统。人员的接地方式、过程监测所要求的限值应符合如下要求:

a) 当工作人员在防静电工作台前或固定工位工作时,应佩戴腕带,通过腕带系统把所有工作人员连接到接地/等电位连接系统,接地电阻满足 1×10^{6} Ω~3.5×10^{7} Ω;

b) 当移动工作、佩戴腕带不方便时,应穿防静电鞋、防静电鞋套或脚跟带等,通过地板-鞋束系统接地,接地电阻满足 1×10^{5} Ω~1×10^{9} Ω,人体电压应小于 100 V。

5.3.5.2 利用防静电服实现人员接地时,应在静电防护管理手册中予以说明。防静电服的各部分(如从一只衣袖到另一衣袖)应具有电气连续性,包括人员、防静电服和接地线在内的对接地点的总电阻应小于 3.5×10^{7} Ω。

5.3.6 工具和设备接地

5.3.6.1 使用交流电的工具

EPA 内防静电电烙铁、吸锡器、有源剥线器(热剥器)等使用交流电的工具应可靠接地,工具的操作面(或与 ESDS 电子产品接触的表面)对接地点的电阻应小于 10 Ω。

5.3.6.2 不使用交流电的工具

EPA 内不使用交流电的工具，包括手动工具(如扁嘴钳、剪线钳、镊子、夹具等)、气动工具和电池动力工具等，应通过防静电工作台面或使用工具的人员实现接地。当固定在防静电工作台面或被操作人员使用时，工具的操作面(或与 ESDS 电子产品接触的表面)对接地点的电阻应小于 1×10^9 Ω。

5.3.6.3 设备

EPA 内的设备应可靠接地，与 ESDS 电子产品接触的表面对接地点的电阻应小于 1×10^9 Ω。

5.3.7 防静电工作区管理

5.3.7.1 EPA 标识

在 EPA 入口处应贴挂规定的标识，保证工作人员进入 EPA 时能清楚看到。EPA 标识符号式样见图 1，其最小尺寸为 300 mm×150 mm，标识颜色为黄底黑字。每个 EPA 应有明确的边界，并指定责任人。

注：EPA 可以是一张工作台，整个房间，甚至是整栋建筑物。

图 1　EPA 标识符号式样

5.3.7.2 人员控制

对进入 EPA 的人员应实行控制。应规定经培训并获得上岗资格的人员才允许进入 EPA 处置 ESDS 电子产品，外来人员在 EPA 期间应由具备上岗资格的人员陪同。

进入 EPA 的人员应按要求应正确穿戴防静电服装鞋帽，正确使用防静电用品(包含工具、包装)、设备、设施等。

5.3.7.3 绝缘物控制

应规定绝缘物品的处置要求，以减少因电场感应导致的电子产品损坏。静电防护管理手册中应有工作过程所需绝缘物品的处置要求。当绝缘物品的表面电场强度可能大于 80 kV/m(2 000 V/2.5 cm)时，应使绝缘物品与 ESDS 电子产品相隔 30 cm 以上；当绝缘物品的表面电场强度可能大于 5 kV/m (125 V/2.5 cm)时，应使绝缘物与 ESDS 电子产品相隔 2.5 cm 以上。距离无法满足上述规定或必要时，应使用离子风机或其他静电缓解技术进行电荷中和处理。

EPA 内不应有与工作无关的绝缘物品(如纸制品、塑料制品等)。

5.3.7.4 温湿度控制

应规定 EPA 内的湿度和温度控制范围。EPA 内应配置温度和湿度测量装置和调节装置。室内相对湿度一般不超出 30%～70%，室内温度一般保持在 18 ℃～28 ℃范围内。对于有不同要求的 EPA，温湿度应符合专用技术文件的要求。应做好温湿度记录，可采用手动记录或自动在线记录的方式，每天记录应不少于两次。

5.3.7.5 EPA 分类要求

根据 EPA 的实际工作情况，将 EPA 分为以下两类：

a) Ⅰ类：直接或间接接触、处置 ESDS 元器件、组件（电路板等）的区域。如库房，元器件筛选、老化和测试，电装，电路板调试、维修、检验和清洗，单机调试，与 ESDS 单机直接相连的电缆所处区域等。

b) Ⅱ类：处置 ESDS 单机设备（ESDS 元器件、组件已经做了一定的防护）的区域。如单机环境试验，单机老化，有静电敏感要求的产品部装、总装，单机库房等。

5.3.7.6 EPA 配置要求

不同类型的 EPA 有不同的配置方案。EPA 配置要求见表 2。

表 2 EPA 配置要求

序号	要求项目	Ⅰ类 EPA	Ⅱ类 EPA	选择条件
1	标识	●	●	—
2	防静电地面	●	●	—
3	防静电工作台	●	●	—
4	防静电储存架/柜	●	●	—
5	防静电椅/凳	●	○	—
6	防静电移动设备	▲	○	在 EPA 内转运未经防护的 ESDS 电子产品时必选
7	静电防护包装	●	○	—
8	防静电服、帽	●	●	—
9	防静电鞋	●	●	—
10	防静电鞋套、脚跟带	●	●	—
11	防静电手套/指套	▲	▲	有洁净度要求时必选
12	防静电腕带	●	●	—
13	防静电工具	●	○	—
14	防静电离子风机	▲	○	处置绝缘物品和进行不便于接地的操作时必选
15	防静电涂料、降阻剂	○	○	—
16	温湿度监测仪表	●	●	—
17	人体静电综合测试仪	●	●	—

表 2（续）

序号	要求项目	Ⅰ类 EPA	Ⅱ类 EPA	选择条件
18	腕带测试仪	●	●	—
19	静电连续监测仪	▲	—	电装车间必选
20	电烙铁测试仪	▲	—	电装车间必选
21	非接触式静电电压表	▲	○	至少有一台用于日常监测
注：●表示必选；—表示不要求；▲表示条件必选；○表示可选（根据各单位具体情况考虑，如器件静电敏感电压、操作人员多少等）。				

5.4 包装

5.4.1 组织应对 ESDS 电子产品在 EPA 内、外的静电防护包装要求做出规定，并在合同、采购订单、图样或其他相关文件中予以明示。

5.4.2 ESDS 电子产品的包装应满足如下要求：

a） 与 ESDS 电子产品直接接触的包装材料应是静电耗散材料；

b） ESDS 电子产品在 EPA 之间转运和在 EPA 外时，应满足 5.4a）的要求并增加静电放电屏蔽措施；

c） ESDS 元器件、半成品、成品组装件在 EPA 外均应装入全封闭的防静电屏蔽容器内。

5.5 标识

5.5.1 组织应对 ESDS 电子产品、静电防护包装和其他相关物品的标识要求做出规定，并在合同、采购订单、图样或其他相关文件中予以明示。

5.5.2 静电标识应清晰明确。除另有规定外，应使用图 1、图 2 和图 3 的标识。静电敏感警示标识用于 ESDS 电子产品，静电防护标识用于防静电包装、防静电器材设备等。

图 2 静电敏感警示标识

图 3 静电防护标识

5.6 采购和外包

5.6.1 组织应确保采购和外包（包括外协）的产品和服务满足静电防护要求：

a） 应将组织的静电防护要求传达给产品和服务的供应商；

b） 组织应评价产品和服务供应商的相应能力或资质，并保存这些评价的记录和获得批准的供应商名录。

5.6.2 组织应编制程序文件，以规定确保采购和外包的产品和服务满足静电防护要求所需的控制。

注：产品包括 ESDS 电子产品以及防静电用品、设备、设施等。

5.7 监视和测量

5.7.1 组织应提出监视和测量要求，以确保实现静电防护管理体系所确立的技术要求。

5.7.2 组织应编制程序文件规定如下内容：

a) 应验证的技术项目、测量限值（允许值）和验证频次，所有过程监测应与此规定相一致；

b) 过程监测所使用的设备与方法；

c) 做好记录并保存的要求，为判别是否满足规定的技术要求提供证据；

d) 所选用的测试设备应能满足监视和测量要求，并应保存有效的校准证书。

5.7.3 表 3 规定了 EPA 内各种防静电器材的技术要求，应根据实际情况选用。在静电防护管理手册中只要选定了防静电器材，所对应的测量限值就成为强制性的。组织应根据防静电器材、设施和工具的使用方式、使用条件和使用频度等因素，及器材、设施和工具性能随使用年限退化的规律，制定 EPA 内防静电器材、设施和工具的检测周期，确保其在检测周期内静电防护性能良好。推荐的检测周期参见附录 A。初次选择或新换批次的防静电器材应由具有相应检测能力和资质的第三方检测机构进行产品认证检测。每年进行的监视和测量项目应由具有相应检测能力和资质的第三方检测机构实施。

表 3 EPA 内防静电用品、设备、设施的技术要求

名称	产品认证要求	监视和测量要求（符合性验证）
地面（地板、地垫）	点对点电阻 $1\times10^4\ \Omega\sim1\times10^9\ \Omega$	点对点电阻 $1\times10^4\ \Omega\sim1\times10^9\ \Omega$
	点对接地点电阻 $1\times10^4\ \Omega\sim1\times10^9\ \Omega$	点对地电阻 $1\times10^4\ \Omega\sim1\times10^9\ \Omega$
	人体走动电压小于 100 V	—
工作台（台面、台垫）	点对点电阻 $1\times10^5\ \Omega\sim1\times10^9\ \Omega$	点对点电阻 $1\times10^5\ \Omega\sim1\times10^9\ \Omega$
	点对接地点电阻 $1\times10^5\ \Omega\sim1\times10^9\ \Omega$	点对地电阻 $1\times10^5\ \Omega\sim1\times10^9\ \Omega$
	充电孤立导体接触分离后残余电压小于 200 V	—
储存架/柜（储存未经防护的 ESDS 产品）	点对点电阻 $1\times10^5\ \Omega\sim1\times10^9\ \Omega$	点对点电阻 $1\times10^5\ \Omega\sim1\times10^9\ \Omega$
	点对接地点电阻 $1\times10^5\ \Omega\sim1\times10^9\ \Omega$	点对地电阻 $1\times10^5\ \Omega\sim1\times10^9\ \Omega$
椅/凳	点对接地点电阻 $1\times10^5\ \Omega\sim1\times10^9\ \Omega$	点对地电阻 $1\times10^5\ \Omega\sim1\times10^9\ \Omega$
防静电移动设备（如小车、梯子等）	点对点电阻小于 $1\times10^9\ \Omega$	表面对地电阻小于 $1\times10^9\ \Omega$
	点对接地点电阻小于 $1\times10^9\ \Omega$	
静电防护包装	与 ESDS 接触的表面点对点电阻 $1\times10^3\ \Omega\sim1\times10^{10}\ \Omega$	内、外表面点对点电阻小于 $1\times10^{10}\ \Omega$
	防静电屏蔽包装内感应能量小于 50 nJ	
防静电服、帽	点对点电阻 $1\times10^5\ \Omega\sim1\times10^{10}\ \Omega$	点对点电阻 $1\times10^5\ \Omega\sim1\times10^{10}\ \Omega$
可接地防静电服	点对接地点电阻 $1\times10^5\ \Omega\sim1\times10^9\ \Omega$	点对地电阻 $1\times10^5\ \Omega\sim1\times10^9\ \Omega$
可接地防静电服系统	$1\times10^6\ \Omega\sim3.5\times10^7\ \Omega$	$1\times10^6\ \Omega\sim3.5\times10^7\ \Omega$
防静电鞋	鞋底电阻 $1\times10^5\ \Omega\sim1\times10^8\ \Omega$	鞋底电阻 $1\times10^5\ \Omega\sim1\times10^8\ \Omega$
防静电鞋套、脚跟带	鞋底导电带电阻 $1\times10^5\ \Omega\sim1\times10^8\ \Omega$	鞋底导电带电阻 $1\times10^5\ \Omega\sim1\times10^8\ \Omega$
防静电手套、指套	内、外表面点对点电阻 $1\times10^5\ \Omega\sim1\times10^9\ \Omega$	内、外表面点对点电阻 $1\times10^5\ \Omega\sim1\times10^9\ \Omega$

表 3（续）

名称	产品认证要求	监视和测量要求（符合性验证）
防静电腕带	腕带线缆端对端电阻（0.8～1.2）×10^6 Ω	腕带线缆端对端电阻（0.8～1.2）×10^6 Ω
	腕带套内表面对电缆扣电阻小于 1×10^5 Ω	腕带套内表面对电缆扣电阻小于 1×10^5 Ω
	腕带套外表面对地电阻大于 1×10^7 Ω	腕带套外表面对地电阻大于 1×10^7 Ω
腕带插孔	腕带插孔对接地点电阻小于 2 Ω	腕带插孔对地电阻小于 2 Ω
	腕带插头与插孔的拔出力大于 1.5 N	腕带插头与插孔的拔出力大于 1.5 N
电烙铁、吸锡器、热剥器、拆焊等手持电装工具	与 ESDS 电子产品的接触面对地电阻小于 2 Ω	与 ESDS 电子产品的接触面对地电阻小于 10 Ω
	与 ESDS 电子产品的接触面电压小于 20 mV	
	与 ESDS 电子产品的接触面泄漏电流小于 10 mA	
镊子、毛刷、钳子、夹具等手持工具	与 ESDS 电子产品的接触面对可接地部位电阻小于 1×10^9 Ω	与 ESDS 电子产品的接触面对地电阻小于 1×10^9 Ω
自动取放、自动电装、环境试验等设备	—	与 ESDS 电子产品的接触面对地电阻小于 1×10^9 Ω
离子风机	静电衰变时间不大于 20 s（从±1 000 V 衰变到±100 V）	静电衰变时间不大于 20 s（从±1 000 V 衰变到±100 V）
	残余电压不大于 35 V	残余电压不大于 35 V
静电连续监测仪	由用户或产品规范规定	由用户或产品规范规定

注：上述限值适合于对静电敏感度在人体模型 HBM 100 V 及以上、带电器件模型 CDM 200 V 及以上和孤立导体±35 V 及以上的 ESDS 产品的静电防护技术要求。如果处置静电敏感度更高的 ESDS 产品，需要增加控制项目或调整限值。当提供了特殊处置过程和处置项目的设计文件，并提供验证报告之后，仍视为符合本标准要求。

5.8 审核

5.8.1 组织应定期进行内部审核，内部审核应涉及管理体系的全部要素。审核周期一般为 1 a。

5.8.2 审核应由经过培训和具备资格的人员来执行。审核人员应独立于被审核的活动。

5.8.3 对发现的不符合应采取纠正措施，并跟踪落实。审核结果应作为管理评审的输入之一。

5.8.4 组织应编制程序文件，以规定审核的策划、实施、形成记录以及报告结果的职责和要求。

5.8.5 组织应保存内部审核及其结果的记录。

5.9 管理评审

5.9.1 最高管理者应在规定周期内按程序评审静电防护管理体系，以确保其持续的适宜性、充分性和有效性。评审应包括评价静电防护管理体系改进的需求，包括静电防护方针和静电防护目标变更的需求。管理评审的周期一般为 1 a。可与质量管理体系等其他体系的管理评审合并进行，但应有独立的管理评审报告。

5.9.2 组织应编制程序文件，以规定管理评审的策划、输入、实施、输出、形成记录以及报告结果的职责和要求。

5.9.3 组织应保持管理评审的记录。

5.10 改进

5.10.1 组织应利用静电防护方针、静电防护目标、审核结果、数据分析、纠正措施和预防措施以及管理评审，持续改进静电防护管理体系的有效性。

5.10.2 组织应采取纠正措施，以消除不符合的原因，防止不符合的再发生。组织应编制程序文件，包括确定不符合的原因、制定并实施确保不符合不再发生的措施、记录所采取措施的结果并验证其有效性。

5.10.3 组织应采取预防措施，以消除潜在不符合的原因，防止不符合的发生。组织应编制程序文件，包括确定潜在不符合及其原因、制定并实施防止不符合发生的措施、记录所采取措施的结果并验证其有效性。

附　录　A
（资料性附录）
EPA内防静电用品、设备、设施检测周期

表A.1规定了EPA内防静电用品、设备、设施的检测周期。

表A.1　EPA内防静电用品、设备、设施检测周期

项目要求		检测周期				
		连续	天	月	半年	一年
防静电地面(地板、地垫)	接地连接	—	—	●	—	—
	点对点、点对地电阻[a]	—	—	—	—	●
防静电工作台(台面、台垫)	接地连接	—	—	●	—	—
	点对点、点对地电阻[a]	—	—	—	—	●
防静电储存架/柜点对点、点对地电阻[a]		—	—	—	—	●
防静电椅/凳对地电阻[a]		—	—	—	●	—
防静电移动设备(手推车、梯子、搬运车、吊车等)表面对地电阻[a]		—	—	—	●	—
周转容器等静电防护包装表面点对点电阻和静电放电屏蔽性能		—	—	—	—	○
静电防护屏蔽包装外观完整性		—	●	—	—	—
佩戴腕带情况下人体对地连接		—	●	—	—	—
腕带插孔		—	—	—	●	—
防静电服	个人着装情况	—	●	—	—	—
	点对点电阻或对地电阻	—	—	○	—	—
穿着防静电鞋、鞋套情况下人体对地连接		—	●	—	—	—
电烙铁等电装工具接地电阻		—	●	—	—	—
镊子等手持工具接地电阻		—	—	—	●	—
自动取放、自动电装、环境试验等设备接地电阻[a]		—	—	—	●	—
离子风机技术性能[a]		—	—	—	—	●
静电接地系统[b]	连续性、完整性	—	—	●	—	—
	公共接地点对电源保护地电阻	—	—	●	—	—
	交流设备导体阻抗[a]	—	—	—	—	●
	专用地线接地电阻[a]	—	—	—	—	●
人体静电综合测试仪、腕带测试仪、电烙铁测试仪等技术性能[a]		—	—	—	—	●
静电连续监测仪	工作状况	—	●	—	—	—
	技术性能[a]	—	—	—	—	●
非接触式静电电压表技术性能[a]		—	—	—	—	●
环境温度、相对湿度[c]		●	—	—	—	—

注：●表示必选；—表示不要求；○表示批次性抽查。应根据防静电用品、设备、设施的使用方式、条件、频度和年限等适当缩短检测周期。

[a] 需要某种形式的检测标识，如标签、标牌或记录表格等。

[b] EPA接地电阻(接地体与大地间的电阻)应每年检测一次。

[c] EPA温度、相对湿度没有条件实现连续记录的，可每日定时记录不少于两次。

参 考 文 献

[1] GB 12158—2006 防止静电事故通用导则

[2] GB/T 15463—2008 静电安全术语

[3] GB/T 17626.2—2006 电磁兼容 试验和测量技术 静电放电抗扰度试验

[4] GB/T 19000—2008 质量管理体系 基础和术语

[5] GB/T 19001—2008 质量管理体系 要求

[6] GB/T 28001—2011 职业健康安全管理体系 要求

[7] GB/T 20000.7—2006 标准化工作指南 第7部分 管理体系标准的论证和制定

[8] GB 50611—2010 电子工程防静电设计规范

[9] IEC 61340-5-1:2007 Protection of electronic devices from electrostatic phenomena—General requirements

[10] IEC TR61340-5-2:2007 Protection of electronic devices from electrostatic phenomena—User guide

[11] ANSI/ESD S20.20:2014 For the Development of an Electrostatic Discharge Control Program for Protection of Electrical and Electronic Parts, Assemblies and Equipment(Excluding Electrically Initiated Explosive Devices)

[12] ANSI/ESD S20.20:2007 For the Development of an Electrostatic Discharge Control Program for Protection of Electrical and Electronic Parts, Assemblies and Equipment(Excluding Electrically Initiated Explosive Devices)

[13] ESD TR20.20:2008 Handbook for the Development of an Electrostatic Discharge Control Program for the Protection of Electronic Parts, Assemblies and Equipment.ESDA, 2008

[14] ESD TR53-01-06 For the Protection of Electrostatic Discharge Susceptible Items—Compliance Verification of ESD Protective Equipment and Materials.ESDA, 2006

[15] NASA-STD 8739.7 Requirements for Electrostatic Discharge Control(Excluding Electrically Initiated Explosive Devices).NASA Technical Standard, 2002

[16] 袁亚飞等.电子工业静电防护技术与管理[M].北京:中国宇航出版社,2013.

[17] 孙延林.电子工业静电防护指南[M].北京:电子工业出版社,2006.

[18] 刘尚合等.静电放电及危害防护[M].北京:北京邮电大学出版社,2004.

[19] 张宝铭,林文获.静电防护技术手册[M].北京:电子工业出版社,2000.

ICS 49.020
V 00

中华人民共和国国家标准

GB/T 32305—2015/ISO 14300-2:2011

航天产品保证

Requirements for space product assurance

(ISO 14300-2:2011 Space systems—Programme management—
Part 2:Product assurance,IDT)

2015-12-31 发布　　　　2016-07-01 实施

中华人民共和国国家质量监督检验检疫总局
中国国家标准化管理委员会　发布

前　言

本标准按照 GB/T 1.1—2009 给出的规则起草。

本标准使用翻译法等同采用 ISO 14300-2:2011《航天系统　项目管理　第 2 部分:产品保证》(英文版)。

本标准做了下列编辑性修改:

a) “本部分”一词改为“本标准”;

b) 删除 ISO 14300-2:2011 的前言;

c) 将 ISO 14300-2:2011 的简介改为引言;

d) 由于翻译后不涉及英文版 3.2 中的缩略语 PA,将此条删除。

本标准由中国航天科技集团公司提出。

本标准由全国宇航技术及其应用标准化技术委员会(SAC/TC 425)归口。

本标准起草单位:中国航天标准化与产品保证研究院。

本标准主要起草人:卿寿松、金柏冬、李福秋、周倜、马志伟、周传珍、刘鼎、李枚楠。

引　　言

本标准用来在航天项目和应用中开展产品保证。

本标准规定了需要开展的产品保证工作，而不是如何组织和完成这些工作。这允许应用现行有效的组织结构与方法，并在必要时对组织结构与方法进行调整与完善。

本标准的结构参考了 ISO 9000 系列标准，以及 ISO 14300-1 的内容。

航天产品保证

1 范围

本标准规定了航天项目产品保证的方针、目标和原则，以及建立和实施产品保证的要求，其内容涉及航天产品的任务定义、设计、开发、生产、使用和处置阶段。

产品保证专业包括：航天项目软硬件产品的产品保证管理、质量保证、安全性保证、可信性(可靠性、可用性、维修性)保证，以及电气、电子和机电元器件，机械零件，材料和工艺保证。

本标准规定了产品保证各专业的目标、方针和原则，以确保在产品的全寿命周期内，全面实现规定的产品保证目标。

本标准适用于航天产品。

2 规范性引用文件

下列文件对于本文件的应用是必不可少的。凡是注日期的引用文件，仅注日期的版本适用于本文件。凡是不注日期的引用文件，其最新版本(包括所有的修改单)适用于本文件。

GB/T 19000—2008 质量管理体系 基础和术语(ISO 9000:2005,IDT)

ISO 14300-1 航天系统 项目管理 第1部分：项目结构(Space systems—Programme management—Part 1:Structuring of a project)

ISO 14620-1 航天系统 安全性要求 第1部分：系统安全性(Space systems—Safety requirements—Part 1:System safety)

ISO 14621-1 航天系统 电气、电子和机电(EEE)元器件 第1部分：元器件管理(Space systems—Electrical,electronic and electromechanical (EEE) parts—Part 1:Parts management)

ISO 14621-2 航天系统 电气、电子和机电(EEE)元器件 第2部分：控制程序要求(Space systems—Electrical,electronic and electromechanical (EEE) parts—Part 2:Control programme requirements)

ISO 17666 航天系统 风险管理(Space systems—Risk management)

3 术语、定义和缩略语

3.1 术语与定义

GB/T 19000—2008 界定的以及下列术语和定义适用于本文件。

3.1.1

产品保证 product assurance

关于研究、策划并实施一系列活动，以保证项目的设计、控制、方法和技术能使产品达到满意质量水平的一门专业。

3.2 缩略语

下列缩略语适用于本文件。

EEE——电气、电子和机电(electrical,electronic,electromechanical)

4 目标、方针和原则——总则

4.1 目标

产品保证的主要目标是确保航天产品完成它们规定的任务目标，更确切地说，要保证它们安全、可用和可靠。

更进一步的目标是通过协调制定与执行合理的产品保证方法和标准，提高航天项目的成本效益。

为支持项目风险管理，产品保证将确保在项目约束条件内对技术风险和计划风险进行充分的识别、评价、预防和控制。

4.2 方针和原则

为了实现这些目标，本标准规定了产品保证方针。该方针要求产品保证大纲应建立在系统的预防性方法基础之上，并包括以下内容：

a） 对人的生命、航天产品、资产和环境的保护；
b） 定义和维护项目产品保证职能，并与其他职能和项目级组织之间保留适当的自主性；
c） 综合运用产品保证专业，并与项目管理和项目工程的相关职能保持协调；
d） 剪裁产品保证要求，以适应特定的项目需求；
e） 对产品保证要求及其控制进行分配，使其与系统的关键功能相协调；
f） 将产品保证综合到全面风险管理过程中；
g） 通过适当级别的管理，产品保证应在产品的全寿命周期内对合理控制技术风险和确保识别风险发挥作用；
h） 实施预防措施，例如：早期识别潜在问题及其对研制过程的持续影响；
i） 验证活动与项目目标相一致；
j） 供方对最终产品提供证明，以满足顾客的最终验收。

5 产品保证管理

5.1 目标

产品保证管理的目标是通过适当综合产品保证各专业，以及协调产品保证和全部的项目管理与工程活动，确保合理、有效、高效地协调和实施产品保证活动。

5.2 方针和原则

5.2.1 产品保证管理的方针为产品保证大纲的实施应贯穿于项目的所有阶段，落实到每一个人，用这种方式进行管理以确保：

a） 确定产品保证大纲、组织、要求、方法、工具和资源，并且从系统到零件的每一产品层次上得以实施；
b） 适用的标准已经过适当剪裁；
c） 识别出对项目规定的安全、任务成功、相关费用和预期后果等要求有重大影响的因素；
d） 通过对问题诱因和传播的早期检测、特性识别、消除、最小化与隔离，防止这些因素造成的不利后果；
e） 开展风险评估和控制，对残余风险的可接受水平进行评价；
f） 最终产品符合其产品规范，并且对发生的不合格进行了合理处置。

确保项目能随时提供必要的产品质量状态透明度。

5.2.2 产品保证管理的基本实施原则为：

a) 根据项目目标、要求、关键程度和约束条件，明确所有的产品保证活动；
b) 为了完成规定的产品保证任务，确保分配和应用充分的资源、人员和设备；
c) 确保较低层次的承包商/供方适当的产品保证实施、监督和控制活动；
d) 确保对所有产品保证事项进展情况的监督、报告和透明度，特别是与风险处置、警报、关键项目、不合格、更改、偏离、超差、评审后提出的改进措施与建议、检验与审核、鉴定、验证和验收等有关的事项。

5.3 要求

5.3.1 职责和权限

职责和权限应符合以下要求：

a) 明确产品保证组织及其职责、权限和相互关系；
b) 对项目中的每一个内部和外部组织，都应明确其产品保证责任和接口关系，并形成文件；
c) 供方在对分供方分配产品保证任务时，应形成文件并可控，供方对顾客负有责任；
d) 相关方应按照 ISO 17666 实施风险管理。

5.3.2 资源

资源应符合以下要求：

a) 为了完成规定的产品保证任务，供方应确保提供充分的资源；
b) 应将受过培训的人员分配到各种产品保证活动中；
c) 供方应指派一名项目产品保证经理，项目产品保证经理直接向项目经理报告，为完成任务，必要时可通过组织的产品保证（或等同）部门不受阻碍地向上级管理部门报告；
d) 供方应对决定或影响产品质量的操作人员制定培训计划，并形成文件；
e) 应由与当前开展工作无直接关系的人员对产品保证大纲、过程和产品开展评审和审核工作。

5.3.3 产品保证大纲管理

产品保证大纲管理应符合以下要求：

a) 指定的项目产品保证经理，无论其承担何种其他职责，应依据项目产品保证要求，具备足够的权威性和独立性去提出和完善产品保证大纲；
b) 供方应策划和实施项目产品保证计划；
c) 供方的产品保证计划应在项目全寿命周期内持续完善；
d) 供方应按合同中规定的要求，定期报告产品保证大纲的执行情况；
e) 供方应按现有确定的程序策划和实施产品保证大纲、过程和产品的质量审核。

5.3.4 合同事宜

各级合同应提供适用的产品保证大纲以证明：

a) 所有合同都包括建立在产品信息和顾客要求基础上的产品保证条款；
b) 产品保证职能部门参与了产品保证条款的策划和沟通；
c) 产品保证职能部门参与了合同的详细评审；
d) 产品保证职能部门参与了所有合同要求更改的评估和评审。

5.3.5 风险评估和控制

5.3.5.1 产品保证应为 ISO 14300-1 中定义的项目全面风险管理过程提供输入。在实施过程中应对以下方面进行系统考虑：

a) 在设计性能验证中预期的风险可能性、严重性或其不确定性，以及设计裕度较小的产品；
b) 通过可信性和安全性分析识别出的风险；
c) 在新的产品、元器件、零件、材料、工艺和关键技术开发过程中可能暴露的风险可能性、严重性或其不确定性；
d) 在采购、制造、装配、检验、试验、装卸、贮存和运输过程中可能暴露的风险可能性、严重性或其不确定性，这些可能会导致不可接受的产品质量下降；
e) 在产品使用或服务中可能暴露的风险可能性和严重性；
f) 由较低层次的供方识别出的风险；
g) 由于项目的成本和进度约束所导致的产品质量下降的风险；
h) 风险降低与控制措施的效果；
i) 残余风险的可接受水平。

5.3.5.2 风险评估的结果之一是识别关键项目，项目有责任确定识别关键项目的具体准则，同时还要考虑检测和控制风险发生的能力。

5.3.5.3 与可信性和安全性相关的要求如下：

a) 可信性和安全性方面的技术风险识别、降低和控制工作是项目全寿命周期中持续和迭代进行的"风险管理过程"的一部分，与可信性和安全性相关的技术风险降低和控制过程与工程领域的活动相结合；
b) 风险识别可以采取自上而下和自下而上的两种方式同时进行；
c) 与可信性和安全性相关的技术风险降低与控制过程，适用于所有识别到的可能会给项目带来不可接受后果的危害和失效模式；
d) 在开展故障模式、危害和相关技术风险识别时，应考虑以往的实践、研究、地面和飞行试验、评审、工业过程和操作使用情况；
e) 为了选择最优解决方案降低系统级风险，应在系统级评估针对可信性和安全性的风险降低措施。

5.3.5.4 风险识别与评估过程使用定性和定量两种方法，要求如下：

a) 对所有识别出的技术风险应先评估后果严重性等级，根据适度的项目严重性等级进行汇总，并采取相应的控制措施；
b) 在采取定性风险降低措施之后，应对残余风险包括其概率进行评估。应根据确定的准则证实残余风险的可接受水平。

6 质量保证

6.1 目标

质量保证的目标是提供给顾客足够的信心——最终产品或服务能满足要求。

6.2 方针和原则

质量保证的方针为通过实施质量保证大纲，在项目各阶段，结合其他综合性项目和产品保证职能，确保要求的质量已被规定并设计到产品中，并且在相关软硬件及其文件中得到结合、验证和维持。质量保证大纲应包括以下内容：

a) 保证对所有的要求都做了合理规定；
b) 设计开发的规则、方法和标准与项目要求一致；
c) 采用一种或多种方法对每个适用的要求进行验证，这些方法包括：分析、检验、试验、设计评审和审核；
d) 通过鉴定和验收对设计和性能要求进行验证，包括规定的裕度和设计可追溯性；
e) 为风险管理过程提供输入；
f) 保证设计是可生产和可重复的，最终得到的产品规范是可验证的（包括验证控制要求），并能在规定的使用条件限制下使用；
g) 保证采用可控的方式并按照相关的要求进行使用，包括飞行后和处置阶段；
h) 保证为项目的所有参与者，提供了覆盖设计、开发、生产、安装、维修、最终检验和试验的质量体系；
i) 保证制造、集成、试验和维护的方式可控，以便最终产品符合适用的基线要求；
j) 建立和维持不合格控制系统，跟踪不合格项，防止再次发生；
k) 保持和分析质量记录，以及时报告和跟踪预防与纠正措施的发展趋势；
l) 控制好合同中规定使用的检验、测量、试验设备和工具的使用精度；
m) 为所有产品的鉴别、隔离、装卸、包装、防腐、贮存和运输制定程序和说明。

7 安全性保证

7.1 目标

安全性保证的目标是确保所有与航天产品设计、开发、生产和使用相关的安全性风险得以识别、评估、最小化、控制和最终接受。

航天系统安全性要求应符合 ISO 14620-1 的规定。

7.2 方针和原则

7.2.1 方针

安全性保证的方针为确保航天系统不发生无法接受的危害，按以下顺序排序：

a) 人的生命；
b) 环境；
c) 公共和私有财产；
d) 航天器和运载火箭；
e) 地面支持设备和设施。

7.2.2 实施原则

安全性保证方针通过应用安全性保证大纲得以实施。安全性保证大纲应确保：

a) 把安全性设计到系统当中；
b) 对安全性控制措施进行充分验证；
c) 满足包括发射场安全规则在内的安全性要求；
d) 识别和消除危害，或者如果不可能，应采取顾客和任务执行相关的安全性组织都可接受的方式，将危害最小化、排序和控制到与项目目标相符。

此外，安全性保证方针应与可信性保证大纲协调一致。

7.2.3 安全性保证大纲

安全性保证大纲应包括以下内容：

a) 与航天产品的设计、开发和运行相关的所有安全性风险的识别与控制；
b) 必要时，基于定性和定量分析方法的风险评估；
c) 危害降低优先等级和残余风险控制措施的应用；
d) 意外事故和突发事件的解决预案；
e) 符合 ISO 14620-1 的要求。

8 可信性保证

8.1 目标

可信性保证的目标是确保与航天产品的设计、开发、生产和使用相关的可信性风险得以充分识别、评估、最小化、控制和最终接受。

8.2 方针和大纲

8.2.1 方针

可信性保证的方针为确保航天系统以最低的寿命周期成本成功完成任务。

8.2.2 可信性保证大纲

可信性保证大纲应包括以下内容：

a) 识别与功能需求有关的会导致不符合可信性要求的所有技术风险；
b) 应用适合的分析和设计方法，确保实现可信性保证目标；
c) 通过确保以下事项，达到总成本和进度的最小化：
    1) 根据相应的关键状态类别，对设计准则、可信性分析和降低风险措施进行剪裁；
    2) 从项目早期特别是设计阶段开始，持续实施降低风险措施。
d) 为综合后勤保障活动提供适合的输入。

可信性保证方针应通过应用可信性保证大纲得以实施，并与安全性保证大纲协调一致。

9 EEE 元器件、机械零件、材料和工艺保证

9.1 目标

与 EEE 元器件、机械零件、材料和工艺相关的产品保证活动的目标是确保其在全寿命周期中的应用满足任务要求。

EEE 元器件管理和控制程序要求应分别符合 ISO 14621-1 和 ISO 14621-2 的规定。

9.2 方针和大纲

9.2.1 方针

为实现 9.1 中的目标，EEE 元器件、机械零件、材料和工艺保证的方针为选择能够满足功能性能、设计、寿命、环境、可信性、安全性和质量要求的产品。

EEE 元器件、机械零件、材料和工艺保证方针通过应用 EEE 元器件、机械零件、材料和工艺保证大

纲得以实施。大纲应确保：

a） 最大程度地利用所有可用的和经过飞行验证的技术；

b） 依靠经过飞行验证有效的技术或使用前已充分确认的技术，使技术风险降到最低；

c） 把由于采用不适用或禁限用技术所导致的计划风险降至最低。建议采用适合的设计或采购策略。

9.2.2 EEE 元器件、机械零件、材料和工艺保证大纲

EEE 元器件、机械零件、材料和工艺保证大纲应包括以下内容：

a） 在计划使用和采购之前，适时说明和证实所有产品的选用、评价、鉴定和确认的状态；

b） 适时制定包括减少规格、标准化、监制、控制和报告程序在内的产品采购计划；

c） 保证选用的 EEE 元器件、机械零件、材料和工艺能符合应用要求和工程设计准则与标准。

参 考 文 献

[1] ISO 9001 质量管理体系 要求
[2] AS/EN/JISQ 9100 质量管理体系 航空、航天和国防组织要求

ICS 24.020
V 70

中华人民共和国国家标准

GB/T 32306—2015/ISO 14619:2003

航天系统空间实验通用要求

General requirements of space experiments for space system

(ISO 14619:2003,Space system—Space experiments—General requirements,IDT)

2015-12-31 发布 2016-07-01 实施

中华人民共和国国家质量监督检验检疫总局
中国国家标准化管理委员会 发布

前　言

本标准按照 GB/T 1.1—2009 给出的规则起草。

本标准采用翻译法等同采用 ISO 14619:2003《航天系统　空间实验　通用要求》。

本标准由中国航天科技集团公司提出。

本标准由全国宇航技术及其应用标准化技术委员会(SAC/TC 425)归口。

本标准起草单位:中国航天标准化研究所。

本标准主要起草人:卫巍、霍玉倩、林海波、吴永亮。

引 言

本标准确定了在航天产品上准备和实施空间实验，以及对采集到的数据进行处理的基本要求。

航天系统已经被广泛用于解决人类的各类实际问题。空间实验能够为某些研究提供理想的实验条件，科学研究必须把握空间任务提供的各种机遇，充分利用航天系统的功能并扩展其应用范围，通过空间实验对研究结果进行验证。

提议在航天系统中进行空间实验所消耗的资源应尽可能小。空间实验经常作为航天系统本身运行操作的一部分，空间实验由航天系统的硬件系统和软件系统共同完成。在此过程中，空间实验需要达成以下两个目标：

a） 确保实验的成功执行和顺利完成；

b） 避免由于干扰运行中的航天系统而损害其性能。

达成以上目标的方法是实现空间实验与航天系统集成的操作流程标准化。本标准规定了空间实验地面准备以及在轨执行实验操作和实验结果处理的具体程序。

航天系统空间实验通用要求

1 范围

本标准规定了空间实验的准备与实施程序以及实验结果处理的一般要求，适用于载人和无人航天系统，但不适用于携带探测器的探空火箭上开展的相关实验。本标准可以根据不同实验项目及不同空间平台条件进行剪裁。

2 规范性引用文件

下列文件对于本文件的应用是必不可少的。凡是注日期的引用文件，仅注日期的版本适用于本文件。凡是不注日期的引用文件，其最新版本(包括所有的修改单)适用于本文件。

ISO 14300-1 空间系统 项目管理 第1部分：项目结构(Space systems—Programme management—Part 1:Structuring of a programme)

ISO 14300-2 空间系统 项目管理 第2部分：产品保证(Space systems—Programme management—Part 2:Product assurance)

ISO 14620-1 空间系统 安全要求 第1部分：系统安全(Space systems—Safety requirements—Part 1:System safety)

ISO 14620-2 空间系统 安全要求 第2部分：发射场操作(Space systems—Safety requirements—Part 2:Launch site operations)

3 术语和定义

下列术语和定义适用于本文件。

3.1

空间实验 space experiment

以在科学研究项目中获得信息为目标，在空间开展的操作或观测活动。

3.2

空间实验系统 space experiment system

一组用于空间实验并集成在航天系统(或支持设备)中的特定设备。

3.3

空间实验系统设计师 space experiment system designer

负责空间实验系统开发、交付并保证系统性能的人员。

3.4

空间实验项目经理 space experiment project manager

负责空间实验项目管理工作的人员。

3.5

空间实验技术经理 space experiment operations manager

负责在空间实验各个阶段的操作管理以及组织空间实验执行全过程的人员。

3.6

空间实验科学观测　space experiment scientific observation

在空间实验设备工作过程中，采集信息和实验数据的方法。

4　空间实验组织管理要求

4.1　空间实验阶段划分

空间实验应按照以下阶段开展：

a)　实验计划阶段；

b)　实验设计与开发阶段；

c)　实验实施阶段；

d)　实验结果处理及最终实验报告准备阶段。

4.2　实验人员

空间实验的组织者与实施者应包括以下人员：

a)　空间实验技术经理；

b)　空间实验系统设计师；

c)　空间实验项目经理。

4.3　并行实验

航天系统中可能存在多个项目并行开展的情况，应由实验项目经理会同技术经理共同决定是否进行联合实验。

4.4　原则

在航天系统中执行空间实验，应遵循相关标准中对项目管理、安全要求的规定。具体见 ISO 14300-1，ISO 14300-2，ISO 14620-1 和 ISO 14620-2。

5　空间实验计划阶段

5.1　概述

空间实验计划阶段，首先应评估在特定航天系统中进行特定实验的可行性。首先应依次完成以下工作：

a)　提出实验建议；

b)　准备输入航天系统的相关数据；

c)　对实验进行技术评估。

5.2　提出实验建议

实验建议应包含充足的数据，以便于项目经理能够对该实验的可行性进行评价。附录 A 给出了一个空间实验建议的示例。

5.3　输入数据要求

空间实验项目经理应根据申请材料中的已知信息，为空间实验所需的航天系统准备输入数据信息：

a) 安装空间实验设备的航天器的尺寸和质量参数；
b) 基本运行条件；
c) 航天器为空间实验设备供电的能力信息；
d) 控制空间实验设备的装置的性能参数；
e) 数据处理和传输；
f) 有关航天器弹道和指向模式的信息；
g) 实验设备的在轨维护要求；
h) 当前航天系统对空间实验的约束。

5.4 技术评估

5.4.1 概述

空间实验的技术评估工作应当由空间实验技术经理和实验系统设计师共同完成，同时还需要与空间实验项目经理进行协调。技术评估包括以下内容：

a) 空间实验任务；
b) 空间实验设备要求；
c) 对科学观测支持设备的要求；
d) 空间实验对地面支持系统的要求；
e) 空间实验的技术要求；
f) 空间实验参加人员的职责；
g) 空间实验的科学及工程学支持（作为技术评估的附件）。

5.4.2 空间实验任务

空间实验任务应包含科学研究实验的主题、研究的范围（科学观测活动的类型和数量）、实验过程中信息记录的格式、信息质量等方面的信息。

5.4.3 空间实验设备要求

空间实验设备要求应包含以下内容：

a) 空间实验设备总体的概述及其应用；
b) 空间实验设备各模块及其应用；
c) 实验设备在执行实验任务过程中，对关键参数的要求。包括故障检测、故障隔离和故障修复的要求；
d) 交付的空间实验设备样机、仪器设备、设计文件和操作手册等。

5.4.4 对科学观测支持设备的要求

科学观测支持设备的要求应包含以下内容：

a) 在执行科学实验之前，用于监测航天器外部条件的设备（如生成目标状态、引导控制测量等），以及用于处理空间实验过程中所获取的数据而开发的硬件组件和应用程序组件；
b) 对支持科学观测实验的硬件设备及软件设备应用的要求。

5.4.5 空间实验对地面支持系统的要求

空间实验对地面支持系统的要求应当包含以下内容：

a) 空间实验的基本计划和程序文件；

b) 空间实验设备、样机、工具及配套文件的开发、制造、试验和交付的程序及进度；
c) 在实验设备集成到航天系统(或样机)上后，描述与该设备相关的单项试验和端到端试验的类别和目标；
d) 地面支持设备进行科学观测准备工作时的主要操作任务和时间约束，以及结果处理设备的描述；
e) 用于科学观测和结果处理的辅助数学支持方法的开发要求和时间约束；
f) 潜在紧急事件及事件处理方法。

5.4.6 空间实验的技术要求

空间实验的技术要求应包含以下内容：
a) 航天器具有的保证实验设备正确执行功能的必要能力(包括航天器设计、供配电系统、数据处理和传输、航天器上运行与维护条件、参数测量的范围和精度、实验设备用于执行实验任务的各项参数的标准值和安全措施等)；
b) 将空间实验设备集成到航天系统上时所需要考虑的要求，实验设备对航天系统的影响(如材料放气、污染物、热和其他接口等)；
c) 消耗品的要求，给出消耗品、补给品和需要带回地球的材料的清单，清单中包括物品的尺寸、重量等参数以及回收材料的条件要求等；
d) 要完成科学观测实验，航天器应当具备以下能力：
    1) 无线电地面通讯站；
    2) 航天器轨道和姿态保持；
    3) 实验设备的定向和稳定；
    4) 科学观测计划安排的参数；
    5) 必要的操作(非必须)。
e) 对地面辅助设备的要求(包括空间实验和科学观测要解决的问题、监测与数据记录等)；
f) 对航天器乘员的要求，如，针对执行空间实验和科学观测过程中开展的各项活动，对宇航员进行培训。

5.4.7 空间实验参加人员的职责

空间实验参加人员的职责应列出空间实验参与者在实验不同阶段的基本职责，以及执行实验操作的具体职责。

5.4.8 空间实验的科学与工程学支持

空间实验的科学与工程学支持应描述科学观测目标，设备与技术要求，与运载火箭的接口，飞行操作项目及其数据处理等内容。

6 空间实验设计与开发阶段

6.1 目标和工作阶段

空间实验开发阶段的目标包括：
a) 协调技术和后勤保障工作，目的是保证在本阶段以及未来各阶段开展的各项活动的操作性和安全性；
b) 实验设备、实验规划和相关技术文件的交付；
c) 为用于科学观测和结果处理的地面支持设备提供相关硬件；

d) 准备用来执行空间实验的航天系统；
e) 空间实验本身的开发工作，包括以下内容：
   1) 项目和技术支持的开发；
   2) 相关设备的设计和工程实现；
   3) 将空间实验项目集成到航天系统中。

6.2 项目设计与技术支持

空间实验的项目和技术支持应包括：在空间实验准备、执行以及结果处理过程中，所需要开展的各项活动的规划、程序和说明。

主要的项目和技术文档是空间实验大纲和空间实验程序。

6.3 空间实验大纲

6.3.1 概述

空间实验大纲应由空间实验技术经理和其他空间实验参与者共同制定，应当包含以下内容：

a) 目的；
b) 设施和设备；
c) 实验的地面准备；
d) 进行实验的程序；
e) 科学观测的支持与组织；
f) 实验结果的处理；
g) 定义空间实验参加者的责任和接口；
h) 文档清单。

6.3.2 目的

目的应包含以下内容：

a) 描述研究目标和空间实验的本质；
b) 明确本项空间实验的目标；
c) 明确实验过程中的研究领域。

6.3.3 设施和设备

设施和设备应包含以下内容：

a) 用于准备和执行实验工作的设备和支持设施（空间、空中和海洋等）；
b) 航天器上和支持设施上的实验设备和组件；
c) 用来获取和记录实验数据的设备。

6.3.4 实验的地面准备

实验的地面准备应包含以下内容：

a) 当实验设备安装到航天器及其样机上时，所进行的地面测试、控制和测量等操作的类型和用途；
b) 以上操作的要求；
c) 在地面准备阶段所获取的关于实验设备的数据的数据交换程序；
d) 人员训练项目。

6.3.5 程序

进行实验的程序应包含以下内容：

a) 向航天器交付设备和消耗品的程序；

b) 关于器/星载设备安装、准备和维护等操作的描述及相关操作要求；

c) 执行科学观测所必须的条件，包括航天器和支持设备的位置、准备和执行科学观测过程中的基本操作顺序，航天器定位要求等；

d) 科学观测和设备维护的时间计划要求；

e) 所开展研究的范畴以及将实验结果回传地面的程序；

f) 潜在紧急事件以及应对措施。

6.3.6 科学观测的支持与组织

科学观测的支持与组织应包含以下内容：

a) 运行组，由空间实验参加方的代表、组织、场地、各小组的目标以及小组之间的协调程序组成；

b) 在对科学观测进行地面准备时所执行的操作的类型，这些操作的本质，以及完成各项操作的步骤；

c) 在科学观测准备和执行过程中，进行数据传输的时间表及传输程序；

d) 通讯的组织要求。

6.3.7 实验结果处理

实验结果处理应包含以下内容：

a) 空间实验过程中获得的数据或资料等；

b) 向实验操作人员传送资料时使用的数据格式和程序；

c) 获取到的数据或资料的本质和处理程序；

d) 准备空间实验结果报告的程序和最终时间要求。

6.3.8 空间实验参加者的责任

空间实验参加者的责任应描述空间实验各阶段的参与者和他们的职责，并确认相关功能和接口。

6.3.9 文档清单

空间实验大纲应包含一个文档清单，包括处理项目程序和文档，以及由实验参与者为执行和支持空间实验工作而准备的技术和性能文档。

6.4 空间实验程序

空间实验的程序由空间实验技术经理负责，同时还需要与其他空间实验参与者协同完成。空间实验程序的主要依据包括：空间实验的技术评估情况、空间实验项目规划、设备操作手册。空间实验程序应详细说明以下操作任务：

a) 航天器内部的；

b) 空间实验设备的；

c) 人员在开展实验时的操作活动。

6.5 实验设备开发

空间实验系统的开发由空间实验设计师负责。这一阶段工作包括：选择执行空间实验任务所需的货架产品，开发空间实验专用设备等。全部的空间实验设备应连同必要的维修设备，样机和操作手册等一并交付给空间实验操作人员。

6.6 空间实验与飞行任务的集成

6.6.1 概述

空间实验项目经理与空间实验参加人员共同完成以下复杂任务：

a) 针对航天系统在执行空间实验时的特殊要求，编制设计手册和操作手册；

b) 开发飞行程序/项目；

c) 在地面对(安装在航天系统中的)实验设备进行单项测试和综合测试；

d) 对空间操作人员进行培训；

e) 准备地面控制设备以及经由航天系统传输数据的接收与处理设备。

6.6.2 空间实验飞行实验项目计划

依据集成到空间系统中的每个独立的空间实验项目的需要，分别制定飞行项目计划，项目计划应包含以下内容：

a) 实验性研究的目的；

b) 空间实验的特性和必要设备；

c) 研究的范围和空间实验的计划安排；

d) 将空间实验结果传输给空间实验地面操作人员的程序。

7 空间实验管理

7.1 概述

空间实验技术经理连同空间实验参与者，依据飞行研究阶段的项目规划共同负责空间实验执行期间的操作任务。必要情况下，空间实验技术经理可以组建操作组(由空间实验参加者组成)来支持地面控制和数据接受中心的操作工作。空间实验技术经理的主要工作包括：

a) 为科学观测做准备；

b) 在空间实验期间，为航天器上的科学观测活动提供支持；

c) 收集和分发在空间实验期间获得的各类数据；

d) 发布状态报告，状态报告应包含空间实验进展报告，在完成了飞行研究阶段后发布的总结报告。

7.2 进度报告

空间实验操作人员应联合空间实验参与人员尽快准备空间实验进度报告。本报告应依照空间实验项目计划中所包含的发放列表进行发行流通。空间实验进展报告包含以下内容：

a) 空间实验执行情况的简述；

b) 已完成的科学观测信息和获取到的数据清单；

c) 设备性能的分析；

d) 人员绩效评价；

e) 初步的空间实验结果；

f) 修改空间实验计划、任务的建议(变更技术要求或研究范围)，或设备维修、复位，以及如果空间实验还要在后续任务阶段继续使用，需采取的预防性维护的建议。

7.3 总结报告

在完成了飞行研究项目阶段后，空间实验技术经理连同空间实验操作人员应当准备总结报告。总结报告应包含以下内容：

a) 本阶段按计划开展的空间实验的基本信息；

b) 任何偏离项目计划的基本原理；

c) 保证完成空间实验目标的设备性能评估；

d) 下一阶段准备工作的清单；

e) 由航天器带回地面的物资清单。

附 录 A
（资料性附录）
空间实验提案的主要内容

A.1 标题

申请的标题是实验项目的唯一识别标志。

A.2 申请人概要

应说明实验申请人的姓名、职位、从事的研究学科和参与的研究项目，共同完成的科研项目，预算等内容。

A.3 实验内容的科学与工程学描述

应包括以下内容：

a） 本项目的科学目标；
b） 设备与技术要求；
c） 接口；
d） 飞行操作任务（包括在轨测试与校准）；
e） 数据处理要求。

A.4 管理计划

应包括以下内容：

a） 工作分解结构；
b） 项目管理；
c） 实施方案（开发计划）；
d） 在飞行前对每项设备进行开发与校准的计划；
e） 与实施方案（开发计划）相对应的具体时间表；
f） 任何可能发生的紧急事件项目的说明；
g） 技术状态与文档管理；
h） 信息管理系统。

A.5 预算

应包括经费概算与资金建议。

A.6 质量保证

应包括质量基线、可靠性、有效性、可维修性、安全性以及遵循设计要求的相关评估。

ICS 49.060
V 71

中华人民共和国国家标准

GB/T 32307—2015

航天器磁性评估和控制方法

Assessment and control methods of spacecraft magnetic property

2015-12-31 发布　　2016-07-01 实施

中华人民共和国国家质量监督检验检疫总局
中国国家标准化管理委员会　发布

前　　言

本标准按照 GB/T 1.1—2009 给出的规则起草。

本标准由中国航天科技集团公司提出。

本标准由全国宇航技术及其应用标准化技术委员会(SAC/TC 425)归口。

本标准起草单位:上海卫星装备研究所、中国航天标准化研究所。

本标准主要起草人:吴卫权、王钦、车腊梅、柳金生、陈丽、王浩、孙晓春、谢永权、党欣、赵丹、叶文、王韬、沈辉、蓝增瑞、袁孝康。

引　言

航天器进入任务轨道时，其自身磁性会与轨道环境磁场相互作用产生磁干扰力矩，从而影响航天器姿态；航天器自身产生的磁场会影响航天器器载磁强计等磁敏感部件的性能。为了减小航天器磁干扰力矩、降低航天器自身磁场对其磁敏感部件的干扰，航天器总体设计时应对其进行磁性设计和测试评估并提出相应的磁性控制要求。本标准所涉及的航天器磁性设计、控制方法已在载人飞船、深空探测器、各种中低轨道卫星等型号上得到成功验证和应用。本标准对航天器磁性设计评估、控制和测试评估具有积极指导作用。

航天器磁性评估和控制方法

1 范围

本标准规定了航天器磁性评估和磁性控制的目的、程序和方法。

本标准适用于航天器及其部、组件的磁性评估和磁性控制。

2 术语和定义

下列术语和定义适用于本文件。

2.1

航天器剩磁场 spacecraft residual magnetic field

在外加磁场消除以后航天器不工作时仍保留的磁场。

2.2

航天器剩磁矩 spacecraft residual magnetic moment

航天器剩磁场所对应的磁矩。

2.3

航天器杂散磁场 spacecraft stray magnetic field

航天器通电工作时,由电流引起的磁场。

2.4

航天器杂散磁矩 spacecraft stray magnetic moment

航天器杂散磁场所对应的磁矩。

2.5

航天器感磁场 spacecraft inducting magnetic field

在内、外部磁场因素作用下航天器软磁材料感生的磁场。

2.6

航天器感磁矩 spacecraft inducting magnetic moment

航天器感磁场所对应的磁矩。

2.7

航天器涡流磁场 spacecraft whirling magnetic field

航天器或部件处于交变磁场中或在恒定磁场中旋转时,由其导体感生的涡流引起的磁场。

2.8

航天器涡流磁矩 spacecraft whirling magnetic moment

航天器涡流磁场所对应的磁矩。

2.9

航天器干扰磁场 spacecraft interfering magnetic field

航天器在器载磁传感器及磁敏感部件位置处产生的磁场。

2.10

零磁线圈系统 zero magnetic field coil system

以正交三轴方式绕制的线圈装置,当对线圈通电时,沿单轴或多轴产生磁场,用来抵消有限空间中的地磁场。

2.11

充退磁线圈系统　magnetization and demagnetization coil system

由导线绕成用于试件充磁或退磁的线圈装置。当通以直流或交流电时，在线圈中心轴向产生直流或交流磁场。

3　航天器磁性评估和控制目的

3.1　评估和控制航天器的磁矩，使其满足姿控系统允许的最大磁干扰力矩要求。

3.2　评估和控制航天器产生的磁场，使其在器载磁强计传感器等磁敏感部件安装部位区域的干扰磁场不影响磁敏感部件的性能。

4　航天器的主要磁源

4.1　硬磁材料磁源

航天器主要的硬磁材料磁源有：继电器、行波管、磁记录器、铁氧体隔离器、环行器、电机、开关、飞轮、电磁阀、变压器、电感器等。

4.2　软磁材料磁源

航天器主要的软磁材料磁源有：电子部件引线、紧固件、轴承、晶体管外壳、金属密封圈、电池等。

4.3　电流回路

电流回路是航天器的主要磁源，包括航天器内设备之间和设备内部件之间的供电电缆构成的电流回路、太阳电池阵中的电流通道与回流母线、天线阵及电池正负线供电回路、温控加热片供电回路、螺线管和环型绕组、变压器和电感器绕组、接地电流通路等。结构部件中的涡流效应也可能产生电流回路。电流回路产生磁矩的大小与通电电流、回路的面积和线圈匝数成正比。

航天器的主要磁矩包括剩磁矩、杂散磁矩、感生磁矩和涡流磁矩，具体计算方法参见附录A。

5　航天器的轨道磁场及特点

5.1　地球磁场

5.1.1　概述

航天器围绕地球航行时所处的轨道磁场为地磁场，地磁场的模型与算法参见附录B。

5.1.2　地球低轨道(1 000 km以下)

当航天器星下点处于最高纬度处时，磁感应强度最大，在赤道附近较弱。

磁感应强度最小值 $|B|_{min} = 3\times10^{-5}$ T。

磁感应强度最大值 $|B|_{max} = 7\times10^{-5}$ T。

5.1.3 地球同步轨道

磁感应强度 B 约为 1.5×10^{-7} T。

5.1.4 地磁昼夜波动

地磁昼夜波动规律为昼强夜弱，磁场强度变化范围约为 5×10^{-8} T ~1×10^{-7} T。

5.2 月球磁场

月球表面磁场一般在 1×10^{-9} T ~ 1×10^{-8} T 以内。最大磁场强度约为 1×10^{-7} T(撞击盆地对峙区域)。

5.3 太阳磁场

太阳一般磁场：1×10^{-4} T ~2×10^{-4} T 。
太阳黑子磁场变化范围：1×10^{-2} T ~ 1×10^{-1} T；变化周期约 11 a。

5.4 部分太阳系行星际磁场

航天器在行星际飞行时的轨道磁场变化范围为 0 T~1×10^{-7} T。

5.5 火星磁场

火星表面磁场约为 1×10^{-7} T ~ 1×10^{-6} T(南半球)。

5.6 木星磁场

木星表面磁场约为 5×10^{-4} T。

6 航天器磁性评估和控制流程

航天器磁性评估和控制应贯彻于航天器研制的全过程。在器载磁传感器和磁敏感设备的研制和装配过程中，避免使用带有强磁性的工具进行操作。在进行方案设计时，应同步确定航天器剩磁矩等控制指标，剔除不必要考虑的磁敏感设备，避免使用永磁材料，控制使用软磁材料，使电流回路面积最小化。航天器磁性设计包括分配指标、确定各种磁性控制的原则和措施等，并在设计过程中贯彻执行，同时应制定验收试验的内容和方法并进行试验验证。磁性评估和控制流程见图 1。

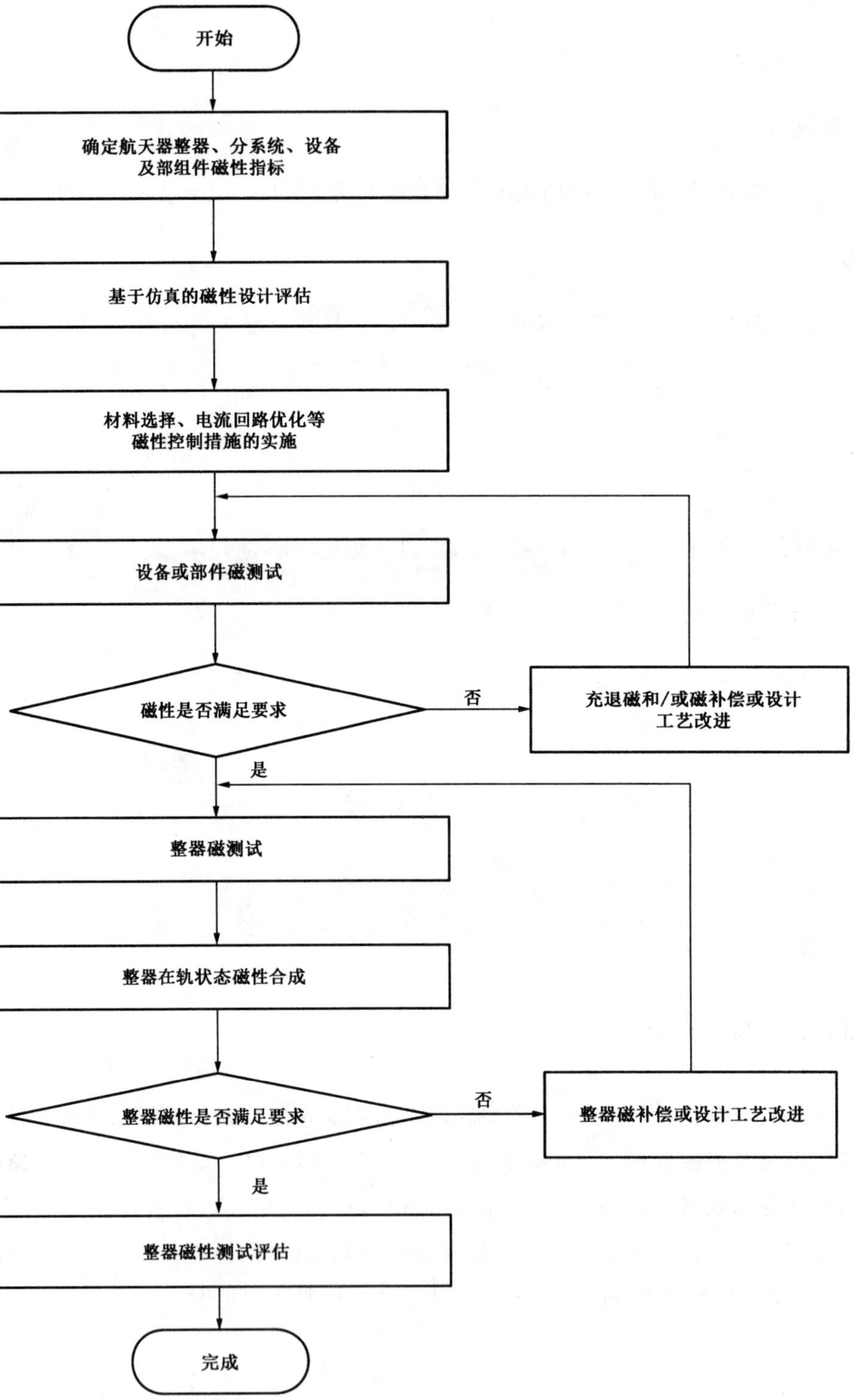

图 1　航天器磁性评估和控制流程图

7 航天器磁性指标要求

7.1 由航天器磁干扰力矩约束的磁矩指标要求

7.1.1 一般要求磁干扰力矩 L 为航天器总干扰力矩的 $1/\lambda$，其中 λ 为 3～10，λ 值由航天器姿控系统任务要求确定。

7.1.2 对于一般尺寸的航天器，可认为在其所占据的空间范围内的轨道磁场是均匀的，不需考虑磁场梯度的影响，这时作用在航天器上的磁干扰力矩由式(1)确定，不同单位制中磁矩单位量纲转换系数参见附录 C。

$$L = M \times B \qquad \cdots\cdots (1)$$

式中：

L ——航天器的磁干扰力矩，单位为牛米(N·m)；

M——航天器的磁偶极矩，单位为安培平方米(A·m^2)；

B ——航天器的轨道磁感应强度，单位为特斯拉(T)。

注：式(1)中的 M 和 B 应当在同一坐标系中表示。

7.1.3 一般需通过姿控系统计算机进行数学仿真，由航天器在轨情况下的磁干扰力矩计算航天器磁矩指标要求。

7.2 由航天器器载磁强计等磁敏感部件约束的干扰磁场指标要求

7.2.1 对于探测空间磁场的航天器，其自身产生的磁场对器载磁强计的干扰控制程度取决于器载磁强计传感器的量程、精度指标。

7.2.2 对载有探测空间其他粒子的磁敏感部件航天器，航天器干扰磁场允许值由任务书中的技术指标确定。

7.2.3 航天器自身磁场应保持在一定水平以下，以防止磁传感器等磁敏感部件受航天器自身磁场干扰而影响其功能实现。磁敏感部件安装位置是决定航天器剩磁场指标的另一个关键因素，式(2)说明了一个偶极子矩为 M 的部件在距离 R 处产生的干扰磁场，不同单位制中磁场单位量纲转换系数参见附录 C。

$$B_1 = 200M/R^3 \qquad \cdots\cdots (2)$$

式中：

B_1 ——航天器干扰磁场，单位为纳特(nT)；

R ——距离，单位为米(m)。

7.2.4 当需要探测行星际空间弱磁场或高精度探测地磁场时，需对航天器剩磁场及稳定性提出严格要求。

8 航天器磁性设计评估

8.1 磁性设计评估目的

航天器磁性设计评估目的是确定航天器主要磁源并初步估计航天器磁矩量值和磁敏感单机部位磁场量值，从而得出磁性设计是否满足任务要求的初步结论。

8.2 磁性设计评估主要计算方法

航天器磁性设计评估一般采用以下方法进行仿真计算：

a） 仅考虑偶极子矩产生的磁场时，采用偶极子作图法进行产品磁矩、磁场分布计算；

b） 考虑偶极子矩及多极子矩产生的磁场时，采用球面作图或赤道作图分析方法进行产品磁矩、磁场分布计算；

c） 对于整器级复杂边界条件的磁矩和磁场的分布计算，按 8.3.2 的要求采用专业磁仿真软件，进行综合仿真模拟计算。

8.3 磁性设计评估项目

8.3.1 部、组件磁性评估

在航天器产品研制的初始阶段，可根据类似的继承性航天器部组件产品的磁矩数据对新研制航天器部组件产品的磁矩进行估值。如果没有类似的成熟航天器部组件产品的数据，则可根据在研航天器部组件产品的相应参数，例如质量、材质与几何特性、工作方式、功耗、电缆布局、任务要求和装载部件情况等进行综合估值，计算方法参见附录 A。

8.3.2 航天器磁性评估

8.3.2.1 可根据类似的继承性航天器产品的磁矩数据对同类新研航天器产品的磁矩进行估值。如果没有类似的成熟航天器的数据，则应基于部件或系统的磁性数据，进行仿真估算。磁矩估值可参照附录 D 中的试验统计数据。

8.3.2.2 航天器整器磁矩、磁场仿真流程见图 2。

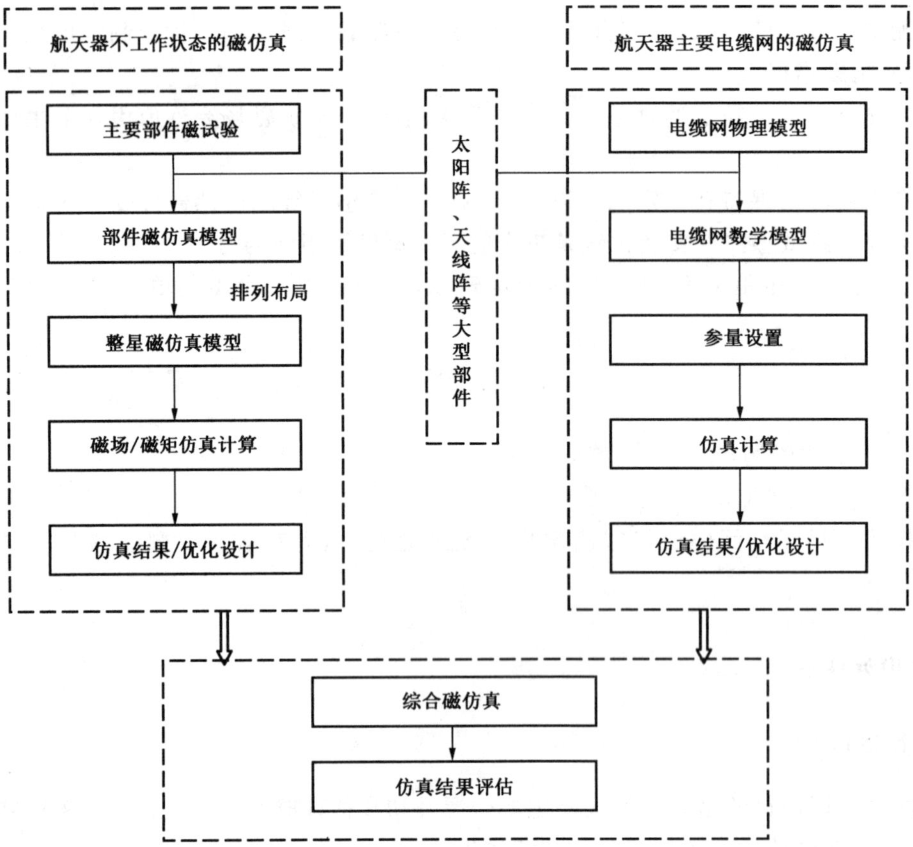

图 2 航天器磁性仿真流程图

8.3.2.3　磁仿真估算主要内容如下：

a）航天器不工作状态下的磁仿真：利用航天器不工作状态下部件磁试验数据库进行部件磁仿真建模，在航天器部件建模的基础上进行整星建模，然后进行航天器磁场和磁矩的仿真计算。在此基础上，通过对整星磁模型中一些部件位置和方向的变化，进行组合排列优化计算，来设计计算航天器的磁矩、磁场分布特性。

b）航天器主要电缆网的磁仿真：合理选取对磁场有较大贡献的主要电缆进行建模计算。在此基础上，通过对航天器主要电缆网磁模型中一些电缆位置和走向的改变，进行优化计算，来设计计算航天器的磁矩、磁场分布特性。

c）综合磁仿真：结合航天器不工作状态下的磁场仿真模型和航天器主要电缆网磁场仿真模型，对航天器工作状态下的磁矩、磁场进行综合仿真。

8.4　磁性设计评估报告

航天器产品完成磁性设计仿真后，对产品进行磁性评估，并编写航天器产品磁性设计评估报告，评估报告一般包括以下内容：

a）评估目的；

b）评估项目；

c）评估计算方法；

d）评估数据分析，包括航天器磁矩仿真数据结果分析、航天器磁场仿真数据结果分析、磁敏感部件区域磁场曲线图、二维及三维磁场云图绘制、仿真误差分析等；

e）评估结论。

9　航天器磁性控制

9.1　航天器磁性控制要求

9.1.1　磁性控制要求分类

航天器磁性控制的程度取决于任务书的要求，磁性控制（磁净化）的要求通常表示为航天器允许的最大磁偶极子矩及对航天器局部（磁敏感仪器安装部位）磁场强度量值或变化量的限制，对航天器的磁性控制要求分类见表1。

表1　航天器磁性控制要求分类

控制要求	Ⅰ类	Ⅱ类	Ⅲ类
设计	制定磁性控制的正式规范，审定材料和部件清单，按电流回路配对排列安装部件抵消杂散磁场	制定材料和部件的选择规范，避免软磁材料或电流回路	电流回路控制，避免软磁材料
磁测试	全部零部件磁性检查和磁测试	重点部件磁性检查和测试	对可能成为偶极子源的部件进行磁测试
补偿	部件和整个航天器消磁，航天器磁测试和磁补偿	部件消磁、航天器磁测试和磁补偿	选择性磁测试和磁补偿

注1：Ⅰ类——探测行星际空间弱磁场类或高精度探测地磁场类航天器；Ⅱ类——利用磁强计确定姿态或测量小扰动磁场信号类航天器；Ⅲ类——探测木星类等较强磁场航天器。

注2：Ⅰ类是严格磁设计和磁性控制；Ⅱ、Ⅲ类是一般磁设计和磁性控制。

9.1.2 各部件、设备的磁矩控制要求

根据航天器总的磁矩、磁场要求分别对航天器主要设备、部件提出磁矩指标要求，并针对各设备、部件磁性特点、结构大小、使用磁性元器件和材料的情况等确定磁试验要求。

9.2 航天器磁性控制措施

9.2.1 材料和元器件选择

9.2.1.1 在保证部件结构强度条件下，应选用钛、铜、铝、不锈钢(磁化系数小于 10^{-5})等材料代替有磁性不锈钢等作为航天器材料。航天器用的螺母、螺栓、螺钉、螺纹垫圈、垫片等紧固件，M6 以上一般应选用无磁不锈钢或其他非磁性材料(如 1Cr18Ni9Ti 和钛合金)制成，M6 以上(含 M6)不锈钢紧固件应经退磁处理。对器载磁强计传感器附近结构件及紧固件应采用钛合金等无磁材料。

注：铝、金、银、钛、锰、镉、铜、锌、银镍合金等为航天器常用的非磁性金属。

9.2.1.2 在特性参数相同情况下应尽量选用低磁或无磁的元器件。

9.2.2 结构布局和配置

9.2.2.1 元器件、部组件和设备结构布局

对于元器件、部组件和设备结构布局的要求如下：

a) 元器件：由于设备及部件的特殊功能需要，其内部某些元器件仍要采用永磁材料或一些高导磁率材料时，应将这些磁性元器件(如继电器等)在设备和部件中进行合理布局，采用相同规格的偶数个元器件使其磁性相互抵消配置；
b) 部组件：航天器部组件(如镉镍电池组、配电器、飞轮等)在进行结构布局时应充分考虑磁设计因素对其进行合理排列，使其组合磁场相互抵消；
c) 大型部件或分系统：可采用局部和整体配对抵消的方法将大型部件或分系统(如太阳电池阵、天线系统等)中若干相同模块合理配对排列，使它们产生的合成磁矩和磁场最小；
d) 磁敏感部件：通过例行试验明确磁敏感部件的磁干扰强度阈值，合理安排磁敏感部件安装位置使其尽可能远离星上的主要磁源；在结构可靠性允许条件下，可采用伸展机构模式使磁敏感部件远离航天器本体，以减少或避免航天器磁源对其的影响。

9.2.2.2 布线

控制星上电缆的电流回路面积和限制回路数量并采用单点接地系统是控制航天器杂散磁矩的关键，航天器所用电缆及布局应满足如下要求：

a) 设备内的电流回路应尽可能采用绞合线，电流回路正线和回线应尽量靠拢。
b) 在接地通路中应避免形成较大面积的电流回路。
c) 太阳电池阵电缆走线布局要求如下：
    1) 单块电池板内采用 S 形走向，避免构成较大电流回路，并使相邻模块电流回路产生的磁矩相互抵消；
    2) 使单翼板与板之间电流回路产生的磁矩相互抵消；
    3) 两翼对称阵板之间电流流向应对称布局。
d) 蓄电池块布线要求如下：
    1) 电池输出端功率电缆应尽量敷设在正负极附近，使其产生磁矩的电流回路有效面积最小；
    2) 单排电池块敷设功率线电缆结构拉杆应尽量安装在正负极连线中间；
    3) 温控供电回路电缆应靠近捆扎并尽量敷设在正负极柱连线附近，使其产生合成磁矩的电

流回路有效面积最小。

e) 天线布线要求如下：
   1) 天线阵面的供电和控制电缆正负线均应采用双绞线，板内部件及模块应对称性布局；
   2) 散线连接的热控电缆正负线应置于同一束内，并采取对称性布局，使其产生的磁性相互抵消；
   3) 使单翼板与板之间电流回路产生的磁矩相互抵消；
   4) 两翼对称阵板之间电流流向应对称布局。

9.2.3 避免磁滞效应、涡流效应措施

9.2.3.1 磁滞效应仅在快速自旋航天器中带有细长的棒状软磁材料中显现，应尽量避免该种形状、材料的产品使用。

9.2.3.2 涡流效应仅在快速自旋航天器上显现。通过在航天器结构中插入绝缘材料来阻断涡流通路，避免在通过自旋轴的平面内形成大面积传导电路。航天器涡流效应和磁滞阻尼的计算参见附录 E。

9.2.4 充、退磁处理

9.2.4.1 充、退磁原理

为考核某些设备或系统磁敏感度，可将磁敏感部件置于充退磁线圈装置中，充磁是在直流磁场中进行，产品所受的直流磁场量级由任务书规定的指标确定。

航天器及某些部件（如镉镍电池组等）含有较大的磁性（软磁性），可进行退磁处理以减少磁矩。退磁前，应先对产品进行充磁，以更有效退磁并保证退磁后产品的磁稳定性。退磁是在抵消了地磁场的近零磁场空间中进行，常用的方法是将充退磁线圈置于近零磁场空间中央，产品置于充退磁线圈内，先施加直流磁场进行充磁，然后施加按指数衰减或直线衰减缓慢至零的交流磁场进行退磁。退磁前后产品磁性的变化须进行测定，用以确定退磁效果。磁场和磁矩测量方法，充、退磁设备性能参数等参见附录 F，航天器典型元器件和部件经充退磁后的磁场数据参见附录 G。

9.2.4.2 充、退磁试验

充、退磁试验按下列步骤进行：

a) 将航天器置于试验中心区转台上，开启零磁线圈设备及充、退磁程控电源；
b) 测量充磁前磁矩；
c) 选择充磁模式、电流、时间等参数后进行充磁；
d) 测量充磁后磁矩；
e) 选择退磁模式、电流、频率、时间等参数后进行退磁；
f) 测量退磁后磁矩。

9.2.5 磁屏蔽

9.2.5.1 由于电性能等特殊要求，某些航天器部件应使用一些磁性元器件，造成该部件磁性严重超标、或影响航天器所载磁强计磁场探测功能、或磁性敏感部件受磁干扰后不能正常工作等情况时，在总体结构、重量允许的范围内可采用磁屏蔽方法控制其磁性。

9.2.5.2 采用高导磁率金属，如坡莫（铁镍）合金、铁磁材料、圆钢、2Cr13 不锈钢等材料加工的一层或几层屏蔽罩壳对展开机构步进电机、电机驱动电源开关和射频环形器开关等产品进行磁屏蔽是减少磁矩、降低磁场的有效措施。材料的磁导率愈高，罩壁愈厚，屏蔽效果就愈显著。

9.2.5.3 为了避免部分漏磁以达到更好的磁屏蔽效果，可采用多层屏蔽。

9.2.5.4 产品屏蔽前后需进行磁矩测量以确定有效性,必要时进行充退磁试验,磁场和磁矩测量方法参见附录F。

9.2.6 磁补偿

9.2.6.1 航天器及其某些部件在经过磁设计、退磁等方法处理后对其进行磁测试,如其磁性指标仍超过要求,应进行磁补偿以降低磁性。磁补偿主要采用机械强度好、居里点温度高、高内禀矫顽力和高磁能积的永磁材料(如:铷铁硼、钐钴系列)安装于航天器及其某些部件上,分别对航天器及其某些部件 X、Y、Z 三个正交方向上的磁矩值进行抵消。

9.2.6.2 永磁补偿块的布局主要原则如下:

a) 避免对磁场感应灵敏设备的干扰;

b) 尽量选择在磁矩较大的设备附近;

c) 对称性设置。

9.2.6.3 航天器磁矩补偿主要方法如下:

a) 根据磁矩测试结果,选定标准磁补偿块量级,标明极性;

b) 在航天器表面选定补偿位置;

c) 用航天专业用结构胶将补偿块粘贴固定;

d) 按工艺文件要求用硅橡胶对磁补偿块外部进行加固。

9.2.6.4 航天器及其某些部件在磁补偿前后均应进行磁场和磁矩的测量,以测定其补偿效果。磁补偿后磁矩测量方法参见附录F。

9.2.6.5 航天器产品经过磁性设计和研制后,应进行磁性测试评估和验收。若测试结果超出了任务书规定要求,则按本章所述的相关措施对航天器产品进行磁矩和磁场控制直至满足设计指标,测试方法参见附录F。

9.2.7 后续磁性控制措施

9.2.7.1 航天器及其部件在环境试验和运输过程中可能会因设备及其他较强磁源产生的磁场而引起其磁性变化。某些磁敏感部件在进行振动试验时,振动台的较强磁场(小振动台约5 Gs、大振动台约20 Gs)会对其磁性产生一定的影响。若影响较大则应对这些部件进行磁性复测,超过磁性指标要求时应采取退磁措施。航天器磁测试一般应选择在振动试验后进行。

9.2.7.2 航天器在经最后磁试验后直至发射前,都应避免暴露于较强磁场环境中。对于Ⅰ类磁性控制要求的航天器,在其转运等过程中,应在其周围装载磁场跟踪报警装置。如遭受强磁污染,应重新对航天器磁性进行评估和控制。

10 航天器磁性测试

10.1 航天器磁矩测试

10.1.1 磁矩测试目的

验证航天器磁设计、磁控制措施后,航天器的磁矩指标是否达到任务书规定要求。航天器的磁场和器载磁强计参数参见附录H。

10.1.2 磁矩测试项目

航天器磁矩测试项目如下:

a) 航天器主要部组件静态、不同通电工况下的磁矩;

b) 航天器本体外大型部件(太阳阵、天线阵)静态、不同通电工况下的磁矩;

c) 航天器本体静态、不同通电工况下的磁矩。

10.1.3 磁矩测试方法

航天器磁矩测试方法有力矩法和磁场反演法(也称磁场作图法)。其中磁场作图法是最常用的方法,主要有偶极子作图法、球面作图法、赤道作图法。磁场作图法一般在距航天器一定距离处布置若干磁测量仪器,测量航天器赤道面上三个方向磁场强度,经过数学反演获得航天器磁矩,具体测试方法参见附录F。

10.1.4 磁矩测试评估报告

航天器产品完成磁矩测试后,编写航天器产品磁测试报告并对产品进行磁性评估、磁矩测试数据误差分析、有效性判定等。测试报告主要内容如下:

a) 试验目的;

b) 试验项目;

c) 试验设备;

d) 试验方法;

e) 试验数据误差分析;

f) 试验数据有效性判定;

g) 航天器本体与本体外大型部件总的合成磁矩结果。

10.2 航天器干扰磁场测试

10.2.1 干扰磁场测试目的

验证航天器磁设计、磁控制措施后,航天器在磁敏感部件安装位置处的局部磁场值是否达到任务书规定要求。

10.2.2 干扰磁场测试项目

航天器磁场测试项目如下:

a) 器载磁传感器及磁敏感部件安装位置局部区域所受航天器本体磁场干扰值;

b) 器载磁传感器及磁敏感部件安装位置局部区域所受航天器本体外大型部件磁场干扰值。

10.2.3 干扰磁场测试方法

10.2.3.1 航天器本体磁场地面实际测试

将地面磁测试仪器置于航天器器载磁传感器及其他磁敏感部件实际安装位置处,直接获取航天器静态、不同工况下磁场值。

10.2.3.2 太阳阵等大型部件磁场地面实际测试

将地面磁测试仪器置于距太阳阵等大型部件实际安装位置处,用以模拟器载磁传感器或磁敏感设备与大型部件之间相对位置状态时所受磁场干扰。

10.2.3.3 航天器本体与太阳阵等大型部件磁场的综合获取

根据器载磁传感器及其他磁敏感部件与航天器本体和大型部件之间位置、距离、磁矩、磁场量级等关系,综合计算获取航天器磁场数据。测试评估标准如下:

a) 对于探测空间磁场的航天器，器载磁强计传感器的磁性能要求及其安装位置是决定航天器剩磁场指标的两个关键因素。航天器自身磁场应保持在一定水平以下，以防止磁传感器受航天器自身磁场干扰而影响测量目标的磁场数据。根据磁强计分辨率、噪声、量程等参数，以地面磁强计实际读数是否小于任务书规定的干扰指标为判定依据。
b) 磁敏感部件安装位置区域受到的航天器最大磁干扰值应小于任务书规定的要求。航天器器载磁强计及磁敏感部件干扰试验测试方法参见附录 F。

10.2.4 干扰磁场测试评估报告

完成航天器干扰磁场综合测试、计算后，器载磁传感器及其他磁敏感部件产品进行干扰磁场评估，并编写航天器磁测试报告，测试报告主要内容如下：

a) 试验目的；
b) 试验项目；
c) 试验设备；
d) 试验方法；
e) 试验数据有效性分析；
f) 试验结论。

10.3 航天器磁性测量影响因素

航天器磁性测试可在零磁环境中或地磁场环境下进行。零磁场环境中对航天器磁矩测量、干扰磁场测量的影响因素主要为零磁线圈自身梯度场、波动场、环境磁场波动（地磁、航天器周围磁环境）等。对于中小体量航天器，这一方法主要优点是可避免由地磁场的静态值对航天器产生的感磁场影响；但是，随着航天器的尺寸越来越大，零磁线圈的零磁空间有限，故而航天器不得不在地磁场环境下进行磁性测量。地磁场对航天器磁矩测量、干扰磁场测量的影响因素主要为航天器感应地磁场而产生的感磁场和地球自身随机波动磁场。在地磁场状态下测量航天器磁场时，通常采用附录 F 中的测试方法来避免航天器所受的地磁感磁场对测试的影响。磁性测量影响因素的详细分析参见附录 F。

附 录 A
（资料性附录）
航天器磁矩的分类和计算

A.1 剩磁矩

航天器不工作时所具有的磁矩，通常用测量的方法加以确定。

A.2 杂散磁矩

由航天器上电流回路产生的磁矩，其量值由式(A.1)确定：

$$\boldsymbol{M}_{z} = nIS_{j}\boldsymbol{k} \qquad \cdots\cdots(\text{A.1})$$

式中：

$\boldsymbol{M}_z$ ——杂散磁矩，单位为安培平方米(A·m^2)；

n ——线圈匝数；

I ——通过线圈的电流，单位为安培(A)；

S_j ——载流线圈面积，单位为平方米(m^2)；

$\boldsymbol{k}$ ——单位矢量，垂直于线圈平面，指向由右手规则确定。

A.3 感生磁矩

由软磁材料和线圈产生的感生磁矩计算方法如下：

a) 软磁材料的感生磁矩

软磁材料的矫顽力较小，其磁矩随外磁场强度变化而变化。软磁材料的感生磁矩由式(A.2)确定：

$$\boldsymbol{M}_{1} = V_{a}\boldsymbol{M}^{*} = \chi_{m}V_{a}\boldsymbol{H} \qquad \cdots\cdots(\text{A.2})$$

式中：

$\boldsymbol{M}_1$ ——软磁材料的感生磁矩，单位为安培平方米(A·m^2)；

V_a ——材料的体积，单位为立方米(m^3)；

$\boldsymbol{M}^*$ ——磁化强度；

χ_m ——材料的磁化率；

$\boldsymbol{H}$ ——外磁场强度，单位为安培每米(A/m)。

b) 线圈的感生磁矩

取 $t=0$ 时刻线圈所在平面重合于 OXY 水平面，其中 X 轴重合于 ω_x，线圈的感生磁矩按式(A.3)计算：

$$\boldsymbol{M}_{g} = nI_{s}S_{x}\boldsymbol{k} = \frac{nB_{x}S_{x}^{2}\omega_{x}}{R_{s}}\sin\theta_{x}\sin(\omega_{x}t)\boldsymbol{k} \qquad \cdots\cdots(\text{A.3})$$

式中：

$\boldsymbol{M}_g$ ——线圈感生磁矩，单位为安培平方米(A·m^2)；

I_s ——线圈感应电流，单位为安培(A)；

S_x ——线圈面积，单位为平方米（m^2）；

B_x ——OXY 平面内环境磁场的磁感应强度，单位为特斯拉（T）；

ω_x ——线圈在磁场中角速度，单位为弧度每秒（rad/s）；

R_s ——线圈电阻，单位为欧姆（Ω）；

θ_x ——B 与 ω_x 的夹角，单位为度（°）；

t ——时间，单位为秒（s）。

A.4 涡流磁矩

航天器上大块金属构件旋转时将感生涡流电流和感生磁矩。取环状体积元 dV_b，其平面平行于 ω_t 和 $\omega_t \times B_t$ 所在平面，则其感应磁矩见式（A.4）：

$$\boldsymbol{M}_o = \frac{B_t \omega_t}{\rho}\left(\int_{V_b} \frac{S_t{}^2}{\ell^2} dV_b\right) \sin\theta_t \sin(\omega_t t) \boldsymbol{k}_1 \quad \text{(A.4)}$$

式中：

$\boldsymbol{M}_o$ ——涡流磁矩，单位为安培平方米（A · m^2）；

B_t ——体积元内环境磁场的磁感应强度；

ω_t ——金属构件在磁场中角速度，单位为弧度每秒（rad/s）；

ρ ——导体的电阻率；

V_b ——金属构件的体积，单位为立方米（m^3）；

S_t ——体积元所围的面积，单位为平方米（m^2）；

ℓ ——体积元长，单位为米（m）；

θ_t ——B 与 ω_t 的夹角，单位为度（°）；

$\boldsymbol{k}_1$ ——单位矢量，垂直体积元 dV_b 所在平面，指向由右手规则确定。

注：一般情况下剩磁矩和杂散磁矩是航天器工作时的主要磁矩，与所处磁环境无关。航天器的感生磁矩可经磁性控制设计减小。涡流磁矩是中低轨道自旋航天器设计中应考虑的因素。

附 录 B
（资料性附录）
地球磁场环境模型

在稳态时，地磁场应当采用磁位势球谐函数展开模型来描述，但在概念设计阶段也可以采用简化的偶极子模型来描述。球谐分析方法得出经典地磁场模型如下：

地磁磁位函数见式(B.1)：

$$V=R_e\sum_{n=1}^{\infty}\sum_{m=0}^{n}\left(\frac{R_e}{r_d}\right)^{n+1}\left[g_n^m\cos(m\lambda)+h_n^m\sin(m\lambda)\right]p_n^m(\cos\theta) \qquad \text{(B.1)}$$

式中：

V ——地磁磁位函数，单位为特斯拉米(T·m)；

R_e ——地球半径，单位为米(m)；

r_d ——地心距，单位为米(m)；

$g_n{}^m, h_n{}^m$ ——高斯系数；

λ ——地球东经，单位为度(°)；

$p_n{}^m(\cos\theta)$——n 阶 m 次幂函数；

θ ——地球余纬，单位为度(°)。

使用地心直角坐标系：以地心为原点，X 轴在赤道平面内指向格林尼治子午线方向，Z 轴沿地球平均自旋轴并指向北极，Y 轴按右手法则确定。若取式(B.1)前三项，则得到倾斜的偶极子模型，以(r,λ,θ)表示的空间某一点的磁场分量见式(B.2)：

$$\begin{cases} B_x=\dfrac{1}{r}\dfrac{\partial V}{\partial\theta}=-\dfrac{R_e^3}{r^3}\left[g_1{}^0\sin\theta-(g_1^1\cos\lambda+h_1^1\sin\lambda)\cos\theta\right] \\ B_y=-\dfrac{1}{r\sin\theta}\dfrac{\partial V}{\partial\lambda}=\dfrac{R_e^3}{r^3}(g_1^1\sin\lambda-h_1^1\cos\lambda) \\ B_z=\dfrac{\partial V}{\partial r}=\dfrac{2R_e^3}{r^3}\left[g_1{}^0\cos\theta+(g_1^1\cos\lambda+h_1^1\sin\lambda)\sin\theta\right] \end{cases} \qquad \text{(B.2)}$$

式中：

B_x ——地磁沿 X 轴方向的磁场强度，单位为特斯拉(T)；

$g_1{}^0, h_1{}^0, g_1{}^1, h_1{}^1$ ——一阶高斯系数；

B_y ——地磁沿 Y 轴方向的磁场强度，单位为特斯拉(T)；

B_z ——地磁沿 Z 轴方向的磁场强度，单位为特斯拉(T)。

注：当要求对磁场表示式的精度达到0.1%量级时还要考虑地球磁场的长期变化，这时球谐函数展开式的系数应当随时间更新，可参考国际地磁和高空物理协会(IAGA)最新发表的国际参照磁场模式(IGRF)。

附 录 C
（资料性附录）
磁场和磁矩的单位制和单位转换系数

通常用来说明磁场特性有多种不同单位制。在高斯制中磁感应强度 B 和磁场强度 H 是可以互换的（$B=\mu H$，在真空条件下 B 和 H 数值上是相等的；在航天、地质等领域中 B 通常采用的单位是伽马（γ）（导磁率 μ 为 1 时，$1\ \gamma=10^{-5}$Gs），它既用于磁场强度，又用于磁感应强度；在国际单位制中，特斯拉（T）是磁感应强度 B 的单位，安培每米（A/m）是磁场强度 H 的单位。表 C.1 和表 C.2 给出了磁通密度和磁偶极矩的不同单位制之间关系。

表 C.1 不同单位制中磁场量纲关系

单位制	一个	相当[a]			
		特斯拉 T	高斯 Gs	伽马 γ	安培每米 A/m
国际制（SI）	韦伯每平方米 （Wb/m^2） 特斯拉（T）	1	10^4	10^9	$10^7/4\pi$
电磁制（EMU）	高斯（Gs）	10^{-4}	1	10^5	$10^3/4\pi$
[b]	伽马（γ）	10^{-9} [c]	10^{-5}	1	$10^{-2}/4\pi$

[a] 在真空导磁率 μ 为 1 时相等；

[b] 非单位制部分；

[c] 毫微特斯拉（$1\ nT=10^{-9}\ T$）。

表 C.2 不同单位制中磁偶极矩量纲关系

单位制	一个	相当[a]			
		环电流 $A\cdot m^2$	磁偶极矩 Wb·m	环电流 pole·cm	磁偶极矩 $mA\cdot m^2$
国际制（SI）	安培平方米（$A\cdot m^2$）	1	$4\pi\times10^{-7}$	10^3	10^3
	韦伯米（Wb·m）	$10^7/4\pi$	1	$10^{10}/4\pi$	$10^{10}/4\pi$
电磁制（EMU）	极厘米（pole·cm）	10^{-3}	$4\pi\times10^{-10}$	1	1

[a] 在真空导磁率 μ 为 1 时相等。

附　录　D
（资料性附录）
航天器单位质量磁矩估值

航天器单位质量的剩磁矩又称为航天器的磁净化度。对于不同类别的磁性控制，可根据表 D.1 来对其剩磁矩的大小进行估值。表 D.1 列举了不同磁性控制类别航天器单位质量磁矩估值供参考。

表 D.1　航天器单位质量磁矩估值

磁性控制类别	航天器磁矩估值 $A \cdot m^2/kg$	
	非自旋航天器	自旋航天器
Ⅰ类	0.5×10^{-3}	0.4×10^{-3}
Ⅱ类	2.5×10^{-3}	1.4×10^{-3}
Ⅲ类	5×10^{-3}或更大	4×10^{-3}或更大

附 录 E
（资料性附录）
自旋航天器的涡流效应和磁滞阻尼

E.1 概述

当空间飞行器或部件相对磁场向量运动时，应考虑由感生电流（涡流）和导磁材料不可逆的磁化（磁滞效应）所产生的磁力矩。一般来说精确估计其量值是极为困难的，需要对旋转部件的形状和材质磁特性及它与环境磁场相互作用的性质作一些简化的假设，以便近似的估算这些影响的大小。

注：在大多数实际情况下，由于航天器磁性设计的有效实施，航天器及其部件的选材多采用无磁或弱磁性材料，感生电流产生的磁场与环境磁场相比是很小的。即便对于高速旋转的航天器部件，本附录的公式仍可能高估了航天器涡流和磁滞阻尼效应的作用。

E.2 涡流效应

航天器涡流效应产生的磁干扰力矩由式（E.1）确定，其中 K_e 由式（E.2）确定。

$$\begin{cases}\boldsymbol{T}_e = K_e(\boldsymbol{\omega} \times \boldsymbol{B}) \times \boldsymbol{B} \\ T_{se} = -\omega_S K_e (B_v)^2 \\ T_{ve} = K_e \omega_S B_p B_v \\ \dfrac{\Delta\omega}{\Delta t} = -\dfrac{K_e}{I_S} B_v^2 \omega_S \end{cases} \qquad \cdots\cdots\cdots\cdots(\text{E.1})$$

式中：

$\boldsymbol{T}_e$ ——总磁力矩，单位为牛米（N·m）；

K_e ——取决于旋转物体的几何形状和导电率的常数；

$\boldsymbol{\omega}$ ——航天器的角速度，单位为弧度每秒（rad/s）；

$\boldsymbol{B}$ ——环境磁场密度，单位为特斯拉（T）；

T_{se} ——磁力矩的消旋分量，单位为牛米（N·m）；

ω_S ——航天器的自旋角速度，单位为弧度每秒（rad/s）；

B_v ——垂直于自旋轴的 B 分量，单位为特斯拉（T）；

T_{ve} ——磁力矩的进动分量，单位为牛米（N·m）；

B_p ——平行于自旋轴的 B 分量，单位为特斯拉（T）；

$\Delta\omega$ ——涡流引起的自旋速度的变化量，单位为弧度每秒（rad/s）；

Δt ——时间的变化量，单位为秒（s）；

I_S ——航天器自旋轴惯量矩，单位为千克平方米（$kg \cdot m^2$）；

$$K_e \begin{cases} \dfrac{2\pi}{3} r^4 \sigma d \text{（对于半径为 } r\text{，厚度为 } d \text{ 和导电率为 } \sigma \text{ 的球形薄壳）} \\ \dfrac{\pi}{4} r^3 \sigma S \text{（对位于自旋轴平面内半径为 } r\text{，横截面积为 } S\text{，导电率为 } \sigma \text{ 的圆环）} \\ \pi\sigma r^3 L\tau\left(1-\dfrac{2\tau}{L}\tanh\dfrac{L}{2\tau}\right) \text{（对长为 } L\text{，半径为 } r\text{，厚度为 } \tau \text{ 及电导率为 } \sigma \text{ 的薄壁圆筒）} \end{cases} \quad \cdots\cdots(\text{E.2})$$

注：对绕通过几何中心的横轴旋转的薄圆筒，所产生的平均干扰力矩是绕圆筒轴旋转的一半。

E.3 磁滞阻尼

当导磁材料在磁场中旋转时，由于磁畴运动而消耗能量。在任意一个完整旋转周期内其能量损失是常数，它由式(E.3)给出：

$$\Delta E_h = V_c(\oint H \mathrm{d}B_i) \qquad \text{(E.3)}$$

式中：

ΔE_h ——能量损失常数，单位为焦耳每库仑(J/C)；

V_c ——材料体积，单位为立方米(m^3)；

$\oint H \mathrm{d}B_i$ ——磁滞回线面积(磁能积)，单位为焦耳每立方米(J/m^3)；

H ——外磁场强度，单位为安培每米(A/m)；

B_i ——材料中感生的磁场，单位为特斯拉(T)。

由于每周的能量损失与转速无关，所以转速随时间线性地减少并且在有限时间内可减少到零(相对于环境磁场)。

附　录　F
（资料性附录）
航天器磁性测试方法

F.1　概述

航天器主要磁矩由剩磁矩、杂散磁矩和感生磁矩构成。轨道地磁场产生的感磁矩不构成姿控的干扰力矩。因此，航天器磁矩测试值应不含地磁场产生的感磁矩，所用的方法应能满足这一要求。在零磁线圈中测试航天器磁性，由于航天器置于地磁场屏蔽的零磁线圈中，故不存在地磁感生磁性的问题。在地磁场中测试航天器磁性，由于航天器置于地磁场中，航天器将遭受地球南北和天地方向磁场的磁化作用而感生磁场；其中，水平方向感生的磁性可通过地磁东西和地磁南北方向上磁传感器不同布局和地磁场中测试方法获取剔除了地磁场感磁影响后的磁特性，天地方向感生磁场可通过试件的侧置或倒置的测试方法获取。

常规的磁矩测试方法有力矩法和磁场作图法等，其中磁场作图法是最常用的方法。干扰磁场测试方法一般采用地面磁强计放置到航天器所承载的磁强计、磁敏感部件位置处（以下称敏感部位），由地面磁强计的读数来判断其所受航天器的磁干扰。

F.2　磁试验环境和试验设备

F.2.1　磁试验环境条件

F.2.1.1　试验环境分类

航天器磁试验环境条件可分为三类：零磁线圈系统产生的零磁环境、地磁环境和屏蔽室环境（高导磁材料作为外壳的相对封闭空间）。航天器磁试验主要在零磁环境和地磁环境下进行。

F.2.1.2　零磁环境

采用线圈系统，它可以在一个相当大的容积中建立一个均匀、稳定而可控的磁场（直流稳定磁场、交流磁场、旋转磁场等），控制这些磁矢量即可产生零（或弱）磁环境、任意磁场环境和旋转磁场环境，航天器置于这些磁环境中进行任务书要求的各项磁试验，参见图 F.1。零磁环境要求如下：

a）　稳定度：−2 nT/h ～ 4nT/h；

b）　分辨率：1 nT；

c）　抵消地磁后，零磁空间中心区内磁场小于 5 nT。

F.2.1.3　地磁环境

通过选择适当的试验场所，提供一个均匀稳定的环境磁场，航天器置于该环境磁场中进行任务书要求的各项磁试验，参见图 F.2。地磁环境要求如下：

a）　环境磁场范围：0 nT～60 000 nT；

b）　环境场波动幅值：−2 nT/h ～ +2 nT/h；

c）　无磁暴等太阳活动事件期；

d）　磁性物品远离测试中心。

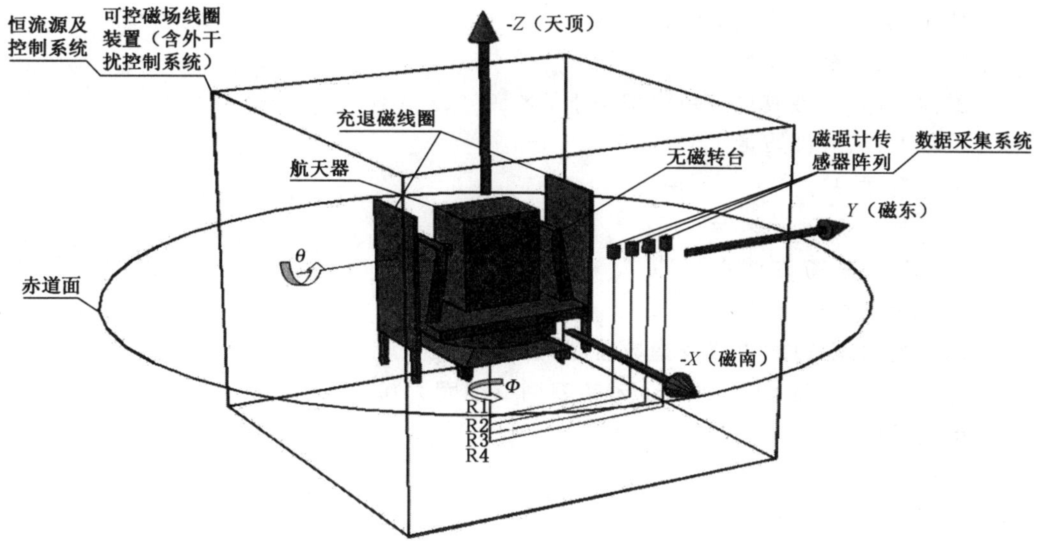

图 F.1　零磁场中航天器磁试验示意图

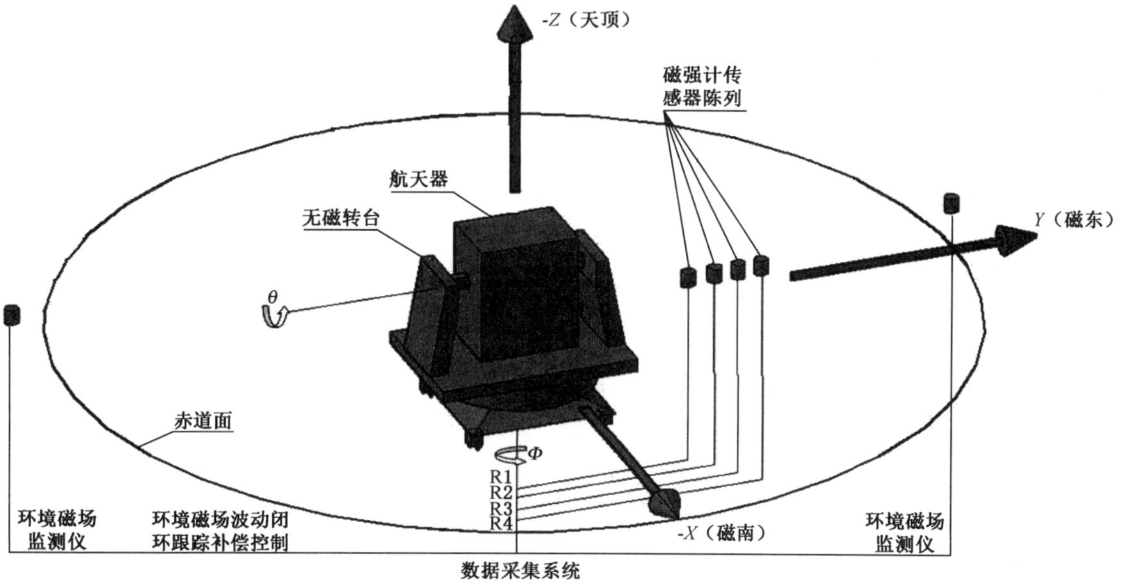

图 F.2　地磁场中航天器磁试验示意图

F.2.2　磁试验设备要求

航天器磁试验前所有仪器设备应经计量部门检定合格并在有效使用期内。主要仪器设备技术指标参考如下：

a）零磁场设备：

1）均匀区中心磁感应强度：小于 5 nT；

2）均匀区范围：大于被试航天器的外形尺寸；

3）通道尺寸：大于被试航天器的外形尺寸与过渡支架和产品车尺寸之和；

4）磁场噪声：小于磁场测试要求的分辨率；

5）恒流电源精度：10^{-5}～10^{-4}。

b）试验转台：

1) 功能:承载航天器或部件;

2) 自由度:一维～二维;

3) 磁性指标:无磁或自身磁化率小于 5×10^{-6};

4) 承载力:试验件质量 1.5 倍;

5) 指针精度:1°。

c) 充退磁线圈:

1) 充磁最大磁场:3×10^{-4} T;

2) 退磁最大磁场:5×10^{-4} T;

3) 退磁场衰减特性:直线及指数衰减;

4) 退磁交流频率:0.1 Hz～3 Hz(频率调节细度为 0.1 Hz)。

d) 单分量磁强计:

1) 测量范围:$\pm10^{5}$ nT;

2) 稳定度:1 nT/h～3 nT/h;

3) 分辨率:0.2 nT。

e) 三分量磁强计:

1) 测量范围:$\pm10^{5}$ nT;

2) 正交度误差($\Delta\theta$):小于 0.15°;

3) 分辨率:±0.2 nT;

4) 稳定度:1 nT/h～2 nT/h。

f) 高斯计:

1) 测量范围:±100 mT;

2) 分辨率:±0.1 mT;

3) 稳定度:0.1 mT/h。

g) 数据采集系统:

1) 测量范围:$\pm10^{5}$ nT;

2) 噪声:0.5 nT;

3) 稳定性:2 nT/2h;

4) 不确定度:量程的 1‰;

5) 数据采集器:20 路～40 路。

h) 屏蔽筒主:

1) 材料:坡莫合金;

2) 屏蔽层数:大于三层;

3) 内层有效空间:通常为直径大于 30 cm、长 45 cm 圆柱筒;

4) 有效空间内剩磁:近似为零。

i) 标准螺旋管线圈:

1) 线圈常数:以国家计量院计量证书为准;

2) 线圈常数不确定度:0.02%($k=2$)(以中国计量科学研究院计量证书为准)。

F.3 航天器磁矩测试方法

F.3.1 磁场作图法

航天器磁矩测试一般采用磁场作图法。在此方法中,航天器放置在地磁场中或零磁线圈系统中央的无磁转台上旋转(见图 F.1、图 F.2),在至航天器一定距离处放置若干台磁强计传感器,测试航天器周围空间的磁场,对作为转角函数的分布磁场进行一定数学反演,求得其磁矩。

F.3.2 偶极子作图法

偶极子作图法的基础是假设航天器磁性是由其几何中心点偶极子源产生的,不考虑多极子矩。使用此法时,距离应充分大,以保证各高阶多极子产生的磁场与偶极子场相比可以忽略。磁传感器距航天器的距离一般为其最大线性尺寸的 3 倍～6 倍,测试航天器三个方向上磁场分量后,计算求得航天器磁矩。

磁矩按式(F.1)计算:

$$\begin{cases} M_x = -B_{xi\mathrm{P}} \times R_i^3 \times 10^{-2} \\ M_y = \dfrac{1}{2} B_{yi\mathrm{P}} \times R_i^3 \times 10^{-2} \\ M_z = -B_{zi\mathrm{P}} \times R_i^3 \times 10^{-2} \end{cases} \qquad \cdots\cdots (\mathrm{F.1})$$

式中:

M_x, M_y, M_z ——航天器在 X、Y、Z 方向的磁矩分量,单位为安培平方米($\mathrm{A \cdot m^2}$);

$B_{xi\mathrm{P}}, B_{yi\mathrm{P}}, B_{zi\mathrm{P}}$ ——在距离 R_i 处磁传感器测得的 X、Y、Z 方向的磁感应强度峰值,单位为纳特(nT);

$R_i(i=1,2)$ ——磁传感器中心到航天器中心的距离,单位为米(m)。

F.3.3 球面作图法

球面作图法适用于可倒置的航天器及组件的磁试验,此方法要点是在一定距离 r 处通过磁传感器测试包围航天器球面上各点偶极子磁场磁感应强度的径向分量 $B_r(r,\theta,\varphi)$,然后利用式(F.2)经数学反演计算出航天器磁偶极矩 M_x、M_y、M_z。被测件磁矩大小和磁强计的分辨率决定距离 r 的大小。当测试较小的偶极子矩时,要求磁强计放置很近。

$$\begin{cases} M_x = \dfrac{3\pi r^3}{4NA} \times 10^{-2} \sum\limits_{i=1}^{N} \sum\limits_{j=1}^{A} B(i,j) \sin\left(\dfrac{2\pi(j-1)}{A}\right) \times \cos\left(\dfrac{\pi(j-1)}{N}\right) \times \left| \sin\left(\dfrac{2\pi(j-1)}{A}\right) \right| \\ M_y = \dfrac{3\pi r^3}{4NA} \times 10^{-2} \sum\limits_{i=1}^{N} \sum\limits_{j=1}^{A} B(i,j) \sin\left(\dfrac{2\pi(j-1)}{A}\right) \times \sin\left(\dfrac{\pi(i-1)}{N}\right) \times \left| \sin\left(\dfrac{2\pi(j-1)}{A}\right) \right| \\ M_z = \dfrac{3\pi r^3}{4NA} \times 10^{-2} \sum\limits_{i=1}^{N} \sum\limits_{j=1}^{A} B(i,j) \cos\left(\dfrac{2\pi(j-1)}{A}\right) \times \left| \sin\left(\dfrac{2\pi(j-1)}{A}\right) \right| \end{cases} \qquad \cdots (\mathrm{F.2})$$

式中:

r ——探头中心到试件中心的距离,单位为米(m);

N ——测试平面总个数;

A ——测试平面上的测试点总数;

i ——测试平面的序号;

j ——测试平面上测试点的序号;

$B(i,j)$——试件在第 i 个测试平面上,第 j 个测试点的磁感应强度,单位为纳特(nT)。

F.3.4 赤道作图法

赤道作图法是球面作图法当取 θ 为 0、$\pi/2$、π 时的特定情况。在一定距离 r 处测试包围试件赤道平面上的磁场,经数学反演求出航天器磁矩。距离选择原则见式(F.3):

$$0.4 < \frac{D_s}{r} < 1.4 \qquad \cdots\cdots (\mathrm{F.3})$$

式中：

D_s——试件的包络直径，单位为米(m)；

此法要点是建立一组无穷级数形式的线性代数方程，其未知量是待求的偶极矩和多极矩，方程的常数项是航天器磁场的傅里叶级数展开的直流、基波正弦和基波余弦分量，各项系数是测点距离 r 的函数。这一方法是相对大体积航天器磁矩测试的主要方法。它可在零磁环境中进行也可在地磁环境中进行。

在零磁环境中测试可以不必将航天器做90°的侧置，这对于大体积航天器简化了操作、提高了安全性。工程实施时通常采用大型部件(例如太阳阵)和航天器本体分开进行测试，然后通过组合计算得到航天器的总磁矩的模式。

零磁场磁矩按式(F.4)计算：

$$\begin{cases} M_x = \dfrac{r_1^3}{A_2} \times 10^{-2}\left[\dfrac{1}{2}\sum_{j=1}^{A_2} B_x^{(3)}(j)\sin\varphi_j + \sum_{j=1}^{A_2} B_y^{(3)}(j)\cos\varphi_j\right] \\ M_y = \dfrac{r_1^3}{A_2} \times 10^{-2}\left[\dfrac{1}{2}\sum_{j=1}^{A_2} B_x^{(3)}(j)\cos\varphi_j - \sum_{j=1}^{A_2} B_y^{(3)}(j)\sin\varphi_j\right] \\ M_z = -\dfrac{r_1^3}{A_2} \times 10^{-2}\left[\sum_{j=1}^{N} B_z^{(3)}(j)\right] \end{cases} \quad \cdots\cdots(F.4)$$

式中：

r_1 ——第一个探头中心到试件中心的距离，单位为米(m)；

A_2 ——试件转动一周的测试点数，取 $A_2=36$；

j ——试件转动一周的测试点序号；

$B_x{}^{(3)}(j)$、$B_y{}^{(3)}(j)$、$B_z{}^{(3)}(j)$ ——试件在第 j 个测试点经第三次偶极化处理的磁感应强度，单位为纳特(nT)；

φ_j ——第一个测试点到第 j 个测试点所转动的角度，单位为度(°)。

第一次偶极化磁感应强度按式(F.5)计算：

$$\begin{cases} B_x^{(1)}(D,j) = \dfrac{1}{2}[B_x(D,j) - B_x(D,j+18)] \\ B_y^{(1)}(D,j) = \dfrac{1}{2}[B_y(D,j) - B_y(D,j+18)] \\ B_z^{(1)}(D,j) = \dfrac{1}{2}[B_z(D,j) + B_z(D,j+18)] \end{cases} \quad \cdots\cdots(F.5)$$

式中：

$B_x{}^{(1)}(D,j)$、$B_y{}^{(1)}(D,j)$、$B_z{}^{(1)}(D,j)$ ——分别为第 D 个探头测试的试件在第 j 个测试点的 X、Y 和 Z 方向的第一次偶极化磁感应强度，单位为纳特(nT)；

$B_x(D,j)$、$B_y(D,j)$、$B_z(D,j)$ ——分别为第 D 个探头测试的试件在第 j 个测试点的 X、Y 和 Z 方向磁感应强度，单位为纳特(nT)；

D ——分别为第1个、第2个和第3个探头的序号，$D=1,2,3$。

第二次偶极化磁感应强度按式(F.6)计算：

$$B_i^{(2)}(e,j) = \frac{\left(\dfrac{r_e}{r_1}\right)^5 B_i^{(1)}(e,j) - B_i^{(1)}(1,j)}{\left(\dfrac{r_e}{r_1}\right)^2 - 1} \quad \cdots\cdots(F.6)$$

式中：

$B_i{}^{(2)}(e,j)$——第二次偶极化磁感应强度，单位为纳特(nT)；

i ——分别表示试件磁感应强度的 X、Y 和 Z 方向，$i=1,2,3$；

e ——分别表示第 2 个和第 3 个探头，$e=2,3$；

r_e ——表示第 2 个或第 3 个探头中心到试件中心的距离，单位为米(m)。

第三次偶极化磁感应强度按式(F.7)式计算：

$$B_i^{(3)}(j)=\frac{\left(\frac{r_3}{r_2}\right)^2 B_i^{(2)}(3,j)-B_i^{(2)}(2,j)}{\left(\frac{r_3}{r_2}\right)^2-1} \qquad \text{(F.7)}$$

式中：

$B_i^{(3)}(j)$——第三次偶极化磁感应强度，单位为纳特(nT)；

r_2、r_3 ——分别表示第 2 个和第 3 个探头中心到试件中心的距离，单位为米(m)。

在地磁环境中测试要点是利用在测试区地磁东西方向磁场近似为零的特点，通过对东西和南北向测得的航天器磁场数据进行处理后，同样可消除地磁场南北向产生的感磁场和感磁矩。但是因为垂直地面的地磁分量在绝大部分测试区都有一个不能忽略的值，因此为了得到航天器与地面垂直轴不含地磁产生的感磁矩的磁矩，应使该轴处于磁东西平面内(即将航天器 90°的侧置)。

在去除地磁场影响下，地磁场中磁矩按式(F.8)计算：

$$\begin{cases} A_1(i,1,0)=10^2\sum\limits_{k=1}^{\infty}(-1/2)^{k-1}\dfrac{2k(2k-1)!!}{(k-1)!}\dfrac{1}{r_i^{2k+1}}a_{2k-1,1} \\ A_2(i,2,0)=10^2\sum\limits_{k=1}^{\infty}(-1/2)^{k-1}\dfrac{(2k-1)!!}{(k-1)!}\dfrac{1}{r_i^{2k+1}}a_{2k-1,1} \\ A_2(i,1,0)=10^2\sum\limits_{k=1}^{\infty}(-1/2)^{k-1}\dfrac{2k(2k-1)!!}{(k-1)!}\dfrac{1}{r_i^{2k+1}}b_{2k-1,1} \\ -A_1(i,2,0)=10^2\sum\limits_{k=1}^{\infty}(-1/2)^{k-1}\dfrac{(2k-1)!!}{(k-1)!}\dfrac{1}{r_i^{2k+1}}b_{2k-1,1} \\ -A_0(i,3,0)=10^2\sum\limits_{k=1}^{\infty}(-1/2)^{k-1}\dfrac{(2k-1)!!}{(k-1)!}\dfrac{1}{r_i^{2k+1}}a_{2k-1,0} \end{cases} \qquad \text{(F.8)}$$

式中：

k ——试件多极子的极数。当 $k=1$，为偶极子；$k=2$ 时，$a_{3,1}$ 为四极子；$k=2k-1$ 时，$a_{2k,1}$ 为 $2k$ 极子；

$a_{2k-1,1}$——航天器 X 向磁偶极子矩和多极子矩，$\mathrm{A\cdot m^{2k}}$($M_x=a_{1,1}$)；

$b_{2k-1,1}$——航天器 Y 向磁偶极子矩和多极子矩，$\mathrm{A\cdot m^{2k}}$($M_y=b_{1,1}$)；

$a_{2k-1,0}$——航天器 Z 向磁偶极子矩和多极子矩，$\mathrm{A\cdot m^{2k}}$($M_z=a_{1,0}$)。

富里埃级数展开系数见式(F.9)：

$$\begin{cases} A_0(i,j,0)=\dfrac{1}{N}\sum\limits_{m=1}^{N-1}B(r_i,j,m\dfrac{2\pi}{N}) \\ A_1(i,j,0)=\dfrac{2}{N}\sum\limits_{m=0}^{N-1}B(r_i,j,m\dfrac{2\pi}{N})\cos(m\times\dfrac{2\pi}{N}) \\ A_2(i,j,0)=\dfrac{2}{N}\sum\limits_{m=0}^{N-1}B(r_i,j,m\dfrac{2\pi}{N})\sin(m\times\dfrac{2\pi}{N}) \end{cases} \qquad \text{(F.9)}$$

式中：

N ——航天器绕 Z 轴一周的测点数；

i ——磁传感器所处位置号；

j ——磁传感器 X、Y、Z 向分量号($j=1$ 代表 X 分量；$j=2$ 代表 Y 分量；$j=3$ 代表 Z 分量)；

$B_{(r_i,j,\varphi)}$——位置 r_i 处第 j 个磁传感器分量测得的包围航天器赤道面上各点的磁感应强度值，单位为纳特(nT)；

r_i ——位置 i 处磁传感器与航天器中心距离，单位为米(m)；

φ ——航天器绕无磁转台垂直轴旋转角，单位为度(°)。

根据每台磁强计测得的磁感应强度值，按式(F.9)计算富里埃系数，然后按照式(F.8)经数学反演得到磁矩值。

F.4 航天器干扰磁场试验方法

F.4.1 试验目的

航天器干扰磁场试验主要测试航天器在静态和加电态下产生的磁场对其所承载的磁强计、磁敏感部件的影响程度，是以在部件所处部位的磁场来表征。

F.4.2 航天器本体干扰场测试方法

F.4.2.1 一般采用地面磁强计放置到航天器所承载的磁强计、磁敏感部件位置处(下称敏感部位)，由地面磁强计的读数来判断其所受航天器本体的磁干扰。

F.4.2.2 零磁场中试验方法如下：

a) 按有关试验要求和设备操作规程调试零磁设备，获得试验需要的零磁场；
b) 地面磁强计置于测试区的无磁支架上，航天器置于无磁试验转台上，并将转台推至测试中心；
c) 调节地面磁强计位置，使地面磁强计靠近航天器载磁强计位置；
d) 地面磁强计归零，试验转台推离试验中心；
e) 记录地面磁强计变化量 $B_{本体干扰}$，即航天器本体的磁干扰；
f) 按试验技术文件要求，选择航天器不同工作状态；
g) 重复 a)至 e)步骤直至完成所有测试工况；
h) 依次记录地面磁强计读数；
i) 若干扰超过大纲规定指标，则查干扰原因并采取整体和局部综合磁补偿等方法减少其磁矩和干扰磁场。

F.4.2.3 地磁场中试验方法如下：

a) 地面磁强计置于测试中心附近无磁的支架上，航天器置于无磁试验转台上，并将转台推至测试中心；转台指针刻度位置对准南或北；
b) 调节地面磁强计位置，使地面磁强计靠近航天器载磁强计位置；
c) 地面磁强计归零，试验转台推离试验中心；
d) 记录地面磁强计读数 B_0；
e) 试验转台绕 Z 轴旋转 180°，推至测试中心；
f) 调节地面磁强计位置，使地面磁强计靠近航天器载磁强计位置；
g) 地面磁强计归零，试验转台推离试验中心；
h) 记录地面磁强计读数 B_{180}；
i) 得到航天器本体干扰场为：$B_{本体干扰}=(B_0-B_{180})/2$；
j) 根据航天器所承载磁强计量程与分辨率及上述数据来判断干扰程度；
k) 按试验技术文件要求，选择航天器不同工作状态；
l) 重复 a)至 i)步骤直至完成所有测试工况；
m) 若干扰超过大纲规定指标，则查干扰原因并采取整体和局部综合磁补偿等方法减少其磁矩和干扰磁场。

F.4.3 航天器大型部件(太阳阵、天线阵)干扰场测试方法

F.4.3.1 与航天器整器相比,大型部件(太阳阵、天线阵)软磁材料占比很小,由地磁场对二者产生的感磁影响可忽略不计,二者的主要磁性干扰源为机构部件中电机(硬磁材料)与其阵面中相关电流回路产生的直流磁场。在零磁场和地磁场测试状态下,二者的干扰测试方法相同。

F.4.3.2 将地面磁强计放置在器载磁强计或磁敏感部件相同位置处,由地面磁强计的读数来判断其所受航天器大型部件的磁干扰,试验方法参照 F4.2。

F.4.4 干扰磁场数据获取及后续措施

F.4.4.1 根据 F.4.2 及 F.4.3 的测试结果,结合器载磁传感器及其他磁敏感部件与航天器本体和大型部件之间位置、距离、磁矩、磁场量级等关系,综合计算获取航天器干扰磁场数据。

F.4.4.2 在排除磁敏感部件附近结构紧固件磁性等影响因素后,若测试获得的航天器静态干扰场总模值大大高于器载磁传感器干扰磁场允许指标阈值,则在航天器磁控制软件未定型状况下,可采用软件补偿修正措施以代替磁补偿方法;或在结构上采用使器载磁传感器远离航天器本体及主要磁干扰源方法降低其受干扰影响程度。

F.5 测试精度影响因素

F.5.1 系统误差

航天器磁性测试时,系统误差主要由测试仪器精度、测试距离、转台角度、地磁场感磁影响、零磁线圈梯度场、数据采集精度等引起。在测试地点、测试距离明确及转台、测试仪器研制定型后,由航天器感应地球自身静态磁场而产生的感磁场是影响航天器磁性测量的重要因素之一。

在零磁环境中进行航天器磁性测试可避免由地磁场的静态值对航天器产生的感磁场影响,这一方法是中小体量航天器磁矩测量的主要优点;但是,随着航天器的尺寸越来越大,零磁线圈的零磁空间有限,特别是对于伸展机构模式器载磁传感器的干扰场试验,航天器不得不在地磁场环境下进行磁性测量。

地磁场环境下进行航天器磁性测试时,可通过在地磁东-西、南-北两个方向上的磁传感器不同布局的测试方法,对航天器 X_b、Y_b、Z_b 三个方向上的剩磁场和感磁场进行分离测试和组合计算;可有效解决地磁感磁对航天器磁性测试的影响。

F.5.2 随机误差

航天器磁性测试时,随机误差由零磁线圈磁场波动、环境磁场波动(地磁、航天器周围磁环境)、航天器自身磁场随机性(电机转动、电流交变场、各种频率电磁场等)、无磁转台旋转过程中指针与角度读数偏差等引起。在测试方法、测试地点、测试距离明确及转台、测试仪器研制定型后,随机误差是影响航天器磁矩测试精度的主要因素,在航天器磁测试工作状态不变情况下(同一工作状态多次重复测试),在排除无磁转台旋转过程中指针与角度读数偏差人为因素后,零磁线圈波动、环境磁场波动(地磁、航天器周围磁环境)是影响航天器(尤其是大尺寸航天器)磁矩测试精度的两大主要因素。地磁场波动对航天器磁矩测试影响见表 F.1。

航天器磁矩试验结果按式(F.10)模型进行估算:

$$M = M_{真} + M_{误差} = \alpha(B_{真} + B_{波动}) \times r^3 \qquad \text{(F.10)}$$

式中:

M ——试验获取的航天器磁矩,单位为安培平方米($A \cdot m^2$);

$M_{真}$ ——航天器实际磁矩，单位为安培平方米（$A \cdot m^2$）；

$M_{误差}$——试验误差产生的磁矩，单位为安培平方米（$A \cdot m^2$）；

α ——与测试距离相关的常数；

$B_{真}$ ——航天器实际产生的磁感应强度，单位为纳特（nT）；

$B_{波动}$——环境磁场波动引起的磁感应强度，单位为纳特（nT）；

r ——探头中心到试件中心的距离，单位为米（m）。

磁矩误差值与磁场波动值及测试距离三次方成正比，对大尺寸航天器，相应测试距离增加，引起的误差也加大。一般在测试周期内，对环境磁场进行监测。若转台绕 0°～360°一周后传感器测得的磁场数据波动小于 3 nT（通常称"回归好"），则试验结果有效。

测试环境磁场波动小于 3 nT 情况下，表 F.1 列出了采用偶极子作图法计算公式得到的测试距离与试验结果不确定度的一组参考值。

表 F.1 环境磁场、测试距离与试验不确定度关系

测试环境磁场波动 nT	测试距离 m	试验结果不确定度 $mA \cdot m^2$
0.2～0.5	0.3～0.5	1
0.2～0.5	0.5～1.0	1～3
0.2～0.5	1.0～2.0	1～20
0.2～0.5	2.0～2.5	8～39
0.2～0.5	2.5～3.0	15～67
0.2～0.5	3.0～4.0	27～160
0.5～1.0	0.3～0.5	1
0.5～1.0	0.5～1.0	1～5
0.5～1.0	1.0～2.0	3～40
0.5～1.0	2.0～2.5	20～78
0.5～1.0	2.5～3.0	39～135
0.5～1.0	3.0～4.0	67～320
1.0～3.0	0.3～0.5	1～2
1.0～3.0	0.5～1.0	1～15
1.0～3.0	1.0～2.0	5～120
1.0～3.0	2.0～2.5	40～235
1.0～3.0	2.5～3.0	80～405
1.0～3.0	3.0～4.0	135～900

在地磁环境下航天器磁测试时，由于采用了环境磁场波动闭环跟踪补偿控制技术，即：航天器磁矩测试时，计算机根据监测环境磁传感器获得的干扰源磁场数据对测试航天器磁场传感器同步获得的磁场数据进行实时补偿和修正，可大大减少环境磁场波动对磁矩测试精度影响，同步实现环境磁场波动的补偿和控制，可将补偿和控制后的磁场波动量值限制在 0.2 nT～0.5 nT 范围内。

F.5.3 试验方法误差

针对地磁环境下航天器不侧置或斜置等非常规特殊磁测试方法，由地磁感磁产生的试验方法误差是航天器磁测试主要误差之一；特别，对于航天器不侧置态下的磁矩测试方法，由于赤道作图法在水平面内和垂直方向所用的磁场、磁矩数据处理方法不同，零磁场中垂向永磁矩测试结果和地磁场中垂向永磁矩和感磁矩测试结果均存在一定的误差，这一误差评估应与航天器磁矩数据处理方法、测试场地所处地磁场、测试转台磁性等综合考量。

航天器在地磁场中测量时，由于在获得永磁矩的同时，也获得由地磁场的磁化引起的感磁矩，利用附录A中式(A.2)可估算出航天器整器的平均体磁化率和平均导磁率；进而通过公式转换，进一步得到航天器感磁矩与所处环境磁场之间的估算式(F.11)：

$$M_{IG}=M_{IS}\cdot(H_G/H_S) \qquad \text{(F.11)}$$

式中：

M_{IG}——航天器在地面测得的感磁矩，单位为安培平方米(A·m²)；

M_{IS}——航天器空间轨道上估算的感磁矩，单位为安培平方米(A·m²)；

H_G——航天器在地磁环境下所受磁感应强度，单位为纳特(nT)；

H_S——航天器在空间轨道上所受磁感应强度，单位为纳特(nT)。

由式(F.11)可知：由于中低轨道地磁场值与地面地磁场值比较接近，对于围绕地球运行的中低轨道航天器，在地磁场中进行干扰场试验时，由地面磁强计测得的干扰场值比在零磁环境中测得的干扰场更真实地反映了器载磁传感器在轨所受的干扰磁场情况。对于探测木星类航天器，通过式(F.11)的平均估算，可得到该类磁环境下航天器所受感磁矩量级。虽然该类航天器所处磁环境与地球磁环境相比量值大数倍，但在总体探测技术指标相对误差值不变条件下，其器载磁传感器的量程和分辨率绝对值也相应放大，因此对航天器干扰场的绝对测试误差可适当放宽。

附 录 G
（资料性附录）
航天器典型元器件和部件经充退磁后的磁场数据

对航天器部件、组件进行充退磁是控制航天器磁矩、减少某些特定位置上磁场的一项重要技术手段，在航天器部、组件验收试验中，一项重要内容就是绘制该产品充、退磁试验前后的磁场图。表G.1列举了国内外一些航天器典型元、部件充退磁磁场数据供参考。

表 G.1 国内外航天器典型元、部件充退磁磁场数据

器件	规格	30 cm 处的磁场强度值 nT		
		初始化	15 Gs 磁化后	50 Gs 退磁后
电容	GL65CG 137D	8	20	1
接插件	DDM-50P-NMC76	1	1	1
滤波器	1 200-025	1	2	1
继电器	PDT 420-1025	3	10	2
晶体管	2N697	5	7	2
微电路	MEM5014	5	6	1
变压器	D0-T4	6	37	1
二极管	IN3070-4AB	1	6	1
电阻器	NHG-50	1	6	1
导线	同轴 PVF	1	1	1
螺栓	M6	5	8	<1
钢丝螺套	φ10	2	5	<1
螺帽	M10	3	6	<1
垫圈	φ8	2	3	<1
飞轮	YJK310-1	100	160	22
试验载荷	ZS01-01	200	320	40
能源控制器	NY001-1	700	1 050	140
镍镉电池组件	27AH	2 100	3 300	420

附　录　H
（资料性附录）
国内外航天器磁场和磁强计特性

对于要完成复杂科学任务的航天器(特别是涉及磁场研究类航天器)，为保证其数据的收集不受干扰，应对航天器的磁性能加以限制。为此提出控制磁性计划，包括部件材料的选择，磁试验技术、磁设计技术、计划管理和控制措施等。航天器磁性控制的要求通常可表示为航天器允许的最大磁偶极矩和对航天器局部(如磁敏感部件安装位置区域)磁场强度变化量的限制。表 H.1 列出国内外一些航天器的磁性和器载磁强计参数。

表 H.1　航天器的磁场和磁强计特性

<table>
<tr><th rowspan="2">航天器
型号</th><th rowspan="2">国别</th><th rowspan="2">磁强计
类型</th><th rowspan="2">航天器对器载
磁强计的最大
磁场扰动
nT</th><th colspan="2">磁强计特性</th><th rowspan="2">承载磁传
感器的结
构伸展类
型</th><th rowspan="2">传感器距
航天器本
体距离
m</th><th rowspan="2">对航天器
本体磁矩
指标
mA·m²</th></tr>
<tr><th>范围
nT</th><th>灵敏度
nT</th></tr>
<tr><td rowspan="2">Globe Observer
地球观察站</td><td rowspan="2">美国</td><td rowspan="2">磁饱和</td><td>小于 1.5</td><td>3～14 000</td><td>±2</td><td rowspan="2">杆伸展</td><td rowspan="2">4</td><td rowspan="2">500</td></tr>
<tr><td>小于 2.5</td><td>±500</td><td>±0.25</td></tr>
<tr><td>Explorer41
探险者 41
(行星际探测器)</td><td>美国</td><td>磁饱和</td><td>小于 1</td><td>±40</td><td>±0.25</td><td>杆伸展</td><td>5</td><td>小于 100</td></tr>
<tr><td>TC-1
TC-2
探测双星</td><td>中国</td><td>磁饱和</td><td>小于 2</td><td>−32 768～
+32 764</td><td>0.01</td><td>杆伸展</td><td>3.5</td><td>643</td></tr>
<tr><td rowspan="2">YH-1
火星探测器</td><td rowspan="2">中国</td><td rowspan="2">磁饱和</td><td rowspan="2">小于 3</td><td>−256～
+256</td><td>0.01</td><td rowspan="2">帆板支
架伸展</td><td rowspan="2">3.5</td><td rowspan="2">500</td></tr>
<tr><td>−65 536～
+65 504</td><td>8.0</td></tr>
</table>

参 考 文 献

[1] 谷超豪.数学物理方程[M].北京:高等教育出版社,2002
[2] 郭硕鸿.电动力学[M].北京:高等教育出版社,1997
[3] 钱伯初.量子力学[M].北京:电子工业出版社,1993
[4] 赵凯华、陈熙.电磁学(上、下)[M].北京:高等教育出版社,1985
[5] 黄圳圭.航天器姿态动力学[M].长沙:国防科技大学出版社,1997
[6] 温秉权.金属材料手册[M].北京:电子工业出版社,2009
[7] 何世禹、杨德庄.空间材料手册(空间环境物理状态)[M].北京:中国宇航出版社,2012
[8] 周正伐.航天可靠性工程[M].北京:中国宇航出版社,2007
[9] 贾乃华.宇航物理[M].北京:北京科学出版社,1990
[10] 都亨等.低轨道航天器空间环境手册[M].北京:国防工业出版社,1996
[11] 黄本诚、童靖.空间环境工程学[M].北京:中国科学技术出版社,2010
[12] GB 3102.5—1993 电学和磁学的量和单位
[13] NASA TM-4322 PD EC 1104 1991 Monitoring Spacecraft Exposure to Magnetic Fields
[14] NASA TM-4322 PD ED 1207 1991 Magnetic Design Control for Science Instruments
[15] NASA TM-4322 PD ED 1220 1991 Demagnetization of Ferrommagnetic Parts
[16] NASA TM-4322 PD ED 1245 1991 Magnetic Dipole Allocation
[17] Anon:Magnetic Fields-Earth and Extraterrestrial NASA-SP8017
[18] Anon:Spacecraft Magnetic Torques NASA-SP8018
[19] Anon:Assessment and Control of Spacecraft Magnetic Fields NASA-SP8037
[20] Droll,P.w.and iufer,E.J:Magnetic Properties of Selected Spacecraft Materials
[21] Mario H.Acuna The Design And Test of Magnetically Clean Spaccraft-a Practical Guide. Goddard Space Flight Center Greenbelt, MD 20771
[22] Anon:Magnetic Moment Design Guidelines.Rev.Report WDL/MACS-TN 110A,WDL Di-vphilco Corp
[23] Moskowitz,R.and Lynch, R:Magnetostatic Measurement of Spacecraft Magnetic Dipole Moment IEEE Trans.Aerospace,Vol.2,no2 2
[24] W.L.Eichhorn. Magnetic Dipole Moment Determination by Near-Field Analysis .NASA TN D-6685
[25] Iufer,E.J:Magnetic Test Facilities at Ames Research Center and Malibu.Proc.Magnetics Workshop,PP.215-255

ICS 49.020
V 71

中华人民共和国国家标准

GB/T 32308—2015

GEO 卫星任务后处置要求

Requirements for post-mission disposal of GEO satellites

(ISO 26872:2010 Space systems—Disposal of satellites operating at geosynchronous altitude,NEQ)

2015-12-31 发布　　2016-07-01 实施

中华人民共和国国家质量监督检验检疫总局
中国国家标准化管理委员会　发布

前　言

本标准按照 GB/T 1.1—2009 给出的规则起草。

本标准使用重新起草法参考 ISO 26872:2010《航天系统　运行在地球同步轨道高度的卫星处置》编制，与 ISO 26872:2010 的一致性程度为非等效。

本标准由中国航天科技集团公司提出。

本标准由全国宇航技术及其应用标准化技术委员会(SAC/TC 425)归口。

本标准起草单位：中国空间技术研究院通信卫星事业部。

本标准主要起草人：经姚翔、刘建功、侯芬、翁嘉、张香燕、杨凌轩、魏鑫、宋涛、刘江、佟金成、赵旖旎、吴雨翔。

GEO 卫星任务后处置要求

1 范围

本标准规定了 GEO 卫星任务后处置要求，包括任务后离轨和钝化要求、具体实施以及文档编写要求等。

本标准适用于 GEO 卫星（以下简称卫星）任务后的处置实施，其他地球同步轨道（GSO）卫星的任务后处置可参照执行。

2 术语和定义

下列术语和定义适用于本文件。

2.1

任务后处置 post-mission disposal

卫星实际任务结束后，为保护空间环境并避免对其他在轨卫星造成危害，而采取的离轨操作和钝化措施。

2.2

地球同步轨道 geosynchronous earth orbit;GSO

轨道周期和地球自转周期相等的顺行轨道。

2.3

地球静止轨道 geostationary earth orbit;GEO

倾角为 0°，偏心率为零的地球同步轨道。

注：一般也把带有小倾角和小偏心率的地球同步轨道称为地球静止轨道。

2.4

弃置轨道 disposal orbit

供永久性放置任务后卫星的区域。

2.5

GEO 区域 GEO region

地球静止轨道径向±40 km，纬度方向±0.1°的区域。

2.6

GEO 保护区域 GEO protected region

地球静止轨道径向±200 km，纬度方向±15°构成的截面为扇形的环状区域。

注：GEO 保护区域见图 1 所示。

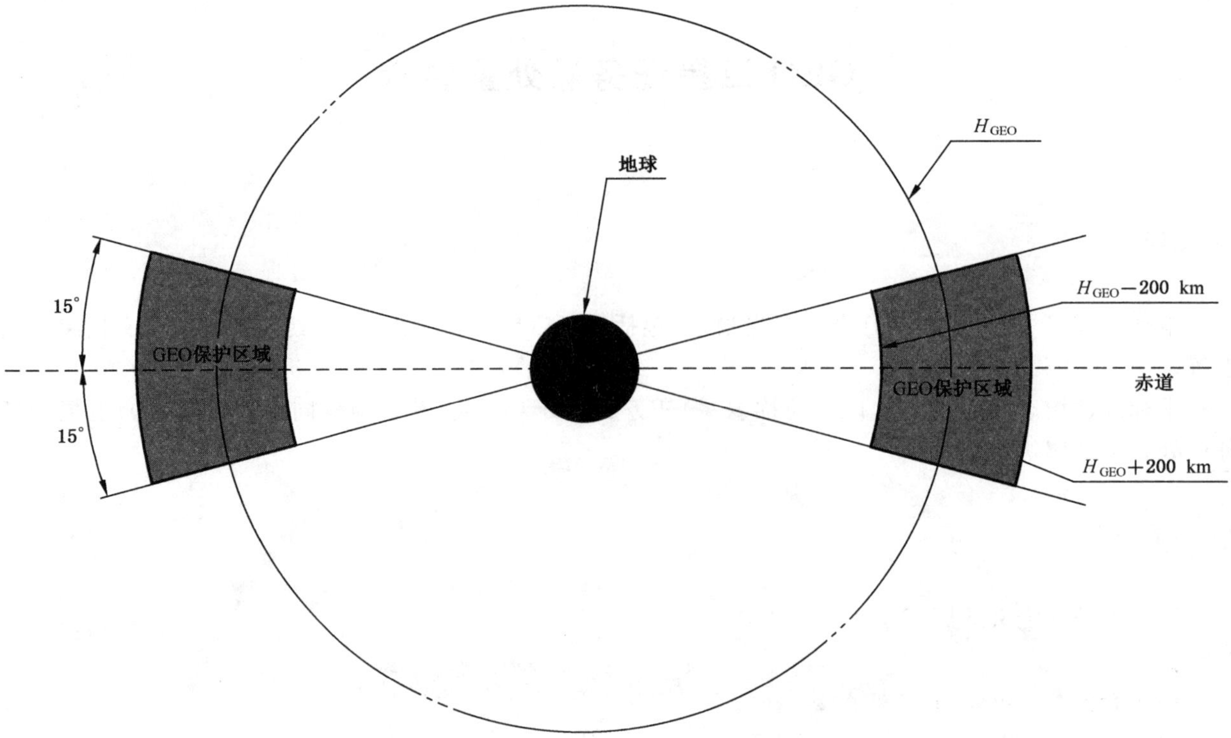

图 1　GEO 保护区域

2.7

钝化　passivation

消除或释放实际任务结束后的卫星中存贮的、可能引发爆炸解体的能源的措施。

注：这些措施包括将贮箱中的剩余推进剂和高压气体耗尽或排空，将蓄电池中的电荷消除、动量轮停转以及火工品的安全化处理等。

2.8

储能部件　stored energy devices

卫星内部的可存储和释放能量的部件。

注：常用储能部件有：推进剂的贮箱、储存气体的高压气瓶、储能电池组、高速旋转的飞轮等。

3　一般要求

3.1　总则

运行在 GEO 保护区域的卫星，应在其实际任务结束后进行处置，完成离轨和钝化等处理措施。

3.2　离轨要求

在卫星实际任务结束后，应通过轨道抬升将其永久性移出 GEO 保护区，以免干扰仍在 GEO 区域工作的其他航天器。在考虑所有轨道摄动因素后，变轨结束后近地点高度的最小增加值见式(1)，应保证偏心率不大于 0.003，同时应确保变轨后有足够的近地点高度，避免在 100 年内再次进入 GEO 保护区。

$$\Delta H = 235 + (1\ 000 \times C_R \times A/m) \qquad \cdots\cdots(1)$$

式中：

ΔH ——变轨结束后近地点高度的最小增加值，单位为千米(km)；

C_R ——太阳辐射压力系数(典型值在1和2之间);

A/m——卫星最大受晒面积与干质量之比,单位为平方米每千克(m^2/kg);

235 ——GEO保护区域上限高度(200 km)与考虑日、月和地球引力摄动下最大下降高度(35 km)之和,具体分析可参考附录A,单位为千米(km)。

3.3 钝化要求

不再进行离轨操作时,存储能量的所有能量源均应钝化处理,避免卫星解体、爆炸。主要能量源处置要求如下:

a) 剩余推进剂和其他流体都应通过耗尽燃烧或泄放尽可能排空,避免因过压或化学反应造成意外解体;在对剩余推进剂实施排空时需进行进一步的轨道机动,应采取沿轨道法向机动或沿轨道切向机动的方式来完成,机动后应满足3.2的要求;

b) 其他高压容器中流体介质应尽可能实施排放操作;

c) 动量转换装置,如飞轮等活动部件应停止转动;

d) 蓄电池应完成放电或其他钝化操作,并断开充电线路,避免因蓄电池充电过量导致发生爆炸解体事故;

e) 对其他形式的储能部件进行评估,并采取适当的减缓措施。

3.4 其他要求

在处置过程及处置结束后,还应满足下列要求:

a) 处置过程及处置结束后应确认星上载荷部件处于关机状态,以免影响其他卫星系统正常工作;

b) 处置结束后应将卫星测控遥测下行切断。

4 GEO卫星任务后处置实施要求

4.1 概述

在卫星任务的规划、卫星研制以及在轨运行管理等各个阶段,应明确卫星任务后处置的要求,分阶段编制处置方案文档,由卫星所有者、运营方、研制方与卫星操作方共同协商确定,应包括任务后处置方案、应急处置方案等。

在实施卫星任务后的处置操作之前,应对卫星在轨状态进行评估,确认其是否对卫星离轨和测控造成影响,确保卫星离轨和钝化策略有效。

4.2 剩余推进剂的最小需求量要求

卫星任务既定结束时应预留足够的用于任务后处置的推进剂,剩余推进剂应能提供卫星离轨所需的速度增量,具体数值可由式(1)推导求得;同时应考虑剩余推进剂估计精度的影响,剩余推进剂估计精度的影响因素一般包括剩余推进剂的计算误差、贮箱挤出效率、混合比偏差等。

4.3 测控要求

在实施卫星任务后的处置操作之前,卫星应具备测控功能。应在全向测控条件下实施卫星任务后的离轨和钝化任务,整个离轨和钝化应在地面测控站可观测区内完成。

4.4 离轨机动策略

4.4.1 应制定轨道机动的策略及操作计划,以便在卫星实际任务结束后进行轨道机动,进入弃置轨道。

对于有化学推进系统的卫星应优先采用化学推进进行离轨操作，一般采用每半个轨道周期抬高一次近地点高度的策略，每次离轨机动宜在赤经 90°或 270°附近进行，具体分析可参考附录 B。每次控制量不应过大，避免贮箱剩余推进剂估计误差影响离轨控制的效果。

4.4.2 当卫星剩余推进剂量可满足离轨速度增量时，第 1 次点火的轨道控制量宜为离轨所需总速度增量的 1/2；经历半个轨道周期后再进行第 2 次机动，控制量为剩余的离轨速度增量；后续再进行化学推进剂排空。具体流程可参考 C.2。

4.4.3 当卫星剩余推进剂量不能满足离轨速度增量时，第 1 次点火的轨道控制量按预估剩余推进剂量的一半进行，半个轨道周期后进行第 2 次机动，轨道控制量与第 1 次机动相同。若还有剩余推进剂，则按少量多次机动方式，每次点火控制量 Δv 按不大于 2 m/s 继续进行每半个轨道周期一次的近地点抬高，直至推进剂耗尽。具体流程可参考 C.3。

4.4.4 对于有电推进系统的卫星，应结合电推进系统的具体设计以及剩余推进剂，制定相应策略，完成离轨及钝化任务。

4.5 推进剂的钝化要求

在完成离轨操作后，可通过继续抬升轨道高度或控制轨道倾角来完成推进剂钝化，但不应影响离轨效果。钝化后若还有残余推进剂，应确保离轨后的卫星即使加电，推力器也无法工作。

4.6 其他贮能部件的钝化

在推进剂钝化过程中出现姿态失稳，应将卫星转入安全姿态，并关闭飞轮等活动部件。

蓄电池组钝化处理宜在完成推进剂钝化后进行，并应确保蓄电池组压力处于安全范围，而不会发生爆炸。

未起爆的火工品应完成相应的安全处理。

4.7 下行信号设置

离轨前应将有效载荷设置为不工作状态，避免离轨过程中对其他卫星造成干扰。卫星处置结束后应关闭测控下行信号。

4.8 弃置轨道稳定性的检验

对于离轨操作后不能满足 3.2 要求的情况，应对卫星轨道进行 100 年的轨道外推计算，并评估其对 GEO 区域的影响。

5 处置文档编写要求

5.1 任务后处置方案编制

任务后处置方案主要内容应包括：

a) 卫星任务结束的判据；

b) 启动处置卫星的时机和条件；

c) 卫星完成任务后处置所应具备的能力，任务处置可靠性评估及相关系统状态；

d) 弃置轨道的设计；

e) 轨道处置所需要的最少推进剂的预计；

f) 卫星上储能部件的处理需求及方法；

g) 轨道机动程序；

h) 轨道机动结束后储能部件处置的操作程序；

i） 星上其他设备状态设置。

5.2 应急处置方案编制

针对卫星因意外造成实际任务提前终止的情况，应制定应急处置方案，主要内容包括：

a） 应急处置的启动条件；

b） 卫星完成应急处置所应具备的最低配置状态；

c） 如果在应急情况下已无法达到符合相关要求的弃置轨道，则应进行弃置轨道及机动策略的重新选择，使得最终的弃置轨道对 GEO 区域造成的影响最小；

d） 轨道机动程序；

e） 轨道机动结束后储能部件的紧急处理程序；

f） 星上其他设备状态设置。

5.3 任务后处置报告编制

卫星处置结束后，应编写任务后处置报告，主要包括以下内容：

a） 卫星任务后处置的过程描述；

b） 卫星的离轨时间；

c） 卫星的离轨后历元时刻轨道；

d） 卫星设备的关断状态；

e） 卫星的供电状态(包括蓄电池状态)；

f） 卫星液体推进剂排空情况；

g） 卫星动量转换装置的状态；

h） 卫星其他高压容器或储能部件的状态；

i） 卫星下行信号的关闭情况。

附　录　A
（资料性附录）
GEO 弃置轨道近地点高度变化规律

A.1　概述

GEO 弃置轨道近地点，一般设在高于地球同步轨道 200 km～300 km 的高度，其近地点高度的变化主要由偏心率和半长轴决定。经过分析发现引起 GEO 弃置轨道近地点高度变化的主要摄动因素有：二阶日月引力摄动、三阶月球摄动、太阳光压摄动、地球引力场摄动等引起的短周期摄动。

A.2　二阶日月引力摄动

地球同步高度附近的轨道受日月引力将比低地球轨道增大约 10 倍，有着明显的影响。日月引力的摄动函数表示如式(A.1)～式(A.3)：

$$R = R_2 + R_3 + o(R_3) \qquad \cdots\cdots (A.1)$$

其中，R_2、R_3 为

$$R_2 = r^2 \mu' / r'^3 (1.5\cos^2\psi - 0.5) \qquad \cdots\cdots (A.2)$$

$$R_3 = r^3 \mu' / r'^4 (2.5\cos^2\psi - 1.5\cos^2\psi) \qquad \cdots\cdots (A.3)$$

式中：

R ——摄动位函数；

R_2——二阶日月引力摄动函数；

R_3——三阶日月引力摄动函数；

r ——卫星的地心距，单位为千米(km)；

μ' ——太阳(或月球)的引力常数；

r' ——地心到太阳(或月球)的距离，单位为千米(km)；

ψ ——太阳(或月球)与卫星相对地心的张角，单位为度(°)。

由于 $R_{3太阳}$ 与 $R_{3月球}$ 的比值约为 10^{-3}，可将 $R_{3太阳}$ 忽略，R_3 仅取为三阶月球摄动函数。对二阶日月引力摄动函数 R_2 求平均值，分离长短周期项，可得半长轴的长周期变化为 0，偏心率的长周期变化率如式(A.4)：

$$\mathrm{d}e/\mathrm{d}t = e\{K_1[\sin2(\Omega+\omega) - 0.28\sin(\Omega+2\omega)] + K_2 f_1(\Omega,\omega,\beta_m)\} \qquad \cdots\cdots (A.4)$$

式中：

e ——轨道偏心率；

t ——时间，单位为秒(s)；

K_1 ——与太阳、月球质量及半长轴相关的常数；

Ω、ω ——卫星轨道的升交点赤经和近地点幅角，单位为度(°)；

K_2 ——与月球质量及半长轴相关的常数，K_2 与 K_1 的比值约为 10^{-1}；

β_m ——月球升交点黄经，单位为度(°)，其变化周期为 18.6 年；

$f_1(\Omega,\omega,\beta_m)$——归一化周期函数。

从式(A.4)中可知，二阶日月引力摄动会导致偏心率存在长周期变化，变化幅度取决于初始偏心率大小。很明显，如果初始偏心率较大，偏心率的变化较为显著，而当初始偏心率很小的情况下，其影响将变小甚至可以忽略。

以下采用数值计算方法分别给出了初始偏心率为 0.05 和 0.003 两种情况下，100 年中偏心率的变化规律，结果见图 A.1、图 A.2。计算中考虑了地球引力场 6×6 模型及日月引力，不考虑光压摄动。

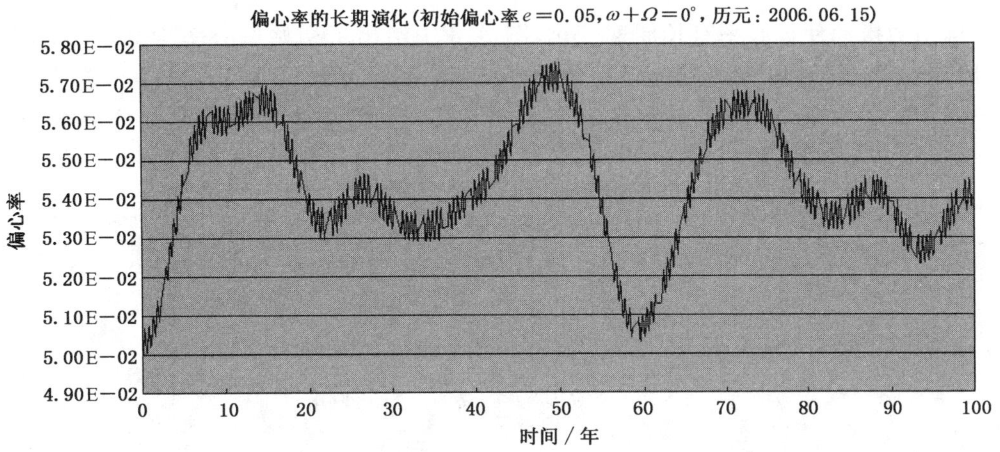

图 A.1　大偏心率($e=0.05$)情况下的长期演化

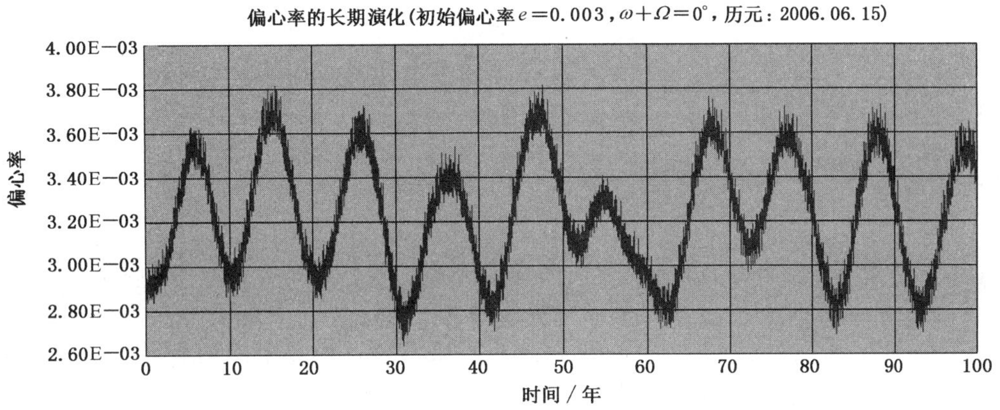

图 A.2　小偏心率($e=0.003$)情况下的长期演化

从图 A.1 明显可看到，当初始偏心率为 0.05 时，变化幅度约为 0.003，这就造成弃置轨道的近地点有可能下降约 260 km，使废弃卫星重新进入 GEO 保护区域。将相关参数代入式(A.4)中，可得到二阶日月引力摄动造成偏心率的变化幅度约为初始偏心率的 6%。

图 A.2 描述了偏心率初值为 0.003 的变化规律，其幅度为 0.000 6，高于 6%的 0.000 18。实际此时，二阶日月引力摄动引起的偏心率变化已被数值计算中含有的三阶月球摄动所掩盖，变化周期明显与三阶月球摄动一致。

A.3　三阶月球摄动

由于 $R_{3太阳}$ 可被忽略，日月的三阶引力摄动实际只表现为月球的三阶引力摄动，分析得到半长轴的长周期变化率为 0，偏心率的长周期变化率如式(A.5)：

$$de/dt = K_3\sin[(\Omega+\omega)-(\Omega_m+\omega_m)] + K_4 f_2(\Omega,\omega,\Omega_m,\omega_m) \quad\cdots\cdots\cdots\cdots\cdots(A.5)$$

式中：

K_3 和 K_4 ——常数，与月球质量与月球轨道偏心率半长轴有关，且 K_4/K_3 约为 0.3；

Ω_m、ω_m ——月球的升交点赤经和近地点幅角，单位为度(°)；

$f_2(\Omega,\omega,\Omega_m,\omega_m)$ ——归一化周期函数。

三阶月球引力摄动使偏心率有长周期变化，图 A.3 中给出了初始偏心率为 0.002 情况下的 100 年轨道数值外推，结果显示，偏心率变化周期约为 10.1 年，变化幅度约为 2.8×10^{-4}，造成近地点最大约 24 km 的下降。偏心率变化幅度与初始偏心率大小无关。曲线中不规则变化部分由 $K_4 f_2(\Omega,\omega,\Omega_m,\omega_m)$ 引起。

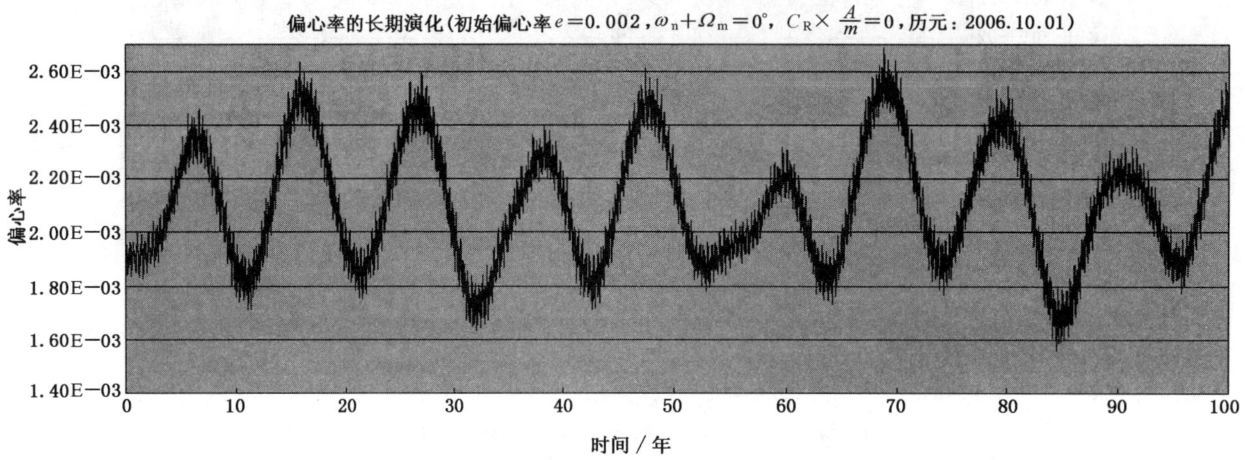

图 A.3　偏心率(e=0.002)三阶月球摄动

A.4　太阳光压摄动

太阳光压摄动对偏心率产生周年摄动，变化幅度决定于反射系数 C_R 及干星面质量比 A/m。$C_R\times A/m$ 的典型值约为 0.04，其对应的偏心率变化幅度为 4.2×10^{-4}，会引起近地点高度的变化，最大降幅可估计为 910 $C_R\times A/m$(单位为 km)。减小太阳光压摄动对近地点下降的有效方法是将近地点置于当时的太阳赤经。

A.5　地球引力场摄动等引起的短周期摄动

地球引力场摄动对偏心率和半长轴只存在短周期变化。其中最大的两项为 J_2 和 J_{22}，J_2 引起的偏心率变化幅度为 3.6×10^{-5}，对应近地点约 1.5 km，变化周期约 12 h，对半长轴的变化只达到米级，可以忽略；J_{22} 产生幅度为 1 km 的半长轴变化，变化周期为约 45 天，偏心率的变化可以忽略。

二阶日月引力摄动也会对半长轴及偏心率造成短周期影响，主要体现为：周期为约 12 h 的半长轴 ±1.5 km 变化，偏心率 $\pm5.8\times10^{-5}$ 变化(对应近地点变化约 2.4 km)。

三阶月球引力摄动引起偏心率月周期项变化，振幅为 2.7×10^{-5}，对应近地点变化约 2.4 km。

综合对较短周期项(周期小于 1 年)的分析，所有较短周期项会造成近地点方向的下降，最大幅度按均方根计算为 5 km。

A.6　小结

离轨结束后近地点高度最小增加值(离轨高度)ΔH 的计算式(1)$\Delta H=235+(1\ 000\times C_R\times A/m)$

中，对 A.2～A.5 的 4 项因素均有体现：1 000 $C_R \times A/m$ 涵盖了太阳光压摄动、35 km 涵盖了三阶月球摄动、较短周期项和二阶日月引力摄动，对于大偏心率轨道在二阶日月引力摄动下引起的近地点下降，则通过偏心率小于 0.003 制约。

附 录 B
(资料性附录)
近地点方向与二阶日月摄动的影响

二阶日月项对 GEO 弃置轨道的摄动特性导致偏心率的长周期变化率可由式(A.4)计算得出。

从式(A.4)中可知,二阶日月引力摄动会导致偏心率存在长周期变化,变化幅度取决于初始偏心率大小。而且如果初始的近地点方向(即 $\Omega+\omega$)不同,对于较大偏心率情况,轨道近地点在 100 年的演变过程中会有截然不同的结果。以下对 10 种不同初始近地点方向的弃置轨道进行了 100 年的数值外推,以检验近地点下降程度与初始近地点方向($\Omega+\omega$)的关系,计算过程中假设以下条件:

a) 偏心率:0.05;

b) 近地点轨道高度高于 GEO 高度:259 km;

c) 近地点方向($\Omega+\omega$):280°,270°,325°,350°,10°,0°,35°,55°,90°,100°;

d) A/m:0.02 m^2/kg;

e) C_R:1.2;

f) 倾角:0.1°。

结果显示,当初始近地点方向在赤经 0°或 180°,在 100 年内最小近地点高度会低于同步轨道高度,当指向 90°或 270°近地点的下降将是轻微的(图 B.1)。将初始近地点方向置于 90°或 270°将是一个减弱二阶日月引力摄动引起近地点下降的有效方法。

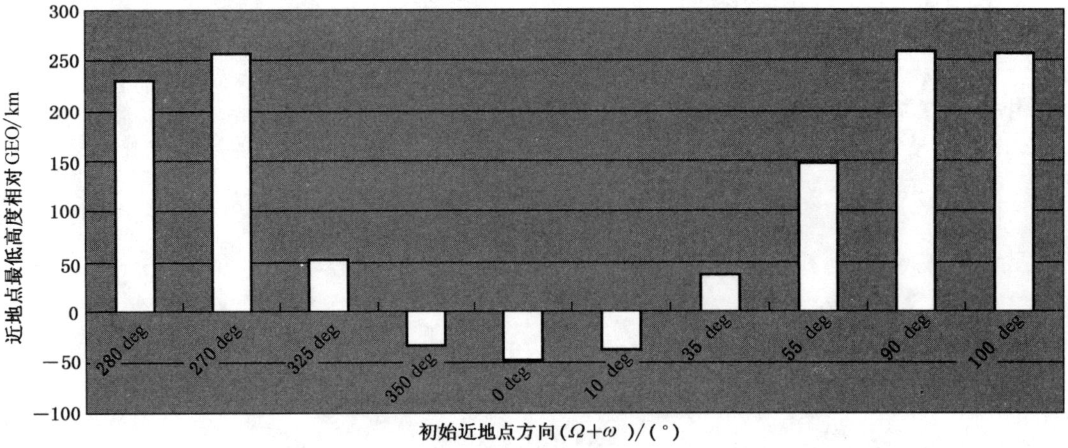

图 B.1 初始近地点方向和 100 年内最低近地点关系图

注:由于式(A.4)中 $\Omega+\omega$ 前系数为 2,可认为这是一个周期近似为 π 的函数,所以 $\Omega+\omega$ 只在 −100°~100°的区间考察。

所以离轨策略中通过将近地点的方向设置于 90°或 270°,可有效抑制大偏心率弃置轨道近地点的下降,即使因为各种原因造成任务后处置结果不满足 GEO 弃置轨道偏心率小于 0.003 要求,这一措施还可保证卫星不再进入 GEO 保护区域。

附 录 C
（资料性附录）
处置操作的实施流程

C.1 概述

根据剩余推进剂余量是否满足离轨增量速度的要求，处置操作的实施流程略有不同。

C.2 剩余推进剂量预计可满足离轨速度增量

剩余推进剂量可满足离轨速度增量，离轨速度增量可由3.2中式(1)推导求得，一般为10 m/s，处置流程如下：

a) 关闭有效载荷；
b) 第1次点火轨道控制量按5 m/s实施，测轨，半个轨道周期后进行第2次机动速度增量为5 m/s，测轨；
c) 第3次点火轨道控制量按预计剩余推进剂的一半进行，抬高轨道，测轨，半个轨道周期后进行第4次机动，控制量按剩余推进剂量实施，抬高轨道，测轨；
d) 当还有剩余推进剂时，采用轨道法向控制将推进剂耗尽；
e) 步骤d)实施过程中出现姿态失控(推进剂耗尽)，将控制系统的控制模式切换至非轮控安全模式，关闭飞轮等活动部件；
f) 发送关闭蓄电池放电、断开蓄电池充电线路、关闭遥测等指令。

具体流程见图C.1。

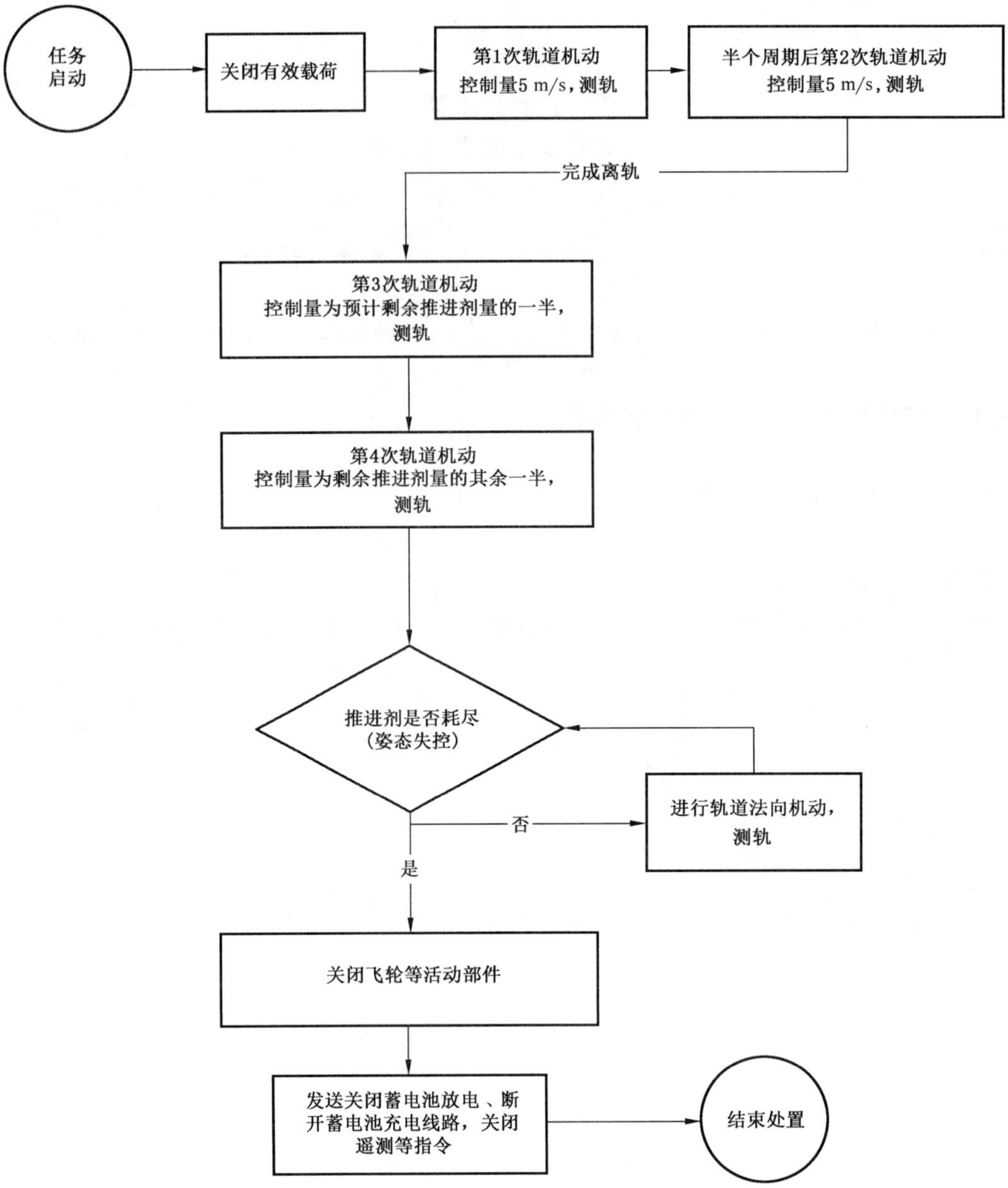

图 C.1　GEO 卫星任务后处置流程一(剩余推进剂量可满足离轨速度增量)

C.3　剩余推进剂量预计不能满足离轨速度增量

剩余推进剂量预计不能满足 10 m/s 离轨速度增量的情况，一般处置流程如下：

a)　关闭有效载荷；

b)　第 1 次点火轨道控制量按剩余推进剂的一半进行点火，测轨，半个轨道周期后进行第 2 次机动，控制量按剩余推进剂量实施，测轨；

c)　按每次点火控制量 $\Delta v \leqslant 2$ m/s 继续进行每半个轨道周期一次的近地点抬高，测轨，直至满足离轨要求；

d)　当还有剩余推进剂时，采用轨道法向控制将推进剂耗尽；

e)　步骤 c)、d)实施过程中出现姿态失控(推进剂耗尽)，将控制系统的控制模式切换至非轮控安

全模式,关闭飞轮等活动部件;

f) 发送关闭蓄电池放电、断开蓄电池充电线路、关闭遥测等指令。

具体流程见图 C.2。

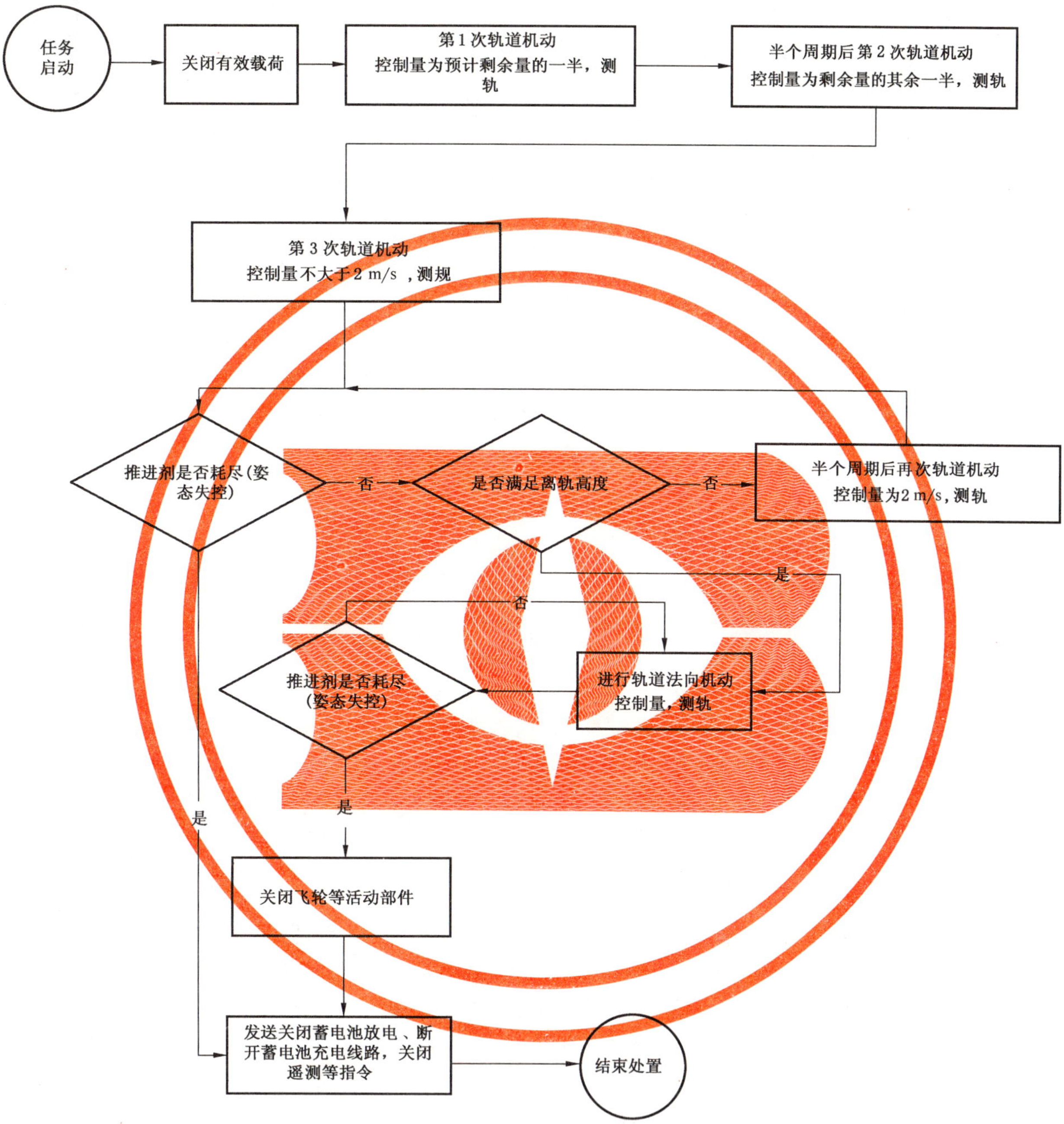

图 C.2 GEO 卫星任务后处置流程二(剩余推进剂量不满足离轨速度增量)

ICS 11.080.10
C 47

中华人民共和国国家标准

GB/T 32309—2015

过氧化氢低温等离子体灭菌器

Hydrogen peroxide low temperature plasma sterilizer

2015-12-10 发布　　2016-09-01 实施

中华人民共和国国家质量监督检验检疫总局
中国国家标准化管理委员会　发布

前　言

本标准按照 GB/T 1.1—2009 给出的规则起草。

请注意本文件的某些内容可能涉及专利。本文件的发布机构不承担识别这些专利的责任。

本标准由国家食品药品监督管理总局提出。

本标准由全国消毒技术与设备标准化技术委员会(SAC/TC 200)归口。

本标准负责起草单位:山东新华医疗器械股份有限公司、国家食品药品监督管理局广州医疗器械质量监督检验中心。

本标准参加起草单位:杭州易路医疗器械有限公司、成都老肯科技有限公司。

本标准主要起草人:王俊杰、杨雷、王洪敏、黄鸿新、陈嘉晔、黄秀莲、孙建生、刘勇。

过氧化氢低温等离子体灭菌器

1 范围

本标准规定了过氧化氢低温等离子体灭菌器(以下简称灭菌器)的术语和定义、要求、试验方法、检验规则和标志、包装、使用说明书、运输和储存。

本标准适用于仅以过氧化氢为灭菌介质,能够产生等离子体的低温灭菌器。

本标准未规定涉及使用风险范围的安全要求,未规定低温过氧化氢等离子体的确认和常规控制的要求。

注:本标准所指低温灭菌器,其灭菌室内温度不大于 60 ℃。

2 规范性引用文件

下列文件对于本文件的应用是必不可少的。凡是注日期的引用文件,仅注日期的版本适用于本文件。凡是不注日期的引用文件,其最新版本(包括所有的修改单)适用于本文件。

GB/T 191 包装储运图示标志

GB/T 1616 工业过氧化氢

GB 4793.1 测量、控制和实验室用电气设备的安全要求 第1部分:通用要求

GB/T 4982 真空技术 快卸连接器 尺寸 第1部分:夹紧型

GB/T 14710—2009 医用电器环境要求及试验方法

GB/T 18268(所有部分) 测量、控制和实验室用的电设备 电磁兼容性要求

GB 19192—2003 隐形眼镜护理液卫生要求

GBZ 159—2004 工作场所空气中有害物质监测的采样规范

WS/T 132—1999 作业场所空气中过氧化氢的分光光度测定方法

YY 0466 医疗器械 用于医疗器械标签、标记和提供信息的符号

消毒技术规范(2002版) 中华人民共和国卫生部

3 术语和定义

下列术语和定义适用于本文件。

3.1

等离子体 plasma

由气体分子发生电离反应,等电荷的正负离子共存的物质形态。

等离子体属于部分电离的形态,其中包含正负离子、自由基、真空紫外光、中性原子和分子等。

注:本标准中的等离子体属于低温等离子体范畴。

3.2

通风 aeration

灭菌过程的一部分或几部分。在特定的条件下将洁净空气注入灭菌室内的过程。

3.3

灭菌周期 sterilization cycle

以灭菌为目的,在灭菌器内执行的自动程序阶段。

3.4

测试周期　test cycle

为测试灭菌性能而专门设置的自动程序,该程序不能用于正常灭菌。与灭菌周期相比,其灭菌作用时间或过氧化氢注入量或灭菌阶段重复次数等减半。

4　分类

灭菌器按结构分为单门或双门。

5　要求

5.1　灭菌器正常工作条件

工作条件应满足以下要求或按制造商的规定:

a)　环境温度:10 ℃～40 ℃;

b)　相对湿度:不大于 80%;

c)　大气压力范围:70 kPa～106 kPa;

d)　电源:交流(220±22)V,(50±1)Hz 或交流(380±38)V,(50±1)Hz。

5.2　外观和结构

5.2.1　灭菌器外观应完整,外表面应整洁、色泽均匀,不应有伤斑、裂痕等缺陷。

5.2.2　灭菌器外表面各种文字标志应清晰、准确、牢固。

5.2.3　灭菌器紧固件应安装牢固,开关键调节应灵活可靠。

5.3　材料

灭菌器接触过氧化氢的材料,应满足:

a)　耐过氧化氢的腐蚀;

b)　不应导致过氧化氢质量的降低;

c)　不应释放出任何已知的,对人体健康、灭菌负载和环境有害的物质。

5.4　灭菌室门和联锁装置

5.4.1　在灭菌周期的进行过程中应不能打开灭菌室的门。

5.4.2　灭菌室门关闭后,在未进行灭菌周期的情况下应可再次打开。

5.4.3　灭菌室门的密封件应可更换,应可以检查和清洁密封件以及它与门接触的表面,而无需拆除门的结构。

5.4.4　灭菌室的门应装有安全联锁装置,并应符合以下规定:

a)　灭菌器在正常工作条件下,当门未锁紧时,不能运行灭菌程序;

b)　过氧化氢注入后,若用人工或其他的方法终止灭菌周期,应经过过氧化氢有效消除程序,否则门应不能被打开;

c)　应具备与 a)、b)两项动作同步的报警功能。

5.4.5　双门灭菌器(若有)的门应符合以下规定:

a)　除非维护的需要,应不能同时打开两个门;

b)　在未显示灭菌周期结束之前,应不能打开卸载门;

c)　测试周期结束后,应不能打开卸载门;

d） 用于控制启动灭菌周期的装置应安装于灭菌器的装载侧。

5.5 测试接口

5.5.1 灭菌器至少应装配一个测试接口，测试接口应符合 GB/T 4982 的要求。

5.5.2 测试接口应为直连接套，其测试接口规格为 KF16 或 KF25。连接套连同其 O 形密封圈、支架、卡箍应用标准盖帽封闭，并进行隔热和机械密封。

5.5.3 测试接口的安装位置应便于连接且容易接通灭菌室，测试连接器应有 PT 标记和帽盖。真空端口和管道不能作为测试接口。

5.6 显示装置

5.6.1 显示信息

显示装置应至少显示以下可视信息：

a） 灭菌室压力、温度；
b） 灭菌器所处的工作状态；
c） 灭菌室门的状态；
d） 所选择的灭菌周期；
e） 灭菌器所处运行阶段以及运行时间；
f） 发生故障时的故障类型。

5.6.2 温度指示装置

温度指示装置应符合以下要求：

a） 数字式；
b） 温度单位为摄氏度(℃)；
c） 显示范围包含 0 ℃～99 ℃；
d） 分辨率为 1 ℃或更优；
e） 当用于控制功能时，应有传感器故障保护功能；
f） 在不拆分仪表的情况下，可使用特殊钥匙、密码或其他工具进行现场调整；
g） 温度传感器的温度测量范围应至少为 0 ℃～100 ℃，精度至少为±0.5%。

5.6.3 压力指示装置

压力指示装置应符合以下要求：

a） 数字式；
b） 压力单位为 Pa；
c） 显示范围应确保预期的最大工作压力不超过满量程的 80%；
d） 分辨率为 5 Pa 或更优；
e） 当用于控制功能时，应有传感器故障保护功能；
f） 灭菌室压力装置需要调整时，应使用特殊钥匙、密码或其他工具进行现场调整；
g） 压力传感器的测量范围至少为 10 Pa～2 600 Pa，压力传感器在此范围内精度至少为±1.5%。

注：本标准中所指压力是指绝对压力。

5.6.4 计时装置

过程控制计时器的精度和重复性应优于其预期测量的时间间隔值。计时器应符合以下要求：

a) 采用秒(s)或分钟(min)作为单位；

b) 时间为5 min以下时，精度至少为±2.5%；超过5 min时，精度至少为±1%；

c) 应使用特殊钥匙、密码或其他工具进行现场调整。

5.7 记录装置

5.7.1 记录装置应能记录整个运行周期的关键过程变量。

5.7.2 记录装置的精度和分辨率应不低于控制测量系统的精度和分辨率。

5.7.3 记录装置的性能应不低于下列指标要求：

a) 温度：

——精度：在0 ℃～100 ℃范围内至少为±1%；

——分辨率：1 ℃或者更优；

——测量信号采样率：至少每隔5 s采样一次。

b) 压力：

——精度：在50 Pa～5 000 Pa范围内为±1.5%；

——分辨率：2 Pa或者更优；

——测量信号采样率：至少每隔5 s采样一次。

5.7.4 生成的记录应清晰易读并应能在正常工作环境条件下保存至少3年。

5.7.5 记录的数据应能充分体现任何超出允差范围的偏差。

5.7.6 为了达到校准目的，应能使用特殊钥匙、密码或者权限工具对记录仪进行现场调整。

5.8 空气过滤器

5.8.1 当灭菌周期要求将空气直接导入灭菌室时，空气应经空气过滤器进入。

注：空气过滤器宜由抗腐蚀和抗降解的材料制成，这些材料对过滤器有保护作用。

5.8.2 空气过滤器滤除直径大于0.30 μm微粒的滤除效率应不低于99.5%。

5.8.3 空气过滤器应安装在灭菌室外部容易更换和维护的位置，并保持干燥。

5.9 灭菌周期及控制

5.9.1 灭菌周期的控制

5.9.1.1 灭菌器应采用自动控制器控制灭菌周期和各项参数。

5.9.1.2 自动控制器应能预设一个或多个灭菌周期，任何预设参数的更改应使用密码或权限工具。

5.9.2 灭菌周期运行的要求

5.9.2.1 灭菌室温度的范围应符合制造商的规定，且应不大于60 ℃。

5.9.2.2 灭菌用的过氧化氢应符合GB/T 1616的相关要求。

5.9.3 灭菌周期的阶段

5.9.3.1 概述

灭菌周期应至少包含抽真空、注射、扩散、等离子体发生、通风等阶段(可不限于上述名称)，并可多次重复运行。

5.9.3.2 抽真空阶段

为了过氧化氢的充分扩散，抽真空阶段灭菌室压力应不高于制造商规定的压力，且最低压力应不大于 80 Pa。

5.9.3.3 注射阶段

灭菌器进入注射阶段应符合以下要求：

a) 过氧化氢溶液注入量应在设定值的±10%范围内；

b) 注射阶段的时间应符合制造商的规定，实测误差应在±2%范围内；

c) 加注系统若有传输管道，灭菌器应有去除装置以除去传输管道残留的过氧化氢，传输管道过氧化氢残留量应不大于 60 mg。

注：注射阶段应向灭菌室注入定量的过氧化氢溶液并使过氧化氢充分汽化，均匀扩散到灭菌室内。

5.9.3.4 扩散阶段

灭菌器进入扩散阶段应符合以下要求之一：

a) 扩散阶段的时间应符合制造商的规定，实测误差应在±2%范围内；

b) 扩散阶段的压力应符合制造商的规定，实测误差应在±2%范围内。

注：扩散阶段应使过滤后的空气进入灭菌室，使过氧化氢均匀弥散到灭菌室内各个角落以及灭菌物品的表面。

5.9.3.5 等离子体发生阶段

灭菌器进入等离子体发生阶段应符合以下要求：

a) 等离子体发生器放电功率应符合制造商的规定，实测误差应在±10%范围内；

b) 等离子体发生器放电时间应符合制造商的规定，实测误差应在±2%范围内。

注：等离子体发生阶段是指启动等离子体发生器，使灭菌室的气体形成等离子态。

5.9.3.6 通风阶段

通风阶段完成后，灭菌器内压力应能达到大气压力。

注：通风阶段是指灭菌室内进入过滤空气，消除室内负压。

5.10 报警

5.10.1 报警要求

当出现故障时，灭菌器应发出声或光报警提示，并应能通过人工或其他的方法终止灭菌周期。在操作时应有相应的提示。

5.10.2 温度报警

灭菌室温度高于设定值上限值或低于下限值时灭菌器应报警，且不能进入灭菌周期。

5.10.3 压力报警

灭菌器若不能达到设定的压力要求时应报警，且不能进入注射阶段。

5.10.4 过氧化氢剂量不足报警

灭菌用过氧化氢剂量不足时灭菌器应报警，且不能进入灭菌周期。

5.10.5 过氧化氢注入超限报警

过氧化氢溶液注入量高于或低于制造商规定的上限值或下限值，灭菌器应报警。

5.10.6 等离子体发生器故障报警

若等离子体发生器停止工作,灭菌器应报警并中断灭菌周期。

5.10.7 故障处理

若运行过程中出现故障,灭菌器应:

a) 出现故障提示,并有声或光报警;

b) 按照说明书要求程序进行处理;

c) 显示故障的类型;

d) 自动或手动控制周期运行到安全的程度,但不能显示“周期完成”;

e) 如果故障发生在过氧化氢注入之后、等离子体发生之前,应保证灭菌室门不能被打开,直到过氧化氢有效消除;

f) 提示灭菌负载为未灭菌,应重新灭菌;打印提示灭菌未完成的信息。

5.11 灭菌效果

按照6.11的规定进行试验,灭菌效果应合格。

5.12 真空密封性

在灭菌室内压力达到制造商规定的最低压力时,10 min内,压力上升的速度不应超过15 Pa/min。

5.13 容积误差

灭菌室总容积实测误差应在制造商说明书或技术文件规定值的±10%范围内。

5.14 工作噪声

灭菌器的工作噪声应不大于65 dB(A)。

5.15 安全要求

5.15.1 空气中过氧化氢浓度

工作场所过氧化氢的残留量8 h时间加权允许浓度(TWA)应不大于1.5 mg/m^3。

5.15.2 灭菌负载过氧化氢残留

灭菌负载的过氧化氢残留值应不超过30 mg/kgH_2O。

5.15.3 电气安全要求

灭菌器电气安全应符合GB 4793.1的要求。

5.15.4 电磁兼容性

灭菌器电磁兼容性应符合GB/T 18268的要求。

5.16 环境试验

灭菌器的环境试验应符合GB/T 14710—2009中规定的气候环境试验和机械环境试验Ⅱ组及表1的规定。

表 1 环境试验

试验项目	试验要求				检测项目			
	持续时间 h	恢复时间 h	通电状态	试验条件	初始检验	中间检验	最后检验	电源电压适应能力试验
常温试验	—	—	试验时通电	—	全性能	—	—	—
低温贮存试验	4	4	试验后通电	−10 ℃	—	—	5.10.2、5.12	—
高温贮存试验	4	4	试验后通电	40 ℃	—	—	5.10.2、5.12	—
湿热贮存试验	48	24	试验后通电	40 ℃,93%(相对湿度)	—	—	5.10.2、5.12	—
运输试验	正常包装状态,汽车路面为土路或碎石路(采用模拟运输台模拟受试设备的运输),汽车距离为 200 km,汽车速度为 30 km/h～40 km/h。(试验后通电)				—	—	5.2、5.4、5.9、5.10、5.12、5.14	—
注 1:全性能是指 5.2～5.15 中的所有项目。 注 2:电源适应能力试验参见 GB/T 14710—2009 中第 5 章的规定。								

6 试验方法

6.1 试验条件

按 5.1 规定的正常工作条件进行。

6.2 外观和结构试验

目视检查外观及紧固件、控制键。

6.3 材料试验

对接触过氧化氢的元件和材料,按要求查阅制造商提供的证明材料。

6.4 灭菌室门和联锁装置试验

按照制造商提供的说明书要求运行灭菌周期,实际操作检查。

6.5 测试接口试验

实际操作和使用通用量具检查,并查阅制造商提供的技术资料。

6.6 显示装置试验

目视检查和实际操作检查,模拟传感器故障,并查阅制造商提供的产品合格证书。

6.7 记录装置试验

按照制造商提供的说明书要求运行灭菌周期，实际操作检查，并核查记录装置的技术参数资料。

6.8 空气过滤器试验

查阅制造商提供的技术文件证明和实际操作检查。

6.9 灭菌周期及控制试验

6.9.1 灭菌周期的控制试验

按照制造商提供的说明书规定运行灭菌周期，实际操作检查灭菌器是否能设置一个或多个灭菌周期，是否能使用密码或权限工具更改预设参数。

6.9.2 灭菌周期运行的要求试验

6.9.2.1 在空载条件下，将一支温度测量装置放置在抽空口处，一支放置在灭菌器控制温度的传感器位置，另外四支分别放在灭菌室上下两层的前后位置，关闭灭菌器的门，按照制造商提供的说明书规定运行灭菌周期，达到制造商规定的加热时间后，记录各点温度。

6.9.2.2 灭菌器用的过氧化氢，查阅制造商提供的证明文件。

注：温度测试仪精度优于灭菌器温度指示仪表的精度。

6.9.3 灭菌周期的阶段试验

6.9.3.1 概述试验

按照制造商提供的说明书规定运行灭菌周期，通过实际操作检查。

6.9.3.2 抽真空阶段试验

在空载条件下，将一支压力传感器放置在测试接口处或放置在腔体内，按照制造商提供的说明书规定运行一个灭菌周期，查验制造商说明书或技术文件。

6.9.3.3 注射阶段试验

6.9.3.3.1 按照制造商提供的说明书规定运行灭菌周期，按照制造商说明书或技术文件规定的过氧化氢注入量和检测方法执行。

6.9.3.3.2 在空载条件下，按照制造商提供的说明书规定运行灭菌周期，用电子秒表测试。

6.9.3.3.3 在灭菌器未开机工作状态下，将加注系统传输管道取下，放入烘干箱，(60±2)℃烘干30 min，取出冷却至室温后，用分析天平精确称重；重新安装传输管道，灭菌器运行一个灭菌周期，在周期结束后，即取下传输管道，迅速再次称重，二者之差为传输管道过氧化氢的残留量。

6.9.3.4 扩散阶段试验

试验步骤如下：

a) 用电子秒表测试扩散时间，并对照制造商说明书或技术文件中关于扩散阶段时间的规定；

b) 在空载条件下，将一支压力传感器放置在测试接口或放置在腔体内，运行一个灭菌周期，检查扩散阶段的压力上下限值，并对照制造商说明书或技术文件中关于扩散阶段压力的规定。

6.9.3.5 等离子体发生阶段试验

试验步骤如下：

a) 将等离子体发生器放电功率调至规定值，按照专用功率计使用说明书的要求连接等离子体发生器，在等离子体发生器工作期间读取功率计上所测试的有效值。

注：专用功率计可包括通过式功率计、高频功率计等能够测量等离子放电功率的功率计。

b) 用电子秒表测试放电时间，查阅制造商说明书或技术文件的规定。

6.9.3.6 通风阶段试验

完成通风阶段后，目视观察灭菌室的显示压力。

6.10 报警试验

6.10.1 报警要求试验

模拟故障和实际操作检查。

6.10.2 温度报警试验

按照制造商提供的说明书规定运行灭菌周期，在运行过程中，按照制造商提供的电路示意图，切断灭菌器加热装置电源，当灭菌室温度低于设定的温度下限时，检查灭菌器的报警动作状况；然后，强制接通灭菌器加热装置电源，当灭菌室温度高于设定的温度上限时，检查灭菌器的报警动作状况。

6.10.3 压力报警试验

按照制造商提供的说明书规定运行灭菌周期，在运行过程中，按制造商提供的电路示意图，切断真空泵电源，使灭菌器压力无法达到规定压力值时，检查灭菌器的报警动作状况。

6.10.4 过氧化氢剂量不足试验

模拟过氧化氢剂量不足状态，检查灭菌器的报警动作状况。

6.10.5 过氧化氢注入超限报警试验

灭菌器在周期运行过程中，人工调整过氧化氢加注量，检查当超过加注量上限值和低于下限值时，灭菌器是否报警。

6.10.6 等离子体发生器故障报警试验

灭菌器在周期运行过程中，关闭等离子体发生器，检查灭菌器的报警动作状况。

6.10.7 故障处理试验

在 6.9 和 6.10 试验过程中，实际操作检查。

6.11 灭菌效果试验

6.11.1 灭菌效果用的试验器材按照《消毒技术规范》(2002 版)的规定。

6.11.2 按照制造商说明书规定的参数(至少包括灭菌室温度、灭菌用过氧化氢的有效浓度、灭菌器最低真空度、过氧化氢溶液注入剂量、灭菌时间、扩散阶段压力上下限值、等离子体发生器放电功率、等离子体发生器放电时间)，运行测试周期。

6.11.3 灭菌效果试验的操作方法和评价按照《消毒技术规范》(2002 版)的规定。

6.12 真空密封性试验

按制造商提供的说明书运行灭菌器，当达到说明书规定的运行灭菌周期条件时，关闭密闭室门，启动真空泵，室内真空度达到制造商规定的最低压力时，关闭真空泵，用电子秒表计时，观察压力示值10 min。

注：真空密封性试验宜在环境相对湿度不大于50%和空载条件下进行。

6.13 容积误差试验

测量并计算灭菌室总容积的值，与制造商说明书或技术文件标称的灭菌室总容积值比较。

6.14 工作噪声试验

在灭菌器正常运行时，用声级计在距灭菌器表面1 m、离地面高度1 m处，分前、后、左、右四个方向测量其噪声。

6.15 安全要求试验

6.15.1 空气中过氧化氢浓度试验

在制造商说明书规定的使用环境下，按照WS/T 132—1999的方法进行测试，将测试结果按照GBZ 159—2004中的要求进行计算。

6.15.2 灭菌负载的过氧化氢残留试验

6.15.2.1 试验器材

内径为1 mm的聚四氟乙烯管腔2 m、内径为1 mm的不锈钢管腔500 mm。

6.15.2.2 试验步骤

试验步骤如下：

a) 按照制造商说明书或技术文件的规定参数（至少包括灭菌室温度、灭菌用过氧化氢的有效浓度、灭菌器最低真空度、过氧化氢溶液注入剂量、灭菌时间、扩散阶段压力上下限值、等离子体发生器放电功率、等离子体发生器放电时间），运行灭菌周期；
b) 灭菌周期结束后，取经过一个灭菌周期处理过的试验器材，分别用100 mL纯水浸泡1 min，制成待检样品。按照GB 19192—2003中5.1.5的方法进行测试，每个样品测定两次，取平均值。

6.15.2.3 电气安全要求试验

电气安全按GB 4793.1规定的方法进行试验。

6.15.2.4 电磁兼容性试验

按GB/T 18268规定的方法进行试验。

6.16 环境试验

按GB/T 14710—2009规定的方法进行试验。

7 检验规则

7.1 出厂检验

7.1.1 应对灭菌器逐台进行检验。

7.1.2 检验项目：5.2～5.9(5.9.3.3除外)、5.12～5.14，安全按GB 4793.1规定的出厂检验项目，所检项

目均应合格。

7.2 型式检验

7.2.1 型式检验应在下列情况之一时进行：

a) 新产品投产时；

b) 间隔一年以上再投产时；

c) 设计、工艺或材料重大改变时；

d) 出厂检验结果与上次型式检验有较大差异时；

e) 国家质量监督机构提出监督抽查要求时。

7.2.2 以下设计上的变化不要求单独型式检验：

a) 灭菌室容器尺寸不同，但相差不超过30%，结构相似；

b) 任何设计或灭菌器元件来源的改变，包括内室附件，能提供文件证明设计的改变不会带来性能上的影响。如有必要，需要对改变部分进行型式检验。

7.2.3 当灭菌器周期在现有型式检验基础上增加或改变，只需要将这些增加或改变部分进行型式检验。

7.2.4 型式检验应从出厂检验合格品中随机抽取样本1台。

7.2.5 型式检验应包括本标准要求中的所有检验项目。

7.2.6 型式检验所检验的项目均应合格。

8 标志、包装、使用说明书、运输和储存

8.1 标志

8.1.1 灭菌器应在适当明显部位设置铭牌，铭牌上至少应有下列标志：

a) 产品名称及型号；

b) 制造商名称和商标；

c) 使用电源电压、频率和功率；

d) 出厂日期(年、月)或出厂编号；

e) 标准编号；

f) 制造商生产许可文号和产品许可文号。

8.1.2 包装箱上应有下列标志：

a) 制造商名称和厂址；

b) 产品名称和型号；

c) 商标；

d) 净重及毛重；

e) 体积(长×宽×高)；

f) 制造年月或生产批号；

g) "易碎、小心轻放""向上""保持干燥"等字样或标志，标志应符合GB/T 191及YY 0466的规定；

h) 箱上字样或标志应保证不因历时较久而模糊不清。

8.1.3 灭菌器检验合格证上应有下列标志：

a) 产品名称和型号；

b) 制造商名称；

c) 检验日期；

d） 检验员姓名或代号。

8.2 包装

8.2.1 灭菌器应有防潮材料作包装。

8.2.2 包装箱内应有防震、防压装置。

8.2.3 灭菌器出厂时，包装箱内应包括下列随机文件：

a） 装箱单；

b） 随机备件、配件及清单；

c） 保修单；

d） 检验合格证；

e） 使用说明书。

8.3 使用说明书

使用说明书或技术文件中至少应包括以下内容：

a） 制造商名称、商标单列和地址、邮编、电话；

b） 产品名称、规格型号、灭菌室容积；

c） 产品执行标准编号、制造商生产许可文号和产品许可文号；

d） 产品特点、用途、适用范围和主要性能与主要技术参数；

e） 产品安装调试、操作使用、保养维护、注意事项及处理等详细说明；

f） 使用说明书出版日期或版本说明；

g） 灭菌器的正常工作条件，例如，环境温度、相对湿度、大气压力范围、电源等；

h） 灭菌流程图；

i） 灭菌参数：例如灭菌室温度、灭菌用过氧化氢的有效浓度、灭菌器最低真空度、过氧化氢溶液注入剂量、灭菌时间、扩散阶段压力上下限值、等离子体发生器放电功率、等离子体发生器放电时间等；

j） 使用过氧化氢的浓度及使用中的过氧化氢的有效期限，逾期后应有排除的措施，排除后的过氧化氢溶液不应再次使用；

k） 灭菌负载适用范围及负载预处理、摆放要求；

l） 灭菌器的系统电路示意图；

m） 灭菌器的安装要求。

8.4 运输

按定货合同规定。

8.5 储存

包装后的灭菌器应储存在相对湿度不超过 80％、无腐蚀性气体、通风良好和清洁卫生的室内。室内应能避免阳光直射。

附 录 A
（资料性附录）
灭菌器对灭菌物品的要求

灭菌器主要用于医疗器械和物品的灭菌，特别是畏热畏湿物品，不适用植物纤维制品（如棉制品、木制品或任何含有木浆材质的物品）、液体和粉剂的消毒灭菌。

A.1 可以灭菌的物品

可以灭菌的物品应能耐受过氧化氢等离子，包括但不限于下列物品：

a) 患者端联接电线电缆；
b) 光学镜片、玻璃镜头；
c) 硬式内镜；
d) 导管；
e) 手术器械、诊疗器械。

A.2 不能灭菌的物品

不能灭菌的物品，包括但不限于下列物品：

a) 内径小于 1 mm、长度大于 500 mm 的不锈钢管状器械；
b) 吸湿材料（木质器械、纤维素、棉织物、纱布等）；
c) 一次性器械（一次性防水织物、一次性手术服等）；
d) 液体、膏剂、油剂和粉剂；
e) 不完全干燥的物品；
f) 一端封闭的内腔；
g) 由含纤维素的材料制成的物品或其他任何含有木质纸浆的物品；
h) 植入物；
i) 不能承受压力的器械；
j) 标示为仅使用压力蒸汽灭菌或环氧乙烷灭菌的器械；
k) 器械具有复杂的内部部件，难以清洁，例如密封轴承。

A.3 过氧化氢低温等离子灭菌物品前处理

A.3.1 灭菌物品应使用纯化水清洗。

A.3.2 灭菌物品应清洗彻底，并充分干燥后，用专用包装袋单层包装或专用无纺布双层包装后方可灭菌。

A.3.3 灭菌物品应无积压，自然码放，最多码放 2 层，包装之间应留有间隙，不应排放过于紧密。

A.3.4 包装后的灭菌物品最多装载不应超过盛物筐容积的 80%，重量不应超过 20 kg/层。

ICS 11.080.99
C 47

中华人民共和国国家标准

GB/T 32310—2015/ISO 15882:2008

医疗保健产品灭菌 化学指示物 选择、使用和结果判断指南

Sterilization of health care products—Chemical indicators—Guidance for selection, use and interpretion of results

(ISO 15882:2008,IDT)

2015-12-10 发布 2016-09-01 实施

中华人民共和国国家质量监督检验检疫总局
中国国家标准化管理委员会 发布

前　言

本标准按照 GB/T 1.1—2009 给出的规则起草。

本标准使用翻译法等同采用 ISO 15882:2008《医疗保健产品灭菌　化学指示物　选择、使用和结果判断指南》。

本标准做了下列编辑性修改：

——按照 GB/T 1.1 的要求进行了一些编辑上的修改；

——删除了国际标准的前言；

——标准文本中及参考文献中出现的部分国际标准替换为对应的我国标准。

请注意本文件的某些内容可能涉及专利。本文件的发布机构不承担识别这些专利的责任。

本标准由国家食品药品监督管理总局提出。

本标准由全国消毒技术与设备标准化技术委员会(SAC/TC 200)归口。

本标准起草单位：国家食品药品监督管理局广州医疗器械质量监督检验中心、北京吉卡意科技有限公司、北京市医疗器械检验所。

本标准主要起草人：胡昌明、钱英杰、刘培、黄鸿新、黄秀莲。

医疗保健产品灭菌　化学指示物选择、使用和结果判断指南

1　范围

1.1　本标准为化学指示物的选择、使用和结果判断提供指南，这些化学指示物应用于灭菌过程的定义、确认以及常规监测和全面控制。本标准中的化学指示物是通过物质的物理和/或化学变化来显示其暴露于灭菌过程，用于监视灭菌过程中的一个或多个变量。这些化学指示物不依赖于生命有机体的存活或失活。

1.2　本标准不适用于在物理去除微生物(例如过滤)的过程中所使用的指示物。

1.3　本标准也不适用于在组合过程[例如清洗消毒器或在线清洗(CIP)和在线灭菌(SIP)的组合过程]中使用的指示物。

2　术语和定义

下列术语和定义适用于本文件。

注：ISO/TS 11139[11]提供了医疗保健产品灭菌的一系列术语和定义。

2.1

化学指示物　chemical indicator

非生物指示物　non-biological indicator

根据暴露于某一灭菌过程所产生的化学或物理变化，显现一个或多个预定过程变量变化的测试系统。

[ISO/TS 11139:2006，定义 2.6]

2.2

终点　endpoint

指示物暴露于规定的标定值后，出现的由制造商定义的可观察到变化的点。

[GB 18282.1—2015，定义 3.3]

2.3

指示物　indicator

指示剂与其衬底以最终应用形式的组合。

[GB 18282.1—2015，定义 3.5]

注 1：指示物系统与特殊测试负载的组合也定义为指示物。

注 2：见附录 E。

2.4

指示剂　indicator agent；indicator reagent

活性物质或活性物质的组合。

[GB 18282.1—2015，定义 3.6]

注：见附录 E。

2.5

过程挑战装置　process challenge device；PCD

对某一灭菌过程构成特定抗力的装置，用于评价该灭菌过程的性能。

[ISO/TS 11139:2006，定义 2.33]

2.6

过程挑战位置　process challenge location;PCL

灭菌物品中灭菌介质最难到达的位置。

2.7

过程参数　process parameter

过程变量的规定值。

[ISO/TS 11139:2006,定义 2.34]

注 1：灭菌过程的规格包括过程参数及其允差范围。

注 2：见附录 B。

2.8

过程变量　process variable

灭菌过程的条件,其变化可影响杀灭微生物效果。

[ISO/TS 11139:2006,定义 2.35]

示例:时间、温度、压力、浓度、湿度、波长。

注：见附录 B。

2.9

抗力仪　resistometer

能够产生一特定灭菌过程中物理参数和/或化学参数组合的测试设备。

2.10

饱和蒸汽　saturated steam

处于冷凝和汽化平衡状态之间的水蒸气。

[GB 18282.1—2015,定义 3.11]

2.11

标定值　stated value;SV

当指示物变化达到指示物制造商定义的终点时,过程关键变量的值或值的范围。

[GB 18282.1—2015,定义 3.12]

2.12

可视变化　visible change

由制造商定义的,指示物暴露于一个或多个过程关键变量后,肉眼可视的变化。

注：可视变化用于描述一类过程指示物的反应。

[GB 18282.1—2015,定义 3.15]

3　总则

3.1　所有的化学指示物预期提供关于其在灭菌器、灭菌负载或过程挑战装置内放置处的条件信息。这些信息能提醒使用者注意潜在的灭菌过程失败。

3.2　化学指示物所提供信息的价值与指示物的分类、指示物的数量和放置位置有关,数量和放置位置在灭菌室或负载中要具有代表性。一种装载模式中的代表性放置位置宜在灭菌过程确认中被识别。

3.3　对于化学指示物基本性能的描述包括它的可视变化、渐进反应或"终点"反应。"终点"反应举例来说,可以是某种化学物质的熔化或者是产生规定颜色变化的化学反应。

3.4　许多不同类别的化学指示物适用于不同的灭菌监测需要并提供灭菌过程的信息。一些指示物只针对某一个特定的灭菌问题,例如未到达规定温度而导致的灭菌失败。其他指示物可能不仅仅是对一个过程变量起反应,而是同时对灭菌周期中多个过程变量起反应。

选择最适合的化学指示物类别宜考虑：

——有效灭菌的特征是什么？

——灭菌失败的原因？

——指示物的性能特征？

——产品放行时有哪些有效的无菌保证活动？

一旦选用了某种指示物，只有当它被使用者正确地使用，对其结果进行正确判断并采取合适的措施时，这个化学指示物在无菌保证中才有价值。

3.5 相同类别的化学指示物的反应特性和探测灭菌条件的方式可以不同。GB 18282.1—2015[13]对化学指示物的分类是基于其性能特征(例如，不同的标定值)而不是对特定灭菌过程相关的化学或物理变化。例如在蒸汽灭菌过程中，某些化学指示物暴露在蒸汽中达到最短灭菌时间时才能达到其终点，某些化学指示物只有在灭菌温度达到下限时才能达到其终点，而某些化学指示物只有在灭菌时间和灭菌温度都达到下限后才能达到其终点，还有某些化学指示物只有在灭菌时间、灭菌温度和饱和蒸汽都达到下限后才能达到其终点。在任何情况下，使用者都要将指示物的反应与制造商定义的终点进行比较。

如果化学指示物不能达到其终点，使用机构宜按照文件规程调查存在问题的原因，至少要考虑如下几个方面因素：

a) 灭菌器是否有故障导致指示物不能达到其终点？

b) 产品和/或无菌屏障系统是否有改变？

c) 无菌屏障系统内的负载密度是否增大或减小？

d) 灭菌处理容器和/或模式是否有改变(例如箱子的数目的增加或降低，或者装载模式与灭菌确认中确定的模式不一致)？

e) 灭菌器的校准和/或常规维护是否正确？

f) 针对灭菌负载的灭菌程序的选择是否正确？

g) 指示物的操作是否按照制造商的说明进行？

h) 灭菌器的外部供给是否有变化以致影响灭菌周期的正常运行(压力、流速、蒸汽供给中的非冷凝气体等)？

注：对于更多的信息请参考特定过程相关标准 ISO/TS 17665-2[20]、ISO 20857[22]、ISO 11137-1[7]、EN 14180[24]和 EN 15424[25]中的要求和指南。

3.6 GB 18282.1—2015[13]确定了各种灭菌过程中的关键变量(见表1)，当然可能其他因素也会对灭菌过程的效果产生影响。按指示物的类别和制造商的使用说明，一种特定的化学指示物可对变量中的一个、几个或者全部起反应。

表 1 灭菌过程变量

过程	标志[a]	变量
蒸汽	STEAM	时间、温度和水(由饱和蒸汽传输)
干热	DRY	时间和温度
环氧乙烷	EO	时间、温度、湿度和环氧乙烷浓度
辐照	IRRAD	总吸收剂量
低温蒸汽甲醛(LTSF)	FORM	时间、温度、水(由饱和蒸汽传输)和甲醛浓度
气态过氧化氢	VH2O2	时间、温度、过氧化氢浓度，以及等离子(如适用)
[a] 这些是标志，不适于翻译。		

如果某个指示物只是应用于某个特殊的灭菌周期，那么产品上面应对此进行标注。例如，“STEAM 15 min 121 ℃”意味着这个指示物应适用于15 min、121 ℃蒸汽灭菌周期。“STEAM”这个词的外框表示这个指示物只能用于蒸汽灭菌过程。

3.7 三、四、五和六类化学指示物可以有制造商定义的一个或多个标定值(SV)。标定值确定了指示物反应的参数，以及为了达到可视变化，渐进反应和终点所需的暴露程度。标定值的详细信息可标记在指示物上、指示物的外包装上或随产品提供的说明上。可视变化用于描述一类过程指示物的反应。渐进反应是指示物暴露于一个或者多个过程变量后，发生渐进的可观察到的变化，用来评价灭菌过程所达到的程度。

标定值是制造商利用抗力仪进行测试所得到的结果。

抗力仪(GB/T 24628—2009[21]给出了更多信息)是一种测试容器，可在很短的时间内达到所需的关键灭菌过程参数，这些参数在暴露阶段能够由抗力仪严格控制。由于灭菌器很难达到抗力仪中建立的反应特性和暴露条件，所以使用者很难利用灭菌器对指示物的标定值进行验证。具有抗力仪的第三方独立实验室可对制造商表明的标定值进行验证。由于化学指示物是在特定条件下进行的测试，所以有意或无意地暴露于超出制造商规定的参数条件(如过长的暴露时间、过低的温度和/或过低的灭菌介质浓度)会导致对结果的曲解。

所有的三、四、五和六类化学指示物均有达到其终点所必需的标定值。灭菌过程一般由一个最小值加一个上限来表示，如湿热灭菌过程中规定了一个最低灭菌温度和+3 ℃的上限。化学指示物的标定值一般与医疗保健产品灭菌过程的最小灭菌参数相联系。

化学指示物对无效灭菌条件的反应一般通过将其暴露于比标定值低的条件下测得。

4 化学指示物分类

4.1 概述

化学指示物是按预期使用目的来分类的。GB 18282.1—2015[13]将化学指示物分为六类，每一类又可按不同的灭菌过程被进一步划分。分类结构仅是表明指示物的特征和使用目的，分类本身没有等级的差别。

化学指示物用于检测灭菌过程的关键变量是否达到了预定要求。分类本身只是表明它们的性能特征和使用目的。

每类指示物不同的性能特征可用于表达不同的信息，因此也就具有了不同功能。

所有的化学指示物都是基于化学和/或物理反应，引起颜色变化或化学物质的迁移。

如下对每类化学指示物的描述均以GB 18282.1—2015[13]的引用作为开头，这些引用部分定义了相应指示物的分类。

4.2 一类：过程指示物

过程指示物预期用于独立单元(如灭菌包、容器)，用于表明该灭菌单元曾直接暴露于灭菌过程，并区分已处理过和未处理的灭菌单元。它们应对灭菌关键过程变量的一个或多个起反应(见GB 18282.1—2015中的4.2)。

这类指示物被用于标识需处理的包裹，即区分未经灭菌处理和已经灭菌处理并由较高类别的指示物监测合格准备发放的物品。过程指示物指示灭菌“通过”并不表示灭菌条件达到要求。

过程指示物通常用于灭菌包装外可见区域。过程指示物的实例包括灭菌胶带和表面印刷有过程指示物的包装材料。这类指示物应用于灭菌物品外部，且直接与灭菌介质接触而不受包装的影响，因此只有出现较为重大的故障时，它们才显示灭菌不通过。过程指示物即便是暴露于并不太理想的灭菌条件下，也会发生一个可视变化。

对于辐照灭菌来讲，GB 18282.1—2015[13] 只规定了 γ 和 β 辐照灭菌的过程指示物要求。

对于蒸汽灭菌来讲，GB 18282.1—2015 中第 8 章的表 1 规定了蒸汽灭菌过程指示物的每个关键灭菌参数的允差范围(制造商在测试蒸汽灭菌过程指示物的性能时可接受的上下限)，该表格在下面再次给出，见表 2。

表 2 用于 STEAM 一类指示物的测试和性能要求

测试环境	测试时间	测试温度	无变化或与制造商规定的可视改变有显著区别的变化	制造商规定的可视改变
饱和蒸汽	3.0 min±5 s	121^{+3}_{0} ℃	可接受的结果	不可接受的结果
饱和蒸汽	10.0 min±5 s	121^{+3}_{0} ℃	不可接受的结果	可接受的结果
饱和蒸汽	0.5 min±5 s	134^{+3}_{0} ℃	可接受的结果	不可接受的结果
饱和蒸汽	2 min±5 s	134^{+3}_{0} ℃	不可接受的结果	可接受的结果
干热	30 min±1 min	140^{+2}_{0} ℃	可接受的结果	不可接受的结果
注：干热测试用于保证蒸汽灭菌过程指示物只有在蒸汽存在的条件下才发生反应。				

4.3 二类：用于特定测试的指示物

二类指示物预期用于相关灭菌器/灭菌标准中规定的特定测试步骤(见 GB 18282.1—2015 中的 4.3)。

二类化学指示物最为广泛的应用是 BD 类测试，该测试使用符合 GB 18282.3[14] 的测试单和符合 EN 285[23] 的标准测试布包的组合。用于替代性 BD 类蒸汽渗透测试的指示物性能在 GB 18282.4[15] 中详细规定。替代性 BD 类空气排除测试的指示物性能在 ISO 11140-5[16] 中有详细规定，这些替代用指示物的形式可以是标准测试布包，或是现成的测试包，见附录 A。

存在水分是蒸汽灭菌过程有效的关键。残留的空气会阻止蒸汽渗透，从而使水分只存在于被灭菌物品的表面。BD 类测试二类指示物预期用于证实蒸汽迅速而均匀地渗透，同时也证实了空气被充分排除。这种情况通常是通过测试单上均匀一致的颜色变化来证实。测试失败的原因可能是蒸汽中存在非冷凝气体(例如织物清洗过程中使用织物调理剂)、不充分的空气排除或漏气。

由于 BD 类测试指示物是针对特殊暴露过程而设计的，这种特殊暴露过程可能并不同于一个有效的灭菌过程，所以它们并不适合作为常规灭菌周期监测的指示物。随意延长 BD 类测试的暴露时间或者忽视制造商的操作说明都会导致测试无效，测试结果也将没有任何意义。

BD 测试的背景介绍见附录 A。

4.4 三类：单变量指示物

单变量指示物应对灭菌关键变量的其中一个起反应，并用于表明其所暴露的灭菌过程中它所起反应的那个变量达到了标定值的要求(见 GB 18282.1—2015 中的 4.4)。

单变量指示物只对灭菌过程关键变量中的一个变量起反应。这个变量及其标定值由制造商提供，该单变量指示物只用于监测这个过程变量。

例如，温度的单变量指示物只能指示温度是否达到其标定值的要求，而不能提供其他过程变量的信息，如暴露时间或蒸汽是否存在。这个指示物能显示在灭菌室内或灭菌物品内特定位置处的温度是否达到下限。选择指示物时要注意这个指示物适合的最低过程温度。

单变量指示物宜采用其他方式作为补充来监测灭菌过程。

对单变量指示物的结果判断也宜注意。化学指示物的过程参数及其允差范围与灭菌过程的参数及其允差范围没有必然的联系。大多数的灭菌过程都不止有一个过程参数，灭菌成功需要所有这些过程参数均达到要求。表 3(即 GB 18282.1—2015 的表 7) 列出了每个关键参数的允差范围(在制造商测试时化学指示物性能可接受的上下限)。

这些标定值在制造商进行测试的时候都是要预先设定测试条件，在测试过程中也要维持这个测试条件。

表 3　三类和四类指示物的测试和性能要求

灭菌过程	测试点[a]	测试时间 min	测试温度 ℃	灭菌介质浓度 mg/L	相对湿度 %
蒸汽	1 2	SV[b] (1－25%)SV	SV＋0 SV－2	—	—
干热	1 2	SV (1－25%)SV	SV＋0 SV－5	—	—
环氧乙烷	1 2	SV (1－25%)SV	SV＋0 SV－5	SV (1－25%)SV	＞30 ＞30
低温蒸汽 甲醛(LTSF)	1 2	SV (1－25%)SV	SV＋0 SV－3	SV (1－25%)SV	—

注：多变量(四类)指示物测试的示例见 GB 18282.1—2015[13]。

[a] 测试点 1：当指示物在标定值条件下测试时应达到终点。
测试点 2：当指示物在标定值减去允差的条件下测试时不应达到终点。

[b] SV：标定值。

示例：

蒸汽灭菌化学指示物(三类：单变量指示物)。

标定值：121 ℃。

按照表 3 的要求，当制造商使用 GB/T 24628[21] 规定的测试设备对这个三类单变量指示物在测试点 1 条件下进行测试时应显示测试“通过”，在测试点 2 条件下测试时应显示测试“不通过”。

测试点 1 是 121 ℃，即标定值。

测试点 2 是 121 ℃－2 ℃，即 119 ℃。

因此这个指示物在 121 ℃(测试点 1)测试时应显示测试“通过”，在 119 ℃(测试点 2)测试时应显示测试“不通过”。

4.5　四类：多变量指示物

多变量指示物应对灭菌关键变量中的两个或多个起反应，并用于表明其所暴露的灭菌周期中它所起反应的那些变量达到了标定值的要求(见 GB 18282.1—2015 中的 4.5)。

制造商声明多变量指示物达到其终点所需条件。这类指示物比过程指示物(一类)或单变量指示物(三类)提供更多信息，并且只有在其起反应的关键变量的标定值均符合时才能达到终点。

表 3 列出了每个关键参数的允差范围(在制造商测试时化学指示物性能可接受的上下限)，见表 3。

下面给出了一个多变量指示物性能的例子。尽管在这个例子中所有的参数被同时改变，但是制造商实际进行测试时只会改变一个或几个参数，而同时保持其他参数在标定值不变。

示例:环氧乙烷灭菌指示物(四类:多变量指示物)。

标定值:在浓度为 900 mg/L 时维持 60 min。

表 3 提供了该四类指示物的允差和限值(化学指示物性能可接受的上下限)。从表 3 中可得到在相对湿度大于 30%时,60 min 的允差是+0%或−25%,而 900 mg/L 的允差是+0%/−25%。因此,该指示物在相对湿度大于 30%时,灭菌时间小于 45 min[即(1−0.25)×60],环氧乙烷浓度低于 675 mg/L [即(1−0.25)×900]的条件下将不能达到终点。但在相对湿度大于 30%时,灭菌时间超过 60 min,环氧乙烷浓度超过 900 mg/L 的条件下应达到终点。

具有上述标定值的指示物暴露于如下灭菌条件时,会发生如下反应:

暴露条件	符合表 3 要求的指示物
≤44 min 且≤650 mg/L	应显示灭菌失败
≥60 min 且≥900 mg/L	应显示灭菌通过

在这个例子中,该指示物可能不对温度和相对湿度发生反应,如果温度和相对湿度对这个指示物的性能有影响,制造商要作出说明。

4.6 五类:整合指示物

整合指示物应对所有灭菌关键变量起反应,产生的标定值等同或高于 ISO 11138[8-10] 对生物指示物的性能要求(见 GB 18282.1—2015 中的 4.6)。蒸汽灭菌五类整合指示物的标定值要大于典型的蒸汽灭菌温度范围。

微生物会受到多个关键灭菌过程变量相互之间复杂关系的影响。化学指示物所受的影响与此有所不同,但能提供这些灭菌过程关键变量的信息,这就使得微生物灭活的评估并非必要。

蒸汽灭菌五类整合指示物要在 135 ℃、121 ℃和两者之间的一个温度上有时间标定值,121 ℃的时间标定值大于 16.5 min。

干热灭菌五类整合指示物要在 160 ℃、180 ℃以及 140 ℃或 170 ℃两者其一的温度上有时间标定值。

环氧乙烷灭菌五类整合指示物要在环氧乙烷浓度 600 mg/L 和相对湿度 60%时,在温度 54 ℃和 37 ℃上有时间标定值;54 ℃的时间标定值应大于 30 min,37 ℃的时间标定值应大于 90 min。

按照定义,整合指示物将同时受到多个关键过程变量的影响。由于多个关键过程变量对指示物的作用是同时存在的,所以指示物未达到终点的原因不能指向某个特定变量。

GB 18282.1—2015[13] 对五类整合指示物提出了详细的性能要求。

要了解五类整合指示物要求的原理及其与 ISO 11138[8-10] 规定的生物指示物的要求和微生物灭活的关联性,见附录 C。

4.7 六类:模拟指示物

模拟指示物是灭菌周期验证指示物,它应对特定灭菌过程的所有关键变量起反应,它的标定值以特定灭菌过程的所有关键变量为基础设计(见 GB 18282.1—2015 中的 4.7)。

表 4 六类指示物的测试和性能要求

灭菌过程	测试点[a]	测试时间 min	测试温度 ℃	灭菌介质浓度 mg/L	相对湿度 %
蒸汽	1	SV[b]	SV+0	—	—
	2	(1−6%)SV	SV−1		
干热	1	SV	SV+0	—	—
	2	(1−20%)SV	SV−1		

表 4（续）

灭菌过程	测试点[a]	测试时间 min	测试温度 ℃	灭菌介质浓度 mg/L	相对湿度 %
环氧乙烷	1 2	SV (1−10%)SV	SV+0 SV−2	SV (1−15%)SV	>30 >30
注：模拟指示物(六类)的测试示例见 GB 18282.1—2015 的附录 B。					
[a] 测试点 1：当在标定值条件下测试时应达到终点(通过条件)。 测试点 2：当在标定值减去允差范围条件下测试时不应达到终点(不通过条件)。 [b] SV：标定值。					

表 4 中定义的允差范围是所有指示物类别中最严格的。这些测试条件只能在标准的抗力仪中才能达到，医院灭菌器是不能达到的，因此模拟指示物对于确定某特定灭菌过程关键参数是否达到要求提供了一个高水平的保证。除非要测试的灭菌周期的参数确实应符合模拟指示物的标定值，否则的话测试结果很有可能是错误的或者容易引起歧义的。

按照定义，模拟指示物将同时受到多个关键过程变量的影响。由于多个关键过程变量对指示物的作用是同时存在的，所以指示物未达到终点的原因不能指向某个特定变量。

下面给出了一个模拟指示物性能的例子。尽管在这个例子中所有的参数被同时改变，但是制造商实际进行测试时只会改变一个或几个参数，而同时保持其他参数在标定值不变。

示例：

蒸汽灭菌指示物(六类：模拟指示物)。

标定值：3.5 min，134 ℃。

按照表 4 的要求，当制造商使用 GB/T 24628[21] 规定的测试设备对这个模拟指示物在测试点 1 条件下进行测试时应显示测试“通过”，在测试点 2 条件下测试时应显示测试“不通过”。

测试点 1 是 134 ℃，3.5 min，即标定值。

测试点 2 是 134 ℃－1 ℃＝133 ℃，(1－6%)×3.5 min＝3.29 min。

因此这个指示物在 134 ℃、3.5 min(测试点 1)测试时应显示测试“通过”，在 133 ℃、3.29 min(测试点 2)测试时应显示测试“不通过”。

5 化学指示物的选择

5.1 由于有很多不同的灭菌过程，所以化学指示物制造商会按照指示物的预期用途对其进行标记。化学指示物禁止应用于制造商规定之外的灭菌过程。按照制造商的描述为特定灭菌过程选择合适的指示物，并正确地使用及按照制造商的说明对结果进行判断均是使用者的责任。制造商提供的指示物标定值能帮助使用者选用合适的指示物。这些标定值可在产品或者随附的印刷品上找到。

5.2 化学指示物用于证实灭菌过程的一个或多个关键参数是否达到要求，单就其本身来讲并不足以证实灭菌过程的有效性。灭菌过程有效性的证实需包括灭菌确认，设备的维护、校准和正确使用，物理监测，合适时使用化学和/或生物指示物。当灭菌过程的任何变量超出规定限值时，灭菌器都要停用并调查原因。只有在灭菌器的异常被纠正以后才能再次投入使用。

5.3 应建立用于评估灭菌过程中任何偏差的体系和程序，对于任何偏差被接受的原因应被完整地记录并形成文件。

5.4 化学指示物的类型很多，每类都有其特殊的反应特性。对于每一个被测量的参数它们可能会有不同的标定值，因此对同样的灭菌过程，不同的化学指示物会具有不同的挑战性。

5.5 制造商宜提供其产品的可靠性、安全性和性能特征的相关信息。此外,化学指示物的制造商还应提供文字信息,包括如何判断指示物的反应结果、灭菌后物品存储过程中指示物维持其终点稳定性(若适用)的可靠程度、指示物所反应的过程参数、指示物的存储条件、保质期等。使用者有责任去阅读并理解这些信息。使用指示物超出其标定值范围将造成所得结果的误解,但这并不意味着这个指示物有问题。

6 化学指示物的使用

6.1 一类过程指示物

一类过程指示物的用途是区分灭菌物品与未灭菌物品,而不是监测灭菌参数是否达到要求。

指示物胶带、指示物标签或包含指示物的包装材料宜位于所有灭菌物品的表面。灭菌后要对其进行检查以证实发生了可视变化,从而确定物品经历了灭菌过程。

6.2 二类指示物

蒸汽渗透或空气排除测试在灭菌室空载时运行。制造商的使用说明书宜规定指示物的用途。

6.3 三、四、五、六类指示物

三、四、五、六类指示物能提供其放置位置处的关键变量信息。有很多因素可以影响这些关键变量是否达到要求,例如负载内容、装载模式、灭菌室内的位置、包装材料与技术、蒸汽质量和灭菌器故障。

对于有包装的负载,化学指示物应被放置于包裹、托盘或灭菌盒中灭菌介质最难到达的区域。这些区域可以在也可以不在包裹、托盘或灭菌盒或灭菌室的中心。托盘或灭菌盒的每一层也可分别放置指示物进行监测。每个包裹内分别放置指示物对于监测灭菌室内不同位置的灭菌效果很有益处。在灭菌过程确认中就要得到灭菌室和/或负载内灭菌介质最难到达区域的相关信息。指示物只有被放置于具有代表性灭菌条件的位置时,所提供的信息才具有代表性。

对于未包装负载,可以将指示物放置于负载内或托盘上。

6.4 配合过程挑战装置使用的指示物

过程挑战装置是对灭菌过程中灭菌介质的穿透挑战。过程挑战装置的性能宜与灭菌方式、灭菌器类型和负载内容相关。没有适用于任何灭菌器和灭菌程序的通用过程挑战装置。过程挑战装置的性能和挑战性是指示物与过程挑战装置组件的共同作用;任何的变动,如使用另一种指示物,将影响过程挑战装置的性能。

某些过程挑战装置能代表某种定义的灭菌物品或灭菌物品与无菌屏障系统的组合。它们可被用于开发和定义某个灭菌过程。很多商品化的过程挑战装置被用于评价灭菌介质对参考负载的穿透程度。但应注意这些过程挑战装置是对灭菌过程的挑战,而不代表灭菌负载。

过程挑战装置的性能和使用已经确认,可在灭菌过程的常规监测中被用于证实特定的过程性能。例如可参见 ISO 17665-1:2006 中的 10.5。

当使用商品化的过程挑战装置指示物时,为了获得更值得信赖的监测结果,其在灭菌室和灭菌负载内的放置位置应预先经过确认,以保证该处为灭菌介质最难到达的位置,即为过程挑战位置(PCL)。大多数情况下这个过程挑战位置只能够通过估计来确定,所以在实际使用过程中也可以在同一灭菌室内同时放置多个过程挑战装置。

过程挑战装置的性能与灭菌方式、灭菌器类型和负载内容相关,没有适用于任何灭菌器和灭菌方法的通用过程挑战装置。不同的灭菌物品,如管腔器械(烧杯、盆、管路),多孔负载(亚麻、布料、织物)和不透气负载(实心及外科的器械)可由不同类型的过程挑战装置代表。

选择过程挑战装置时需考虑：

a） 过程挑战装置内放置化学指示物的位置应是灭菌介质最难到达的；

b） 过程挑战装置的设计应与灭菌物品类型和灭菌程序相关；

c） 化学指示物不应干扰过程挑战装置的性能；

d） 过程挑战装置和负载的潜在影响。

7 化学指示物的结果判断

7.1 总则

一个完整的无菌保证计划包含了各个方面的处理，包括清洗、去污、准备和包装、装载到灭菌器中、灭菌、灭菌后物品的处理、合适条件下的包装存储、发放和直到用户使用前的任何处理。灭菌过程的常规监测与控制是整个无菌保证计划的重要组成部分。符合 GB 18282.1—2015[13] 的化学指示物按照制造商的建议正确使用时能提供灭菌过程的有用信息。化学指示物的使用频率和在每个灭菌周期或负载使用的数量由国家法规、推荐性文件和/或灭菌器使用单位来决定，GB/T 19974—2005（ISO 14937:2000，IDT）中的 E.7 提供了相关的信息。

化学指示物能明确地区分标定值达到的位置和标定值不能达到的位置。因此，化学指示物的终点变化应是清晰明了的。指示物通过反应和不通过反应的例子可从制造商处获得，且能让使用者清楚地理解。

7.2 化学指示物反应

化学指示物只有在特定位置的特定参数达到要求时才能产生相应的指示。在放置化学指示物时宜注意其放置位置应具有负载的代表性或是最难灭菌的区域。化学指示物宜被看作是完整的无菌保证计划的一个组成部分。

7.3 显示“不通过”的化学指示物反应

如果化学指示物未能达到终点，那么使用机构要执行相应的文件化规程。当指示物显示灭菌“不通过”时，不宜认为是指示物的功能发生异常，而要判断是灭菌过程出现了故障。需要调查指示物不通过的原因。

8 无菌保证过程中的化学指示物

8.1 总则

化学指示物无论是用于灭菌物品的内部还是外部，都是用于监测灭菌过程的特定关键参数是否达到要求。

设计好的一个放置和评价化学指示物的计划：

——是灭菌器的安装鉴定、操作鉴定和性能鉴定的一部分，即确认的一部分；

——是常规过程监测的一部分；

——有助于诊断过程中的故障；

——有助于检测包装问题（如包装过大或过密）；

——有助于检测装载问题（如倾斜的盆如果放置不正确可能会积聚空气）；

——显示未经处理的负载；

——有助于检测灭菌器中与空气排除和蒸汽渗透或保持灭菌温度相关的故障，也有助于检测灭菌介质的供应异常。

使用部门宜将所有处理都建立相应的文件化程序。因为医疗器械的再处理由很多步骤构成，可包括清洗、去污、拆分、检查、再组装、包装、最终灭菌、存储和处置。因此很有必要建立相应的方式来区分每一处理阶段物品的状态。例如，一类指示物用于区分灭菌物品与未灭菌物品。

完整的无菌保证计划包括产品的识别和追溯；灭菌器的校准、维护及有效性测试；灭菌周期的物理、化学和生物监测。无菌保证不能完全依靠无菌保证计划的某一部分，如使用各种监测器材。无菌保证需要连续不断地对灭菌器的各方面性能、灭菌过程进行持续的监控，并持续地符合已经建立的策略和程序。

物理、化学和生物监测方式的正确使用要求对每一种检测方式要有充分的理解，理解每种方式的应用范围及其所能检测到的灭菌过程的相关问题。机械或物理监测器材包括时间、温度和压力记录设备和仪表，对灭菌周期的变量提供实时评估，并尽快地检测到灭菌器的故障。然而机械或物理的监测只能显示灭菌室内的灭菌变量是否达到要求，但是不能检测到不恰当装载模式或包装结构所造成的问题。化学指示物借助于特定的物理或化学变化可以对灭菌器内的一个或多个变量起反应(如时间、温度、饱和蒸汽的存在、湿度、环氧乙烷浓度、辐照剂量)。一个化学指示物的终点不是证明其所监测的物品是无菌的，而是证明其所监测的物品经过了特定条件的灭菌处理。化学指示物能快速检测到灭菌器内出现了某些问题，避免潜在有菌的物品被发放使用。

化学指示物在诊断灭菌条件相关的关键参数是否达到要求的问题很有用。有效使用化学指示物，需要对指示物的类别和它们能检测哪些灭菌过程中存在的问题有充分的理解。对化学指示物任何结果都要采取一个恰当的行动。某种化学指示物只针对某一特定灭菌过程，然而同一类别的不同指示物可在相同的灭菌周期中显示不同的反应。

8.2 记录保存

化学指示物或其监测结果的描述可作为灭菌记录的一个部分。如果这些灭菌记录是质量管理体系(例如 GB/T 19000[4] 系列标准)的一个组成部分，它们宜能被追溯至所涉及的灭菌周期，最好能追溯到患者。指示物的结果宜由一个专门受过培训的专职人员来评价，监测结果的记录应包括日期、灭菌器标识、负载编号和记录的过程变量。根据国家和/或地区相应的要求，指示物结果要保存不同的期限，所有指示物结果均可手工或电子保存。

9 人员培训

化学指示物的使用要有书面的步骤。负责指示物放置和回收的人员要进行再处理步骤和对化学指示物的选择、使用和结果判断的培训。培训宜包括无菌物品再处理区域的所有工作人员、任何涉及无菌物品使用的人员和化学指示物判断人员。化学指示物终点的判断是相当重要的。

培训宜周期性实施和回顾，并文件化。

10 存储与处置

化学指示物的制造商或供应商有责任为使用者提供正确存储指示物和如何处置灭菌前或灭菌后的指示物的信息。

化学指示物的性能可受使用前的运输或存储条件、使用方法、灭菌后的处理技术和灭菌后指示物稳定性等多种因素影响。因此，需要遵守化学指示物制造商所提供的存储和使用的规定。不正确执行这些规定会影响指示物的完整性和性能，并导致对灭菌过程有效性的错误判定。

过了有效期的化学指示物不宜再使用。

11 标识

11.1 概述

化学指示物的标识宜包括 GB 18282.1—2015[13]要求的所有信息。11.2～11.4 再次给出这些信息。

11.2 指示物标识

指示物应清楚地标记其所适用的灭菌过程类别，对于三、四、五和六类指示物还要标记标定值。当指示物的尺寸或形式不允许以每厘米 6 个字符大小的字体或更大字体来标记这些信息，那么应标记在包装标签或使用说明上。

11.3 过程标识

如果指示物用于特定的灭菌周期，那么这个信息应在指示物上表明或以符号标记，例如：STEAM 121 ℃ 15 min。

11.4 包装标识

每包指示物或随包装所带的技术手册应含有如下信息：

a) 指示物会发生的变化：对于颜色变化的指示物在其颜色变化不能被充分描述时，应提供颜色发生变化时的颜色范围样本和不发生变化时的颜色范围样本；
b) 指示物起反应的关键变量及其标定值(如适用)；
c) 指示物的类别、适用的灭菌过程和预期用途；
d) 使用前后的存储条件；
e) 在规定存储条件下的失效期，或生产日期和有效期，并按 ISO 8601[3]要求进行标注(即：YYYY-MM)；
f) 便于追溯的唯一代码(如批号)；
g) 正确的使用说明，以保证指示物的正常性能；
h) 任何可能遇到对指示物性能产生影响的物质或条件；
i) 使用过程中或使用前后的安全警告；
j) 制造商或供应商的名称和地址；
k) 完全变化或不完全变化的指示物按制造商的说明进行存储时，可能发生的任何改变。

注：国家或地区的法规可能会有附加的或不同的要求。

附 录 A
（资料性附录）
BD试验的背景

1963年，Bowie和他的同事们发表文章[26]描述了一个简单测试预真空灭菌器的真空系统是否功能正常的方法。预真空灭菌器在灭菌室泄漏或真空泵异常时，例如漏气或者去除空气不充分，会影响灭菌。灭菌室内一定量的空气存在会形成气团，从而影响饱和蒸汽对灭菌包裹的穿透。在温度上升至灭菌温度时，气团处的温度几乎总是比其周围蒸汽的温度要低。最初，测量真空系统有效性的方法是在一个特定测试包内放置热电偶，再将这个测试包放置于灭菌室的排汽口。在Bowie的文章中，用灭菌指示胶带以圣·安德鲁(St.Andrew's)十字形粘在一张纸上组成测试纸，并将该测试纸放置于一个亚麻布测试包。测试包由洗涤前尺寸至少为36 in×24 in(约91.5 cm×60 cm)的亚麻布巾叠成，沿长轴折叠两次，再对折一次，折成八层布。布巾的总数量因布的厚度不同而变化，但是多块布巾叠起来后其总厚度在10 in～11 in(大约25.5 cm～28 cm)之间。当在一个功能正常的灭菌器内单独进行测试时，当灭菌在134 ℃维持3.5 min时，测试包内测试单上的指示胶带的线条会变成均匀一致的黑色。测试成功表明蒸汽快速穿透，空气被充分排除和无明显漏气。如果操作正确，这个灭菌器能对物品进行有效灭菌。一般每天在灭菌器预热到运行温度后进行这个测试。

当前均使用预先印刷好的测试单，原因是指示胶带不能覆盖整个测试单，当残留空气聚集在指示胶带不能覆盖的区域时，这部分的空气是不能够被探测到的。

正如之前提到的，有三个与BD类测试相关的标准分别是GB 18282.3[14]、GB 18282.4[15]和ISO 11140-5[16]。

有这几个不同的标准是因为世界上不同国家和地区对Bowie的试验有着不同的理解。一些国家认为这是一个空气排除测试，从而对测试合格采取自己特有的标准，而另外一些国家认为这是一个蒸汽渗透测试，从而也有着相应的接受标准。事实上二者都有道理：灭菌器如果不能很好地排除空气，那也不可能有符合要求的蒸汽渗透。一次性或替代性测试包都要与标准的棉布单或棉布包相比。表A.1描述了这几个标准对BD类测试中使用材料、通过与不通过条件的最小值等方面的明显区别。更详细的标准要求可参见参考文献。

表A.1 GB 18282.3、GB 18282.4和ISO 11140-5的比较

标准	GB 18282.3[14]	GB 18282.4[15]	ISO 11140-5[16]
参考测试包	EN 285[23]	EN 285[23]	ANSI/AAMI ST46[28]
测试包重量	(7±0.2)kg	(7±0.2)kg	(4±0.5)kg
测试包密度	0.42 kg/dm^3	0.42 kg/dm^3	0.20 kg/dm^3
测试包尺寸	220 mm×300 mm×250 mm	220 mm×300 mm×250 mm	250 mm×300 mm×(250 mm～280 mm)
通过准则	在整个灭菌温度维持阶段，测试包内的温度与排汽口的温度相差不超过0.5 ℃	在整个灭菌温度维持阶段，测试包内的温度与排汽口测得的设定温度相差不超过1 ℃	在整个灭菌温度维持阶段，测试包内的温度与排汽口的温度相差不超过0.5 ℃
失败准则	在整个灭菌温度维持阶段，测试包内的温度比排汽口的温度低2 ℃～3 ℃	在灭菌温度维持阶段的开始，测试包内的温度比排汽口的温度低2 ℃～7 ℃，在灭菌温度维持阶段开始后的参考失败期结尾(+30 s)，测试包内的温度比排汽口的温度低2 ℃～4 ℃，在整个灭菌温度维持阶段的结尾，测试包内的温度比排汽口的温度不低于1 ℃	在整个灭菌温度维持阶段(134 ℃，3.5 min)完成前1 min测试包内的温度比排汽口的温度至少低2 ℃

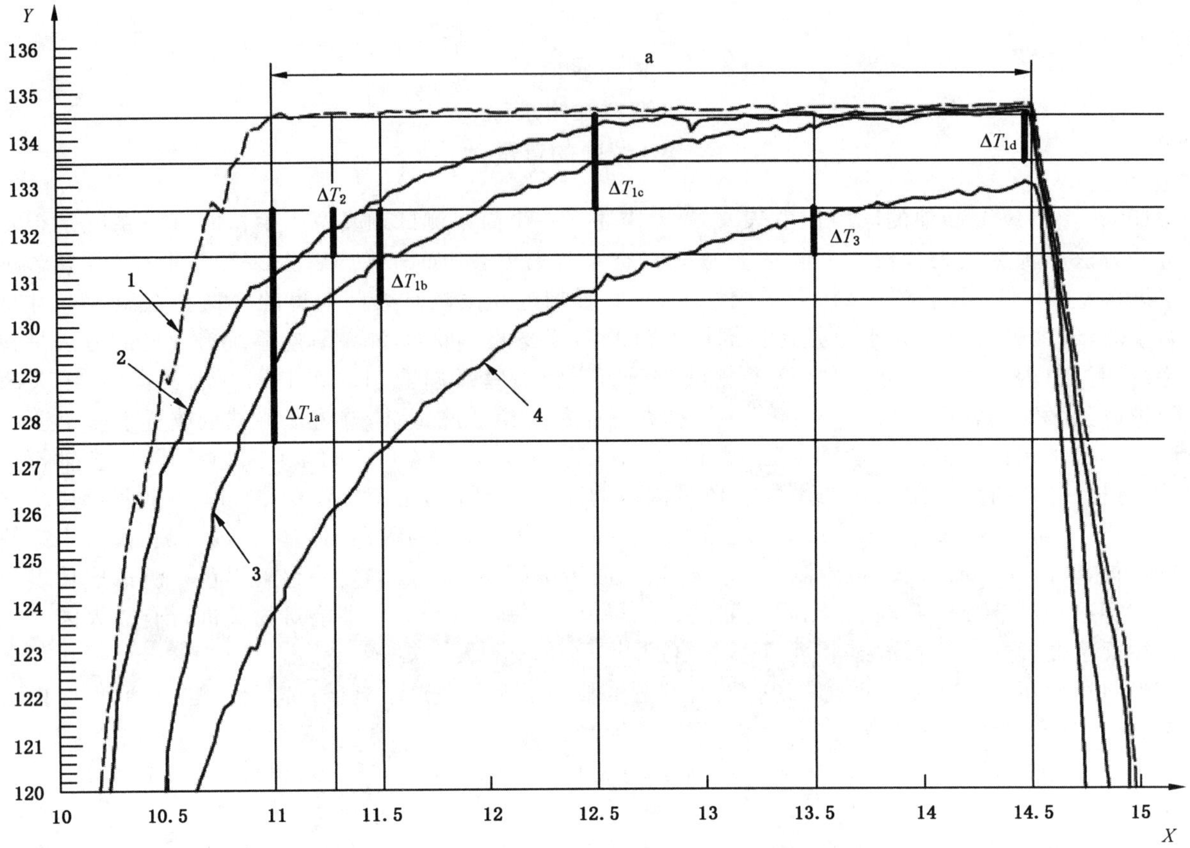

说明：

X ——以 min 为单位的时间；

Y ——以℃为单位的温度；

a ——灭菌温度维持阶段。

图 A.1 测试失败条件的例子

图 A.1 表明了表 A.1 中所列的测试失败条件的例子，包括：

a) 排汽口参考点温度(曲线 1)(在灭菌温度维持阶段)；

b) 当测试包(GB 18282.3[14]规定的 7 kg 包)几何中心部位温度降低的范围(ΔT_2) 如图所示(见曲线 2)，指示单应显示测试失败；

c) 当测试包(GB 18282.4[15]规定 7 kg 包)几何中心部位温度降低的范围(ΔT_{1a}、ΔT_{1b}、ΔT_{1c}、ΔT_{1d})如图所示(见曲线 3)，替代指示物应显示测试失败；

d) 当测试包(ISO 11140-5[16]规定 4 kg 包)几何中心部位温度降低的范围(ΔT_3) 如图所示(见曲线 4)，指示单或预组装指示物应显示测试失败。

附 录 B
（资料性附录）
术语“变量”和“参数”的解释

论及改变微生物灭活效果时，GB 18282.1—2015[13]把“参数”定义为过程变量的特定值，把“变量”定义为灭菌过程的一个条件。这些术语在 ISO/TS 11139[11]中做了稍许修改，它们的前面被加上“过程”一词。

例如，在干热灭菌中有温度和时间这两个“变量”或“过程变量”。这两个变量所对应的“参数”或“过程参数”可能是 160 ℃和 120 min。

附　录　C
（资料性附录）
整合指示物的要求的基本原理及其与 ISO 11138 规定的生物指示物性能和微生物灭活间的相互联系
（摘自 GB 18282.1）

C.1　蒸汽

C.1.1　前言

当暴露于灭菌过程关键变量时，整合指示物的反应方式与生物指示物(BI)的反应方式类似。基于本标准的目的，蒸汽灭菌整合指示物的性能与 ISO 11138-3[9] 规定的蒸汽灭菌生物指示物的要求密切相关。C.1.2 提供了 4.6 规定的五类整合指示物的相应的背景信息和性能要求的具体原则。

C.1.2　背景信息

ISO 11138-3[9] 规定用于蒸汽灭菌的生物指示物的 D_{121} 值不应小于 1.5 min，菌量不应少于 1×10^5，z 值>6。

许多嗜热脂肪杆菌芽孢(*Geobacillus stearothermophilus*)的 z 值通常更加接近 10(GB/T 19972)，与湿热灭菌过程确认相关的理论计算通常使用 $z=10$(Pflug[27])，例如：F_0。

生物指示物的性能也可由存活杀灭窗口期(survivor kill window，SKW)来定义，采用 121 ℃和上述规定的最小值。典型值为 4.5 min 存活，13.5 min 杀灭。

通过下面公式计算存活杀灭窗口期(survivor kill window，SKW)：

$$存活时间=(\lg P-2)\times D_{121} \quad\cdots\cdots\cdots\cdots(C.1)$$

$$杀灭时间=(\lg P+4)\times D_{121} \quad\cdots\cdots\cdots\cdots(C.2)$$

式中：

lg ——以 10 为底的对数；

P ——标称菌量；

D_{121}——121 ℃时的 D 值，单位为分(min)。

C.2　整合指示物的标定值(SV)与生物指示物(BI)灭活之间的联系

为获得微生物数量至少为 1×10^{-6} 的灭菌水平，有必要将一个 $D_{121}=1.5$ min、菌量为 1×10^5 的生物指示物暴露于 121 ℃饱和蒸汽中达 16.5 min。因为：

$$(\lg10^5-\lg10^{-6})\times1.5=16.5(\text{min}) \quad\cdots\cdots\cdots\cdots(C.3)$$

因此，五类整合指示物的最低标定值，即在 121 ℃达到终点的时间，应不低于 16.5 min。因此，通规定最小标定值为 16.5 min，将整合指示物的终点和等效生物指示物的灭活水平之间建立起了直接的联系，而这个灭活水平也就是灭菌的最终目的。

当制造商规定的整合指示物在 121 ℃时的标定值大于 16.5 min 的时候，当它达到终点时就可以获得更高的灭菌水平(即更大的灭菌安全系数)。无论如何，整合指示物在进行测试时暴露标定值时间，宜达到或超过其终点。

以上描述的是整合指示物通过或可接受条件。

关于失败条件，理论上对于单个生物指示物来讲，当灭菌时间达到将存活微生物杀灭至小于一个时，这个指示物将显示不生长。但是，当实际使用多个生物指示物时，由于生物系统的自然差异，所需的暴露时间需要超过上述的规定时间。典型地，如果将50个或更多个生物指示物进行测试，若要达到灭菌后经培养显示无阳性生长，所需的暴露时间是将菌量杀灭至小于10^{-2}理论水平(GB/T 19972[17])。存活杀灭窗口期的确定表明了所需增加的暴露时间。因此，采用$(\lg P+4)\times D$的暴露时间来定义杀灭时间，即在杀灭至一个存活的微生物后再减少4个对数值，也就是1×10^{-4}。也可以推测，生物指示物在达到10^{-2}暴露水平时，将会显示阳性生长，达到10^{-4}暴露水平时就不会显示生长。

将最大菌量为10^5和$D=1.5$ min的生物指示物，在121 ℃时减少7个对数值而达到10^{-2}的杀灭水平作为标准，以此定义整合指示物的失败反应。失败反应的暴露时间为：

$$(\lg P+2)\times D=10.5(\text{min}) \quad\cdots\cdots(\text{C.4})$$

因此，当整合指示物暴露于121 ℃的干饱和蒸汽下10.5 min时，不宜达到其终点。然而，制造商规定121 ℃的标定值可能大于16.5 min，在这种情况下，整合指示物产生失败反应或不通过反应的暴露条件应与制造商的标定值相联系并且不小于10.5 min。使用10.5 min作为失败的基线，使用16.5 min作为通过的基线：

$$\frac{10.5}{16.5}=0.636 \quad\cdots\cdots(\text{C.5})$$

对于标定值大于16.5 min的指示物，测试失败的暴露时间宜是标定值的63.6%。因此，指示物暴露于121 ℃的干饱和蒸汽条件下标定值的63.6%时间时，应显示失败反应或不通过反应。

与生物指示物相比，整合指示物的标定值与菌量减少11个对数值的时间相关。标定值的63.6%与菌量减少7个对数值的时间相关。因此，符合ISO 11138-3[9]的生物指示物的D值与整合指示物的标定值有如下关系：

$$(\lg P+6)\times D=\text{SV} \quad\cdots\cdots(\text{C.6})$$

$$(5+6)\times 1.5=16.5 \quad\cdots\cdots(\text{C.7})$$

即菌量减少11个对数值达到1×10^{-6}的灭菌水平。

由此可得：

$$D=\frac{\text{SV}}{(\lg P+6)}=\frac{\text{SV}}{11} \quad\cdots\cdots(\text{C.8})$$

在生物指示物中，存活数将被观察，当暴露时间(存活时间，ST)是：

$$(\lg P+2)\times D=\text{ST} \quad\cdots\cdots(\text{C.9})$$

将D替换：

$$(\lg P+2)\times\frac{\text{SV}}{11}=\text{ST} \quad\cdots\cdots(\text{C.10})$$

当前：

$$\lg P+2=7 \quad\cdots\cdots(\text{C.11})$$

由此可得：

$$7\times\frac{\text{SV}}{11}=\text{ST} \quad\cdots\cdots(\text{C.12})$$

由此可得：

$$\text{SV}\times\frac{7}{11}=\text{SV}\times 0.636=\text{ST} \quad\cdots\cdots(\text{C.13})$$

因此，整合指示物的存活时间，即整合指示物的失败反应和不能达到终点的时间，是标定值的63.6%。

着眼于蒸汽灭菌器的性能可以很好地理解五类指示物的定义。定义中的一点就是性能上与生物指示物相似。在将化学指示物与生物指示物的性能进行相互联系时，术语“温度系数”用于在某种程度上模拟z值。生物指示物的z值介于6和14之间，如果温度系数范围在6 ℃～14 ℃之间，那么在半对数图上画出两个不同温度的温度系数图。如果标定值为在 121 ℃时 16.5 min，那么这温度系数相应的两条直线在(16.5 min，121 ℃)点相交。

根据五类指示物在不同温度处的标定值数据所画的曲线的斜率应介于这两条温度系数分别为 6 ℃和 14 ℃的直线之间，且为线性。此外，当灭菌暴露时间是标定值的 63.6%时，这个五类指示物应指示灭菌失败。举例来说，如果一个化学指示物的标定值为在 134 ℃时 1.80 min，那么在 134 ℃灭菌暴露时间为 1.14 min(1.80 min×0.636=1.14 min 或 1 min 48 s×0.636=1 min 9 s)时，应指示灭菌失败。

图 C.1 图示说明，对四个温度点的标定值画图，连接各点所得的直线斜率应在直线 A 和 B 之间。

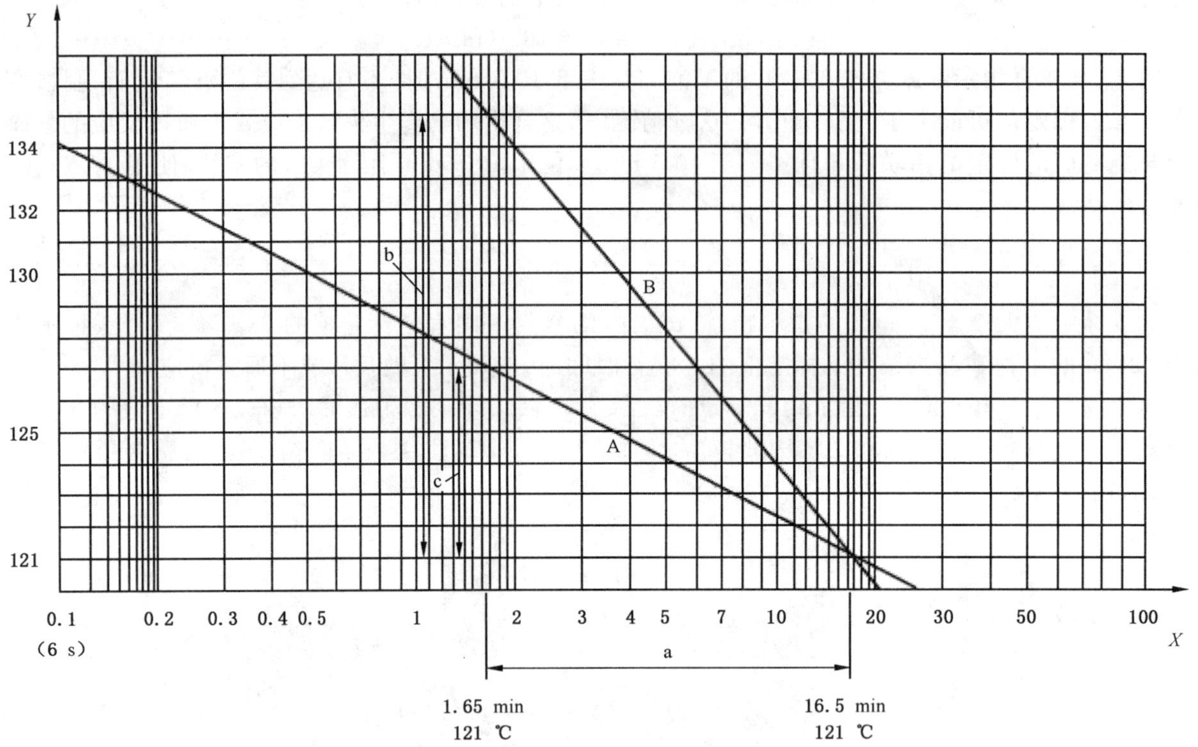

说明：

X ——以 min 为单位的时间；

Y ——以℃为单位的温度；

a ——一个对数周期；

b ——温度系数为 14 ℃；

c ——温度系数为 6 ℃。

图 C.1 蒸汽灭菌五类整合指示物的温度系数

C.3 与 GB 18282.1—2000[12]对五类指示物性能的要求进行比较

GB 18282.1—2000[12]规定整合指示物暴露于温度标定值减 1 ℃、时间标定值减 15%的条件下应显示失败反应。如标定值为 121 ℃、16.5 min 的整合指示物，当整合指示物暴露于 120 ℃、14.025 min 时，宜观察到失败条件。与此相关的生物指示物反应，如 D_{121} 为 1.5、z 值为 10 ℃的生物指示物，那么 D 在 120 ℃时是：

$$D_{120}=D_{121}\times 10^{-[(T_1-T_{\text{ref}})/10]} \qquad \cdots\cdots(\text{C.14})$$

式中：

D_{120}——120 ℃的 D 值；

D_{121}——121 ℃的 D 值；

T_1 ——工作温度(在此是 120 ℃)；

T_{ref} ——参考温度(在此是 121 ℃)。

$D_{120}=1.5\times10^{-[(120-121)/10]}=1.88$ min。

假设生物指示物的菌量为 1×10^5，那么将生物指示物暴露于 120 ℃下 14.025 min，减少的对数值是：

$$\frac{14.025}{1.88}=7.427 \qquad \cdots\cdots(C.15)$$

即减少对数值为 7.4。

因此生物指示物的存活对数水平为：

$$5-7.427=-2.427 \qquad \cdots\cdots(C.16)$$

从而得到存活菌量为：

$$1\times10^{-2.427}=3.7\times10^{-3} \qquad \cdots\cdots(C.17)$$

这与 GB 18282.1—2015[13]的要求非常接近，即当整合指示物的暴露时间产生减少 7 个对数值，即降低至 1×10^{-2}时，宜显示灭菌失败。

因此对于这个例子来说，本标准列出的要求与以前的要求相当接近。

当生物指示物的 z 值为 6 ℃时，那么其在 120 ℃的 D 值应为：

$$D_{120}=1.5\times10^{-[(120-121)/6]}=2.2(\text{min}) \qquad \cdots\cdots(C.18)$$

假定生物指示物的菌量为 1×10^5，那么生物指示物暴露于 120 ℃下 14.025 min 时，其菌量减少的对数值为：

$$\frac{14.025}{2.2}=6.375 \qquad \cdots\cdots(C.19)$$

因此生物指示物的存活水平为：

$$5-6.375=-1.375=\lg(4.6\times10^{-2}) \qquad \cdots\cdots(C.20)$$

当生物指示物的 z 值为 14 ℃：

$$D_{120}=1.5\times10^{-[(120-121)/14]}=1.768\ 1(\text{min}) \qquad \cdots\cdots(C.21)$$

假定生物指示物的菌量为 1×10^5，那么生物指示物暴露于 120 ℃下 14.025 min 时，其菌量减少的对数值为：

$$\frac{14.025}{1.768\ 1}=7.93 \qquad \cdots\cdots(C.22)$$

因此生物指示物的存活水平为：

$$5-7.93=-2.9=\lg(1.25\times10^{-3}) \qquad \cdots\cdots(C.23)$$

表 C.1 是对上面的总结。

表 C.1 生物指示物的存活水平

z 值	$z=6$	$z=10$	$z=14$
生物指示物的存活水平	4.6×10^{-2}	3.7×10^{-3}	1.25×10^{-3}

在最高温度下检查相同的数据：

整合指示物的标定值为 135 ℃时 0.66 min，生物指示物的 D_{121} 值为 1.5 min、菌量为 1×10^5、z 值为 10 ℃，则：

$$D_{135}=1.5\times10^{-[(135-121)/10]}=0.06(\text{min}) \qquad \cdots\cdots(C.24)$$

达到通过或可接受的灭菌条件，需要减小 11 个对数值：

$$11 \times 0.06(\text{min}) = 0.66(\text{min}) \qquad \cdots\cdots(C.25)$$

对于失败或不可接受的灭菌条件，需要减少 7 个对数值：

$$7 \times 0.06(\text{min}) = 0.42(\text{min}) \qquad \cdots\cdots(C.26)$$

按照要求，整合指示物的暴露时间为其标定值的 63.6%时，宜指示灭菌失败，即：

$$0.66 \times 0.636 = 0.42(\text{min}) \qquad \cdots\cdots(C.27)$$

根据之前定义的灭菌失败标准：

“温度标定值－1 ℃”及“时间标定值－15%”得到在 134 ℃时为 0.56 min。

对于生物指示物：

$$D_{134} = 1.5 \times 10^{-[(134-121)/10]} = 0.075(\text{min}) \qquad \cdots\cdots(C.28)$$

因此，暴露 0.56 min 将减少如下对数值：

$$\frac{0.56}{0.075} = 7.47 \qquad \cdots\cdots(C.29)$$

存活水平为：

$$5 - 7.47 = -2.47 = \lg(3.3 \times 10^{-3}) \qquad \cdots\cdots(C.30)$$

对于这个温度来讲也接近于前面提到的灭菌失败可接受水平，即 1×10^{-2}。

C.4 环氧乙烷

ISO 11138-2[8]规定环氧乙烷生物指示物的 D 值在 54 ℃、相对湿度 60%、600 mg EO/L 和菌量为芽孢数量 1×10^{6} 的条件下不小于 2.5 min。其性能可由存活杀灭窗口期(survivor kill window，SKW)来定义：典型值是在上面规定的最低条件下，在 54 ℃时存活时间至少为 10 min，杀灭时间不少于 25 min。存活杀灭窗口期按如下公式计算：

$$\text{存活时间} = (\lg P - 2) \times D \qquad \cdots\cdots(C.31)$$

$$\text{杀灭时间} = (\lg P + 4) \times D \qquad \cdots\cdots(C.32)$$

产品可标示为无菌前，通常要达到存活微生物菌量为 1×10^{-6} 的概率。

基于以上信息，有必要将 $D=2.5$、菌量为 1×10^{6} 的生物指示物暴露于 54 ℃、600 mg EO/L 和相对湿度 60%的条件下 30 min，以获得 10^{-6} 的灭菌水平。

$$(\lg 10^{6} - \lg 10^{-6}) \times 2.5 = 30.0(\text{min}) \qquad \cdots\cdots(C.33)$$

因此，对于五类整合指示物而言，为充分达到等效生物指示物的灭活因子，其最小标定值，即达到终点所需时间，不宜少于 30.0 min。

当标定值在 54 ℃、相对湿度 60%和 600 mg EO/L 条件下大于 30.0 min 时，当其达到终点时，就可以获得一个更高的灭活水平。无论如何，五类指示物的暴露时间达到其标定值时，宜达到或超过其终点。

以上表明了通过条件。下面表明了失败条件。

理论上，当暴露时间足够用来将菌量减少至小于一个存活有机体时，单个生物指示物将显示不生长。但是，当实际使用多个生物指示物时，由于生物系统的自然差异，其暴露时间将会大于以上规定的时间。典型地，如果将 50 个或更多个生物指示物进行测试，若要达到灭菌后经培养显示无阳性生长，所需的暴露时间是将菌量杀灭至小于 10^{-2} 理论水平。在确定存活/灭活特性时，采用 $(\lg P+4)\times D$ 的暴露时间来定义杀灭时间，即在杀灭至一个存活的微生物后再减少 4 个对数值，也就是 1×10^{-4}。因此，也可以推测，生物指示物在达到 10^{-2} 暴露水平时，将会显示阳性生长，达到 10^{-4} 暴露水平时就不会显示生长。菌量为 1×10^{6} 和 $D=2.5$ 的生物指示物在 54 ℃、相对湿度 60%和 600 mg EO/L 条件下，减少 8 个对数值达到 10^{-2} 的水平作为失败反应的标准，以此定义整合指示物的失败反应。要求的暴露时间是：

$$(\lg P+2)\times D=20(\text{min}) \qquad \cdots\cdots\cdots(\text{C.34})$$

因此，当暴露于 54 ℃、相对湿度 60%和 600 mg EO/L 为 20 min 或更少时间时不宜达到终点。然而，制造商规定在 54 ℃的标定值可能大于 30 min，因此，失败条件应与此值相关联且不少于 20 min，使用 20 min 作为失败的基线，30 min 作为通过的基线：

$$\frac{20}{30}=0.667 \qquad \cdots\cdots\cdots(\text{C.35})$$

因此对于一个标定值超过 30.0 min 的五类整合指示物来讲，灭菌失败的条件应是暴露时间小于其标定值的 66.7%

因此，对于标定值超过 30 min 的指示物，测试失败条件的暴露时间宜是标定值的 66.7%，因此，当暴露于 54 ℃、相对湿度 60%和 600 mg EO/L 达标定值的 66.7%条件时，应显示失败反应。

就生物学而言，标定值与要求菌量减少 12 个对数值的时间相关，整合指示物标定值的 63.6%与要求菌量减少 8 个对数值的时间相关。

附 录 D
（资料性附录）
透 气 性 能

D.1 总则

GB 18282.3[14]和 ISO 11140-5[16]要求指示物系统的透气特性按 ISO 5636-3[1]的要求进行测试。ISO 5636-5[2]介绍了一种替代方式——葛尔莱法(Gurley method)。D.2 是按照上面的两种方法对 5 个纸样进行的比较，表明两种方法等效。

D.2 5 个纸样的比较

D.2.1 测试材料

测试材料为 5 个纸的试样，分别标记为样本 A、样本 B、样本 C、样本 D、样本 E。

D.2.2 条件

表 D.1 为条件。

表 D.1 条件

预处理	处理	测试条件
无	23 ℃±2 ℃，相对湿度 50%±5%，至少 16 h	23 ℃±2 ℃，相对湿度 50%±5%

D.2.3 测试方式

D.2.3.1 符合 ISO 5636-3[1]要求的透气度

使用表压为 150 mm 水柱的本特生(Bendtsen)透气度仪，由于提供的材料数量有限，样本 A、样本 B 及样本 E 分别进行 10 次重复测试，样本 C 及样本 D 只分别进行 6 次重复测试；测试时任选一面。

D.2.3.2 ISO 5636-5[2]要求的透气度

使用 567 g 标准圆筒的葛尔莱(Gurley)透气度仪，由于提供的材料数量有限，样本 A、样本 B 及样本 E 分别进行 10 次重复测试，样本 C 及样本 D 只分别进行 6 次重复测试；测试时任选一面。

D.2.4 测试结果

见表 D.2、表 D.3。

表 D.2 本特生透气度 单位为毫升每分(mL/min)

样本	平均值	范围
A	298	250～350
B	3 240	3 100～3 400

表 D.2（续） 单位为毫升每分(mL/min)

样本	平均值	范围
C	328	300～360
D	2 167	2 100～2 250
E	118	100～140

注：由于样本 B 的高透气性，使用 75 mm 表压进行测试，再将结果修正至 150 mm 表压下的测定值。

表 D.3 葛尔莱透气度 单位为秒每百毫升(s/100 mL)

样本	平均值	范围
A	57.7	46.4～71.1
B	2.56	2.23～2.95
C	56.3	53.1～60.3
D	5.20	4.74～5.97
E	154	126～172

注：由于样本 B 和样本 D 的高透气性，需使用 200 mL 以上进行测试，再将结果修正至 100 mL 的测定值。

附 录 E
（资料性附录）
指示物各组成部分的示意图

指示物各组成部分见图 E.1。

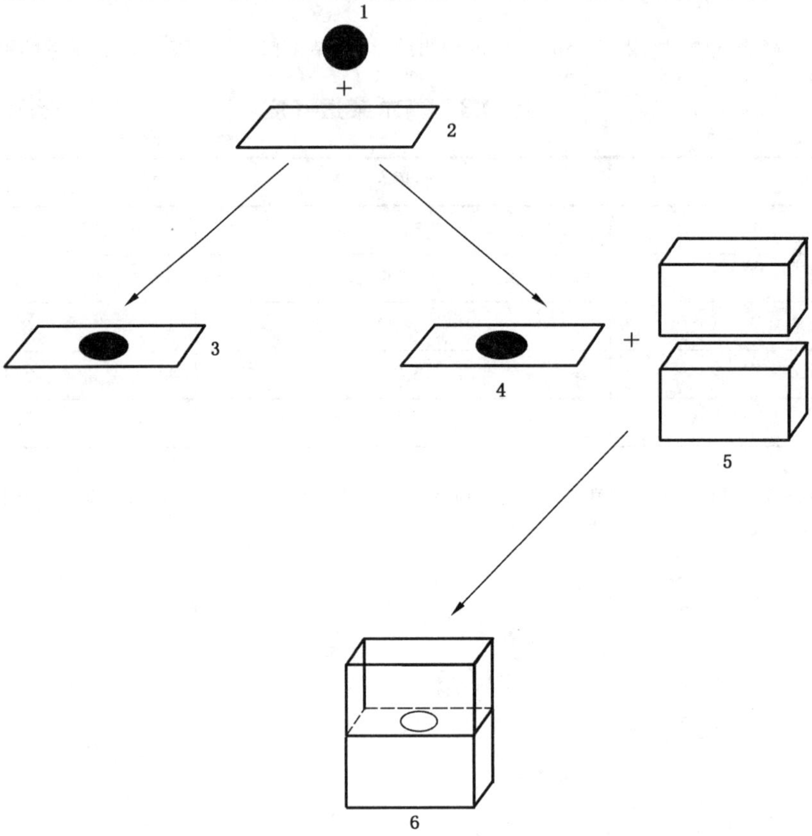

说明：
1——指示剂；
2——衬底；
3——指示物(一、三、四、五、六类)；
4——指示物系统；
5——特定的测试负载；
6——指示物(二类)。

图 E.1 指示物组成之间的关系

参 考 文 献

[1] ISO 5636-3 Paper and board—Determination of air permeance(medium range)—Part 3: Bendtsen method

[2] ISO 5636-5 Paper and board—Determination of air permeance and air resistance(medium range)—Part 5:Gurley method

[3] ISO 8601 Data elements and interchange formats—Information interchange—Representation of dates and times

[4] GB/T 19001 质量管理体系 要求(GB/T 19001—2008,ISO 9001:2008,IDT,Quality management systems—Requirements)

[5] ISO 11135-1 Sterilization of health care products—Ethylene oxide—Part 1:Requirements for development,validation and routine control of a sterilization process for medical devices

[6] ISO/TS 11135-2 Sterilization of health care products—Ethylene oxide—Part 2:Guidance on the application of ISO 11135-1

[7] ISO 11137-1 Sterilization of health care products—Radiation—Part 1:Requirements for the development,validation and routine control of a sterilization process for medical devices

[8] ISO 11138-2 Sterilization of health care products—Biological indicators—Part 2:Biological indicators for ethylene oxide sterilization processes

[9] ISO 11138-3 Sterilization of health care products—Biological indicators—Part 3:Biological indicators for moist heat sterilization processes

[10] ISO 11138-5 Sterilization of health care products—Biological indicators—Part 5: Biological indicators for low-temperature steam and formaldehyde sterilization processes

[11] ISO/TS 11139 Sterilization of health care products—Vocabulary

[12] GB 18282.1—2000 医疗保健产品灭菌 化学指示物 第1部分:通则(ISO 11140-1:1995, IDT,Sterilization of health care products—Chemical indicators—Part 1:General requirements)

[13] GB 18282.1—2015 医疗保健产品灭菌 化学指示物 第1部分:通则(ISO 11140-1:2005, IDT,Sterilization of health care products—Chemical indicators—Part 1:General requirements)

[14] GB 18282.3—2009 医疗保健产品灭菌 化学指示物 第3部分:用于BD类蒸汽渗透测试的二类指示物系统(ISO 11140-3:2007,IDT,Sterilization of health care products—Chemical indicators—Part 3:Class 2 indicator systems for use in the Bowie and Dick-type steam penetration test)

[15] GB 18282.4—2009 医疗保健产品灭菌 化学指示物 第4部分:用于替代性BD类蒸汽渗透测试的二类指示物(ISO 11140-4:2007,IDT,Sterilization of health care products—Chemical indicators—Part 4:Class 2 indicators as an alternative to the Bowie and Dick-type steam penetration test)

[16] ISO 11140-5:2007 Sterilization of health care products—Chemical indicators—Part 5: Class 2 indicators for Bowie and Dick-type air removal tests

[17] GB/T 19972 医疗保健产品灭菌 生物指示物 选择、使用及检验结果判断指南(GB/T 19972—2005,ISO 14161:2000,IDT,Sterilization of health care products—Biological indicators—Guidance for the selection,use and interpretation of results)

[18] ISO 14937:2000 Sterilization of health care products—General requirements for characterization of a sterilizing agent and the development,validation and routine control of a sterilization process for medical devices

[19] ISO 17665-1 Sterilization of health care products—Moist heat—Part 1:Requirement for

the development,validation and routine control of a sterilization process for medical devices

[20] ISO/TS 17665-2 Sterilization of health care products—Moist heat—Part 2:Guidance on the application of ISO 17665-1

[21] GB/T 24628—2009 医疗保健产品灭菌 生物与化学指示物 测试设备(ISO 18472:2006,IDT,Sterilization of health care products—Biological and chemical indicators—Test equipment)

[22] ISO 20857 Sterilization of health care products—Dry heat—Requirements for the development,validation and routine control of an industrial sterilization process for medical devices

[23] EN 285 Sterilization—Steam sterilizers—Large sterilizers

[24] EN 14180:2003 Sterilizers for medical purposes—Low temperature steam and formaldehyde sterilizers—Requirements and testing

[25] EN 15424:2007 Sterilization of medical devices—Low temperature steam and formaldehyde—Requirements for development,validation and routine control of a sterilization process for medical devices

[26] BOWIE,H.,KELSEY,J.C.and THOMPSON,G.R.,The Bowie and Dick autoclave tape test,Lancet,1963a,vol.I,p.586-587.

[27] PFLUG,I.J.,Microbiology and engineering of sterilization processes,10th Edition,Environmental Sterilization Laboratory,1920 South First Street,Minneapolis,MN 55454,USA,1999.

[28] ANSI/AAMI ST46 Good hospital practice:Steam sterilization and sterility assurance

ICS 27.010
F 01

中华人民共和国国家标准

GB 32311—2015

水电解制氢系统能效限定值及能效等级

Minimum allowable values of energy efficiency and energy efficiency grades for hydrogen producing systems by water electrolysis

2015-12-10 发布　　2017-01-01 实施

中华人民共和国国家质量监督检验检疫总局
中国国家标准化管理委员会　发布

前　言

本标准第 4.3 条为强制性的，其余为推荐性的。

本标准按照 GB/T 1.1—2009 给出的规则起草。

本标准由国家发展和改革委员会资源节约和环境保护司、工业和信息化部节能与综合利用司提出。

本标准由全国能源基础与管理标准化技术委员会(SAC/TC 20)归口。

本标准主要起草单位：中国标准化研究院、苏州竞立制氢设备有限公司、中国船舶重工集团公司第七一八研究所，天津市大陆制氢设备有限公司、中国电子工程设计院、四川鑫通新材料有限责任公司、苏州电器科学研究院股份有限公司、浙江和利氢能科技股份有限公司。

本标准主要起草人：张祥春、张碧航、王赓、周振芳、薛贺来、许卫、吴金兰、李燕、安志星、钱幼平、何秀明、梁宝明、帅星如。

水电解制氢系统能效限定值及能效等级

1 范围

本标准规定了水电解制氢系统(以下简称制氢系统)的能效限定值、节能评价值、能效等级、试验方法和检验规则。

本标准适用于固定式或移动式制氢系统,其水电解槽结构为双极性、压滤式、压力型、产量≥5 m^3/h。

本标准不适用于常压水电解制氢设备、产量<5 m^3/h 的小型制氢设备、固体聚合物电解质电解槽(SPE)和氢氧发生器。

2 规范性引用文件

下列文件对于本文件的应用是必不可少的。凡是注日期的引用文件,仅注日期的版本适用于本文件。凡是不注日期的引用文件,其最新版本(包括所有的修改单)适用于本文件。

GB/T 19774 水电解制氢系统技术要求

GB/T 24499 氢气、氢能与氢能系统术语

3 术语和定义

GB/T 24499 界定的以及下列术语和定义适用于本文件。

3.1

制氢系统单位能耗 **specific energy consumption values for hydrogen producing systems by water electrolysis**

制氢系统运行时在额定工况条件下,生产标准状态下 1 m^3 氢气所消耗的电量。

注 1:本标准中的氢、氧气体体积为标准状态,即 0 ℃,101.325 kPa(绝压)状态下的气体体积,单位为 m^3。

注 2:本标准中制氢系统能耗指水电解槽直流电耗及制氢系统内碱液循环泵、补水泵及控制用交流电耗。

3.2

制氢系统能效值 **the energy efficiency values for hydrogen producing systems by water electrolysis**

制氢系统运行时在额定工况条件下,理论制氢系统单位能耗与实际制氢系统单位能耗之比。

3.3

制氢系统能效限定值 **the minimum allowable values of energy efficiency for hydrogen producing systems by water electrolysis**

在额定工况条件下,制氢系统的最低允许能效值。

3.4

制氢系统节能评价值 **the evaluating values of energy conservation for hydrogen producing systems by water electrolysis**

在额定工况条件下,节能制氢系统的最低允许能效值。

4 技术要求

4.1 基本要求

本标准所适用的水电解制氢系统应符合 GB/T 19774 的要求。

4.2 能效等级

制氢系统能效等级分为3级，各级制氢系统单位能耗不能高于、制氢系统能效值不能低于表1的规定。

表1 制氢系统能效等级

制氢系统类型	能效等级	制氢系统单位能耗 kW·h/m³	制氢系统能效值 %
小型 (≤60 m³/h)	1	4.5	79
	2	4.8	74
	3	5.1	69
大中型 (>60 m³/h)	1	4.3	82
	2	4.6	77
	3	4.9	72

4.3 能效限定值

制氢系统能效限定值为表1中能效等级的3级。

4.4 节能评价值

制氢系统节能评价值为表1中能效等级的2级。

5 试验方法

5.1 制氢系统单位能耗保留一位小数，能效值为整数。

5.2 测试工作在制氢系统的额定工况下进行，额定工况是指水电解槽运行的直流电流密度为2 000 A±50 A，制氢系统的工作温度为90 ℃±2 ℃，工作压力为0.8 MPa～5.0 MPa。

5.3 能效测试用的原料水及碱液的技术指标应符合GB/T 19774的相关要求。

5.4 试验用仪表等级要求，直流电流表和电流电压表不低于0.5级，其他仪表不低于1级，所用仪表应符合相应的技术标准及规程。

5.5 单位直流能耗测试次数不宜少于6次，间隔10 min，取平均值。

5.6 单位交流能耗采用交流功率表(累计式)，接入相应的回路中，测试时间为1 h。

5.7 根据测得的直流电流值，电解槽的小室数，按附录A计算出制氢系统的氢气产量。

5.8 根据测得的直流电压值，电解槽的小室数，按附录B计算出电解槽平均小室电压及单位直流能耗。

5.9 根据测得碱液泵、补水泵及控制用电功率，按附录B计算出制氢系统的单位交流能耗。

单位直流能耗与单位交流能耗相加得到制氢系统单位能耗。

5.10 根据制氢系统单位能耗，按附录C计算出制氢系统能效值，按照表1确定能效等级。

6 检验规则

6.1 产品能效测试可在生产厂或用户处进行，能效实测值满足规定的要求视为合格产品，否则视为不合格产品;同型号批量产品的测试可抽样检查,若不满足要求,再抽 2 台检查,实测值均应满足规定要求,否则判定该批产品不合格。

6.2 产品能效等级测试应在产品调试验收前进行,当用户与生产厂对产品能效等级测试产生异议时,可由具有相关资质的第三方专业机构仲裁。

附　录　A
（规范性附录）
电流测试值计算气体产量

A.1　原理摘要

根据电解定律——任何物质在电解过程中，数量上的变化服从法拉第定律。

A.2　水电解制氢时的法拉第定律

在标准状态下，用 2×96 500 C 电量，可电解 1 moL 水，制取 1 moL 氢和 0.5 moL 氧。
1 moL 氢气在标准状态下的体积为 22.43×10^{-3} m^3。
故在标准状态下，制取 1 m^3 氢气所需理论电量为式（A.1）：

$$\frac{2\times96\ 500\times1\ 000}{3\ 600\times22.43}=2\ 390\ \mathrm{A\cdot h/m^3} \qquad \text{(A.1)}$$

A.3　电流测试值计算气体产量

电流测试值计算气体产量按式（A.2）进行。

$$Q=\frac{In\eta_0}{2\ 390} \qquad \text{(A.2)}$$

式中：
Q ——氢气产量，单位为立方米每时（m^3/h）；
I ——通过水电解槽小室的直流电流，单位为安（A）；
n ——电解小室数，个；
η_0 ——电流效率，可设定为 100%。

附 录 B
（规范性附录）
单位能耗值的计算

B.1 单位能耗值 W 的计算

单位能耗值 W 由两部分组成，即直流单位能耗值 W_d 和交流单位能耗值 W_a。

B.2 直流单位能耗值 W_d 的计算

B.2.1 根据电解槽的直流电压 U 及电解小室数 n，按式(B.1)求出电解槽平均小室电压 E。

$$E=\frac{U}{n} \qquad \text{(B.1)}$$

式中：

E ——平均小室电压，单位为伏(V)；

U ——电解槽直流电压，单位为伏(V)；

n ——电解小室数，个。

注：当通电方式为一正两负(即中间电极接正极，两端电极接负极)电解小室数目减半。

B.2.2 直流单位能耗值 W_d 按式(B.2)计算。

$$W_d=\frac{2\ 390E}{1\ 000} \qquad \text{(B.2)}$$

式中：

W_d ——直流单位能耗值，单位为千瓦时每立方米(kW·h/m³)；

2 390 ——见附录 A；

1 000 ——换算系数。

B.3 交流单位能耗值 W_a 的计算

交流用电的功率由 3 部分组成：P_1、P_2 和 P_3。

交流单位能耗值 W_a 按(B.3)计算：

$$W_a=\frac{P_1+P_2+P_3}{Q} \qquad \text{(B.3)}$$

式中：

W_a ——交流单位能耗值，单位为千瓦时每立方米(kW·h/m³)；

P_1 ——碱液泵功率，单位为千瓦(kW)；

P_2 ——补水泵平均功率，单位为千瓦(kW)；

P_3 ——控制用电功率，单位为千瓦(kW)。

B.4 单位能耗值 W 的计算

单位能耗值 W 可按式(B.4)计算：

$$W=W_d+W_a \qquad \text{(B.4)}$$

附　录　C
（规范性附录）
能效的计算

能效 η 的计算根据电化学原理，当小室电压为热中性电压时，则水电解槽工作时不产生废热，此时的能效设定为 100%。

能效值 η 可按式（C.1）计算：

$$\eta = \frac{1.48 \times 2\,390}{1\,000\ W}\% \qquad \cdots\cdots\cdots\cdots (\text{C.1})$$

式中：

η ——能效；

1.48——热中性电压，单位为伏（V）；

W ——单位能耗值，单位为千瓦时每立方米（$kW \cdot h/m^3$）。

ICS 03.060
A 11

中华人民共和国国家标准

GB/T 32312—2015

银行业客户服务中心服务评价指标规范

Service evaluation index specification for customer service center of bank industry

2015-12-28 发布　　2016-06-01 实施

中华人民共和国国家质量监督检验检疫总局
中国国家标准化管理委员会　发布

前　言

本标准按照 GB/T 1.1—2009 给出的规则起草。

本标准由中国人民银行提出。

本标准由全国金融标准化技术委员会(SAC/TC 180)归口。

本标准起草单位:中国金融电子化公司、中国工商银行、中国农业银行、中国银行、中国建设银行、中国光大银行、北京银行、中国人民保险寿险总公司、中国银河证券有限公司、光大永明保险公司。

本标准主要起草人:张永福、姜云兵、王杰、王健肃、邵山、陈静娴、赵金龙、冯杨惠、魏斌、姜训达、吕爽、付娆、王伟、王洪武、李珅、田晓、张敏、庞兆、张燕丽、赵妤、陈笑天、郭佳。

银行业客户服务中心服务评价指标规范

1 范围

本标准规定了银行业客户服务中心(以下简称客户服务中心)服务评价的指标范围及内容、指标体系和指标计算。

本标准主要适用于客户服务中心的服务能力和服务效果的评价与管理。

2 术语和定义

下列术语和定义适用于本文件。

2.1

客户 customer

已经或将要发生直接或间接交易关系的对象。

2.2

客服代表 customer service representative;CSR

座席 agent

客户服务中心前台一线工作人员。

2.3

话后处理时长 after call work;ACW

客服代表在通话结束后需要跟进完成业务处理所花费的时间。

2.4

平均应答速度 average speed of answer;ASA

客户开始排队至银行正式提供服务前的平均等待的时间。

2.5

客户满意度 consumer satisfaction research;CSR

客户期望值与客户体验的匹配程度,是客户在感知银行服务效果并与其期望值相比较后得出的指数。

2.6

服务水平 service level

在 Y 秒内,X%的客户联系信息获得应答。

2.7

通话时长 call duration

客服代表应答客户的呼叫后,到客户挂机的时间。

2.8

呼叫保持时间 call hold time

呼叫接通后,在呼叫不被释放的前提下保持客户联络的时间。

3 评价指标范围及内容

3.1 评价指标的范围

客户服务中心服务评价指标,至少应体现以下目标中的一项或多项:

a) 服务质量;

b) 服务效率;

c) 投诉处理。

3.2 评价指标内容

3.2.1 服务质量

客户服务中心通过客户满意度测量评价服务质量。客户服务中心应对自己所服务的不同客户群体设定满意度目标,并建议进行持续的、定期的客户满意度服务评价调研。

客户服务中心服务质量评价可涵盖客户对银行所能提供的服务的整体满意度情况,或针对特定产品、服务或客户群体的满意度情况。

服务质量评价调研的方式包括系统调研和人工调研两种。其中,系统调研包括邀请客户参与IVR(interactive voice response,即互动式语音互答)话后调研、发送短信调研等形式;人工调研包括自主外呼进行满意度调研、委托专业咨询公司开展“神秘人”调研等形式。

服务质量评价调研的对象和范围分为整体满意度调研和专项满意度调研。其中,针对特定客户或专一产品/服务所开展的服务质量评价为专项满意度调研,除专项满意度调研以外的服务质量评价为整体满意度调研。服务评价调研的形式和频率建议整体客户满意度调研不少于每年一次,专项满意度调研可随需进行。

整体满意度和专项满意度计算公式为:

$$整体满意度 = 表示整体满意的客户数量 / 有效参评客户数量 \times 100\%$$

$$专项满意度 = 表示专项满意的客户数量 / 有效参评客户数量 \times 100\%$$

3.2.2 服务效率

客户服务中心通过对接通率、服务水平和平均应答速度三项指标对服务效率进行测量:

a) 接通率从数量占比上测量客户发起服务的被响应程度。客户服务中心的对客户服务需求的响应契合度越高,接通率越高;

计算公式为:

$$接通率 = 人工接听量 / 人工呼入量 \times 100\%$$

b) 服务水平以一定时间内得到响应的客户占比,来测量客户发起服务被响应的及时程度。通常以20秒为限,时限以内响应客户的数量占比越高,服务水平越高;

计算公式为:

$$服务水平 = 20秒人工接听量 / 人工呼入量 \times 100\%$$

c) 平均应答速度对客服中心响应客户服务请求的积极程度的测量,当客户服务请求到达客服代表端时,客服代表越快响应,平均应答速度数值越小。

计算公式为:

$$平均应答速度 = (总排队时长 + 总振铃时长) / 总人工接听量$$

3.2.3 投诉处理

客户服务中心通过投诉按期办结率和投诉处理满意度两项指标对投诉处理进行测量:

a） 客户服务中心通过投诉按期办结率对投诉处理及时性进行测量。客户服务中心投诉处理时限可自行定义，但应符合相关法律法规及主管部门的要求；

计算公式为：

$$投诉按期办结率=按期办结的投诉量/投诉总量\times 100\%$$

b） 客户服务中心通过投诉处理满意度对投诉处理有效性进行测量。客户对于投诉处理的满意程度能够反映出整体的服务响应和对于客户需求的协同处理能力。

计算公式为：

$$投诉处理满意度=满意的客户数量/成功回访的客户数量\times 100\%$$

4 银行业客户服务中心服务评价指标体系

客户服务中心服务评价指标体系由基础指标和提升指标构成，客户服务中心可根据自身特点对部分或全部指标开展评价指标的跟踪测量。客户服务中心评价指标体系构成见表1。客户服务中心服务评价指标计算说明见附录A。

表1 客户服务中心评价指标体系构成

指标类型	评价指标	指标体系	
		基础指标	提升指标
服务质量	整体满意度	√	
	专项满意度		√
服务效率	接通率	√	
	服务水平	√	
	平均应答速度	√	
投诉处理	投诉按期办结率	√	
	投诉处理满意度	√	

附　录　A
（资料性附录）
客户服务中心服务评价指标计算说明

A.1　概述

客户服务中心可结合自身需求对指标选取及权重设置进行调整，但各指标数据采集期间应保持一致，且所设定基础指标权重合计不应超过100%。

客户服务中心提升指标按指标测量对应档次分值，直接与基础评价总分累加。

A.2　客户服务中心基础评价指标计算说明

A.2.1　整体满意度

计算公式：整体满意度＝整体满意度调研结果×调研覆盖率折算系数×调研频次折算系数×指标权重。

指标权重：20%。

调研覆盖率折算系数和调研频次折算系数分别见表A.1和表A.2。

表A.1　调研覆盖率折算系数

调研覆盖率	折算系数
系统调研覆盖率≥30% 人工调研样本率≥500份/周	1.0
系统调研覆盖率≥20%～<30% 人工调研样本率≥300份/周～<500份/周	0.9
系统调研覆盖率≥10%～<20% 人工调研样本率≥200份/周～<300份/周	0.8
系统调研覆盖率<10% 人工调研样本率<200份/周	0

表A.2　调研频次折算系数

调研频次	折算系数
≥1次/半年	1.0
1次/年	0.9
<1次/年	0

A.2.2　接通率

计算公式：接通率＝接通率计算结果×对应档次折算系数。

指标权重:15%。

接通率折算系数见表 A.3。

表 A.3 接通率折算系数

接通率统计结果	折算系数
≥90%	1.0
≥80%~<90%	0.9
≥70%~<80%	0.8
<70%	0

A.2.3 服务水平

计算公式:服务水平=服务水平分值×服务水平稳定性折算系数×指标权重。

指标权重:20%。

服务水平稳定性折算系数见表 A.4。

表 A.4 服务水平稳定性折算系数

统计周期内各月服务水平离散系数	折算系数
≤0.1	1.0
>0.1~≤0.16	0.8
>0.16	0.6

A.2.4 平均应答速度

计算公式:平均应答速度=平均应答速度计算结果对应档次折算系数×指标权重。

指标权重:10%。

平均应答速度折算系数见表 A.5。

表 A.5 平均应答速度折算系数

统计周期内各月服务水平离散系数	折算系数
≤5 s	1.0
>5 s~≤7 s	0.8
>7 s	0.6

A.2.5 投诉按期办结率

计算公式:投诉按期办结率=投诉按期办结率计算结果×指标权重。

指标权重:15%。

A.2.6 投诉处理满意度

计算公式:投诉处理满意度+投诉处理满意度调研结果×投诉处理满意度调研覆盖率折算系数×

指标权重。

指标权重:20%。

投诉处理满意度调研覆盖率折算系数见表 A.6。

表 A.6 投诉处理满意度调研覆盖率折算系数

投诉处理回访覆盖率	折算系数
≥90%	1.0
≥80%～<90%	0.9
≥60%～<80%	0.8
<60%	0

A.3 客户服务中心提升评价指标指标计算说明

客户服务中心在已经开展整体满意度评价的基础上又开展专项的客户满意度调查,推动满意度向纵深探究的,专项满意度调查结果可作为提升指标。专项满意度调查档次及分档值见表 A.7。

表 A.7 专项满意度调查档次及分档值

专项调研客户满意度调研结果	档次	分档值
≥95%	1 档	5
≥90%～<95%	2 档	3
<90%	3 档	0

参 考 文 献

［1］ CC-CMM-OC：呼叫中心运营机构能力成熟度模型

ICS 03.060
A 11

中华人民共和国国家标准

GB/T 32313—2015

商业银行个人理财服务规范

Personal financial business service specifications of commercial banks

2015-12-28 发布　　　　2016-06-01 实施

中华人民共和国国家质量监督检验检疫总局
中国国家标准化管理委员会　发布

前　言

本标准按照 GB/T 1.1—2009 给出的规则起草。

本标准由中国人民银行提出。

本标准由全国金融标准化技术委员会(SAC/TC 180)归口。

本标准起草单位:中国金融电子化公司、中国工商银行、中国农业银行、交通银行、中国光大银行、招商银行、中国邮政储蓄银行。

本标准主要起草人:邬向阳、杨倩、邓琳莹、赵志兰、杨小琼、孟繁业、曹榕、杨皓凝、徐军鹏、陈元星、文彦娜、张沈荣、李卓凡、朱黎玮、陶仲伟。

商业银行个人理财服务规范

1 范围

本标准规定了商业银行个人理财业务服务的基本原则、一般要求等。

本标准适用于有资质的从事个人理财业务经营管理的商业银行。

2 规范性引用文件

下列文件对于本文件的应用是必不可少的。凡是注日期的引用文件,仅注日期的版本适用于本文件。凡是不注日期的引用文件,其最新版本(包括所有的修改单)适用于本文件。

GB/T 32317 商业银行个人理财客户风险承受能力测评规范

3 术语和定义

GB/T 32317 界定的以及下列术语和定义适用于本文件。

3.1

个人理财 personal finance

在对个人资产、负债等数据进行分析整理的基础上,按照个人风险承受能力,结合预定目标运用多种手段管理资产和负债,合理安排资金,从而在个人风险可以接受范围内实现资产增值最大化的过程。

3.2

个人理财业务 personal financial business

商业银行为个人客户提供的财务分析、财务规划、投资顾问、资产管理等专业化服务活动。

注:商业银行个人理财业务按照管理运作方式不同,分为理财顾问服务和综合理财服务。

3.3

理财顾问服务 financial advisory services

商业银行向客户提供的财务分析与规划、投资建议、个人投资产品推介等专业化服务。

注:商业银行为销售储蓄存款产品、信贷产品等进行的产品介绍、宣传和推介等一般性业务咨询活动,不属于理财顾问服务。

3.4

综合理财服务 integrated financial services

商业银行在向客户提供理财顾问服务的基础上,接受客户的委托和授权,按照与客户事先约定的投资计划和方式进行投资和资产管理等专业化服务。

3.5

个人理财计划 personal financial plan

商业银行在对潜在目标客户群分析研究的基础上,针对特定目标客户群开发设计并销售的资金投资和管理计划。

3.6

销售人员 sales

面向个人客户从事商业银行理财产品宣传、推介、销售等相关活动的银行人员。

注:销售人员包括为客户提供财务分析、规划或投资建议的业务人员,销售理财计划或投资性产品的业务人员,以及其他与个人理财业务销售和管理活动紧密相关的专业人员。

4 服务基本原则

4.1 合规性

商业银行提供个人理财产品服务应符合行业主管部门监管要求和自律要求。个人理财产品设计和销售应坚持公平、公开、公正原则，诚实守信，对信息进行充分披露。

4.2 完整性

商业银行应建立包括理财产品风险评级、客户风险承受能力评估、销售活动风险评估等在内的科学严密的风险管理体系和内部控制制度，对内外部风险进行识别、评估和管理，规范销售行为，确保将合适的产品销售给合适的客户。

4.3 可靠性

商业银行应建立健全个人理财业务管理体系，明确个人理财业务的管理部门，商业银行应制定个人理财产品管理制度，商业银行理财业务管理部门应独立、专业，实行前、中、后台分离，强化代客风险与自营风险的隔离。商业银行应建立快捷、高效、安全、具有风险管控能力的技术支持系统，销售人员应经过个人理财业务相关培训且通过资格认证考试，商业银行应配备必要的资源，保证理财产品成本可计算、风险可控制。

4.4 差异性

商业银行应根据自身发展战略与客户特点，向客户提供个性化、差异化的理财产品和服务，以满足客户多样化理财需求。个人理财产品的销售应遵循风险匹配原则，使客户风险承受能力与产品风险等级相匹配。

5 综合管理

5.1 基本要求

5.1.1 基本类型

按照客户获取收益方式的不同，理财产品可以分为保证收益型理财产品和非保证收益型理财产品，涉及金融衍生产品交易和外汇管理规定的，应按照有关规定获得相应的经营资格。具体内容如下：

——对于保证收益型理财产品，由商业银行按照约定条件向客户承诺支付固定收益，商业银行承担由此产生的投资风险，或商业银行按照约定条件向客户承诺支付最低收益并承担相关风险，其他投资收益由商业银行和客户按照合同约定分配，并共同承担相关投资风险。保证收益型理财产品或相关产品中高于同期储蓄存款利率的保证收益，应是对客户有附加条件的保证收益。商业银行不应无条件向客户承诺高于同期储蓄存款利率的保证收益率；不应承诺或变相承诺除保证收益以外的任何可获得收益。商业银行向客户承诺保证收益的附加条件，可以是对理财计划期限调整、币种转换等权利，也可以是对最终支付货币和工具的选择权利等。商业银行使用保证收益的附加条件所产生的投资风险应由客户承担。

——对于非保证收益型理财产品可以分为保本浮动收益型理财产品和非保本浮动收益型理财产品。其中，保本浮动收益型理财产品由商业银行按照约定条件向客户保证本金支付，本金以外的投资风险由客户承担，并依据实际投资收益情况确定客户实际收益；非保本浮动收益型理财产品由商业银行根据约定条件和实际投资收益情况向客户支付收益，并不保证客户本金安全。

5.1.2 **产品命名**

理财产品的名称应恰当反映产品属性，避免使用带有诱惑性、误导性和承诺性的称谓。商业银行在为理财产品尤其是非保证收益型理财产品命名时，应避免使用蕴含潜在风险或易引发争议的模糊性语言。

5.1.3 **销售起点**

商业银行应根据理财产品风险状况，设置销售起点金额。理财产品的起点金额应符合监管部门的相关规定，并依据潜在客户群的风险认识和承受能力确定。

5.1.4 **费用管理**

商业银行开展个人理财业务，可根据相关规定向客户收取适当的费用，收费标准和收费方式应在与客户签订的合同中明示。

商业银行根据国家有关政策的规定，需要统一调整与客户签订的收费标准和收费方式时，应将有关情况及时告知客户；除非在相关协议中另有约定，商业银行根据业务发展和投资管理情况，需要对已签订的收费标准和收费方式进行调整时，应获得客户同意。

5.1.5 **服务管理**

商业银行应建立健全个人理财业务管理体系，明确个人理财业务的管理部门，针对理财顾问服务和综合理财服务的不同特点，分别制定相应的管理规章制度，明确相关部门和人员的责任。商业银行应区分理财顾问服务与一般性业务咨询活动，按照防止误导客户或不当销售的原则制定个人理财业务人员的工作守则与工作规范。商业银行利用理财顾问服务向客户推介投资产品时，应了解客户的风险偏好、风险认知能力和承受能力，评估客户的财务状况，提供合适的投资产品由客户自主选择，并应向客户解释相关投资工具的运作市场及方式，揭示相关风险。

商业银行应妥善保存有关客户评估和顾问服务的记录，并妥善保存客户资料和其他文件资料。

5.2 **投资管理**

商业银行个人理财业务投资管理基本要求如下：

——商业银行应对理财产品的研发、定价、风险管理、销售、资金管理运用、账务处理、收益分配等方面进行全面规范，建立健全有关规章制度和内部审核程序，严格内部审查和稽核监督管理；

——商业银行销售理财产品汇集的理财资金，应按照理财合同约定管理和使用；商业银行除对理财产品所汇集的资金进行正常的会计核算外，还应为每一个理财计划制作明细记录；

——商业银行可独立对理财资金进行投资管理，也可委托经相关监管机构批准或认可的其他金融机构对理财资金进行投资管理；

——商业银行委托其他金融机构对理财资金进行投资管理，应对其资质和信用状况等做出尽职调查，并经过高级管理层核准；

——商业银行应建立健全综合理财服务的内部控制和定期检查制度，保证综合理财服务符合有关法律、法规及商业银行与客户的约定；

——商业银行应加强理财投资合作机构名单制管理，明确合作机构准入标准和程序、存续期管理、信息披露义务及退出机制。

5.3 风险管理

5.3.1 风险等级的确定

商业银行理财产品根据风险从高至低，分为高风险、中高风险、中等风险、中低风险和低风险五个等级。客户根据风险承受能力从高至低，分为激进型、进取型、稳健型、谨慎型、保守型。

理财产品风险等级确定依据包括但不限于以下因素：

a) 理财产品投资范围、投资资产和投资比例；

b) 理财产品期限、成本、收益测算；

c) 同类理财产品过往业绩；

d) 理财产品运营过程中存在的各类风险。

5.3.2 风险管理要求

商业银行风险管理应遵循以下规定：

——商业银行应按照审慎经营原则，设计符合整体经营策略的理财产品；

——商业银行应做好充分的市场调研工作，细分客户群，针对不同目标客户群体的特点，设计相应的理财产品，且理财产品的设计应尊重和保护金融消费者的权益，特别是金融消费者知晓理财产品风险特征的权益；

——商业银行不得销售无市场分析预测、无产品期限、无风险管控预案的理财产品；

——商业银行应综合考虑个人客户的风险承受能力和投资经验，根据产品风险等级向其推介适应产品；

——对于高风险理财产品的销售过程，宜进行录音、录像等过程记录；

——商业银行应遵循风险隔离的要求，建立符合理财业务特点的独立条线风险控制体系，实行自营业务与代客业务相分离；商业银行理财产品与商业银行代销的第三方机构理财产品相分离；商业银行理财产品之间相分离；理财业务操作与商业银行其他业务操作相分离。

5.4 核算管理

商业银行应根据个人理财业务的性质，按照国家有关法律法规的规定，采用适宜的会计核算和税务处理方法。现行法律法规没有明确规定的，商业银行应积极与有关部门进行沟通，并就所采用的会计核算和税务处理方法，制定专门的说明性文件，以备有关部门检查。

商业银行应在对理财产品的市场变化做出科学合理的预测的基础上，进行相应的资金成本和收益测算，并据此明确产品的期限及产品期限内有关市场风险的监测和管控措施，严格按照“成本可算、风险可控”的原则设计开发产品。

6 销售管理

6.1 销售系统

商业银行从事个人理财产品销售应通过专门的理财产品销售管理系统进行，所有销售行为均应通过销售系统进行并进行统一管理。

6.2 销售文本

商业银行总行应制定专业的、统一的销售文本，所辖各分支机构均应使用上述由总行统一管理和授权的销售文本，不得擅自制作和分发销售文本。

销售文本包括：

——理财产品协议书；

——理财产品说明书；

——风险揭示书；

——客户权益须知等。

6.3 销售人员

商业银行应对从事个人理财产品销售人员实行资格认证。销售人员除应具备理财产品销售资格以及相关法律法规、金融、财务等专业知识和技能外，还应满足以下要求：

a) 对理财业务相关法律、法规和监管规定等有充分的了解和认识。

b) 遵守监管部门和商业银行制定的理财业务人员职业道德标准和守则。

c) 掌握所宣传销售的理财产品或向客户提供咨询顾问意见所涉及理财产品的特性，对有关理财产品市场有所认识和理解。

d) 具备理财产品销售资格的人员包括：

1) 取得国际金融理财师 CFP(Certified Financial Planner)资格的人员；

2) 取得金融理财师 AFP(Associate Financial Planner)资格的人员；

3) 取得特许金融分析师 CFA(Chartered Financial Analyst)资格的人员；

4) 取得金融风险管理师 FRM(Financial Risk Manager)资格的人员；

5) 通过银行业协会组织的中国银行业从业人员资格认证考试的人员；

6) 通过所在的商业银行认可的个人理财产品销售岗位资格认证考试的人员。

e) 按照监管要求，销售人员每年应接受不低于 20 个学时的培训，确保掌握理财业务监管政策、规章制度，熟悉理财产品宣传销售文本、产品风险特性等专业知识，未达到培训要求的不得从事理财产品销售活动。

f) 销售人员应遵循的销售准则：

1) 勤勉尽职原则：销售人员应以对客户高度负责的态度执业，认真履行各项职责；

2) 诚实守信原则：销售人员应忠实于客户，以诚实和公正的态度、合法的方式执业，如实告知客户可能影响其利益的重要情况和理财产品风险等级情况；

3) 公平对待客户原则：在理财产品销售活动中发生分歧或矛盾时，销售人员应公平对待客户，不得损害客户的合法权益；

4) 专业胜任原则：销售人员应具备理财产品销售的专业资格和技能，胜任理财产品销售工作。

6.4 营销宣传

6.4.1 宣传材料分类

为宣传推介理财产品制作的营销宣传材料包括以下分类：

——宣传单、手册、信函等；

——电话录音、传真、短信、邮件、微信、微博等；

——报纸、海报、电子显示屏、电影、互联网等；

——其他相关资料。

6.4.2 宣传材料管理

宣传材料由商业银行总行统一管理和授权，分支机构未经总行授权不得擅自制作和分发宣传材料。

6.4.3 宣传材料内容

宣传材料的内容应满足以下要求：

a) 理财产品宣传材料应全面、客观反映理财产品的重要特性和与产品有关的重要事实，语言表述应真实、准确和清晰，不应有下列情形：
  1) 虚假记载、误导性陈述或者重大遗漏；
  2) 违规承诺收益或者承担损失；
  3) 夸大或者片面宣传理财产品，违规使用安全、保证、承诺、保险、避险、有保障、高收益、无风险等与产品风险收益特性不匹配的表述；
  4) 登载单位或者个人的推荐性文字；
  5) 在未提供客观证据的情况下，使用“业绩优良”“名列前茅”“位居前列”“最有价值”“首只”“最大”“最好”“最强”“唯一”等夸大过往业绩的表述；
  6) 其他易使客户忽视风险的情形。
b) 理财产品宣传材料只能登载商业银行开发设计的该款理财产品或风险等级和结构相同的同类理财产品过往平均业绩及最好、最差业绩，同时应遵守下列规定：
  1) 引用的统计数据、图表和资料应真实、准确、全面，并注明来源，不得引用未经核实的数据；
  2) 真实、准确、合理地表述理财产品业绩和商业银行管理水平；
  3) 在宣传材料中应明确提示，产品过往业绩不代表其未来表现，不构成新发理财产品业绩表现的保证。如理财产品宣传材料中使用模拟数据的，应注明模拟数据。
c) 理财产品宣传材料提及第三方专业机构评价结果的，应列明第三方专业评价机构名称及刊登或发布评价的渠道与日期。
d) 理财产品宣传材料中出现表达收益率或收益区间字样的，应在文件中提供科学、合理的测算依据和测算方式，以醒目文字提醒客户，“测算收益不等于实际收益，投资须谨慎”。如不能提供科学、合理的测算依据和测算方式，则理财产品宣传材料中不得出现产品收益率或收益区间等类似表述。向客户表述的收益率测算依据和测算方式应简明、清晰，不得使用小概率事件夸大产品收益率或收益区间，误导客户。
e) 理财产品宣传材料应在醒目位置提示客户，“理财非存款、产品有风险、投资须谨慎”。

7 售后服务

7.1 文档保存

建立完善、明确的文档保存制度，根据监管部门的相关要求妥善保存理财产品销售环节涉及的所有文件、记录、录音、录像等相关资料，保证相关资料、文档的完整、保密。

7.2 信息披露

信息披露应满足以下要求：

a) 有明确的信息披露处理部门，负责所售理财产品的信息披露及监控，跟踪理财产品生命周期内的全流程信息披露执行情况，并督促披露部门及时提供和披露应向客户披露的信息；
b) 商业银行应按照销售文件约定及时、准确地进行信息披露；产品结束或终止时的信息披露内容应包括但不限于实际投资资产种类、投资品种、投资比例、销售费、托管费、投资管理费和客户收益等；
c) 在投资顾问更换、产品投向变更、诉讼、重大风险事件等情况时披露理财产品的临时报告；

d) 信息披露过程中严禁使用虚假数据或片面陈述事实误导或欺诈投资者，严禁恶意诋毁竞争对手。

7.3 咨询服务

为客户提供在理财产品生命周期内及产品到期后的查询及咨询服务，渠道包括并不限于网上银行、柜台、客户服务电话、官方网站等。除电子渠道外，其他渠道应有专人受理，并保证信息及时传递，快速反馈客户问题。

7.4 投诉处理

投诉处理应满足以下规定：

a) 有专门的部门受理和处理客户投诉；
b) 建立客户投诉处理机制，至少应包括投诉处理流程、调查程序、解决方案、客户反馈程序、内部反馈程序等；
c) 为客户提供合理的投诉途径，确保客户了解投诉的途径、方法及程序，采用本行统一标准，公平和公正地处理投诉；
d) 向社会公布受理客户投诉的方式，包括电话、邮件、信函以及现场投诉等并公布投诉处理规则；
e) 准确记录投诉内容，所有投诉应保留记录并存档，投诉电话应录音；
f) 评估客户投诉风险，采取适当措施，及时妥善处理客户投诉；
g) 定期根据客户投诉总结相关问题，形成分析报告，及时发现业务风险，完善内控制度。

7.5 突发事件

为有效预防、及时处理突发理财业务事件，保障理财业务运行的平稳与安全，对于可能出现的突发理财业务事件，应制定相关办法，明确相关流程，提前做好预防工作，增强风险处理的统一协调能力，提高理财产品风险化解的工作效率。

7.6 客户权益保护

商业银行应对客户开展金融知识普及宣传活动，为客户提供专业的理财咨询服务，提高客户对金融产品、服务及其内涵和风险的理解，引导和培育客户的金融风险意识和保护自身权益的意识。

参 考 文 献

[1] 中国银行业监督管理委员会.商业银行个人理财业务管理暂行办法(银监会令〔2005〕2号),2005-09-24.

[2] 中国银行业监督管理委员会.关于印发《商业银行个人理财业务风险管理指引》的通知(银监发〔2005〕63号),2005-09-24.

[3] 中国银行业监督管理委员会.商业银行理财产品销售管理办法(银监会令〔2011〕5号),2011-08-28.

[4] 中国银行业监督管理委员会.中国银监会关于规范商业银行理财业务投资运作有关问题的通知(银监发〔2013〕8号),2013-03-25.

[5] 中国人民银行.中国人民银行金融消费权益保护工作管理办法(试行)(银办发〔2013〕107号),2013-05-08.

[6] 中国银行业监督管理委员会.中国银监会关于印发银行业消费者权益保护工作指引的通知(银监发〔2013〕38号),2013-08-30.

[7] 中国银行业监督管理委员会.中国银监会关于完善银行理财业务组织管理体系有关事项的通知(银监发〔2014〕35号),2014-07-10.

ICS 03.060
A 11

中华人民共和国国家标准

GB/T 32314—2015

商业银行客户服务中心服务外包管理规范

Management specification for customer service center outsourcing service of commercial banks

2015-12-28 发布　　2016-06-01 实施

中华人民共和国国家质量监督检验检疫总局
中国国家标准化管理委员会　发布

前 言

本标准按照 GB/T 1.1—2009 给出的规则起草。

本标准由中国人民银行提出。

本标准由全国金融标准化技术委员会(SAC/TC 180)归口。

本标准起草单位:中国人民银行金融信息中心、中国信息安全认证中心、中国银行、中国工商银行、中国农业银行、中信银行、光大银行、青岛银行。

本标准主要起草人:吴晓光、时向一、刘芳、王凤娇、赵金龙、冯杨慧、刘莹、王婧、杨冰、姜训达、吕爽、赵荣、李青玉。

商业银行客户服务中心
服务外包管理规范

1 范围

本标准界定了商业银行客户服务中心外包活动的基本原则，并对外包要素和外包管理提出了要求。

本标准适用于商业银行客户服务中心的服务外包。

2 术语和定义

下列术语和定义适用于本文件。

2.1

客户服务中心 customer service center

利用电话、手机、传真、WEB等多种信息技术接入，以人工、自动语音、WEB、社交媒体等多种方式为客户提供各类售前、销售及售后服务，建立起来的企业与客户沟通的组织平台。

2.2

发包方 outsourcing contractee

客户服务的需方，即商业银行。

2.3

承包方 outsourcing contractor

客户服务的供方。

2.4

服务目录 service catalogue

服务承包方提供或发包方要求的标准服务的列表。

2.5

服务级别协议 service level agreement;SLA

服务承包方与服务发包方之间签署的、描述服务和约定服务级别的协议。

3 基本原则

商业银行客户服务中心开展外包活动时，应遵循以下原则：

——保护客户合法权益，保障客户信息不被泄露；

——进行合规性审查，准确界定销售活动包含的法律关系，防范合规风险；

——从满足客户需求的角度出发，以提供满足客户需求的产品或服务为职责，以客户满意为经营目的；

——成本可算，风险可控。

4 外包要素

4.1 概述

商业银行客服中心外包管理要素包括人员、运营场所、系统、管理等，商业银行客户服务中心根据自身实际情况，与服务承包方共同确定服务目录应包含的外包要素。可采取单个要素外包，或多个要素外包，承包方及发包方各自负责相应资源提供及资源管理。

商业银行应科学设计客户服务中心外包服务的内容与承包方的权限，从风险控制的角度入手，明确不宜外包的事项。

4.2 人员外包

在明确工作职责的基础上，由承包方提供符合业务能力等要求、恪守职业行为规范的客服中心从业人员，保证服务质量。

4.3 运营场所外包

由承包方负责提供运营场所并进行日常管理，需保证在灯光照明、场所通风、网络通讯布局、不间断供电、隔音设施、休息场所等方面满足业务要求，并按标准配备消防设施。

4.4 系统外包

由承包方负责客服中心各应用系统的筹建、管理、维护以及创新等。

4.5 管理外包

承包方负责向客服中心外包项目输出管理理念及管理模式，提供先进的客服中心管理经验，保证运营水平及结果达到发包方的需求，客服中心运营所需其他资源由发包方负责提供并进行管理。

4.6 其他要素外包

商业银行根据自身实际情况，将除人员、运营场所、系统、管理外的其他适宜要素外包。

5 发包方管理

5.1 战略管理

5.1.1 策略管理

应根据审慎经营原则制定其外包战略发展规划，根据自身实际情况形成战略决策机制，以组织的战略目标为依据，综合风险、成本、效益等因素，制定与自身规模、市场地位相适应的服务外包策略，包括服务外包的定位、规划、模式、分级管理以及供方关系管理等。

5.1.2 范围管理

应确定与其风险管理水平、技术能力相适宜的客户服务中心外包活动范围；根据监管部门要求，涉及战略管理、风险管理、内部审计及其他有关信息科技核心竞争力的职能不应外包。

5.1.3 需求管理

应在确定服务外包范围的基础上，确定服务外包需求并进行有效管理。

5.2 组织制度管理

5.2.1 组织结构

应设置层级清晰的服务外包管理的组织结构,组织结构宜包括外包风险管理委员会、外包专门管理部门及执行部门三个层级。

5.2.2 责任体系

应明确定义外包管理组织结构中各层级的职责。

其中风险管理委员会应当落实风险管理职责,并明确外包专门管理部门和执行部门。

5.2.3 制度管理

应建立服务外包的相关制度,制度应涵盖服务外包管理体系的各个方面,包括但不限于:

——质量管理;

——风险管理;

——保密管理;

——供方关系管理。

5.3 流程管理

5.3.1 立项管理

应建立立项管理流程。发包方在立项阶段除提出明确的外包需求外,还应就外包需求进行必要性及可行性分析、风险及收益分析,并完成有合作意向的符合条件的供应商的初选工作。

5.3.2 审批流程

应建立服务外包决策流程,对外包项目的必要性及可行性分析、风险及收益分析结果进行逐级评审,对供应商进行评估,在评审及评估的结果上进行决策。

5.3.3 采购流程

应建立服务外包的采购及审批流程。

5.3.4 合同管理流程

应与承包方签订书面合同或协议,明确双方的权利义务。对于客服中心具体的外包内容,可将需约定的事项在同一个合同或协议内约定。

应建立合同管理流程,规范合同的签署和执行。

5.3.5 执行过程管理

应建立外包服务执行过程的管理流程,对外包服务质量进行监控。

5.3.6 绩效考核和承包方评价

应建立服务外包的绩效考核机制,定期对服务外包活动的绩效进行考核,并作为服务外包策略、范围等战略调整的依据。

应制定承包方评价的制度和流程,作为承包方准入、退出的依据。

5.4 服务质量管理

应建立科学、合理的服务质量管理体系，对承包方服务的全过程进行管理、规范和评价。

应定期就承包方的执行情况进行全面检查并督导，获取阶段性服务质量反馈信息。

5.5 风险管理

应建立风险管理制度以及有效的风险预警和应急机制，采用定期开展外包风险管理评估和审计，对服务提供商进行持续监控，防范外包服务意外终止或服务质量的急剧下降，尽量减低或避免风险带来的损失，在风险发生时可以保证业务的连续性。

5.6 合规管理

应确保服务外包活动遵循相关法律法规，并遵守监管当局和主管部门的管理办法及相关规定。

6 承包方要求

6.1 合规管理

应确保服务外包活动遵循相关法律法规，并遵守监管当局和主管部门的管理办法及相关规定。

6.2 战略管理能力

6.2.1 发展战略和业务规划

应在战略层面上对服务外包业务的发展进行规划，建立自身的商业目标，以指导服务外包业务的经营、管理。要求：

——应根据自身和发包方的发展需求、市场信息和国家政策等，进行战略规划，建立商业目标；

——应就服务外包战略规划制定具体的实施方案；

——应对实施方案进行评审，以确保实施方案的可行性；

——应部署实施方案以达成组织的商业目标；

——应跟踪实施方案的执行情况，评估是否能够达成商业目标；

——应根据自身和客户的运营状况、市场及其他外部因素的变化，适时调整商业目标；

——可根据管理的需要，将商业目标分解到业务单元，建立业务单元的商业目标。

6.2.2 服务目录管理

应建立和维护所提供服务的信息列表，要求：

——应根据客户需求、市场信息以及组织自身的能力定义能够提供的服务，建立服务目录；服务目录一般包括：服务名称、服务指标、服务级别、服务时间、安全方案等；

——应在服务目录中考虑不同客户、不同类型的服务需求；

——应确保服务目录的持续有效，在客户需求、市场条件和自身能力发生变化时，应对服务目录进行维护；

——应建立服务目录维护的准则。

6.3 经营状况

6.3.1 综合条件

应具备下列基本条件，包括但不限于企业性质、注册资金、成立时间、经营范围、产权关系、股权关系、法人代表和管理团队情况、人员规模、资质情况等内容。

6.3.2 财务状况

应适应所要提供的服务外包业务类型，资产负债、盈利水平等财务状况良好，能够支持组织可持续经营和发展。

6.4 专业服务能力

6.4.1 技术实力

应充分掌握所需信息技术，能够有效支持服务交付、减小技术风险，并有能力对技术的有效性和充分性进行管理。

6.4.2 人才实力

应获得、保持并激励具备能力的员工提供客户服务，员工需培训合格后方可上岗。为实现上述目标，应建立和遵循既定的程序，包括招聘、培训、绩效评估等程序。

人才实力评价包括但不限于以下方面：

——利益相关方对客户服务人员的技能和经验的满意程度；

——客户服务人员参与同类信息技术服务的经验；

——客户服务人员学识和相关资质获得情况；

——具备提供满足数量及质量客户服务人员的能力。

6.4.3 实践与经验

应具备与所提供的服务相适应的成功实践和经验，并实施有效的知识管理。

6.4.4 服务保障

应包括但不限于以下内容：

——合同管理：明确服务范围和水平，确定双方的权利和责任，避免或减少合同实施过程中的争议；

——服务级别管理：定义、协商、记录并管理服务级别；

——质量保证：提供过程、成果和服务的可视性，以支持组织交付高质量的服务；

——沟通管理：确保信息及时、准确、适当地传递给相关方，持续改善组织沟通能力；

——资源管理：应对特定的服务外包项目中的资源予以落实并进行有效管理，包括人员、知识、技术、财务、基础设施等；

——持续改进：应建立服务的持续改进机制，确保服务水平不断提高。

6.4.5 交付管理

应包括但不限于以下内容：

——服务级别协议(SLA)；

——服务交付方式；

——服务报告；

——服务连续性和可用性管理；

——服务预算与核算；

——能力管理；

——业务关系管理；

——供方管理；
——服务移交。

6.4.6 执行过程管理

应包括但不限于以下内容：
——事件和服务请求管理；
——问题管理；
——配置管理；
——变更管理；
——发布和部署管理。

6.5 信誉

应在所提供的服务领域具备良好的信誉，没有不良行为记录。

6.6 信息安全管理

应包括但不限于以下内容：
——安全方针；
——信息安全组织；
——资产管理；
——人力资源安全；
——物理和环境安全；
——通信和操作管理；
——访问控制；
——信息系统获取开发和维护；
——信息安全事件管理；
——业务连续性管理；
——符合性。

参 考 文 献

[1] 中国银行业监督管理委员会办公厅.银行业金融机构外包风险管理指引(银监发〔2010〕44号)

[2] 银行业金融机构信息科技外包风险监管指引(银监发〔2013〕5号)

ICS 03.060
A 11

中华人民共和国国家标准

GB/T 32315—2015

银行业客户服务中心基本要求

Basic requirements for bank industry customer service center

2015-12-28 发布 2016-06-01 实施

中华人民共和国国家质量监督检验检疫总局
中国国家标准化管理委员会 发布

前　言

本标准按照GB/T 1.1—2009给出的规则起草。

本标准由中国人民银行提出。

本标准由全国金融标准化技术委员会(SAC/TC 180)归口。

本标准起草单位:中国金融电子化公司、中国工商银行、中国农业银行、中国银行、中国建设银行、中国光大银行、北京银行、中国人民保险寿险总公司、中国银河证券有限公司、光大永明保险公司。

本标准主要起草人:张永福、姜云兵、王杰、王健肃、邵山、姜训达、吕爽、魏斌、陈静娴、赵金龙、冯杨惠、付娆、王伟、王洪武、李珅、田晓、张敏、庞兆、张燕丽、赵妤、陈笑天、郭佳。

银行业客户服务中心基本要求

1 范围

本标准规定了银行业客户服务中心(以下简称客户服务中心)的运营环境、系统架构、人员配备、服务质量、风险管理、投诉处理等方面的内容。

本标准适用于客户服务中心的建设与管理。

2 术语和定义

下列术语和定义适用于本文件。

2.1

客户 customer

已经或将要发生直接或间接关系的对象。

2.2

客服代表 customer service representative;CSR

座席 agent

客户服务中心前台一线工作人员。

3 工区环境

3.1 原则

工区环境是客户服务中心的主要运营场所,工区环境建设需在灯光照明、场所通风、网络通讯布局、不间断供电、隔音设施、休息场所、座席专用设备配置等方面既要满足业务要求,又应充分从人性化角度进行考虑,并按标准配备消防设施。

3.2 办公环境

客户服务中心工区的办公环境应满足以下基本要求:

a) 办公桌上应有电脑、通讯工具和其他必要的设备;

b) 办公环境(含上下方、隔板)应保持整洁,桌面物品摆放应整齐美观,需将椅摆放整齐。

3.3 休闲环境

客户服务中心休闲环境应满足以下基本要求:

a) 休闲环境应保持整洁卫生;

b) 客服代表在使用休闲环境设施时要注意交谈音量,营造安静有序的休闲环境;

c) 可根据自身条件选择性地配备休闲环境设施,例如:更衣室、食堂、休息室、宿舍、健身房等。

3.4 培训环境

客户服务中心培训环境应满足以下基本要求:

a) 培训环境应保持整洁卫生。

b) 客服代表应按照规范操作方法使用培训设备,自觉爱护公共设施。

c) 应具备足够的培训职能区域,如业务辅导室、实操工位、会议室等。培训室内应配备培训专用设备,如实操电脑、投影仪、扩音器等。

4 系统架构

4.1 座席系统

4.1.1 座席系统的基本操作功能

座席系统是客服代表为客户提供人工服务的核心系统,座席系统应具有以下基本操作功能:

a) 签到与签退:签到代表着客服代表一天工作的开始,签到时一般要对客服代表编号和登录密码进行验证,签退功能主要在客服代表完成阶段性工作退出工作界面时使用;

b) 呼叫控制:呼叫控制主要是指客服代表对客户来电的处理动作,如接听电话、挂断电话、保留取回、转接电话等;

c) 工作状态控制:包括就绪、未就绪、示忙、当前空闲,客服代表只有在就绪状态下才能被分配电话;

d) 电话转接:座席系统为客服代表提供三种转接方式,按组转接、选择客服代表转接和直接输入客服代表 ID 号进行转接,按组转接可由系统自动识别被转入组别当前空闲的客服代表并将电话接入,选择客服代表转接或直接输入客服代表 ID 号进行转接可将电话转给指定的客服代表;

e) 其他功能:

   1) 外拨:指根据业务需要向目标客户主动发起外呼,根据外拨功能实现方式的不同,可分为自动语音外拨、人工外拨、发送短信和电子邮件等方式;

   2) 工作记录表:客服代表可根据话务内容进行话务登记及摘要编写;

   3) 工作情况查询:查询本人当天/历史工作情况和全体座席当天/历史工作情况。

4.1.2 座席系统的业务操作功能

座席系统应具有以下业务操作功能:

a) 查询类操作:

   1) 查询公共信息,可直接通过系统调取相应信息;

   2) 查询客户私有信息。如客户个人账户信息、预留联系方式等,需加密验证客户身份或客户授权后才可进行查询。

b) 交易类操作:交易类操作的风险程度较高,如进行交易操作,要对客户身份进行安全认证,可通过系统设置对风险点进行控制,并保留交易日志。

c) 挂失类操作:挂失类操作的风险程度较高,需注意风险控制并保留交易日志,客服代表进行此类操作前应对客户进行必要的风险提示。

d) 后台管理类操作:后台管理类操作主要包括参数管理、指令管理、实时监控、数据报表查询等项目,涉及对客服代表工作状态的实时监控、路由管理、报表管理等相关的管理功能。

4.2 知识库系统

知识库系统汇集了各机构的多项业务介绍、收费标准、机构网点及其他金融信息等。知识库中知识架构要逻辑清晰、搜索引擎高效易用、结果展示规范易懂,知识管理体系搭建要保障资料调阅的效率及准确,为客服代表在线处理业务的时效性提供有效支撑。知识库系统的使用方式一般包括知识导航和搜索两种方式。

4.3 工单处理系统

工单处理系统是机构内部处理客户疑难问题、投诉、表扬、意见与建议的内部流转平台。当客户向客户服务中心反映的问题需要分支机构或其他主管部门处理时,客服代表可对客户姓名、来电号码、来电内容等信息进行简要记录,通过该系统将所记录的信息转交至分支机构或其他主管部门处理。

4.4 质检系统

质检系统是对客服代表服务质量进行监测的管理平台。质量管理人员(以下简称质检员)通过此平台对客服代表的服务态度、服务用语、业务回答准确度等内容进行监听评价。

5 人员配备

5.1 原则

客户服务中心应根据服务目标要求,综合考虑业务量、成本与效率等因素,合理设置前台服务和后台支持岗位,确保整个客服中心的正常运行。

5.2 岗位描述

5.2.1 运营服务管理岗位职责及配置指引

包括:

a) 客服代表岗:受理各类客户咨询、投诉、建议、业务办理、交易需求等;同时主动联络客户,实施客户关怀或营销活动;及时准确地做好信息的收集和反馈工作。

b) 客户服务班组长:负责对班组的现场管理,以及对客服代表的业务管理与指导;检查、监督客服代表岗位职责执行情况;处理在工作中的疑难问题、重要事件及突发事件,并及时上报,确保工作目标达成,激发客服代表士气,建立良好的团队工作氛围;同时需要领导和提升客服代表的业务技能、工作能力以满足目前和今后的业务需要。配置建议:班组长与客服代表的配比为1/8~1/15。

c) 客户服务经理:根据各项业务发展,负责为前台提供支持保障,并反馈客户对各类服务的意见和建议,为相关主管部门提供客户反馈信息。负责研究制定客户服务业务处室的整体战略,推进客户服务业务服务处室的业务发展和调整;做好客户服务业务的日常运营和管理工作,确保客户服务业务服务室整体工作的正常有序地运营。配置建议:根据业务规模,设置专岗或兼岗。

5.2.2 运营支持岗位职责及配置指引

包括:

a) 工单管理岗:负责审核客户意见,工单信息准确、完整,根据服务流程,及时将工单传递至金融机构各相关部门,并跟踪工单处理流转情况,适时做好客户回访;督促疑难工单的处理流程与进度,关注特殊问题工单,化解、避免投诉风险。配置建议:根据业务规模,配置专岗或兼岗。

b) 质检管理岗:对客户服务质量进行监控和管理、编制分析报告。及时发现问题、分析原因,改进服务流程,提供解决方案等。配置建议:质检管理岗与客服代表的配比为1/20~1/30。

c) 知识库管理岗:管理知识库系统,完成各类业务资料和信息的编制、维护和更新工作,对各种信息资料尽量能够分类整理,确保信息资料内容准确,信息资料简洁易懂和客服代表查询便捷。

配置建议：根据业务规模，配置专岗或兼岗。

d） 培训管理岗：建立培训体系，制定、执行培训计划和评估方法；收集、归并、编辑培训资料，根据业务需求实施培训。同时设立针对不同技能的培训，实行更有针对性的培训管理。配置建议：培训管理岗与客户服务代表的配比为1/30～1/40，根据业务规模配置专岗或兼岗。

e） 数据分析岗：及时统计分析客户服务相关数据、指标。配置建议：根据业务规模，配置专岗或兼岗。

f） 流程话术岗：根据客户服务中心发展策略和规划，负责流程话术体系建设与管理工作以及监督客户满意中心业务流程与管理流程的全面规范，对流程话术从风险管理、客户体验与运营效率角度全面把控。配置建议：根据业务规模，配置专岗或兼岗。

g） 设备管理岗：维护座席办公设备，保证设备正常使用。配置建议：根据业务规模，配置专岗或兼岗。

h） 人员管理岗：根据客户服务中心经营计划，协助开展人员招聘、录用、离职管理等具体工作，协助推进完善人力资源管理体系。配置建议：根据业务规模，配置专岗。

i） 综合管理岗：负责后勤保障等工作。配置建议：根据业务规模，配置专岗或兼岗。

6 服务质量

6.1 概述

客服代表的形象代表着机构的整体形象，良好的客户服务可以起到维系和发展客户的作用。

6.2 基本要求

6.2.1 服务电话

客户服务中心应根据业务发展和客户需求，设立统一客户服务电话号码，为客户提供电话语音和人工服务。

6.2.2 服务渠道

客户服务中心应用信息技术扩展服务渠道，如网络渠道、手机短信渠道、电子邮件渠道、传真渠道等，并加强服务渠道宣传。

6.2.3 服务时间

服务时间应为7×24小时，客户服务中心可根据业务情况和客户情况等进行调整。

6.2.4 服务语言

提倡使用普通话，客户服务中心可根据实际情况开通多语种服务。

6.3 行为规范

6.3.1 职业守则

客服代表职业守则主要包括：

a） 诚实守信：诚实不欺，恪守信用，品行端正，树立诚信理念，坚持信誉至上。

b） 遵纪守法：应以国家相关法律法规为行为准绳，严格遵守各项法律法规以及规章制度，认真学习法律知识，加强法律意识，自觉抵制违法违规行为。

c） 勤业尽职：应热爱自己的职业、岗位，精益求精、尽心尽职、奉公无私、兢兢业业，以高度的热情和责任心投入本职工作。

d) 专业胜任:应掌握相关业务知识,精通专业技能,根据社会发展、市场变化,在实践中不断学习新知识,钻研新技能,通过学习提高业务水平,适应工作发展的需要。

e) 严格守密:应具备保密意识,保护商业秘密与客户隐私。严格遵守保密法规,自觉履行保密责任,做到不失密、不泄密。不得以任何个人目的或原因,泄露商业秘密和侵犯客户隐私。

f) 宽容有礼:在工作中,会遇到各种各样的客户,在服务过程中,无论发生何种情况,都应时刻保持良好的观念和心态,保持宽以待人、谦虚诚实的态度,想客户之所想,急客户之所急,礼貌热情地为客户提供服务。

6.3.2 服务意识

客服代表服务意识要求主要包括:

a) 应具有良好的心理素质和为客户服务的观念,保持积极的服务态度。

b) 接通电话时客服代表应主动倾听,注意力集中;不随意打断客户,保持与客户之间的良好互动。不应表现出不耐烦、推托之辞等现象。

c) 接通电话时客服代表应主动服务,有较强的语言表达技巧和沟通能力,思路清晰,恰当引导客户,有效控制对话节奏,在客户对某些问题比较混淆时,能使用恰当语言总结性阐述客户问题,尽快切入正题,并能注意适当控制通话时间。

d) 接通电话时客服代表应服务意识强,责任心强,积极主动的为客户解答问题,主动提供相关信息或帮助,包括为客户介绍金融产品及服务;指导客户使用电子渠道产品,引导客户使用办理相关业务的服务渠道、解决方法;帮助客户在线办理金融业务;了解客户需求,收集有益的客户建议,为改进服务和优化产品提供参考。

6.3.3 用语礼仪

客服代表用语规范主要包括:

a) 客服代表应使用标准的开场白和结束语。正确使用服务敬语,耐心倾听,适时回应,主动感谢客户的帮助或配合,礼貌地结束电话。

b) 客服代表应养成良好的通话习惯,保持恰当的语速和音量,通话时始终保持微笑、和蔼,吐字清晰、流畅自然。

c) 服务用语应礼貌、规范,提倡讲普通话,实现语言无障碍服务。杜绝使用蔑视语、烦躁语、否定语。客服代表应在客户等待或客户等待后对客户表示歉意;恰当地使用“请、您…、谢谢、对不起、请稍等”等礼貌用语。

d) 客服代表不得使用服务禁语。严禁与客户争吵,顶撞、辱骂客户,主动或借故挂断客户电话等。

6.3.4 业务能力

客服代表业务能力要求主要包括:

a) 客服代表应准确快速判断客户问题原因,了解客户实际需求;根据客户类别和业务种类,及时解决客户问题。

b) 客服代表应熟练准确、回答完整,处理有效,正面回答,相关业务知识丰富,提示无遗漏并能提出适当建议,避免不必要持线。

c) 客户服务代表应对于超出解答能力范围的问题,与客户重复确认,主动记录客户问题,及时处理客户意见,妥善处理客户投诉,并在必要时跟进。

7 风险管理

7.1 原则

客户服务中心风险管理工作应结合实际情况，对各项工作和事件从前、中、后三个不同时期进行风险控制，特别需要加强前期的风险防范工作。基于巴塞尔协议操作损失风险事件模型，概括出客户服务中心涉及的各项风险点，作为风险防范依据并制定相应制度进行管控。风险事件模型包括：内部欺诈、外部欺诈、就业制度和工作场所安全事件、客户/产品和业务活动事件、实物资产的损坏、操作和流程管理事件、应急预案等，通过定期风险排查和案件防范工作，最大限度保障客户服务中心整体运营安全性。

7.2 风险点

7.2.1 内部欺诈

内部欺诈是指客户服务中心员工故意骗取、盗用财产或违反监管规章、法律或公司政策导致的损失。

7.2.2 外部欺诈

外部欺诈是指由第三方故意骗取、盗用财产或逃避法律导致的损失。

7.2.3 就业制度和工作场所安全事件

包含人员安全、劳资关系、环境安全、歧视及差别待遇事件。

7.2.4 客户、产品和业务活动事件

包含适当性披露和诚信责任、不适当的业务或市场行为、产品瑕疵和风险、客户选择、业务推介和风险暴露、业务咨询、政治/政策变更等各类风险事件。

7.2.5 实物资产的损坏

包括：

a) 自然灾害(包括地震、水灾、大雾、台风、龙卷风、沙尘暴、冻灾等)造成的财产和人员损失；
b) 人为原因(战争、恐怖袭击、人为纵火、故意破坏等)导致人员伤亡、服务中断或重建所造成的损失。

7.2.6 操作和流程管理事件

包括监控报告、个人/企业客户账户管理以及与外部供应商和供货商操作不当产生的失误和纠纷。

7.2.7 信息安全

包括保证信息的保密性、真实性、完整性、未授权拷贝和所寄生系统的安全性五方面的内容。

7.3 应急预案与措施

客户服务中心应充分认识到对外服务过程中出现的各类异常情况可能引起的非正常服务中断，通过制订响应和恢复业务连续性的应急预案和灾难恢复计划，有效抵减非正常服务中断产生的不良影响。客户服务中心应定期开展应急预案的培训演练，提高客服代表应急处理能力，检验当前预案对于客户服务中心服务连续性的保障作用。

应急预案应包括系统故障、自然灾害、社会异常事件和话务量突增等事件的应急服务措施、系统备份及人员备份等计划。

7.3.1 系统故障应急预案

系统故障时的应急预案应包括客户服务中心系统故障的预测、监控、响应和排除。即：

a) 对于因客户服务中心系统故障导致的服务渠道全部或部分中断，应急预案应明确服务中断事件的上报流程以及服务中断过程中的客户分流措施，并有专人跟踪、督促系统故障的排除；

b) 对于相关业务系统异常导致的业务或服务中断，客户服务中心应及时反馈相关业务部门，寻求解答口径，做好客户解释安抚工作。

7.3.2 自然灾害应急预案

灾害性事件的应急预案包括但不仅限于客户服务中心遇自然灾害、公共卫生事件等突发事件下的应急人员排班，灾备系统的启用和灾后恢复计划等应对准备。

7.3.3 社会异常事件应急预案

客户服务中心对社会异常事件的应急预案主要包括针对新闻危机、法律诉讼等可能给本单位带来重大影响事件的应对措施。应急预案应明确对事件的性质、类别、危害程度和可控情况等的判断以及上报流程，力争尽快控制和平息事态。

8 投诉处理

8.1 原则

客服代表在服务过程中受理到客户投诉，应坚持“客户为先、首问负责”的原则，积极、主动接待客户，给予客户必要的指导与解答，无论是否与客服代表本人有关，均不能直接拒绝或推诿，对于客户投诉应及时如实上报，不得隐瞒、迟报。在处理过程中对客户的个人信息予以保密，对投诉的处理进展应进行追踪。对于员工本人能解决的问题，要第一时间解决，对于不能解决或超过职责范围的，应向客户解释原因后引导客户至有关部门，或记录、转向相关部门予以解决。

8.2 工作职能

8.2.1 客服代表

客服代表根据岗位划分受理不同渠道的投诉，例如：电话、网站、微博等。

8.2.2 投诉管理岗

在客户服务中心内部设立投诉管理人员，对各渠道投诉，做到首问负责、分级管理、准备充分、流程清晰、协作高效、应对有序、快速响应、调查核实、合法合理、及时补救、妥善处理。具体包括：

a) 负责处理客服代表、上级主管单位转办的投诉，对于内容进行判断，职能范围内能够解决的问题，直接处理，对于职能范围外的问题转向至相关部门予以解决；

b) 负责对于流转出去的投诉进行跟踪，保证客户问题妥善处理；

c) 负责对投诉数据进行分析，整理重点问题反馈至相关部门，作为优化改善的参考。

8.3 投诉处理

8.3.1 受理渠道

投诉电话、官方网站、微博、微信等。

8.3.2 处理流程

包括：

a) 客户服务中心受理客户投诉，进行先期安抚，在安抚无效情况下，主动记录投诉。

b) 投诉管理人员确定投诉事项，分类转至有关单位解决，在制度执行、赔付等方面无法解决客户投诉要求的，再转至主管部门协调解决。

c) 有关单位需在规定时间内将投诉事项处理完毕后，将处理结果反馈至客户服务中心。由客户服务中心对已办毕的投诉统一进行回访，调查客户满意度。

d) 投诉管理人员对于处理完毕的投诉统计、分析，明确投诉中的热点问题，制定应对策略，制定投诉防范措施以及优化建议。

ICS 03.060
A 11

中华人民共和国国家标准

GB/T 32316—2015

金融租赁服务流程规范

The procedure specification of financial leasing services

2015-12-28 发布　　2016-06-01 实施

中华人民共和国国家质量监督检验检疫总局
中国国家标准化管理委员会　发布

前　　言

本标准按照 GB/T 1.1—2009 给出的规则起草。

本标准由中国人民银行提出。

本标准由全国金融标准化技术委员会(SAC/TC 180)归口。

本标准起草单位:南开大学金融学院、中国标准化研究院。

本标准主要起草人:刘澜飚、王博、曾毅、曹俐莉、郭润霞、王东升、侯非、李涵、杨朔、万福军、张雨辰、张岩岩。

金融租赁服务流程规范

1 范围

本标准规定了金融租赁服务申请、受理及调查、审核、合同签订和履行、租后管理等方面的要求。

本标准适用于金融租赁服务机构及人员。

2 术语和定义

下列术语和定义适用于本文件。

2.1

金融租赁服务机构 financial leasing services organization

以经营融资租赁业务为主的非银行金融机构。

2.2

金融租赁 financial leasing

出租人根据承租人对租赁物和供货人的选择或认可，将其从供货人处取得的租赁物按合同约定出租给承租人占有、使用，向承租人收取租金的交易活动。

2.3

融资租赁合同 finance leasing contract

出租人根据承租人对出卖人、租赁物的选择，向出卖人购买租赁物，提供给承租人使用，承租人支付租金的合同。

2.4

售后回租 leaseback

承租人将自有物件出卖给出租人，同时与出租人签订融资租赁合同，再将该物件从出租人处租回的融资租赁形式。

注：售后回租业务是承租人和供货人为同一人的融资租赁方式。

3 概述

金融租赁活动主要分为申请、受理及调查、审核、合同签订和履行、租后管理等阶段。

4 申请

4.1 概述

企业基于业务经营需求，需要购置新设备或盘活原有固定资产，可向金融租赁机构申请办理金融租赁业务。

4.2 申请企业条件

申请金融租赁的企业应满足下列条件：

——符合国家产业政策，对于国家产业政策中限制发展，以及列入淘汰目录的高能耗、高水耗、高污染的企业不应受理；

——租赁物应为行业先进技术的设备，濒临淘汰或者剩余折旧年限无法覆盖租赁期限的设备应不予受理；

——对于涉嫌走私、或偷逃税款、骗取出口退税的，应不予受理；

——企业(项目)的立项、生产经营用地的相关批文齐全；环评、能耗、安全消防等情况达标；

——法人和统一社会信用代码、LEI代码等有效复印件等证件经过当地年检或仍在有效期内；

——法定代表人应诚信经营，依法纳税；申请人及其法定代表人无严重的不良信用记录；

——企业现金流应有效覆盖融资金额及相关费用。

4.3 申请企业提交材料

申请金融租赁业务的企业，应向金融租赁机构提交以下材料：

——企业简介[含企业发展沿革、经营团队、组织架构、企业(信誉)荣誉、经营业绩、行业地位、对外担保情况、是否涉诉、企业信用等级]；

——近期经年检的法人和统一社会信用代码、LEI代码等有效复印件；

——验资报告、公司章程等复印件；

——股东和高管的履历；

——近3年的审计财务报表及附注说明及近期财务报告；

——近3年的纳税凭证；

——近3年的水、电或其他能源消耗的费用缴纳凭证；

——近1年的产品销售合同、产品订单或者产品出库凭证；

——租赁物清单及原始购置发票复印件；

——主要股东的征信调查授权书；

——固定资产的抵押、质押情况说明；

——企业法人征信查询授权书。

5 项目受理及调查

5.1 基本要求

金融租赁机构应对企业业务需求开展双人实地租赁调查，对项目进行评估。

调查人员对客户提供的资料完整性负责，以及对收集信息的合法性、真实性进行实地核实。核实以实地调查为主，信息收集与核实可同时进行。

5.2 调查内容

租赁调查内容包括：现场访谈、财务资料查阅、固定资产盘点、生产场所和原材料/产成品仓库实地查验。

5.3 调查报告

租赁调查人员在调查的基础上形成调查报告，应对客户的借款用途、还款能力、现金流量、租赁物、业主或主要股东个人信用状况进行分析，并对融资方式、金额、用途、费率、偿还方式、担保条件等提出建议，并形成调查结论。

调查报告的内容应包括：

——客户的基本信息情况，包括其股东构成、企业性质、经营情况、产品竞争力、财务报表信息、企业的成长性等；

——企业业主以及股东的个人信用记录、财产状况等信息；

——企业的诚信记录，包括银行、税务、水电、上下游的商业往来等，是否存在欠账、欠息、逃票等记录，查验其是否被列为不诚信企业；

——企业的租赁需求，以及在其他金融机构的融资情况；

——可以提供的保证、抵(质)押情况；

——其主要供货商对它的赊账政策，近期是否有调整；

——是否涉及工商、环保、土地、关税方面违规或手续不完备等情况。

6 项目审核

金融租赁机构应对调查人员提交的租赁方案进行审核，其审核包括对租赁方案的审核，以及对该租赁方案的风险审核。

具体审核的内容可包括：

——租赁材料的合规性、有效性和完整性；

——对影响客户财务状况的主要因素、非财务状况等进行充分的风险分析；

——审查岗根据对借款人财务和非财务因素的评估，结合保证、抵(质)押条件，出具是否同意租赁的审查意见；

——审查同意租赁的，审查意见应注明同意的租赁方案，提出租赁潜在的风险，并提出规避的措施建议。

7 合同签订和履行

7.1 基本要求

金融租赁申请通过审核，金融租赁机构应与申请企业签订合同。

7.2 直接租赁项目

直接租赁项目，按照以下流程完成合同签订和履行：

——金融租赁机构与申请企业签订《融资租赁合同》；

——金融租赁机构与供货商签订《租赁物购买合同》；

——申请企业按照《融资租赁合同》向金融租赁机构支付首付租金、保证金、管理费、保险费和其他款项；

——供应商按照《租赁物购买合同》向申请企业交付租赁物；

——金融租赁机构按照《租赁物购买合同》向供应商支付购货款；

——金融租赁机构按照《融资租赁合同》向申请企业收取租金。

7.3 售后回租项目

售后回租项目，按照以下流程完成合同签订和履行：

——金融租赁机构与申请企业签订《售后回租合同》；

——金融租赁机构与申请企业签订《租赁物购买合同》；

——申请企业按照《售后回租合同》向公司支付保证金、管理费、保险费和其他款项；

——金融租赁机构按照《租赁物购买合同》向申请企业支付购货款；

——金融租赁机构按照《售后回租合同》向申请企业收取租金。

8 租后管理

项目投放后，租赁调查人员应加强动态跟踪管理，通过对企业财务报表、管理和运营动态、水、电或其他能源消耗及税费缴纳变化、关联政策变化、上下游行业信息等情况的调查，深入掌握企业的真实经营动态，分析企业经营是否正常、还款来源是否有保障，做到积极主动管理，及时防范潜在风险。

在主动管理，防范风险的同时，租赁调查人员应积极融入行业，与市场接轨，通过深入了解租赁物的特性及市场情况来更好地主动管理资产。若遇到申请企业对租赁业务违约，则金融租赁机构应第一时间控制租赁资产，除通过正常法律手段索取债务本息之外，也可通过对租赁物转租或出售的方式来化解风险。

参 考 文 献

[1] 中华人民共和国合同法
[2] 中华人民共和国物权法
[3] 中华人民共和国银行业监督管理法
[4] 财政部.企业会计准则——租赁.2006 年 2 月.
[5] 中国银行业监督管理委员会.金融租赁公司管理办法.2007 年 3 月.
[6] 王涵生.金融租赁国际比较研究.北京:中国金融出版社,2011 年 7 月.
[7] 秦永顺、何茂荣、王岩、李春满.金融租赁业务.长春:吉林大学出版社,2008 年 11 月.

ICS 03.060
A 11

中华人民共和国国家标准

GB/T 32317—2015

商业银行个人理财客户风险承受能力测评规范

Commercial bank customer risk tolerance assessment specification

2015-12-28 发布　　2016-06-01 实施

中华人民共和国国家质量监督检验检疫总局
中国国家标准化管理委员会　发布

前　言

本标准按照 GB/T 1.1—2009 给出的规则起草。

本标准由中国人民银行提出。

本标准由全国金融标准化技术委员会(SAC/TC 180)归口。

本标准起草单位:中国金融电子化公司、中国工商银行、中国农业银行、交通银行、中国光大银行、招商银行、中国邮政储蓄银行。

本标准主要起草人:邬向阳、杨倩、邓琳莹、赵志兰、杨小琼、孟繁业、曹榕、杨皓凝、徐军鹏、陈元星、文彦娜、张沈荣、李卓凡、朱黎玮、陶仲伟。

引　言

为规范理财产品销售行为，保障客户利益，确保销售"适用性"原则，商业银行按照"了解你的客户"的原则，在客户购买理财产品时对客户进行风险承受能力测评，旨在充分了解客户的年龄、财务状况、投资经验、投资目的、收益预期、风险偏好、流动性要求、风险认识及风险承受损失等情况，并根据测评结果向客户提供相应风险等级的产品及服务。为了规范商业银行个人理财客户风险承受能力测评过程和服务质量，编制本标准。

商业银行个人理财客户风险承受能力测评规范

1 范围

本标准规定了商业银行个人理财客户风险承受能力测评的基本要素、过程及评价标准。

本标准适用于商业银行个人理财客户风险承受能力测评过程及文档规范。

2 规范性引用文件

下列文件对于本文件的应用是必不可少的。凡是注日期的引用文件，仅注日期的版本适用于本文件。凡是不注日期的引用文件，其最新版本(包括所有的修改单)适用于本文件。

GB/T 32313 商业银行个人理财服务规范

3 术语和定义

GB/T 32313 界定的以及下列术语和定义适用于本文件。

3.1

风险承受能力 risk tolerance

个人理财客户承受投资损失而不影响正常生活的程度。

3.2

风险承受能力评估 assessment of risk tolerance

对个人理财客户的风险承受能力进行评价的过程。

3.3

理财产品风险评级 financial product risk rating

依据国家的有关规定，对理财产品存在的风险进行分析，确定理财产品风险等级的过程。

3.4

风险匹配原则 matching principle of risk

商业银行只能向客户销售风险等级等于或低于其风险承受能力的理财产品。

4 客户风险承受能力测评要求

4.1 对象范围

商业银行应在个人理财客户首次购买商业银行理财产品前进行风险承受能力评估，由客户签名确认后留存，具体要求如下：

——对超过 65 岁(含)的个人理财客户进行风险承受能力评估时，应充分考虑客户年龄、相关投资经验等因素；

——除了首次购买产品进行风险测评外，如个人理财客户发生可能影响其自身风险承受能力的情形，再次购买理财产品时应主动要求商业银行对其进行风险承受能力评估；

——而超过一年未进行风险承受能力评估或发生可能影响其自身风险承受能力情况的客户，再次购买理财产品时，应在商业银行网点或网上银行完成风险承受能力评估。

4.2 信息系统

商业银行对客户风险承受能力的测评应通过专门的信息系统实现，其建立和维护应遵循实用性、系统性、安全性的原则。商业银行理财业务相应信息系统应具备实现个人理财客户资料登记和更新、理财信息披露等相关业务功能。商业银行供个人理财客户使用的自助式信息系统的各项功能设计，应界面友好、方便易用，具有防止或纠正个人理财客户误操作的功能。商业银行信息系统应具有业务集中处理、数据集中处理的技术特征，将个人理财客户信息、更新历史、理财销售人员信息等电子数据集中保存，逐日备份并异地妥善存放。

4.3 测评问卷设计

商业银行应制定本行统一的客户风险承受能力测评问卷。商业银行应在客户风险承受能力测评问卷中明确提示："如客户发生可能影响其自身风险承受能力的情形，再次购买理财产品时应主动要求商业银行对其进行风险承受能力评估"。

风险承受能力测评问卷要素至少应包括以下几个方面：

——客户年龄；

——财务状况；

——投资经验；

——投资目的；

——收益预期；

——风险偏好；

——流动性要求；

——风险认识以及风险损失承受程度等。

问卷及使用说明样例参见附录A及附录B。

4.4 业务文档管理

个人理财客户风险承受能力测评资料管理应遵循依法保护、资料保密、权限管理、系统管理的原则。个人理财客户资料（纸质资料和电子资料）的保管应按照相应业务管理要求（包括但不限于保管年限、保管措施等）进行保管。对个人理财客户资料的收集、录入质量、维护情况以及使用的审批流程管理应符合相关监管要求。

5 客户风险承受能力测评计算方法

客户风险承受能力测评的计算方法是采用风险承受能力测评问卷的方式，每道题目的分数进行累加。用累加的分数来测量客户的风险承受能力。不同的分数区间对应不同的客户风险承受能力，即不同的客户风险类型。

6 客户风险承受能力测评过程

6.1 测评目的

为规范理财产品销售行为，保障客户利益，确保销售"适用性"原则，商业银行按照"了解你的客户"的原则，在客户购买理财产品时向客户提供一套风险承受能力测评问卷，旨在充分了解客户的年龄、财务状况、投资经验、投资目的、收益预期、风险偏好、流动性要求、风险认识及风险损失承受程度等情况，并根据测评结果向客户提供相应风险等级的产品及服务。

6.2 风险测评

商业银行应编制统一的客户风险承受能力测评问卷。客户首次购买理财产品时，应先行通过商业银行风险承受能力测评，并对测评结果进行确认。

客户风险评估的有效期原则为一年。超过一年未进行风险承受能力评估或发生可能影响自身风险承受能力情况的客户，应重新完成风险承受能力评估，方可再次购买理财产品。

6.3 分析过程

客户通过电子银行等渠道自行进行风险测评或商业银行理财销售人员利用客户逐项填好的风险承受能力测评问卷，登录本行相关客户关系管理系统进行风险测评时，系统将自动计算出最后得分及对应风险评级情况，并将结果展现给客户或者由销售人员当面告知客户风险评估结果，并由客户进行电子或纸质签名确认，商业银行相关系统将对客户最终确认结果进行存档记录。

7 客户风险承受能力测评结果应用

7.1 结果告知

客户风险评估结果按风险承受能力由低到高可分为保守、谨慎、稳健、进取和激进型(参见附录A)。商业银行根据评分标准给个人理财客户完成的测评问卷逐题评分，根据个人理财客户测评问卷得分认定个人理财客户的风险类型后将评估意见告知个人理财客户，由个人理财客户签字确认。风险承受能力越高适合购买的理财产品风险等级越高，适合购买的理财产品类型越丰富。

理财产品风险等级、理财客户风险类型及适合的投资策略关系见表1。

表 1

产品风险等级	适合的个人理财客户风险类型	适合投资策略
低	保守	风险控制
中低	谨慎	稳健发展
中等	稳健	均衡成长
中高	进取	积极进取
高	激进	风险承受

7.2 结果应用

客户在购买理财产品前，应引导客户仔细阅读理财产品销售文本的全部内容，包括：理财产品协议书、理财产品说明书、风险揭示书、客户权益须知等，了解理财产品的所有相关具体情况，尤其是了解风险揭示内容。此外，还应了解其所购买理财产品的投资风险、类型特点和投资存在的最不利投资情形等。三种产品的产品类型、类型特点、最不利投资情形示例及适合投资的个人理财客户风险类型见表2。

表 2

产品类型	类型特点	最不利投资情形示例	适合投资的个人理财客户风险类型
保证收益	本类型理财产品有投资风险，只能保证获得合同明确承诺的收益	如果本类型理财产品投资组合发生债务人信用风险，或利率、汇率等市场风险，到期无法实现预期收益，则客户可能只能获得理财资金本金和合同明确承诺的理财收益	保守、谨慎、稳健、进取和激进型
保本浮动收益	本类型理财产品有投资风险，只保证理财资金本金，不保证理财收益	如果本类型理财产品投资组合发生债务人信用风险，或利率、汇率等市场风险，到期无法实现预期收益，则客户可能无法获得理财产品预期收益，只能获取理财资金本金	谨慎、稳健、进取和激进型
非保本浮动收益	本类型理财产品有投资风险，不保证理财资金本金和理财收益	如果本类型理财产品投资组合发生债务人信用风险，或利率、汇率等市场风险，到期无法实现预期收益，则客户可能无法获得理财产品预期收益，甚至损失理财资金本金	谨慎、稳健、进取和激进型

附 录 A
（资料性附录）
商业银行个人理财客户风险承受能力测评问卷样例

以下 11 个问题将根据您的财务状况、投资经验、投资风格、投资目的、风险偏好和风险承受能力等对您进行风险评估，我们将根据评估结果为您更好的配置资产。请您认真作答，感谢您的配合！（每个问题请选择唯一选项，不可多选）

客户姓名：________________　联系方式：________________

证件类别：________________　证件号码：________________

一、财务状况

1. 您的年龄是？

□ A. 18～24（－2）　□ B. 25～50（0）

□ C. 51～60（－2）　□ D. 61～64（－3）　□ E. 65 岁及以上（－10）

2. 您的家庭总资产净值为（折合人民币）？（不包括自用住宅和私营企业等实业投资，包括储蓄、保险、金融投资、实物投资，并需扣除未结清贷款、信用卡账单等债务）

□ A. 15 万元及以下（0）　□ B. 15 万元（不含）～50 万元（含）（2）

□ C. 50 万元（不含）～100 万元（含）（6）　□ D. 100 万元（不含）～1 000 万元（含）（8）

□ E. 1 000 万元（不含）以上（10）

3. 在您的家庭总资产净值中，可用于金融投资（储蓄存款除外）的比例为？

□ A. 小于 10%（2）　□ B. 10%～25%（4）

□ C. 25%～50%（8）　□ D. 大于 50%（10）

二、投资经验（任一项选 A 客户均视为无投资经验客户）

4. 以下哪项最能说明您的投资经验？

□ A. 除存款、国债外，我几乎不投资其他金融产品（0）

□ B. 大部分投资于存款、国债等，较少投资于股票、权益类基金等风险产品（2）

□ C. 资产均衡地分布于存款、国债、银行理财产品、信托产品、股票、权益类基金等（6）

□ D. 大部分投资于股票、权益类基金、外汇等高风险产品，较少投资于存款、国债（10）

5. 您有多少年投资股票、基金、外汇、金融衍生产品等风险投资品的经验？

□ A. 没有经验（0）　□ B. 有经验，但少于 2 年（2）

□ C. 2～5 年（6）　□ D. 5～8 年（8）

□ E. 8 年以上（10）

6. 以下哪项描述最符合您的投资态度？

□ A. 厌恶风险，不希望本金损失，希望获得稳定回报（0）

□ B. 保守投资，不希望本金损失，愿意承担一定幅度的收益波动（4）

□ C. 寻求资金的较高收益和成长性，愿意为此承担有限本金损失（8）

□ D. 希望赚取高回报，愿意为此承担较大本金损失（10）

三、投资风格

7. 本金 100 万元，您会选择哪一种投资机会？

□ A. 有 100% 的机会赢取 1 000 元现金，并保证归还本金（0）

☐ B. 有50%的机会赢取5万元现金,并有较高可能性归还本金(4)

☐ C. 有25%的机会赢取50万元现金,并有一定的可能性损失本金(6)

☐ D. 有10%的机会赢取100万元现金,并有较高可能性损失本金(10)

8. 投资于理财、股票、基金等金融投资品(不含存款和国债)时,您可接受的最长投资期限是多久?

☐ A. 1年以下(4)　☐ B. 1~3年(6)

☐ C. 3~5年(8)　☐ D. 5年以上(10)

9. 您的投资目的是?

☐ A. 资产保值(2)　☐ B. 资产稳健增值(6)　☐ C. 资产迅速增值(10)

四、风险承受能力

10. 您的投资出现何种程度的波动时,您会呈现明显的焦虑?

☐ A. 本金无损失,但收益未达预期(−5)

☐ B. 出现轻微本金损失(0)

☐ C. 本金10%以内的损失(5)

☐ D. 本金20%~50%的损失(10)

☐ E. 本金50%以上损失(15)

11. 对您而言,保本比高收益更为重要

☐ A. 非常同意(−2)　☐ B. 同意(0)

☐ C. 无所谓(2)　☐ D. 不同意(4)

☐ E. 非常不同意(5)

个人理财客户测评问卷得分:	分值区间	个人理财客户风险类型
分	81~100分	☐ 激进型
	61~80分	☐ 进取型
	36~60分	☐ 稳健型
	16~35分	☐ 谨慎型
	−9~15分	☐ 保守型

评估结果:____________________(客户风险类型)

[客户确认栏]

本人保证以上所填全部信息为本人真实的意思表示,并接受贵行评估意见。

____

____

客户签名:____________________

评 估 人:____________________

评估日期:____________________　　　　　　银行签章

附 录 B
（资料性附录）
商业银行个人理财客户风险承受能力测评问卷使用说明样例

一、本问卷适用于个人理财客户购买商业银行自主管理的各类理财产品。

二、本问卷将个人理财客户的风险类型按照风险承受能力由低到高的顺序，分为保守型、谨慎型、稳健型、进取型和激进型5类。

三、根据产品的风险大小，将理财产品按风险等级，由从低到高分为低风险、中低风险、中等风险、中高风险和高风险5类。

四、根据产品风险和个人理财客户风险类型不同，个人理财客户适合购买的产品风险类型亦有不同，具体为向下兼容，如表B.1所示。

表 B.1

个人理财客户风险类型	产品风险等级				
	低风险	中低风险	中等风险	中高风险	高风险
激进型	适合	适合	适合	适合	适合
进取型	适合	适合	适合	适合	不合格
稳健型	适合	适合	适合	不合格	不合格
谨慎型	适合	适合	不合格	不合格	不合格
保守型	适合	不合格	不合格	不合格	不合格

五、个人理财客户购买理财产品前应认真、如实填写本问卷。商业银行根据评分标准给个人理财客户完成的问卷逐题评分，根据个人理财客户测评问卷得分认定个人理财客户的风险类型，经客户经理和业务主管审核签字后将评估意见告知个人理财客户，由个人理财客户签字确认。

六、个人理财客户同时购买多个理财产品时，可以只填一次本问卷。个人理财客户填写本问卷后一年内再次购买理财产品时，如个人理财客户有关情况未发生重大变化，经个人理财客户要求可以不再填写本问卷，如客户发生可能影响其自身风险承受能力的情形，再次购买理财产品时应主动要求商业银行对其进行风险承受能力评估；个人理财客户填写本问卷后一年后再次购买理财产品时，应重新填写本问卷。

七、如果个人理财客户的风险类型不适合购买某款理财产品，则销售人员不得向个人理财客户销售该款产品。

八、本问卷为一份正本，填写完毕后由商业银行保管。

参 考 文 献

[1] 中国银行业监督管理委员会.商业银行个人理财业务管理暂行办法(银监会令〔2005〕2号),2005-09-24.

[2] 中国银行业监督管理委员会.关于印发《商业银行个人理财业务风险管理指引》的通知(银监发〔2005〕63号),2005-09-24.

[3] 中国银行业监督管理委员会.商业银行理财产品销售管理办法(银监会令〔2011〕5号),2011-08-28.

ICS 03.060
A 11

中华人民共和国国家标准

GB/T 32318—2015

银行营业网点服务评价准则

Criteria of bank branches service evaluation

2015-12-28 发布

2016-06-01 实施

中华人民共和国国家质量监督检验检疫总局
中国国家标准化管理委员会 发布

前　言

本标准按照GB/T 1.1—2009给出的规则起草。

本标准由中国人民银行提出。

本标准由全国金融标准化技术委员会(SAC/TC 180)归口。

本标准起草单位:中国标准化研究院、中国金融电子化公司、中国工商银行、中国农业银行、中国建设银行、中国银行、富滇银行、广东省农村信用社、恒丰银行、北京银行、招商银行、东亚银行、中金国盛认证中心、中国银行业协会、中国消费者协会。

本标准主要起草人:曾毅、陆书春、邬向阳、陈文雄、曹俐莉、杨倩、郑楚琳、赵志兰、郝彬、张笑临、陈鸿、孙春国、陈华、陈德、李林怡、祖梅、郑雪飞、杨敏、江伟、吴增忠、梁剑宇、李欣、郭润霞、王东升、万福军、章倍、王迪、陈静、焦娇、辛永泉、陈远年、陈剑、李涵、侯非、杨朔、张雨辰。

银行营业网点服务评价准则

1 范围

本标准规定了银行营业网点服务评价原则、评价内容、评价方式、评价流程、评价指标体系等内容。

本标准适用于对银行营业网点服务的评价。

2 评价原则

银行营业网点服务评价应遵守以下原则：

——公开性：对银行营业网点的服务评价要做到标准公开、过程公开、结果公开；

——系统性：评价时应对银行营业网点的软件、硬件、服务过程和服务结果等因素进行全面、系统的评价；

——公平性：评价时应秉持客观、公正的原则，对不同评价对象的相同环节和要素采用相同的评价标准；

——最小影响：评价过程中应尽量避免影响网点正常营业。

3 评价内容

银行营业网点服务评价应主要围绕下述方面开展：

——安全性：应为客户提供必要的人身、财产及隐私安全保障。通过严密的安防措施、严格的保密约束、严谨的操作流程和合规的信息发布，实现对客户人身安全、财产安全、隐私安全和信息知情权益的有效保护。

——功能性：应努力满足客户的多元化金融服务需求。通过广泛的业务覆盖、丰富的产品功能、多元的服务渠道和有效的运维手段，为客户需求解决提供最大可能。

——规范性：应向客户提供体验一致的规范化服务。通过依法合规的经营管理、严格的制度规范、整齐划一的作业流程、健全的监督机制，为客户提供优质的金融服务。

——便捷性：应为广大客户提供普惠便捷的金融服务。通过合理的网点布局、充足的资源投入、便利的服务设施和完善的机制流程，为客户提供方便易用、高效快捷捷的金融服务。

——舒适性：应努力向客户提供人性化的体验舒适的金融服务。应通过加强环境管理、完善设施布放、强化主动服务和关注特殊群体，为客户创造温馨和谐、舒适亲切的服务氛围。

4 评价方式

银行营业网点服务评价分为自主评价和外部评价，由银行自行组织或经其直接委托第三方机构开展的评价为自主评价，此外，由其他评价主体开展的评价为外部评价。

银行营业网点服务评价的目的在于通过对网点服务质量的测评，为网点服务改进提供指导意见和建议，促进网点金融服务水平提高。

5 评价流程

5.1 前期准备

实施评价前，应根据评价方式和评价目的，制定可行的评价方案和评价细则，对评价的主体、对象、方式方法、时间步骤等进行合理的安排和筹划。

实施评价前，应做好参与评价人员培训、非现场资料收集、进场前沟通等前期准备工作，原则上每个检查组不少于2人。

实施评价可采用现场评价、非现场评价和巡查暗访相结合的形式。

5.2 现场评价

进入网点进行现场评价过程中，应满足以下要求：

——应严格按照评价方案和评价细则的要求，客观公正进行评价；

——应避免影响网点正常营业和客户办理业务；

——应提高评价效率，在规定时间内完成相关工作。

5.3 非现场评价

对于非现场评价，可通过查阅服务档案、开展座谈交流、问卷调查、客户回访抽查等方式了解网点服务情况。

5.4 巡查暗访

对于采取巡查暗访方式进行评价的情况，应满足以下要求：

——确保暗访过程执行人员身份隐秘，过程记录真实、客观，质量可控，注重客户隐私保护；

——严格执行巡查暗访方案和评价细则，相同环节及要素的评价要流程一致、时长一致。

5.5 评价审议

评价结束后，应根据银行营业网点现场评价、非现场评价、巡查暗访情况等的综合评价，得出评价结论，并与评价对象进行反馈沟通后，形成终评结果。

6 评价指标体系

6.1 银行营业网点服务评价指标体系分为一级指标、二级指标和三级指标，具体见表1。

6.2 三级指标中基础性指标为银行营业网点服务的基本要求，原则上银行营业网点应达到所有基础指标要求。

6.3 评价主体可依据本指标体系，结合实际需要科学制定评价细则，开展银行营业网点服务评价。

表 1　银行营业网点服务评价指标体系表

一级指标	二级指标	三级指标	备注
安全性	服务安全	1. 网点设施设置合理，无裸露电线，确保无用电、消防等安全隐患	▲
		2. 网点有必要的安全提示信息或相同功能的设施，如"小心台阶、带好随身物品"等	▲
		3. 网点柜面窗口设置隔断、一米线等相当功能的设施或提示，保护客户信息安全	▲
		4. 配备安保人员，严格履行职责，无脱岗现象	▲
		5. 网点内外部关键区域实现监控全覆盖，监控图像清晰	▲
		6. 网点现金柜台安装监控设施，对业务办理过程进行监控记录并妥善保存，监控记录保存期内可随时调阅	▲
		7. 网点配置供客户适用的具备防伪功能的点验钞机，点验钞机放置于监控范围内，无遮挡	▲
		8. 网点临街使用的自助服务设备采取防窥措施，保护客户的隐私	▲
		9. 网点采取较为完善的信息安全保护措施，确保客户信息在收集、传输、加工、保存、使用等环节中依法合规、不被泄露	▲
功能性	咨询引导服务	10. 有服务人员值守大堂，热情接待客户，主动询问需求，引导分流、维护秩序	
		11. 网点建立畅通的咨询服务渠道，及时、全面、友善、耐心的应答客户疑问，提高客户金融风险识别能力	▲
		12. 网点大堂服务人员熟知业务种类、产品特性、办理流程等，能够熟练指导客户办理业务，有效实现业务分流指引	▲
		13. 网点大堂服务人员根据客户的金融需求，准确引导客户到相应服务柜台或自助设备上办理	▲
		14. 提供的空白单证数量充足，单证填制模板规范、清晰	▲
		15. 网点大堂服务人员能为有需求的客户提供必要的填单辅导	▲
		16. 网点配置专业的电子填单设备或相当功能的服务设施，提高办理效率	
		17. 网点在客户等候过程中提供适当的客户关怀措施	
	自助服务	18. 网点配置数量充足、功能丰富、方便易用、保护隐私的自助服务设施	
		19. 网点自助设备的显著位置明示设备名称、主要功能、服务时间和安全提示等信息	▲
		20. 网点为客户使用自助设备提供辅导和帮助	
		21. 网点自助服务设备的监控、巡查、维护机制完善，可保障设备在服务时间持续正常运行	▲
		22. 网点对于出现故障的机具张贴或提示暂停使用信息	▲
		23. 网点自助设备端或周边的显著位置公示求助电话	▲

表 1（续）

一级指标	二级指标	三级指标	备注
功能性	自助服务	24. 网点建立自助设备异常处理机制，及时响应、有效处理异常情况	▲
		25. 网点自助服务区域配置业务紧急呼叫装置（按钮）或免拨直通客服，标识醒目	▲
		26. 自助服务设备有安全舱或相当功能的设施保护客户隐私及安全	
	柜面服务	27. 网点有与业务量匹配的柜台配置、灵活的人员排班和必要的资源投入，按照监管要求向客户提供合规、高效、安全的柜面服务	▲
		28. 柜面服务人员热情接待客户，熟练受理业务，服务信息告知充分，服务需求解决及时	▲
		29. 柜面服务人员操作过程在客户视线内，柜台间有必要的视线遮挡，保护客户隐私	
		30. 网点提供金融服务时对客户进行相关的风险、收费提示，提示清晰明确	▲
		31. 网点柜面服务人员在客户视线或监控设备范围内点验现金	▲
		32. 网点营业期间，如有柜台暂停服务，向客户明示和解释，并引导客户到其他柜台办理业务	▲
		33. 柜面服务人员处理内务在柜台无客户情况下进行，不因轧账或处理内部事务而随意停办业务	▲
	理财服务	34. 网点理财服务人员具备相应的专业资质或能力	▲
		35. 网点理财服务人员熟悉本银行在售产品，能准确向客户介绍	▲
		36. 理财服务人员充分了解客户的理财需要、风险偏好等，准确评估客户需求、做好风险揭示及收费提示，为客户提供合适的服务	▲
		37. 网点理财服务人员向客户推荐产品时，进行必要的风险、收费等提示，提示方式易于客户理解	▲
		38. 理财服务人员的服务过程宜进行监控记录，保存期内可随时调阅	▲
	智能服务	39. 网点通过互联网金融服务的广泛应用，新技术新设备的多样组合，扩充金融产品搭配的自由性，为客户提供多样、体贴的个性化服务体验	
		40. 网点通过基于创新性的持续优化业务流程、调整布局分区及流程设计，全面增强网点服务效能，提升业务处理效率和客户体验	
		41. 开展智能化服务的网点尊重客户的使用意愿，主动辅导、因势利导地推动应用	
规范性	服务制度	42. 网点建立健全客户服务制度，明确服务标准，具有可查证的资料	▲
		43. 网点定期组织员工对服务规范和制度进行培训和学习，开展应急演练、技能培训和主题教育，培训记录完整（照片或资料）	▲
		44. 网点建立科学合理的网点服务质量考评机制，具有可查证的资料	▲

表 1（续）

一级指标	二级指标	三级指标	备注
规范性	服务管理	45. 网点标识规范统一、美观大方，无污渍、无破损；以中文为主，并根据实际情况加注其他语言	▲
		46. 网点机构名称、营业时间、业务范围等信息公示于醒目位置	▲
		47. 网点严格按照对外公示的时间营业，未经上级机构批准，不得中途或提前停止营业。如有特殊情况，事先对客户进行公告	▲
		48. 网点明示《金融许可证》《营业执照》等资质证照，涉及变更及时更新	▲
		49. 网点严格执行各项业务操作规程，按规定进行业务处理	▲
		50. 网点提供的宣传材料内容真实、客观，无诋毁同业的信息	▲
		51. 网点人员统一着装，佩戴工号牌上岗；衣着整洁，仪表大方	▲
		52. 网点非银行工作人员按规定着装，并与银行营业网点人员有明显区分，服务言行举止符合网点服务规范要求	▲
	消费者权益保护	53. 对于客户合理的金融需求，网点不得拒绝服务	▲
		54. 网点采取有效措施使客户清楚了解异议处理的程序、渠道、方法及预计处理时间	▲
		55. 网点采取措施保护客户人身、财产安全，如提供安全保卫或相应设施装置、做出风险提示等	▲
		56. 网点坚持首问负责制，对客户异议快速响应、及时处理	▲
		57. 网点安排专人负责客户异议处理工作	▲
		58. 网点在规定的时限内对客户异议进行受理、处理及反馈	▲
		59. 网点建立并妥善保管客户异议处理的相关资料，保护客户隐私	▲
		60. 网点认真研究分析客户异议，持续改进金融产品、流程及经营管理等方面的不足，不断提高网点服务水平	▲
		61. 客户异议处理的相关资料，妥善保管，以备查阅，超过规定期限的，妥善销毁	▲
		62. 网点在大厅醒目位置明示服务收费价格、实时利率以及有关部门规定等需要明示的相关信息	▲
		63. 网点收费按照监管要求执行统一定价制度，公示收费目录和标准	▲
		64. 网点员工主动告知客户相关服务项目及价格	▲
		65. 网点通过多种形式，积极开展金融知识普及教育活动，向社会公众宣传普及金融知识	▲
		66. 网点销售金融产品或提供金融服务时，尊重客户的自主选择权和公平交易权，不得误导销售、强制交易，不得无故拒绝客户提出的合理业务需求	▲
		67. 网点提供《客户意见簿》等客户表达意见的渠道	▲
		68. 网点积极参加监管部门组织的各种金融知识宣传教育和宣传活动	

表 1（续）

一级指标	二级指标	三级指标	备注
便捷性	网点布局	69. 网点出入通道设置合理，方便客户出入，通道顺畅无阻塞	▲
		70. 网点设置无障碍通道或相当功能的服务，为特殊客户进入网点办理业务提供便利	
		71. 网点功能分区合理，为客户办理业务提供便利	
	信息公示	72. 网点内部明示功能区名称及区域指引标识等	
		73. 网点在大厅醒目位置公布服务热线电话、安全提示等服务信息	▲
		74. 网点以电子屏等方式公示信息的，播放正常、翻页及时	
	服务效率	75. 网点有必要的缓解、避免客户排长队的功能设施与工作措施	▲
		76. 网点根据客流量弹性排班，设置了弹性柜台或服务窗口	
		77. 网点对客户进行客流高低峰时段的提示，便于客户合理安排办理业务时间	
		78. 网点定期对网点人员进行业务和技能培训，提高员工技能熟练程度，培训记录完整(照片或资料)	▲
		79. 网点员工通过主动识别、引导分流和协助客户填单等措施，提高柜面业务办理效率，减少客户等待时间	
舒适性	服务环境	80. 网点营业环境整洁，无卫生死角、无杂物摆放	▲
		81. 夜间营业的网点外部标识亮度适中，易于客户辨识	
		82. 网点为客户提供机动车、非机动车位或相应功能的服务	
	服务设施	83. 网点外部设置的电子显示屏、宣传橱窗等保持整洁，宣传内容准确严谨、及时更新，营业时间内正常显示、播放	
		84. 网点设置折页架、宣传栏，宣传资料摆放整齐、无污损、无过期，文字通俗易懂，内容合规、及时更新	
		85. 网点的呼叫系统、视频播放设备以及柜面窗口的语音对讲装置工作正常，播放音量适中，无嘈杂现象	
		86. 网点自助服务设备保持整洁，具有遮阳、免淋措施	▲
		87. 网点提供座椅、书写工具等必要的便民服务设施	
		88. 网点提供无障碍设施或相当功能的服务	▲
		89. 网点提供排队叫号等服务，能及时通知客户办理业务	
		90. 网点在自助区域提供必要的操作指引客户使用或相当功能的服务，指引客户使用自助服务设施	▲

表 1（续）

一级指标	二级指标	三级指标	备注
舒适性	服务人员	91. 网点服务人员热情接待客户，主动询问需求，协助客户取号	▲
		92. 网点服务人员具备良好的沟通能力，并友善对待客户	▲
		93. 网点提倡员工使用普通话，必要时可提供方言、英语及手语服务，实现语言无障碍服务	▲
		94. 网点员工与客户交流时语句清晰，音量、语速适中，使用文明用语	▲

注 1：“功能性”指标下的各二级指标非网点必需配置，其得分由已配备的服务功能的各个二级指标加权平均得出。

注 2：“▲”为基础性指标。

ICS 03.060;35.240.40
A 11

中华人民共和国国家标准

GB/T 32319—2015

银行业产品说明书描述规范

Specification of description for banking product

2015-12-28 发布　　2016-06-01 实施

中华人民共和国国家质量监督检验检疫总局
中国国家标准化管理委员会　发布

前　言

本标准按照 GB/T 1.1—2009 给出的规则起草。

本标准由中国人民银行提出。

本标准由全国金融标准化技术委员会(SAC/TC 180)归口。

本标准起草单位:中国农业银行股份有限公司、中国工商银行股份有限公司、中国金融电子化公司、中国人民银行金融信息中心、中国信息安全认证中心、农信银资金清算中心有限责任公司。

本标准主要起草人:刘国建、于进、潘贵平、李宽、吴俊峰、伞亮、吴晓光、黄小牧、侯太利、谢彦丽、王凤娇、魏猛、时向一、景芸、艾霁坤、李煦丽、丁抗、沈澍、刘敏、金鑫、倪晓明。

引　言

银行产品是商业银行向客户提供的基本服务,也是商业银行实现盈利的主要手段。本质上,银行产品符合GB/T 19000—2008(ISO 9000:2005,IDT)对产品的定义,即"过程的结果",而过程被定义为"将输入转化为输出的相互关联或相互作用的一组活动"。但银行产品比较特殊,涉及GB/T 19000—2008中标注的全部四个通用的产品分类(包括:服务、软件、硬件和过程性材料),这导致了统一全视角的银行产品描述一直十分困难,尤其是在试图先建立一套完整的体系再描述银行产品的情况下更是如此。

总体上说,可以认为银行产品具有消费品和资本品(生产资料)双重特性。在这样的情况下,如果能采用适宜和一致的方式向银行客户解释银行产品的实质性要素,银行客户就能对其签约的银行产品有更加充分的了解,能够准确无误地定位银行产品,理解银行产品的用途和使用方法,易于建立对收益、费用和风险清晰的认识,增强对不同银行相似产品的比较能力,而这样的比较可能比由银行客户通过一个全视角的银行产品体系进行适用银行产品的选择更加便于实施,也与对其他行业产品的选择更加一致。因此,结构适宜、内容清晰的银行产品说明书,对银行客户来说,可以选对所需的银行产品;而对银行来说,也可以把产品销售给适宜的客户。

本标准从银行客户的视角,根据客户在签约一个银行产品时应该了解的信息,提出了银行产品说明书需要描述的内容,以达到使银行客户对所签约的银行产品能够进行比较准确的了解,易于对收益、费用和风险建立明确的认识,增强对不同银行同类银行产品的可比性,为我国银行业能够更好地为客户提供服务提供一种形式上的基础。

本标准规定的内容是银行产品的宣传彩页和银行网站对银行产品宣传的基础。

银行业产品说明书描述规范

1 范围

本标准规定了发行银行产品的商业银行对银行客户提供的银行产品说明书的构成，明确了相关术语、说明书包含的实质性要素和展现要求，给出了银行产品说明书逻辑展现基本模型，并给出了剪裁的建议。

本标准适用于在中华人民共和国境内注册和经营的银行业金融机构面向中华人民共和国境内的银行客户销售的适宜的银行产品。

2 规范性引用文件

下列文件对于本文件的应用是必不可少的。凡是注日期的引用文件，仅注日期的版本适用于本文件。凡是不注日期的引用文件，其最新版本（包括所有的修改单）适用于本文件。

GB 11533—2011 标准对数视力表

GB/T 12406—2008 表示货币和资金的代码

GB/T 31186.1—2014 银行客户基本信息描述规范 第1部分：描述模型

GB/T 31186.2—2014 银行客户基本信息描述规范 第2部分：名称

GB/T 31186.3—2014 银行客户基本信息描述规范 第3部分：识别标识

GB/T 31186.4—2014 银行客户基本信息描述规范 第4部分：地址

GB/T 31186.5—2014 银行客户基本信息描述规范 第5部分：电话号码

GB 32100—2015 法人和其他组织统一社会信用代码编码规则

JR/T 0124—2014 金融机构编码规范

ISO 17442:2012 金融服务 法人实体标识符[Financial services—Legal Entity Identifier (LEI)]

3 术语和定义

GB/T 31186.1—2014、GB/T 31186.2—2014、GB/T 31186.3—2014、GB/T 31186.4—2014、GB/T 31186.5—2014 界定的以及下列术语和定义适用于本文件。

3.1

银行客户 bank's customer

在银行经营的全生命周期中，已经或可能与银行发生业务关系的当事人。

注：当事人可能是自然人，也可能是法律认可的组织。

[GB/T 31186.1—2014，定义3.1]

3.2

银行产品 banking product

银行为满足客户某种需求并使客户获取确定或可能收益，向市场提供的金融服务。

注：确定的收益一般是除不可抗力外能获得的收益，可能的收益则不一定能够保证获得。实际收益可能是正的，即盈利；也可能是负的，即亏损。

3.3

银行产品集　banking product set

由一个和[或]多个商业银行的一种(含)以上的银行产品构成的集合,具有如下特征:

a) 每个银行产品集可在不需要专门知识的情况下由银行客户所识别;

b) 同一个银行可有多个银行产品集,此时应采取不需要专门知识即可鉴别的方式标识每个银行产品集;

c) 同一个银行产品集也可为多个银行所用,此时应能从银行产品标识区分银行产品所属的银行;

d) 同一银行产品集中的各银行产品不能重复,且每一银行产品能通过唯一标识鉴别;

e) 除非明确说明,同一银行产品集中的各银行产品不缺省隐含各种可能的关系。

3.4

银行产品凭据　credential of banking product

在银行客户向银行提出交易请求时,在需要时银行客户出示的用以定位对银行产品的标识。

注1:当该标识存储于载体中时,银行根据银行产品凭据载体记录的标识信息定位银行产品;当该标识无载体时,银行根据银行客户提供的标识信息定位银行产品。

注2:银行产品凭据一般由发行银行产品的银行提供,但也可借用其他现有的标识。

注3:凭据载体可以是视读的,也可以是机读的,视具体的交易场景而定。

示例1:银行卡卡片是一种凭据的载体,对凸印的IC卡来说,其同时承载着IC芯片中记录的凭据、磁条中记录的凭据、凸印的数字和字母记录的凭据,这些凭据的内容应是一致的。当银行客户出示该银行卡卡片时,从受理银行卡的人员和[或]机具的视角,即为银行客户出示了银行产品凭据,通过该银行卡卡片记录的银行产品凭据定位该银行产品,而在交易过程中使用银行卡卡片承载的哪种凭据,则取决于具体的交易以及与客户的约定。

示例2:当银行客户通过电话银行交易或在ATM上进行无卡存款交易时,其提供的银行卡卡号是无载体的凭据,银行通过银行客户提供的卡号定位该银行产品。

3.5

银行产品服务时间　service time of banking product

银行产品可以进行实时交易或设定预约交易的时间。

3.6

银行产品服务渠道　service channel of banking product

银行产品可以进行实时交易或设定预约交易的信息交换渠道。

注:银行产品服务渠道可以是人工的、电子的或人工与电子混合的。

3.7

实时交易　real-time transaction

银行客户在银行产品服务时间内的任意时刻,向银行提出合同(合约、契约)、银行产品章程、银行商业承诺允许的交易请求,银行或其授权代理即时予以响应的交易。

注1:即时响应意味着在当前提出交易请求的银行客户未得到响应时,从银行客户的视角看,不能处理下一位银行客户的交易。即时响应所需的时间随银行产品在不同的银行产品服务渠道不同而不同,一般来说,即时响应的时间应为秒级或分钟级。

注2:即时响应不意味着即时获得交易的结果。在联机交易时,即时响应可能仅告诉提出交易请求的银行客户,交易请求已经收悉并正在处理中。

3.8

批量交易　batch transaction

预约交易　ordering transaction

银行客户在签约银行产品时约定的、或银行客户在银行产品服务时间内的任意时刻,向银行提出合同(合约、契约)、银行产品章程、银行商业承诺允许的交易请求,银行将在某个预约的时刻,执行某个约定的交易。

预约的执行时刻可能不在银行产品服务时间之内。

3.9

［银行产品］说明书 description［for banking product］

向银行客户提供银行产品描述的文档。

3.10

［银行产品说明书］阅读者 reader［of description for banking product］

阅读银行产品说明书并意图通过阅读了解该说明书所描述的银行产品的人员。

4 描述总体要求

4.1 说明书构成的实质性要素

说明书由应有信息、宜有信息和可有信息组成。其中：

a) 应有信息是每个银行产品应描述的内容，如应有信息描述不完整、不清晰，将导致读者不能正确地理解该银行产品；

b) 宜有信息是每个银行产品宜描述的内容，宜有信息将使得读者可对银行产品建立更加完整、清晰、精准的认识；

c) 可有信息是银行产品的发行银行认为需要向银行客户说明的、在应有信息和宜有信息中未提及的信息。

4.2 说明书要素性质

4.2.1 应有信息

说明书的应有信息应满足如下的描述要求：

a) 当有关监管规定要求说明书描述的银行产品披露该信息时，即便原来是宜有信息，也应按监管规定描述该信息；特别是国内银行提供的服务地域在境外的银行产品，以及境外银行提供的服务地域在国内的银行产品，应特别注意要符合当地的监管要求，必要时，应描述监管要求所带来的差异。

b) 某应有信息要求的内容存在时，描述该信息。

c) 某应有信息要求的内容不存在时，可填写“无”。

d) 某应有信息要求的内容不适用时，可填写“不适用”。

e) 某应有信息要求的内容尚不明确时，可填写“尚不明确”。

4.2.2 宜有信息

说明书的宜有信息应满足如下的描述要求：

a) 某宜有信息要求的内容存在时，描述该信息；

b) 某宜有信息要求的内容不存在，但对该信息不存在时如何对相关内容描述提出了明确要求的，应使用可有信息进行补充描述，此时该宜有信息的标题可省略；该宜有信息不存在且没有采用可有信息进行补充描述的，应保留宜有信息标题，说明不存在的理由；

c) 某宜有信息要求的内容不存在时，没有其他要求的，可连同宜有信息的标题一并省略。

4.2.3 可有信息

说明书可包括本标准要求的可有信息。可有信息仅当其内容存在时才需要列出标题描述。

可有信息可以是针对特定的银行客户群、特定服务渠道或特定服务地域的补充性描述。

可有信息的描述标题和内容不应与应有信息和宜有信息重叠、矛盾，也不应采用对实质性内容的分解、合并的方式表露与应有信息和宜有信息不一致的内容。

示例1：当某银行产品面向少数民族客户时，少数民族语言的商业名称、商业简称可作为可有信息进行描述。

示例2：在银行产品说明书的编制者认为可能的情况下，产品的销售进度情况、产品存续期间的收益走势情况、投资类产品有关投资经理的资料、类似产品的对比信息、特定产品解决异常问题的途径等内容均可作为可有信息进行描述。

4.3 说明书的要素排列顺序

a) 单个银行产品说明书的要素应按照第6章给出的顺序排列，其中：
   1) 除非是5.2.6描述的条款一致的情况，应有信息不得省略；
   2) 宜有信息是否可省略，取决于银行产品说明书与本标准的一致性程度；
   3) 可有信息排列在所有第6章所列出的要素之后。
b) 对存在相似内容的银行产品，可在同一银行产品说明书中进行描述，此时排列顺序应为：
   1) 该系列银行产品的构成；
   2) 公共的构成要求按照应有、宜有、可有的顺序排列；
   3) 分别描述构成每个银行产品的特定实质性要素。

注：多个相关的银行产品可能分为族，族下可能分组，但多个银行产品如何划分为族和组的准则和方法在本标准不做界定。在此种情况下，先描述同族的公共要素，然后分组描述每组的公共要素，最后描述每个银行产品的要素是一种良好的描述框架。

5 与本标准的一致性

5.1 概述

银行产品说明书与本标准的一致性程度，共分为六种情况。

注1：一致性程度越高，则信息的交换越准确；但也可能无法更加全面和适合地描述银行产品的特征与属性。

对银行产品说明书实质性要素的选择、扩充或增减的建议描述，参见附录A。

注2：本标准的应用者根据实际需要对银行产品说明书的实质性要素提出裁剪的理由，将成为本标准的内容能够持续改进的重要基础。

5.2 一致性的划分

5.2.1 最小一致

最小一致是指在银行产品说明书中仅包括了本标准提出的所有应有信息，但实质性要素的描述可能不符合描述建议。

5.2.2 等同一致

等同一致是指在银行产品说明书中包括了本标准提出的所有应有信息和宜有信息，且所有实质性要素的描述符合描述建议。

5.2.3 选择一致

选择一致是指在银行产品说明书中包括了本标准提出的所有应有信息，但未包括部分宜有信息，或虽包括了全部宜有信息但未按照宜有信息的描述内容、描述目的和描述建议进行描述。

5.2.4 扩充一致

扩充一致是指在银行产品说明书中除了本标准规定的应有信息、宜有信息外，增加了可有信息。

5.2.5 增减一致

增减一致是指在银行产品说明书中包括了本标准提出的所有应有信息，但未包括部分宜有信息，或虽包括了全部宜有信息但未按照宜有信息的描述内容、描述目的和描述建议进行描述，还增加了可有信息。

5.2.6 条款一致

条款一致是指在银行产品说明书仅仅与第6章、第7章或附录A中的部分条款一致。

对难以确定本标准规定的应有实质性要素的银行产品，可按照条款一致的方式编制产品说明书。

示例：对流动资金贷款，因从银行客户的视角看，其银行产品凭据、银行产品服务时间和地域等要素与其他银行产品均不相同，但产品编号、说明书版本、中文商业全称和专业名称4个条款适用。

6 实质性要素

6.1 产品编号

6.1.1 信息性质

宜有。

在未提供产品编号时，银行产品的发行机构应说明读者可唯一定位本银行产品的方式。

6.1.2 描述内容

银行产品在其银行产品集内的唯一标识。

6.1.3 描述目的

描述产品编号的目的在于：

a) 将各个不同的银行产品区别开来；

b) 使读者可无二义性地、快速地定位相应的银行产品。

6.1.4 描述建议

银行产品唯一标识宜由数字、字母和少量的汉字构成。宜包括银行产品集名称或其无二义性的缩写和同一银行产品集内银行产品的编号。

本实质性内容宜使用计算机输入、加工、存储、输出。

注：银行产品集仅是为了使得用户能够唯一地定位该产品，与银行内部对银行产品的管理方式可以无关。

示例：某银行个人定期存折的产品编号为ABC000000000000000001，可以认为银行产品集为ABC，后面的数字为在该银行产品集内部的编号。

6.2 说明书版本

6.2.1 信息性质

应有。

6.2.2 描述内容

说明书的版本。

6.2.3 描述目的

使读者可无二义性地确定所阅读的说明书与说明书的发布银行所标注的最新有效版本的差异。

6.2.4 描述建议

说明书的版本可采用中文和英文两种方式描述，两种方式具有等同的含义：

a) 中文描述为 yyyy 年 mm 月 第 p 版第 q 次修订；

b) 英文描述为 Vp.q-yyyy.mm。

其中，yyyy 为带有世纪的年份，mm 为月份；yyyy 和 mm 均应采用阿拉伯数字，在月份小于 10 时，加前导数字 0。p 和 q 均为从 1 开始计数的正整数。

对说明书的文字性修订、可读性修订、增加示例或文字勘误等不改变说明书实质性内容的情况，可保持 p 不变而增加 q 的计数；除此之外的对说明书的所有实质性变更，包括由银行产品的变化引起的变更和说明书的描述存在不足、错误引起变更，均应增加 p 计数，在 p 计数变更后，q 的数字应从 1 重新开始计数。

6.3 中文商业全称

6.3.1 信息性质

应有。

6.3.2 描述内容

银行产品的中文商业全称。

6.3.3 描述目的

使读者知悉该银行产品的中文商业全称。

6.3.4 描述建议

中文商业全称宜做到：

a) 读者易于从中文商业全称中理解该银行产品的特点；

b) 在没有中文商业简称的情况下，中文商业全称便于记忆；

c) 在同一银行产品集中，中文商业全称不应重名；

d) 在同一银行产品集中，使用过的中文商业全称对新的银行产品不宜使用。

6.4 中文商业简称

6.4.1 信息性质

宜有。

6.4.2 描述内容

银行产品的中文商业简称。

6.4.3 描述目的

使读者知悉该银行产品的中文商业简称，并成为日常标识该银行产品的主要方式。

6.4.4 描述建议

中文商业简称宜做到：

a) 与银行产品中文商业全称宜建立易理解的缩略关系；
b) 在同一银行产品集中，中文商业简称不应重名；
c) 在同一银行产品集中，使用过的中文商业简称对新的银行产品不宜使用。

6.5 英文商业全称

6.5.1 信息性质

宜有。

6.5.2 描述内容

银行产品的英文商业全称。

6.5.3 描述目的

使读者知悉该银行产品的英文商业全称；在使用英语的语境中，能以本要素标识该银行产品。

6.5.4 描述建议

英文商业全称宜做到：

a) 与银行产品中文商业全称宜等同；由于语境的差异，等同翻译不能很好表达银行产品寓意的，应采用相同实质性内容的表达；
b) 在同一银行产品集中，英文商业全称不应重名；
c) 在同一银行产品集中，使用过的英文商业全称对新的银行产品不宜使用。

6.6 英文商业简称

6.6.1 信息性质

宜有。

6.6.2 描述内容

银行产品的英文商业简称。

6.6.3 描述目的

使读者知悉该银行产品的英文商业简称；在使用英语的语境中，能以本实质性要素标识或快速定位该银行产品。

6.6.4 描述建议

英文商业简称宜做到：

a) 英文商业简称宜符合英语习惯的缩写，且便于发音；其缩写的含义、发音均不宜与含义不佳的词汇相近；
b) 英文商业简称可与中文商业简称无对应关系；
c) 英文商业简称应考虑在英语语境中，易于为略知英语的人员所使用；
d) 在同一银行产品集中，英文商业简称不应重名；

e） 在同一银行产品集中，使用过的英文商业简称对新的银行产品不宜使用。

6.7 专业名称

6.7.1 信息性质

应有。

6.7.2 描述内容

银行产品的专业名称。

6.7.3 描述目的

使具有专业知识背景的读者能从专业角度快速理解该产品。

注1：此处的专业知识背景是指有关金融学、经济学的知识或在金融业、银行业的从业经验，以及两者的结合。

注2：提供专业名称，可能有助于读者对该银行产品集严谨性的认同，也可能有助于使该银行产品集具有适宜的组织结构。

6.7.4 描述建议

宜采用在银行业较为广泛使用的知识体系作为描述的专业基础。在同一银行产品集中的银行产品应采用在同一知识体系中的术语。当特定术语的同一英文词汇可翻译为不同的中文术语时，可在中文术语后用圆括号标注其对应的英文。

示例：金融学是一种在银行业广泛使用的知识体系。

6.8 产品发行机构统一社会信用代码

6.8.1 信息性质

应有。

6.8.2 描述内容

发行该银行产品的银行机构的统一社会信用代码，应按照GB 32100—2015的规定描述，在描述时应与统一社会信用代码上记载的代码完全一致。

6.8.3 描述目的

读者能准确定位哪个银行以及该银行的哪级机构发行了本说明书描述的银行产品。

6.8.4 描述建议

在描述时应与社会信用代码证上记载的代码完全一致。

6.9 产品发行机构金融机构代码

6.9.1 信息性质

宜有。

6.9.2 描述内容

发行该银行产品的银行机构的金融机构代码。

6.9.3 描述目的

读者能准确定位哪个银行以及该银行的哪级机构发行了本说明书描述的银行产品。

6.9.4 描述建议

若金融机构代码继续使用且确有定位产品发行机构的价值，则宜按照 JR/T 0124—2014 的规定描述该代码，在描述时应与金融机构代码证上记载的代码完全一致。

示例：在某个信息系统中使用金融机构代码定位产品发行机构，且由于仅仅做历史查询而尚未引入社会信用代码，即为有定位产品发行机构价值的例子。

6.10 产品发行机构中文全称

6.10.1 信息性质

应有。

6.10.2 描述内容

发行该银行产品的银行机构的中文全称。

6.10.3 描述目的

读者能获悉哪个银行以及该银行的哪级机构发行了本说明书描述的银行产品。

6.10.4 描述建议

在描述时应与金融机构代码证上记载的机构名称完全一致。

6.11 产品发行机构 LEI 编码

6.11.1 信息性质

宜有。

6.11.2 描述内容

发行该银行产品的银行机构由 ISO 17442:2012 所界定的 LEI 编码。

6.11.3 描述目的

读者能通过 LEI 编码了解该产品发行银行的相关信息。

6.11.4 描述建议

在描述时应与 LEI 编码完全一致。

6.12 产品发行机构联系地址

6.12.1 信息性质

宜有。

在未提供产品发行机构联系地址时，银行产品的发行机构应通过其他方式可使读者在需要时能获得产品发行机构的联系地址。

6.12.2 描述内容

发行该银行产品的银行机构的联系地址。

6.12.3 描述目的

读者能在需要时,找到本说明书描述的银行产品的发行者进行面对面的沟通。

6.12.4 描述建议

在每个营业网点均能够接受银行客户提出的质询时,可明确标注在特定地域的任何网点;在特定分级机构能够接受银行客户提出的质询时,应明确标注客户该分支机构地址。

地址应按照 GB/T 31186.4—2014 的规定进行描述。

6.13 产品发行机构联系电话号码

6.13.1 信息性质

应有。

6.13.2 描述内容

发行该银行产品的银行机构的联系电话号码。

6.13.3 描述目的

读者能在需要时,找到本说明书描述的银行产品的发行者进行电话沟通。

6.13.4 描述建议

宜在全国统一的客户服务电话接受银行客户对产品的质询。对特定区域的客户服务电话才能接受质询且不能在接通银行客户的电话后再进行转接,应标注电话的区号。

在呼入和外拨电话号码不同时,尤其是某些号码仅用于呼入而不用于外拨,应进行明确的说明。

电话应按照 GB/T 31186.5—2014 的规定进行描述。

6.14 产品发行机构网页地址

6.14.1 信息性质

应有。

6.14.2 描述内容

发行该银行产品的银行机构的网页地址。

6.14.3 描述目的

读者能在需要时,找到本说明书描述的银行产品的发行者的网页。

注:在很多场合下,该网页也被称为官网。

6.14.4 描述建议

应说明网页的入口地址。对产品发行机构有多个入口地址的情况,应明确说明这些入口地址之间的关系。

示例:http://www.abchina.com 和 http://www.95599.cn 均指向中国农业银行主页。

在通过主页可能进入其他地址的情况,应明确进行说明。

示例:http://ewealth.abchina.com 和 http://elife.abchina.com 均依旧是在农业银行的网站内。

6.15 产品发行机构联系电子邮件地址

6.15.1 信息性质

宜有。

在未提供产品发行机构联系电子邮件地址时,银行产品的发行机构应通过其他方式可使读者在需要时能获得产品发行机构联系电子邮件地址。

6.15.2 描述内容

发行该银行产品的银行机构的电子邮件地址。

6.15.3 描述目的

读者能在需要时,找到本说明书描述的银行产品的发行者进行电子的书面沟通。

6.15.4 描述建议

宜提供与发行该银行产品的银行首页地址域名一致的邮件地址。

电子邮件也可通过网页发送,此时,宜提供能够附加文件的机制。

6.16 产品发行机构网上即时联系号码

6.16.1 信息性质

宜有。

6.16.2 描述内容

发行该银行产品的银行机构的网络即时联系号码。

6.16.3 描述目的

读者能在需要时,找到本说明书描述的银行产品的发行者进行网络即时沟通(聊天)。

6.16.4 描述建议

宜通过银行的主页链接到网络即时沟通号码。

可提供多个不同即时沟通工具的号码。

6.17 适合客户

6.17.1 信息性质

应有。

6.17.2 描述内容

可以签约银行产品的银行客户,并描述签约时应出示的有效证件。

6.17.3 描述目的

读者能获悉何种客户可签约银行产品。

6.17.4 描述建议

在描述时应不仅描述可由单位或个人签约或办理，且应描述对签约或办理的单位和个人的约束要求。

需要银行客户提供的证件和资料，应明确提出证件和资料的名称，需要原件还是复印件，银行是否提供复印服务等。

示例 1：某银行发行的单位借记卡可由在发卡行所在地金融机构开立基本存款账户的单位签约，其持卡人由申领单位法定代表人或其委托代理人书面指定或变更；签约时应出示中国人民银行核发的开户许可证。

示例 2：某银行发行的借记卡产品在办理挂失时，不仅允许本人前去办理，还允许委托代理人前去办理，此时，委托代理人应持有持卡人身份证件和本人身份证件的原件。

6.18 银行产品凭据

6.18.1 信息性质

宜有。

在能明确银行产品凭据的情况下，应给出对银行产品凭据的描述；在不能明确银行产品凭据的情况下，可不必给出银行产品凭据。

示例：某些银行信贷产品可能不具有银行产品凭据。

6.18.2 描述内容

客户持有的用以证明对银行产品处置和操作权利的凭据。

注：银行产品凭据不是客户填写的或由银行打印并由银行客户签字确认的业务凭证，也不是承载银行产品凭据的载体。

示例 1：网银证书是银行产品凭据，而存放网银证书的 USBKey 是该银行产品凭据的载体；网银证书亦可以存放在计算机硬盘上，此时，网银证书的介质是计算机硬盘，但被非授权的查看、使用、变更的可能性会变大。

示例 2：带有凸印、磁条和 IC 芯片的银行卡卡片是三种不同银行产品凭据的载体。以消费交易为例，对支持脱机手工交易的银行卡，其银行产品凭据是凸印的信息，在交易时用辘卡机转印到签购单上；对支持磁条实时交易的银行卡，其银行产品凭据是磁条信息，在交易时由 POS 读取磁道信息并传送到银行系统；对支持 PBOC 标准的银行卡，其银行产品凭据是存储于芯片中的证书，用于交易中的认证。

6.18.3 描述目的

读者能获悉银行产品支持何种凭据，并能够因签约该银行产品需要获取的最少银行产品凭据。

注：一种银行产品可能支持多种银行产品凭据，也可能使用客户已经持有的银行产品凭据而不单独提供凭据。

示例 1：借记卡的银行产品凭据是卡号和磁道信息，其中卡号凸印或平面印刷于塑料卡片，磁道信息存储于卡片的磁条。

示例 2：能够脱机手工交易和实时交易的贷记卡的银行产品凭据是卡号、凸印信息和磁道信息，其中卡号凸印或平面印刷于塑料卡片，凸印信息凸印于塑料卡片，磁道信息存储于卡片的磁条。

示例 3：能够通过网上银行交易的银行卡，就网上银行的渠道来说，其银行产品凭据除卡片外，还可能有存储网银证书的 USB 存储器。

示例 4：通过银行卡转出一定金额，并在 ATM 上凭一次性的密码取现的银行产品是支持多银行产品凭据的银行产品，且在转出时和支取时的银行产品凭据不同。

6.18.4 描述建议

在描述时应描述凭据及载有银行产品凭据的介质。

宜采用认可度较高的无二义性术语进行描述。必要时可列出该银行产品凭据符合的相关国家标准、行业标准或国际标准、国外标准。

6.19 银行产品凭据载体的保管、清洁与维护

6.19.1 信息性质

宜有。

6.19.2 描述内容

银行产品凭据载体的保管、维护、清洁的基本要求和注意事项。

6.19.3 描述目的

读者能获悉银行产品凭据载体在保管、维护、清洁时的要求和注意事项，尤其是可能导致发生人身安全和金融风险的事项。

示例 1：银行卡的卡片应放置在儿童和宠物不能获得的地方，否则可能造成卡片的损坏或对儿童和宠物的伤害。

示例 2：带有磁条的存折不应再折叠存放，以免造成磁条不可读，是一个保管的例子。

示例 3：磁条卡在读卡不良时，不应在非发卡银行机构读出磁道内容并重新写磁，是一个维护的例子。

示例 4：USBKey 不应浸泡在水中洗涤，以免造成内部电路的损坏，是一个清洁的例子。

6.19.4 描述建议

描述的语言应浅显易懂，并易于读者能够推导出类似的情况。

6.20 银行产品凭据载体的更换

6.20.1 信息性质

宜有。

6.20.2 描述内容

银行产品凭据载体的更换方法与场所。

6.20.3 描述目的

读者能获悉银行产品凭据载体在到期、损坏、丢失的情况下如何进行更换的信息。

6.20.4 描述建议

描述的语言应浅显易懂，并易于读者能够推导出类似的情况。

对如下情况，均应进行说明：

a) 不能进行即时更换；
b) 同一银行产品不同种类的客户更换流程不同；
c) 到不同的营业场所更换流程不同；
d) 按收费不同更换周期与流程不同。

6.21 银行产品凭据载体的能源

6.21.1 信息性质

宜有。

6.21.2 描述内容

银行产品凭据载体的所需能源来源。

6.21.3 描述目的

读者能获悉银行产品凭据载体的能源供应与更换的信息。

6.21.4 描述建议

宜说明能源的供应和更新,可能涉及如下情况之一:

a) 不需要能源;
b) 能源在使用时由相应的设备提供;
c) 能源由可更换的电池提供,此时应描述电池的更换方法,如不能自行更换,亦应说明。对更换的无电电池,应提示处置方法。

6.22 银行产品凭据载体的处置

6.22.1 信息性质

宜有。

6.22.2 描述内容

银行产品凭据载体在不再使用时的处置方式。

6.22.3 描述目的

读者能获悉银行产品凭据载体的处置信息。

6.22.4 描述建议

宜说明不再使用银行产品凭据载体时的安全且环保的处置方式,并在必要时列举不宜采用的处置方式。

示例1:将不再使用的USBKey当作垃圾丢弃可能既不环保也存在安全隐患。

示例2:将过期的银行卡磁条部分仅仅剪掉磁条部分的一角,可能存在着卡号和持卡人姓名泄露的风险。

示例3:将过期的银行卡用火烧,是一种可能危及人身安全且污染环境的处置方式。

6.23 支持币种

6.23.1 信息性质

应有。

6.23.2 描述内容

银行产品支持的币种。

6.23.3 描述目的

读者能获悉：

a) 银行产品支持何种币种；

b) 在何种情况下以何种币种提供服务；

c) 在提供多币种服务时，是否允许币种的转换。

示例 1：某银行提供的人民币定期存单支持的币种为人民币。

示例 2：某银行提供的多币种一本通产品，允许存入美元、欧元、英镑、港币，但各币种分别进行核算。

示例 3：某银行提供的双币种贷记卡，在境内消费时按照人民币进行核算，在境外消费时按照美元进行核算，且在自动还款时，按照当日的美元兑人民币的卖出价折算为人民币还款。

6.23.4 描述建议

在描述时应描述银行产品的币种与服务渠道、服务地域等相关实质性要素的关系。

在描述时应使用 GB/T 12406—2008 给出的币种名称。

对不同币种之间转换，应在服务费用中说明可能存在的汇率转换以及手续费，并应描述可能存在的汇率变动导致的额外支出。

若银行产品在交易中允许多个币种，但在收费时仅允许一种币种，应进行说明。

6.24 产品期限

6.24.1 信息性质

应有。

6.24.2 描述内容

银行产品的银行产品凭据载体、预期收益、服务费用等改变的期限。

6.24.3 描述目的

读者能获悉：

a) 银行产品凭据载体在何时需要进行更新以及如何进行更新；

b) 银行产品的预期收益在何时且满足何种条件会改变；

c) 银行产品的服务费用在何时且满足何种条件会改变。

示例 1：某银行贷记卡的卡片在到期后需要更换卡片，且在银行客户未特别声明的情况下，将按照银行客户在签约该银行产品时的约定，将贷记卡的卡片寄送到银行客户指定的地址；贷记卡卡片的更换，将使得作为服务凭据的卡面凸印信息与磁条卡的磁道信息均发生变更，但是这些变更并未使得该银行产品的预期收益与服务费用等变更。

示例 2：定期存单在到期后按照约定的利率计息，如果提前支取，会导致预期收益的改变。

示例 3：贷记卡的透支，在超过免息期后，会导致服务费用的改变。

6.24.4 描述建议

宜采用认可度较高的无二义性术语进行描述。

一个银行产品有多种期限的，应分别描述每种期限以及在期限前后引起的改变，特别应描述期限的起讫日期，必要时描述到起讫时间。

6.25 销售渠道

6.25.1 信息性质

应有。

6.25.2 描述内容

从银行客户的视角看,签约该银行产品时银行所允许的销售通道或途径。

6.25.3 描述目的

读者能够了解银行通过何种渠道与银行客户建立合约,使得客户可以获取该银行产品。

6.25.4 描述建议

宜采用非专业术语描述;除非无其他的替代方法,不宜采用专业术语描述。

提供银行产品的具体销售渠道,包括销售渠道的地域范围、销售渠道的类别。

6.26 服务渠道

6.26.1 信息性质

应有。

6.26.2 描述内容

在完成除签约银行产品外的实时交易或设定预约交易时,银行客户与银行产品受理银行进行信息交互的场所和方式。

6.26.3 描述目的

读者能获悉在何种信息交互场所通过何种信息交换方式使用银行产品,进而可判断银行产品与需求的吻合度。

6.26.4 描述建议

当银行产品的不同实时交易在不同的服务渠道使用时,宜按不同实时交易描述其特定渠道,且在各个服务渠道需使用何种服务凭据。尤其是一些银行产品的实时交易,某些情况下响应是银行端服务器给出的响应,往往可以称为联机交易;而某些情况下响应是银行的代理机构或设备给出的,往往可以称为脱机交易。脱机交易实际上也是实时的,如果银行产品凭据载体能够记载银行客户可用金额的情况下,其记载的银行客户的可用金额在完成脱机交易后已经减少了,而此时通过联机但没有该银行产品服务凭据载体介入的查询,客户在银行的对应账户的余额可能还没有变更,需要在该代理机构或设备与银行的服务器联机后才会变更。

示例 1:金融 IC 卡是银行产品凭据载体记载银行客户可用金额的情况下,可以脱机交易的例子。在金融 IC 卡执行了脱机交易后,其记载有银行产品服务凭据的卡片中记载的可用金额已经减少,但此时通过人工查询账户余额,会发现账户余额并未减少。

示例 2:以凸字记载银行产品凭据的信用卡是不能记载银行客户可用金额的例子。在凸印的信用卡进行脱机消费交易时,实际上信用卡账户对应的金额并未减少且信用卡本身也未记载可用的余额,如果在脱机交易的签购单入账前查询余额,则会发现余额并未因脱机消费而改变。

应注意服务渠道与银行产品服务时间的关系,使读者建立每个服务渠道都有特定银行产品服务时间的概念。

全球统一的服务渠道提供不同语言服务的,应在服务渠道中予以说明。

6.27 银行产品服务时间

6.27.1 信息性质

应有。

6.27.2 描述内容

银行产品涉及的服务渠道可正常完成实时交易或设定预约交易的时间范围。

注 1：不同的服务渠道可有不同的银行产品服务时间。

注 2：与银行产品服务时间相关的可能还有其他时间，如开放时间、实际起息时间、到期时间和赎回时间等，如产品涉及类似的时间，宜采用可有信息进行描述。

6.27.3 描述目的

读者能获悉银行产品何时能进行实时交易或设定预约交易。

6.27.4 描述建议

对每个时间段可给出一个适宜的惯常写法，以便于服务渠道引用和银行客户在咨询时引用。

示例 1：工作日工作时间就可作为一个惯常写法，其内容可与当地各行政机关、银行网点在工作日的工作时间一致，以便读者理解。

银行产品服务时间可以分为有人工介入和无人工介入两种情况，对无人工介入的银行产品服务时间，描述应尽量的精确，以避免由此产生的歧义。

示例 2：营业网点的银行产品服务时间为有人工介入的，在网点的非营业时间，即便信息系统支持，银行客户也不可能通过网点进行交易。

示例 3：网上银行的银行产品服务时间为无人工介入的，任何时间银行客户都可以访问，但如果银行产品不是按照无缝隙的 7×24 运行设计的，则可能会导致不能完成实时交易。

示例 4：对很多与证券相关的理财类产品，可能即便网上银行能正常运行，也不能完成实时交易；在这样的时间范围内是否可完成设定预约交易，则需明确提出。

6.28 销售地域

6.28.1 信息性质

应有。

6.28.2 描述内容

银行产品销售的地域。

注：销售地域与服务地域可以一致，也可以不一致。

示例：某银行国际信用卡仅在国内销售，但可在全球通用。

6.28.3 描述目的

读者能获悉在何地能签约该银行产品。

6.28.4 描述建议

销售地域在中华人民共和国境内的，宜按照中华人民共和国行政区划的方式给出；销售地域分布于全球的，宜按照国家及其所在国的行政区划的方式给出。

行政区划划分不满足销售地域描述需求的，可通过引用专门的销售机构名单说明。

不同的销售地域提供不同的语言服务的，应在销售地域中说明。

6.29 服务地域

6.29.1 信息性质

应有。

6.29.2 描述内容

银行产品涉及的服务渠道可正常完成实时交易或设定预约交易的服务地域。

注：不同的服务渠道可有不同的服务地域。

6.29.3 描述目的

读者能获悉银行产品在何地能进行实时交易或设定预约交易。

6.29.4 描述建议

服务地域在中华人民共和国境内的，宜按照中华人民共和国行政区划的方式给出；服务地域分布于全球的，宜按照国家及其所在国的行政区划的方式给出。

行政区划划分不满足服务地域描述需求的，可通过引用专门的服务机构名单说明。

不同的服务地域提供不同的语言服务的，应在服务地域中说明。

6.30 产品用途

6.30.1 信息性质

应有。

6.30.2 描述内容

该银行产品能够满足客户的什么需求。

6.30.3 描述目的

读者能够据此判断该银行产品是否可以满足自己的需求。

6.30.4 描述建议

应采用非专业术语描述，描述应力求准确、实际，不应夸大银行产品的作用。

不宜采用可能产生歧义的形容词和副词进行修饰；除非无其他的替代方法，不宜采用专业术语描述。

6.31 运作原理和流程

6.31.1 信息性质

宜有。

6.31.2 描述内容

银行产品的基本工作原理及在正常状态的运作流程。

6.31.3 描述目的

读者能够了解：

a) 银行产品在客户与银行之间的交互；

b) 银行产品在发行银行与外部机构的交互；

c) 银行产品在发行银行内部的处理。

6.31.4 描述建议

应按以客户视角为主的业务办理流程进行描述，并在增加银行客户对银行产品理解的目的下，描述银行内部处理流程和银行外部交互流程。

在引用另外银行产品的说明书来描述本银行产品时，应确保被引用的说明书可与本说明书一并获得。

在可能的情况下，宜在运作过程中描述产品的生命周期。

宜采用非专业术语描述，为能够表达清晰可使用流程图；除非无其他的替代方法，不宜采用专业术语描述。

6.32 预期收益

6.32.1 信息性质

应有。

6.32.2 描述内容

银行客户签约的单位银行产品，按日、周、月、年等合同（合约、契约）、银行产品章程、银行商业承诺指定的周期计算，能够给银行客户带来的收益。

6.32.3 描述目的

读者能够了解银行产品可能给银行客户带来的收益，并尽量理解这种可能性的概率。

6.32.4 描述建议

对不能给银行客户带来直接收益的银行产品，或者存在或有收益的情况，均应进行明确说明。

宜采用非专业术语描述；除非无其他的替代方法，不宜采用专业术语描述。

在关于某类银行产品有统一的预期收益分析时，可引用该分析文件。但在统一的分析文件是以专业术语撰写时，有必要采用非专业术语编制一个统一的分析文件，或分别在本说明书中采用非专业术语进行描述。

在预期收益的情况比较复杂时，宜用示例进行辅助说明。

6.33 服务费用

6.33.1 信息性质

应有。

6.33.2 描述内容

银行客户在使用银行产品的过程中，可能支付的各种费用。

6.33.3 描述目的

读者能够了解在使用银行产品的过程中，从银行客户的视角确定支付和可能支付的各种费用。

注 1：通过对服务费用的描述，使银行客户和社会公众了解收费的构成，避免银行乱收费。

注 2：本节描述的服务费用是面向客户的，并非面向银行的定价机制、成本核算和内部管理。

6.33.4 描述建议

宜采用非专业术语描述；除非无其他的替代方法，不宜采用专业术语描述。

服务费用宜分为三类进行描述：

a) 应收费用。即银行客户在使用银行产品过程中，除采用代偿方式外，确定会收取的费用。代偿方式是指在特定的条件下免除费用，或用另外的方式抵偿了应缴纳的费用。

示例 1：对签约代发工资的借记卡免除年费，是在特定条件下免除年费的代偿方式例子。

示例 2：对某些贷记卡，在一年内刷卡达到一定次数后免次年年费，是采用另外的方式抵偿了应缴纳的费用的例子。

b) 或有费用。即银行客户在使用银行产品的过程中，在需要完成特定的实时交易或约定交易时才会发生的费用。

示例 3：挂失手续费是只有在记载银行产品凭据的载体（例如银行卡、存折）丢失，并执行挂失交易时才会产生的费用。

c) 附加费用。即银行客户在使用银行产品的过程中，在某些特定的服务渠道上应用，而该服务渠道需要收取的费用。

注：一个服务渠道往往可能为多个银行产品提供服务，一个银行产品可在哪些服务渠道上使用，取决于银行产品的发行银行对银行产品的设计；即便是其他功能相同，但是可用的服务渠道不同的银行产品，甚至服务渠道相同，但是不同的实时交易限额不同的银行产品，都可能构成不同的银行产品。

示例 4：购买存储网上银行证书的 USBKey 的费用，可能对使用银行卡的客户来说，会看作银行卡的附加费用。

对在任何情况下都不会给银行客户带来上述三种费用的任何一种的情况，应明确写“无”。

若不同的费用采用不同的币种收取，或可选择缴费的币种，应进行明确说明。

6.34 风险分析

6.34.1 信息性质

应有。

6.34.2 描述内容

从银行客户的视角看，签约和使用该银行产品可能带来的风险。

6.34.3 描述目的

读者能够了解银行产品可能给银行客户带来风险。

6.34.4 描述建议

宜采用非专业术语描述；除非无其他的替代方法，不宜采用专业术语描述。

宜考虑使用该银行产品给银行客户带来的经济风险和信用风险，宜明确提示服务凭据及其存储介质泄露及被他人使用、银行产品的私人信息泄露、在使用银行产品操作过程中的误操作可能导致的经济风险；宜明确提示对银行产品的不当使用给银行客户带来的信用风险。

示例：在银行客户获得了贷款并约定了分期还款方式后，如在约定的期限到来之时，银行客户没有向约定的银行提供足额的分期还款金额，则即便在随后第二天提供了该金额，也可能在需要缴纳滞纳金的同时，产生了信用不良记录，并影响该银行客户今后签约涉及信用程度的银行产品。

6.35 注意事项

6.35.1 信息性质

宜有。

6.35.2 描述内容

从银行客户的视角看，签约该银行产品应注意的事项，这些注意事项可能与防范风险有关，也可能与方便对银行产品的使用有关，还可能与在银行产品提供的收益范围内获得更大收益有关。

6.35.3 描述目的

读者能够了解签约银行产品过程中应注意的事项。

6.35.4 描述建议

宜采用非专业术语描述；除非无其他的替代方法，不宜采用专业术语描述。

示例 1：与防范风险有关的一个例子是，对签约了借记卡的客户，如同时开通了该借记卡账户的动账短信提示，则可能随时了解账户的变动情况，以能够及时发现异常的账户动账。

示例 2：与方便对银行产品使用有关的一个例子是，如果客户签约了借记卡并用于转账，假定再同时办理了网上银行，则可方便地在任何具备互联网的场所执行转账，且不受银行柜台银行产品服务时间的限制。

示例 3：与银行产品提供的收益范围内获得更大收益的一个例子是，一个借记卡如果资金仅仅存放在活期账户，则只能获得活期存款利息，而如果根据预期的使用时间，存放在不同的定期存款账户，则可以获取更大收益。

6.36 相关产品

6.36.1 信息性质

宜有。

6.36.2 描述内容

相关产品的描述宜做到：

a） 提供与本银行产品具有相同的银行产品凭据，或具有不同的银行产品凭据但与本银行产品凭据存储在相同的载体中的银行产品的清单。

b） 可能使客户获得更大收益的银行产品清单。

6.36.3 描述目的

读者能够了解相同的银行产品凭据或银行产品凭据的载体还能够办理什么银行产品，以及能够方便地使用其他哪些银行产品。

6.36.4 描述建议

提供每个银行产品的产品编号、中文商业全称和产品用途，可对产品用途进行必要的简写。

6.37 术语解释

6.37.1 信息性质

宜有。

6.37.2 描述内容

在本说明书中涉及的术语。

6.37.3 描述目的

读者能够正确理解本说明书描述的内容。对如下的情况，宜对术语进行解释：

a) 该术语属于专门金融领域，在日常生活中不易遇到。
b) 该术语有多种解释，在本说明书中符合其中的一种。

6.37.4 描述建议

描述术语时，应注意如下的方面：

a) 如果术语只能引用术语描述才能准确，则应说明这一情况，并对引用的术语另条进行解释。
b) 对一个术语有多种含义而在本说明书仅使用了其中一种含义的术语，应进行明确的提示以降低误解的可能。
c) 在可能的情况下，宜采用例子喻示术语的含义，但应注意不能导致读者的误解。
d) 在描述术语时，如假定读者具有专门的金融学和货币银行学、信息技术方面的背景，则可提示这些术语与那些权威资料的含义一致；若这样的权威资料并不容易公开获得，则不应假定读者具有这样的专业背景。

7 展现要求

7.1 逻辑展现

说明书的逻辑展现宜采用 XML 格式，逻辑展现的基本框架见附录 B。

7.2 物理展现

7.2.1 基本要求

说明书宜根据其实际应用的需要，建立不同的物理展现方式。

物理展现应符合如下要求：

a) 物理展现应满足说明书的实际应用，这些应用包括但不限于：
    1) 采用计算机系统实现对说明书的存储、加工、传输；
    2) 与合作单位(例如代理银行、宣传机构)交换信息。
b) 物理展现应基于逻辑展现，不应出现与逻辑展现不能对应的要素。
c) 物理展现应充分考虑运行于计算机的应用系统所使用内码对数据长度的要求。

7.2.2 展示形式

说明书可采用电子或纸质方式展现，宜同时能提供电子和纸质版本，两者内容应一致。

采用电子方式展现的，应采用不可修改格式或修改后有明确痕迹的格式。

为了某种需要采用其他格式的，应确保不同格式的实质性内容之间的一致。

示例：为了宣传的需要采用视频模式或音频模式是其他格式的例子。在采用视频模式时，也可能将一些说明图形化或动画化。

7.2.3 排版要求

说明书要素标题和要素的描述内容应采用不同的字体或字号，要素标题应在视觉上比要素的内容更加醒目。

说明书要素标题应显著，宜单独占 1 行，所有的要素标题应采用相同的字体和字号。

要素的描述内容宜另起 1 行，首行右缩进两个汉字的距离。描述内容中特别强调的内容，易采用变换字体、加粗，前导警示图形等醒目的表示方式。同时，要注意避免由于滥用警示以导致的警示信息的有效性。

在使用图示时，图示与相应的文字应尽可能地排在一起，或排列在便于互相参照的位置。

当说明书使用多种语言印制时，每种语言都应被易于识别；如不能避免排在同一版面，则宜采用不同的底色、字体颜色以及字体进行区分。

在说明书超过 4 页时，应提供目录。

7.2.4 可读要求

读者的远、近裸视力均不低于 GB 11533—2011 规定的 5 分记录的 5.0 时，应不采取任何矫正措施即可看清纸质说明书的全部内容。

说明书采用电子方式提供的，应在显示设备上显示或按照指定的纸张尺寸打印后，能达到纸质说明书的可读要求。

在印制的说明书中的主要内容的字体小于(不含)五号时，在银行产品发行机构设有网站时，应在网站上提供说明书的下载，且下载的主要内容字号不应小于五号。

印制的说明书印刷的字体的颜色和纸张背景的颜色的对比度不宜小于 70%，且颜色的搭配应考虑到老年人和红绿颜色视觉障碍人士对内容的识别。

注：白纸上印制黑字时，其对比度约为 80%。

在双面印刷时，应确保一面印制的内容不会对阅读另一面的内容形成干扰。

7.2.5 警示要求

在说明书的各章节中，对需引起读者特别关注的内容，应采用加框、不同字体、不同颜色等排版方式，以引起读者的注意。

警示要求的内容宜简短、明确，其内容可与说明书的其他内容在逻辑上存在联系，但不必连续可读。

对涉及人身安全和重大财产安全的警示内容，宜单独在说明书的开篇列出。

7.2.6 信息重复

对涉及安全和正确操作的信息，在说明书中可进行必要的重复，以便读者能够方便地看到或加深对该类信息的印象。

7.3 版本管理

所有的说明书均应采取有效的版本控制措施，并在可获取说明书的场所标注当前的有效版本。

同一种银行产品同时采用多种方式展示的，包括采用电子方式的不同格式和纸质的不同尺寸、不同质地的，应在版本变更时同步进行变更。

附　录　A
（资料性附录）
实质性要素剪裁指南

A.1　概述

在银行产品说明书与本标准的六种一致性程度中，选择一致、扩充一致和增减一致实际上都涉及到了对银行产品说明书实质性要素的剪裁。

在网络和信息技术高速发展，“互联网＋”背景下的信息化银行可能不断对原有的银行产品进行调整或推出新的银行产品，在这些银行产品说明书中，很可能存在如下的情况：

——所需的实质性要素在本标准中并未描述；

——所需的实质性要素在本标准中描述了，但某些方面（例如描述目的）已经不再适用；

——在本标准中规定的应有要素在相当的范围内已经不再适用。

在遇到上述的情况时，本标准的应用者可参照本附录规定的内容对银行产品说明书的实质性内容进行剪裁，以得到对特定银行产品集更加适用的银行产品说明书描述规范，而不必在每个银行产品说明书中都对本标准的一致性进行分析。

同时，对剪裁内容的记载也将成为标准修订的重要信息来源。在本标准进行修订时，如果能够收集到日常积累的对标准中描述的实质性内容的剪裁结果及相应的分析，则可以促进本标准能够有效地持续改进。

A.2　建议的剪裁过程

为了有效提高剪裁的质量，使得经过剪裁后的实质性要素在本银行产品集中具有普遍适应性和稳定性，宜按照如下的过程进行剪裁：

a）通读本标准，如果必要，与标准的起草者或有经验的实践者对所有存疑进行讨论；

b）先按照等同一致组织编写说明书，编制应尽量考虑到本银行产品集中不同种类的银行产品，尽管本标准不对银行产品进行分类，也不试图构建一个银行产品模型，但本标准的应用者可能有一个自己的分类方式或模型，这些均可作为参照；

c）对相同和不同的银行产品，宜组织不同的人员进行编写，参与的人员和编写的数量宜能够反映该银行产品集的管理特征；

注：此处所提及的管理特征，可能包括管理文化和编制人员的能力。

d）对编写过程中认为难以编制的内容，应在编制的样本内确认其共性，并尽量确认与编制人员的能力无关；

e）对编制过程中认为需要扩充的内容，即增加的可有内容，应确认与现有的说明书实质性要素不存在明确的或潜在的冲突与不一致；

f）对编制出来的说明书草案，应由未参加编制的人员进行阅读，阅读人员应属于该银行产品的适用客户群，对适用客户群范围较大的情况，宜考虑职业与教育背景最接近银行专业的人士和与银行专业无关的人士，特别是应考虑老年人；

g）说明书读者通过阅读说明书对银行产品的理解，宜通过场景化的测试来进行验证；

h）在通过验证后，可以确认需要删除、增加和修改的说明书实质性要素的内容，编制剪裁报告，形成在本银行产品集内适用的模板；

i) 在后继的说明书编制工作中，可持续或阶段性地应用上述步骤，并持续改进适用于本银行产品集的说明书。在每次调整本银行产品集适用的模板后，应对已经编制出的产品说明书进行评审，以确保所有的说明书实质性要素的一致性。

A.3 建议的剪裁报告

在形成某一特定的银行产品集适用的说明书模板过程中，除了等同一致的情况，均应编制剪裁报告，剪裁报告应描述如下内容：

a) 适用的银行产品集；
b) 删除的说明书实质性要素。对每个涉及到的实质性要素，说明删除的理由；如涉及多个要素，则重复本项；
c) 修改的说明书实质性要素。对每个涉及到的实质性要素，应说明原有内容和改后内容，并说明改动理由和与其他实质性要素的关系；如涉及多个要素，则重复本项；
d) 增加的说明书实质性要素。对每个涉及到的实质性要素，应同时增加“信息性质”“描述内容”“描述目的”“描述建议”四个方面的内容，并说明增加理由和与其他实质性要素的关系；如涉及多个要素，则重复本项；
e) 剪裁过程。包括剪裁过程中遇到的不一致意见和处理方式。

附　录　B
（规范性附录）
银行产品说明书逻辑展现基本模型

B.1　范围

本附录给出了说明书逻辑展现的基本模型。

为了保持最大程度的兼容性，本附录中 XML 标签采用了英文；同时为了便于理解，采用注释描述了 XML 标签的对应中文。

B.2　XML 信息的组织

B.2.1　要素种类

银行产品说明书逻辑展现基本模型的 XML 报文包括简单要素和复合要素。

B.2.1.1　简单要素

在逻辑展现中，不含其他要素，即仅由文本、编码等组成的 XML 元素称为简单要素。

对简单要素通过属性描述其定义域。

在 XML 格式的描述中，简单要素的标签采用“s_”作为前缀。

B.2.1.2　复合要素

在逻辑展现中，包含其他要素的要素称为复合要素。

在 XML 格式的描述中，复合要素的标签采用“c_”作为前缀。

在没有必要展开复合要素包括的内容时，采用 XML 空元素的方式进行描述。

B.2.2　要素属性

每个要素均包括 Existence 属性，以描述该要素的必要性约定，允许的取值范围为：

——“M”，表示为银行产品说明书的应有要素；

——“P”，表示为银行产品说明书的宜有要素；

——“O”，表示为银行产品说明书的可有要素。

B.3　逻辑描述基本模型示例

银行产品说明书的逻辑展现基本模型如下：

```
〈? xml version="1.0" encoding="GB 18030"?〉
〈! -- 假定根元素为银行产品说明书 --〉
〈c_Description_for_banking_product〉
    〈! -- 产品编号 --〉
    〈s_ID_of_banking_product Existence="M" /〉
    〈! -- 说明书版本 --〉
```

〈s_Version_of_description Existence="M" /〉
〈! -- 中文商业全称--〉
〈s_ Commercial_name_in_chinese Existence="M" /〉
〈! -- 中文商业简称--〉
〈s_ Commercial_short_name_in_chinese Existence=“P” /〉
〈! -- 英文商业全称--〉
〈s_ Commercial_name_in_english Existence=“P” /〉
〈! -- 英文商业简称--〉
〈s_ Commercial_short_name_in_english Existence=“P” /〉
〈! -- 专业名称 --〉
〈s_Professional_name Existence="M" /〉
〈! -- 产品发行机构统一社会信用代码 --〉
〈s_Social_credit_code_of_issuing_bank Existence="P" /〉
〈! -- 产品发行机构金融机构代码 --〉
〈s_Financial_organization_code_of_issuing_bank Existence="M" /〉
〈! -- 产品发行机构中文全称 --〉
〈s_Full_name_of_issuing_bank Existence="M" /〉
〈! -- 产品发行机构 LEI 编码 --〉
〈s_LEI _of_issuing_bank Existence=“P” /〉
〈! -- 产品发行机构联系地址 --〉
〈s_Address_of_issuing_bank Existence="M" /〉
〈! -- 产品发行机构联系电话号码 --〉
〈s_Tel_No_of_issuing_bank Existence="M" /〉
〈! -- 产品发行机构网页地址 --〉
〈s_Website_of_issuing_bank Existence="M" /〉
〈! -- 产品发行机构联系电子邮件地址 --〉
〈s_Email_of_issuing_bank Existence="M" /〉
〈! -- 产品发行机构网上即时联系号码 --〉
〈s_IM_No_of_issuing_bank Existence=“P” /〉
〈! -- 适合客户--〉
〈s_Suiting_customer Existence="M" /〉
〈! -- 银行产品凭据--〉
〈s_Credential_of_banking_product Existence="P" /〉
〈! -- 银行产品凭据载体的保管、清洁与维护--〉
〈s_Maintaining_of_credential_of_banking_product Existence=“P” /〉
〈! -- 银行产品凭据载体的更换--〉
〈s_Renewal_of_credential_of_banking_product Existence=“P” /〉
〈! -- 银行产品凭据载体的能源--〉
〈s_Energy_of_carrier_of_credential Existence=“P” /〉
〈! -- 银行产品凭据载体的处置--〉
〈s_Disposal_of_credential_of_banking_product Existence=“P” /〉
〈! -- 支持币种--〉
〈s_Currencies Existence="M" /〉

〈! -- 产品期限--〉
〈s_Product_time_limits Existence="M" /〉
〈! -- 销售渠道 --〉
〈s_Channel_of_distribution Existence="M" /〉
〈! -- 服务渠道--〉
〈s_Channel_of_service Existence="M" /〉
〈! -- 银行产品服务时间 --〉
〈s_Period_of_service Existence="M" /〉
〈! -- 销售地域 --〉
〈s_Region_of_vendition Existence="M" /〉
〈! -- 服务地域 --〉
〈s_Region_of_service Existence="M" /〉
〈! -- 产品用途 --〉
〈s_Use_of_product Existence="M" /〉
〈! -- 运作原理和流程 --〉
〈s_ Fundamental_business_procedure Existence="P" /〉
〈! -- 预期收益 --〉
〈s_Expected_gains Existence="M" /〉
〈! -- 服务费用 --〉
〈s_Fees_of_service Existence="M" /〉
〈! -- 风险分析 --〉
〈s_Risks_analysis Existence="M" /〉
〈! -- 注意事项 --〉
〈s_Matters_needing_attention Existence=“P” /〉
〈! -- 相关产品 --〉
〈s_Relevant_products Existence=“P” /〉
〈! —术语解释 --〉
〈s_Terms_explaining Existence=“P” /〉
〈/c_Description_for_banking_product〉

参 考 文 献

[1] GB 5296.1—2012 消费品使用说明 第1部分:总则
[2] GB/T 7408—2005 数据元和交换格式 信息交换 日期和时间表示法
[3] GB/T 13745—2009 学科分类与代码
[4] GB/T 21737—2008 为消费者提供商品和服务的购买信息
[5] ISO/IEC GUIDE 37:2012 Instructions for use of products by consumers

ICS 03.060
A 11

中华人民共和国国家标准

GB/T 32320—2015

银行营业网点服务基本要求

Basic requirements of bank branches services

2015-12-28 发布　　2016-06-01 实施

中华人民共和国国家质量监督检验检疫总局
中国国家标准化管理委员会　发布

前　言

本标准按照GB/T 1.1—2009给出的规则起草。

本标准由中国人民银行提出。

本标准由全国金融标准化技术委员会(SAC/TC 180)归口。

本标准起草单位:中国标准化研究院、中国金融电子化公司、中国工商银行、中国农业银行、中国建设银行、中国银行、富滇银行、广东省农村信用社、恒丰银行、北京银行、招商银行、东亚银行、中金国盛认证中心、中国银行业协会、中国消费者协会。

本标准主要起草人:曾毅、陆书春、邬向阳、陈文雄、曹俐莉、杨倩、郑楚琳、赵志兰、郝彬、张笑临、陈鸿、孙春国、陈华、陈德、李林怡、祖梅、郑雪飞、杨敏、江伟、吴增忠、梁剑宇、李欣、郭润霞、王东升、万福军、章倍、王迪、陈静、焦娇、辛永泉、陈远年、陈剑、李涵、侯非、杨朔、张雨辰。

银行营业网点服务基本要求

1 范围

本标准规定了银行营业网点服务环境、服务功能、服务管理、消费者权益保护等基本内容。

本标准适用于固定银行营业网点的服务提供，对于社区银行、离行式自助银行等创新型网点，可部分参照本标准中关于硬件设施配置的相关要求。

2 规范性引用文件

下列文件对于本文件的应用是必不可少的。凡是注日期的引用文件，仅注日期的版本适用于本文件。凡是不注日期的引用文件，其最新版本(包括所有的修改单)适用于本文件。

JR/T 0068 网上银行系统信息安全通用规范

3 术语和定义

下列术语和定义适用于本文件。

3.1

银行营业网点 bank branches

由监管部门认可并颁发《金融许可证》和《营业执照》、面向社会提供银行金融服务的独立营业场所。

3.2

客户异议 customer dissent

客户在银行营业网点体验金融服务过程中对银行服务人员、银行产品、银行服务流程、银行服务设施等方面提出的不同表达。

4 服务环境

4.1 网点标识

银行营业网点应在内外部设置显著的网点标识使公众易于识别，相关要求如下：

——各种标识应规范统一，无污渍、无破损，以中文为主，特殊情况可加注其他语言；

——内部功能分区应标识清晰、标注得体、指引明确；

——外部标识应明示机构名称、营业时间、业务范围等相关信息；

——夜间营业的网点外部标识应亮度适中，易于客户辨识。

4.2 环境设施

银行营业网点应创造安全、舒适、有序、整洁、明亮的服务环境，方便客户办理业务，相关要求如下：

——应保持环境整洁，无安全隐患、无卫生死角、无杂物摆放，保证客户出入通畅；

——设置的电子显示屏、宣传橱窗等，应保持整洁，宣传内容准确严谨、更新及时，营业时间正常显示、播放；

——宜为客户提供机动车和非机动车位或相应功能的服务；

——应设置满足要求的无障碍设施或服务，宜设置无障碍通道，为特殊群体客户进出网点提供便利；
——宜设置卫生间等设施方便排队等候的客户；
——应配置必要的安全提示或相同功能的设施，如“小心台阶”“带好随身物品”等；
——应安置监控设施，监控内外部关键区域，监控录像应定期保存；
——应提供座椅、书写工具等必要的便民服务设施；
——应配置供客户使用的具备防伪功能的点验钞机，点验钞机应设置于监控系统范围内，无遮挡；
——提供的自助服务设备应使用便利，并根据摆放位置应有防窥和应急联络措施，宜有遮阳、免淋措施；
——应设置柜台间隔断、一米线等相同功能的设施或提示，保护客户信息安全；
——呼叫系统、视频播放设备以及柜面窗口的语音对讲装置等应工作正常，播放音量适中；
——应配备具有安全保卫职责的人员，营业时间内连续在岗，履行职责。

4.3 信息公示

银行营业网点应根据监管部门和上级机构的要求，公示相关信息，便于客户及时了解情况，相关要求如下：
——应明示《金融许可证》《营业执照》等资质证照，涉及变更的应及时更新；
——应明示服务收费价格、实时利率以及有关部门规定需要明示的相关信息；
——采用折页架、宣传栏等方式宣传业务时，应保持资料充足、摆放整齐，内容合规、更新及时；
——以电子屏等方式公示信息的，应播放正常、翻页及时；
——在醒目位置公布热线服务电话、安全提示等服务信息。

5 服务功能

5.1 概述

银行营业网点可根据实际情况选配咨询引导服务、自助服务、柜面服务、理财服务、智能服务等多样化服务功能。

5.2 咨询引导服务

咨询引导服务包括回复客户问询，协助客户准备业务办理所需材料，引导客户选择适当的服务渠道，引领客户到相应的服务区域，高效满足客户的服务需求，使客户顺利办理业务，相关要求如下：
——宜有服务人员值守，热情接待客户，主动询问需求，引导分流、维护秩序；
——服务人员应熟知业务种类、产品特性、办理流程等，准确熟练服务客户；
——应提供数量充足的客用单证及常用业务填单模板，或通过免填单系统等辅助手段，辅导和帮助客户做好相关应用；
——提供必要的客户休息等候区域及设施；
——应有必要的缓解、避免客户排长队的功能设施与工作措施。

5.3 自助服务

自助服务是指客户利用自助柜员机、电话银行等各类自助设备自助完成的服务。银行营业网点应重视发挥自助服务对缓解柜面服务压力、提升服务效率的重要作用。自助服务相关要求如下：
——应配置数量充足、功能丰富、方便易用、保护隐私的自助设备；
——自助设备应在显著位置明示设备名称、主要功能、服务时间和安全提示等；

——应为客户使用自助设备提供必要的辅导和帮助；

——应建立常态监控、巡查、维护机制，保障机具的正常运行和有效服务，对于临时出现故障的设备应及时提示、及时修复；

——24小时运营的自助设备应有响应及时的应急呼叫装置，宜设置安全舱或相当功能的设施保护客户隐私及安全。

5.4 柜面服务

银行营业网点要合理的配置柜台与人员，向客户提供合规、准确、高效、便利的柜面服务，相关要求如下：

——应有与业务量匹配的柜台配置、灵活的人员排班和必要的资源投入，按照监管要求向客户提供合规、高效、安全的柜面服务；

——柜台间宜有必要的视线遮挡，保护客户隐私；

——柜面服务人员应热情接待客户，熟练受理业务，服务信息告知充分，服务需求解决及时；

——柜面服务人员操作过程应在被服务客户视线或监控范围之内，保存期内的监控录像可随时调阅；

——柜面服务人员应遵循先外后内原则，不可因轧账或处理内部事务而随意停办业务。

5.5 理财服务

银行营业网点要通过理财服务努力让客户的金融资产实现保值、增值。理财服务相关要求如下：

——理财服务人员应具备相应的专业资质或能力，根据客户需求提供相应服务；

——理财服务应充分了解客户的理财需要、风险偏好等，准确评估客户需求、做好风险揭示及收费提示，为客户提供适合的服务；

——理财服务的服务过程应进行监控记录，保存期内可随时调阅。

5.6 智能服务

银行营业网点智能服务是指网点通过智能设备的组合及网络技术应用，客户自助办理为主、网点服务人员现场或远程服务为辅的金融服务模式。智能服务相关要求如下：

——智能服务应通过互联网金融服务的广泛应用，新技术新设备的多样组合，扩充金融产品搭配的自由性，为客户提供多样、体贴的服务体验，满足客户个性化的金融服务需求；

——智能服务应本着体验优先原则，通过基于创新性的持续优化业务流程、调整布局分区及流程设计，全面增强网点服务效能，提升业务处理效率和客户体验；

——通过网络技术提供服务的，其安全性应满足JR/T 0068的要求；

——开展智能服务的网点应尊重客户的使用意愿，主动辅导、因势利导地推动应用。

6 服务管理

6.1 服务制度

银行营业网点应建立健全科学合理的客户服务管理制度及服务质量考评机制，并定期开展主题活动和培训学习，确保制度落实，相关要求如下：

——应规范网点客户服务流程、岗责要求，明确服务标准；

——应定期组织网点员工进行制度学习，开展应急演练、技能培训和主题教育，确保服务制度落到实处；

——应建立科学合理的网点服务质量考评机制。

6.2 服务规范

6.2.1 仪容仪表

银行营业网点员工应着职业装,以规范的仪容仪表上岗服务。仪容仪表相关要求如下:

——网点员工应统一着装,佩戴工号牌上岗;衣着整洁,礼仪规范;

——网点员工应友善对待客户,行为文明、举止大方,与客户的沟通亲切友好;

——驻点非银行工作人员应按规定着装,佩戴相应工作标识,并与银行营业网点人员有明显区分,服务行为应符合网点服务规范要求。

6.2.2 服务用语

银行营业网点员工应坚持文明用语,礼貌待客。服务用语相关要求如下:

——应提倡网点员工使用普通话,必要时可提供方言、英语及手语服务,努力为各类客户创造无障碍沟通环境;

——网点员工与客户交流时应使用文明用语,语言贴切、语句清晰、语速音量适中、语气亲切。

6.2.3 服务纪律

银行营业网点应有严格的服务纪律和服务规范,要求和约束全员做好文明规范服务。服务纪律相关要求如下:

——应严格执行各项业务操作规程,按制度规定受理、处理业务;

——应严格按照对外公示的时间营业,未经上级机构批准,不得中途或提前停止营业,如有特殊情况,应事先对客户进行公告;

——应坚持优先服务客户的原则,营业中员工因故需要离开柜台暂停业务时应以提示牌等方式及时告知客户,妥善引导客户到其他柜台办理业务。

6.3 服务效率

银行营业网点应结合实际,加强引导分流,强化员工技能,全面提升网点服务效率,相关要求如下:

——应灵活排班,设置弹性柜台或服务窗口,根据业务流量合理调配网点资源;

——应定期对网点员工进行技能培训,提高员工技能熟练程度,提升服务效率;

——宜对客户进行客流高低峰时段的提示,方便客户灵活选择办理业务的时段;

——宜通过主动识别、引导分流客户,提高柜面业务办理效率,减少客户等待时间。

7 消费者权益保护

7.1 客户异议处理

银行营业网点应畅通客户异议受理渠道,明确客户异议处理流程,及时处理客户异议,满足客户合理诉求,并通过认真分析总结客户异议涉及的问题持续改进服务。客户异议处理相关要求如下:

——应采取有效措施使客户清楚了解异议处理的程序、渠道、方法及预计处理时间;

——应坚持首问负责制,对客户异议快速响应、及时处理;

——应安排专人管理客户异议处理工作;

——应在规定的时限内对客户异议进行受理、处理及反馈;

——应建立并妥善保管客户异议处理的相关资料,严格维护客户的合法权益;

——应及时进行客户异议分析,持续改进流程及经营管理等方面的不足,不断提高网点服务水平;

——客户异议处理的相关资料，规定期限内应妥善保存，以备查阅，超过规定期限的，应妥善销毁。

7.2 权益保障

客户在业务办理过程中，享有法律所规定的各项合法权益。权益保障相关要求如下：

——网点应采取措施保护客户人身、财产安全，如提供安全保卫或相应设施装置、做出风险提示等；

——网点在销售金融产品或提供金融服务时，应以显著方式披露风险等信息，产品合同应简洁易懂；

——网点应完善信息安全保护措施，确保个人金融信息在收集、传输、加工、保存、使用等环节中依法合规、不被泄露；

——网点销售金融产品或提供金融服务时，应尊重客户的自主选择权和公平交易权，不得误导销售、强制交易，不得无故拒绝客户提出的合理业务需求；

——网点应提供《客户意见簿》等客户表达意见的渠道。

7.3 服务收费

银行营业网点应根据监管部门及政府价格管理部门的规定，合理定价、合规收费，相关要求如下：

——网点收费应遵循公开、诚信原则，广泛接受社会监督；

——网点收费应严格按照监管要求执行统一定价制度，公示收费目录和标准；

——网点在为客户提供服务之前，应告知相关服务项目及价格。

7.4 金融知识宣传普及

银行营业网点应面向消费者群体广泛开展多种形式的金融知识宣传普及，帮助消费者提升金融消费意识和能力，相关要求如下：

——应积极主动采取多种形式开展金融知识宣传普及活动，增进公众对金融知识的了解，提升公众的金融风险意识，树立科学的金融消费观念；

——应建立畅通的咨询服务渠道，及时答复客户疑问，为客户全面介绍产品和服务，提高金融客户识别风险和自我保护能力，并形成长效机制。

ICS 21.100.20
J 11

中华人民共和国国家标准

GB/T 32321—2015

滚动轴承　密封深沟球轴承
防尘、漏脂及温升性能试验规程

Rolling bearings—Sealed deep groove ball bearings—Performance test rule of dustproofing, grease leakage and temperature rise

2015-12-31 发布　　2016-04-01 实施

中华人民共和国国家质量监督检验检疫总局
中国国家标准化管理委员会　发布

前　言

本标准按照 GB/T 1.1—2009 给出的规则起草。

本标准由中国机械工业联合会提出。

本标准由全国滚动轴承标准化技术委员会(SAC/TC 98)归口。

本标准起草单位:洛阳轴承研究所有限公司。

本标准主要起草人:张伟、郑志功、张振潮。

滚动轴承　密封深沟球轴承
防尘、漏脂及温升性能试验规程

1　范围

本标准规定了外形尺寸符合 GB/T 276 中直径系列 0、2、3，公称内径 $d \leqslant 60$ mm 的一般用途密封深沟球轴承（两面带密封圈或两面带防尘盖）（以下简称密封球轴承）的防尘、漏脂及温升性能试验规程。其他类型、尺寸系列和尺寸范围的轴承可参照使用。

本标准适用于密封球轴承在试验设备上进行的防尘、漏脂及温升性能试验。

2　规范性引用文件

下列文件对于本文件的应用是必不可少的。凡是注日期的引用文件，仅注日期的版本适用于本文件。凡是不注日期的引用文件，其最新版本（包括所有的修改单）适用于本文件。

GB/T 276　滚动轴承　深沟球轴承　外形尺寸

GB/T 2479　普通磨料　白刚玉

GB/T 2828.1　计数抽样检验程序　第 1 部分：按接收质量限（AQL）检索的逐批检验抽样计划

SH/T 0336　润滑脂杂质含量测定法（显微镜法）

3　术语和定义

下列术语和定义适用于本文件。

3.1

密封球轴承的防尘性能　dustproofing performance of sealed ball bearings

密封球轴承在运转过程中防止外界灰尘侵入轴承腔内部的能力。

3.2

防尘性能试验　dustproofing performance test

将密封球轴承置于特定的灰尘环境中，在规定的试验条件下运转，根据外界灰尘侵入轴承腔内部的情况判定其防尘性能的试验。

3.3

密封球轴承的漏脂性能　grease leakage performance of sealed ball bearings

密封球轴承在运转过程中防止轴承腔内润滑脂泄漏到轴承外部的性能。

3.4

漏脂性能试验　grease leakage performance test

密封球轴承在规定的试验条件下运转，根据轴承腔内润滑脂泄漏情况来判定其防漏脂性能的试验。

3.5

密封球轴承的温升性能　temperature rise performance of sealed ball bearings

密封球轴承在运转过程中其外圈外表面最高温度高出环境温度的程度。

3.6

温升性能试验　temperature rise performance test

密封球轴承在规定的试验条件下运转,根据外圈外表面实测温度与环境温度之差判定其温升性能的试验。

4　符号

GB/T 2828.1 给出的以及下列符号适用于本文件。

N:样本容量

n_0:接触式密封球轴承的极限转速,r/min

V:防尘性能试验灰尘介质箱的有效空间容积,mL

5　试验准备

5.1　轴承样品

5.1.1　在经检验合格的同型号、同批次密封球轴承成品中随机抽取样品。

5.1.2　每项试验各抽样 12 套,试验样本容量 $N=8$,其余 4 套供分析及备用。

5.1.3　在轴承样品的端面分项逐套编写项目号和序号。

5.1.4　在各项试验前将轴承样品表面擦拭干净,不应有油污和尘埃。

5.2　灰尘介质

5.2.1　防尘性能试验用灰尘介质为符合 GB/T 2479 规定的粒度标记为 F240(微粉)的白刚玉。

5.2.2　灰尘介质在 110 ℃±10 ℃的烘干箱中烘 1 h 后,放入干燥器内冷却。

5.2.3　冷却后的灰尘介质用干净的量杯计量。

5.3　称质量

5.3.1　漏脂性能试验用天平应定期检定并合格,其称量范围及精度应能满足试验要求。

5.3.2　漏脂性能应在试验前称量试前轴承样品质量。

5.4　测温仪器

温升性能试验测温仪器应定期检定并合格,其测温范围及精度应能满足试验要求。

5.5　试验主体组装

5.5.1　与轴承样品内径配合的试验主轴直径公差选用 g5,与轴承样品外径配合的轴承座孔的直径公差选用 H6。

5.5.2　试验主体各零部件应清洗干净,组装后应符合装配图样的技术要求。

5.5.3　轴承样品应正确安装,且不应敲碰密封圈或防尘盖,防止其产生变形。

5.5.4　轴承样品安装后应旋转灵活,无阻滞。

6　试验条件

6.1　试验设备为通过定期检定并合格的密封轴承试验机。

6.2　轴承样品的防尘、漏脂、温升性能试验条件分别按表 1、表 2 和表 3 选取。试验转速误差应≤2%,

试验载荷误差应≤2%。

6.3 其他类型、尺寸系列和尺寸范围的轴承样品的试验转速可参照表1、表2和表3选取，漏脂、温升性能试验的载荷可按轴承基本额定动载荷的1%～2%选取。

6.4 防尘性能试验灰尘介质箱的有效空间容积不应小于500 mL，填灰量应按表1的规定添加，并应使轴承样品两面均匀受尘。

6.5 防尘性能试验灰尘介质箱的旋转方向应与轴承样品的旋转方向相反。

表1 防尘性能试验条件

轴承公称内径 d mm		试验转速 r/min	灰尘介质箱			环境温度 ℃	试验时间 h
			填灰量 mL		转速 r/min		
>	≤		接触式、非接触式密封球轴承	带防尘盖密封球轴承			
—	10	$0.3n_0$	0.4%V	0.2%V	50	10～30	6
10	20		0.4%V	0.2%V			
20	30		0.5%V	0.25%V			
30	40		0.6%V	0.3%V			
40	50		0.6%V	0.3%V			
50	60		0.7%V	0.35%V			

注：非接触式密封球轴承和带防尘盖密封球轴承的极限转速均按同一外形尺寸的接触式密封球轴承的极限转速 n_0 选取。

表2 漏脂性能试验条件

轴承公称内径 d mm		试验转速 r/min	试验载荷 N				环境温度 ℃	试验时间 h
			直径系列0		直径系列2、3			
>	≤		径向	轴向	径向	轴向		
—	10	$0.3n_0$	69	0	98	0	10～30	6
10	20		78	0	196	0		
20	30		147	0	294	0		
30	40		245	0	392	0		
40	50		314	0	490	0		
50	60		431	0	588	0		

注：同表1注。

表 3 温升性能试验条件

轴承公称内径 d mm		试验转速 r/min	试验载荷 N				环境温度 ℃	试验时间 h
			直径系列 0		直径系列 2、3			
>	≤		径向	轴向	径向	轴向		
—	10	$0.75n_0$	69	0	98	0	10～30	6
10	20		78	0	196	0		
20	30		147	0	294	0		
30	40		245	0	392	0		
40	50		314	0	490	0		
50	60		431	0	588	0		
注：同表 1 注。								

7 试验过程

7.1 防尘、漏脂及温升性能试验中，应随时观察轴承样品运转情况。出现异常振动、噪声及其他异常现象时，应及时停机。

7.2 凡因试验设备、仪器故障或操作不当造成轴承样品失效时，应从备用样品中依次补做试验。

7.3 温升性能试验，一般应连续记录轴承样品的温度及环境温度。

7.4 漏脂、温升性能试验应在有载荷的情况下启动和停机。

8 试验结果

8.1 防尘性能试验

防尘性能试验后将轴承样品外部附着的灰尘介质和漏出的润滑脂擦拭干净。用专用工具将轴承样品的密封圈或防尘盖拆掉，按 SH/T 0336 的规定分别从其两端均匀取润滑脂样检查灰尘侵入量。

单套轴承样品中润滑脂样平均单位体积的灰尘量按式(1)计算：

$$X = \frac{A \times 400}{10} \quad \cdots\cdots(1)$$

式中：

X ——平均单位体积的灰尘量，个/cm^3；

A ——10 个润滑脂样中灰尘量的总和，个/cm^3；

400——观测润滑脂样的体积(0.002 5 cm^3)换算到 1 cm^3 的系数；

10 ——取样次数。

注：轴承样品试验前平均灰尘量可忽略不计，单套轴承样品试验后平均灰尘量即为该套轴承样品的灰尘侵入量。

8.2 漏脂性能试验

漏脂性能试验后将轴承样品外部漏出的润滑脂和油污擦拭干净，称量试验后轴承样品质量，并用专用工具将密封圈或防尘盖拆掉，清洗轴承样品内部及密封圈或防尘盖上的润滑脂，待干燥后再称量轴承样品的净质量(包括密封圈或防尘盖)。

单套轴承样品的漏脂率按式(2)计算:

$$\text{单套轴承样品的漏脂率} = \frac{\text{单套轴承样品的漏脂量}}{\text{单套轴承样品的填脂量}} \times 100\% \qquad \cdots\cdots\cdots\cdots(2)$$

式中:

单套轴承样品的漏脂量=试前轴承样品质量-试后轴承样品质量;

单套轴承样品的填脂量=试前轴承样品质量-轴承样品净质量。

8.3 温升性能试验

轴承样品的温升为轴承样品外圈外表面实测温度与该时刻环境温度之差,单套轴承样品的温升为试验时间内轴承样品实测温升的最大值。

8.4 试验判定

8.4.1 轴承样品的防尘、漏脂、温升性能应逐套分别按表4的规定进行判定。

表4 防尘、漏脂及温升性能试验判定

防尘性能试验灰尘侵入量 个/cm^3 ≤		漏脂性能试验漏脂率 % ≤		温升性能试验温升 ℃ ≤	
非接触式、带防尘盖密封球轴承	接触式密封球轴承	非接触式、带防尘盖密封球轴承	接触式密封球轴承	非接触式、带防尘盖密封球轴承	接触式密封球轴承
80 000	16 000	10	5	45	55

8.4.2 轴承样品在试验过程中出现密封圈或防尘盖脱落、外圈密封槽处漏脂、密封圈或防尘盖与外圈发生相对转动,均应判定该套轴承样品该项性能不合格。

8.4.3 密封球轴承防尘、漏脂及温升性能的试验判定按GB/T 2828.1的规定,采用正常检验一次抽样方案,样本量 $N=8$,接收质量限AQL为6.5,每项试验的接收数Ac为1,拒收数Re为2。

ICS 21.100.20
J 11

中华人民共和国国家标准

GB/T 32322.1—2015/ISO 12090-1:2011

滚动轴承 直线运动滚动支承成型导轨副 第1部分:1、2、3系列外形尺寸和公差

Rolling bearings—Profiled rail guides for linear motion rolling bearings—Part 1: Boundary dimensions and tolerances for series 1,2 and 3

(ISO 12090-1:2011,IDT)

2015-12-31 发布 2016-04-01 实施

中华人民共和国国家质量监督检验检疫总局
中国国家标准化管理委员会 发布

前　言

GB/T 32322《滚动轴承　直线运动滚动支承成型导轨副》分为两个部分：

——第1部分：1、2、3系列外形尺寸和公差；

——第2部分：4、5系列外形尺寸和公差。

本部分为GB/T 32322的第1部分。

本部分按照GB/T 1.1—2009给出的规则起草。

本部分使用翻译法等同采用ISO 12090-1:2011《滚动轴承　直线运动滚动支承成型导轨副　第1部分：1、2、3系列外形尺寸和公差》。

与本部分中规范性引用的国际文件有一致性对应关系的我国文件如下：

——GB/T 4199—2003　滚动轴承　公差　定义(ISO 1132-1:2000,MOD)

——GB/T 6930—2002　滚动轴承　词汇(ISO 5593:1997,IDT)

——GB/T 7811—2015　滚动轴承　参数符号(ISO 15241:2012,IDT)

——GB/T 29719—2013　滚动轴承　直线运动滚动支承　词汇(ISO 24393:2008,IDT)

本部分由中国机械工业联合会提出。

本部分由全国滚动轴承标准化技术委员会(SAC/TC 98)归口。

本部分起草单位：洛阳轴承研究所有限公司、浙江精久轴承有限公司、山东凯美瑞轴承科技有限公司、中山市盈科轴承制造有限公司、洛阳轴研科技股份有限公司。

本部分主要起草人：马素青、姚勇伟、燕敬祥、张世玉、刘静、李松。

滚动轴承 直线运动滚动支承成型导轨副 第1部分:1、2、3系列外形尺寸和公差

1 范围

GB/T 32322的本部分规定了1、2、3系列直线运动滚动支承成型导轨副的外形尺寸和公差。

成型导轨副由成型导轨和滑块组成,滑块能承受垂直方向的载荷和绕所有轴线的力矩。这些成型导轨副的内部结构由制造厂确定。

成型导轨副可由一条导轨一个滑块或一条导轨几个滑块组成,因此,这些零件的组合及互换要求应符合制造厂的规定。

2 规范性引用文件

下列文件对于本文件的应用是必不可少的。凡是注日期的引用文件,仅注日期的版本适用于本文件。凡是不注日期的引用文件,其最新版本(包括所有的修改单)适用于本文件。

ISO 1132-1 滚动轴承 公差 第1部分:术语和定义(Rolling bearings—Tolerances—Part 1: Terms and definitions)

ISO 5593 滚动轴承 词汇(Rolling bearings—Vocabulary)

ISO 15241 滚动轴承 参数符号(Rolling bearings—Symbols for quantities)

ISO 24393 滚动轴承 直线运动滚动支承 词汇(Rolling bearings—Linear motion rolling bearings—Vocabulary)

3 术语和定义

ISO 1132-1、ISO 5593和ISO 24393界定的以及下列术语和定义适用于本文件。

3.1

直线导轨副 linear rail guide

成型导轨副 profiled rail guide

〈单轨引导系统〉由成型导轨和一个或多个球滑块或滚子滑块组成的直线运动滚动支承单元。

注:根据ISO 24393:2008,定义02.02.01修改。

3.2

球滑块成型导轨副 ball carriage profiled rail guide

由一个或多个球滑块和成型导轨组成的直线导轨副。

[ISO 24393:2008,定义02.02.03]

注:由于球滑块具有循环球特性,因此移动长度(行程)不受限制。

3.3

滚子滑块成型导轨副 roller carriage profiled rail guide

由一个或多个滚子滑块和成型导轨组成的直线导轨副。

[ISO 24393:2008,定义02.02.04]

注:由于滚子滑块具有循环滚子特性,因此移动长度(行程)不受限制。

3.4

球滑块　ball carriage

为实现沿成型导轨作无限运动而设计的由球滑块体和若干条球循环封闭回路组成的直线支承组件。

[ISO 24393:2008，定义 03.01.02]

3.5

滚子滑块　roller carriage

为实现沿成型导轨作无限运动而设计的由滚子滑块体和若干条滚子循环封闭回路组成的直线支承组件。

[ISO 24393:2008，定义 03.01.03]

3.6

成型导轨　profiled rail

具有成型截面并包含若干条滚道的导轨，球滑块或滚子滑块沿其往复移动。

注：根据 ISO 24393:2008，定义 04.01.15 修改。

3.7

滑块公称宽度　nominal carriage width

A

滑块两侧面间的距离。

3.8

滑块的基准面　reference face of a carriage

由导轨副制造厂指定作为基准面的滑块面，也可作为测量基准。

3.9

成型导轨的基准面　reference face of a profiled rail

由导轨副制造厂指定作为基准面的成型导轨面，也可作为测量基准。

3.10

滑块基准面与导轨基准面间的公称距离　nominal distance between the reference face of carriage and the reference face of the rail

A_1

成型导轨副滑块与导轨两基准面间的距离。

3.11

一个导轨上几个滑块的基准面与成型导轨基准面间距离的偏差　deviation of the distance between the reference faces of several carriages on one rail and profiled rail

Δ_{A1}

同一导轨上几个滑块基准面间的尺寸差，在导轨同一点与几个滑块基准面的中心点之间测量。

3.12

几个导轨上几个滑块基准面与成型导轨基准面间距离的变动量　variation of the distance between the reference faces of several carriages on several rails and profiled rail

V_{A1}

几个导轨上几个滑块基准面间的尺寸变动量，在导轨任一点与几个滑块基准面中心点之间测量。

注：几个导轨上几个滑块基准面间距离的变动量按式(1)计算：

$$V_{A1} = A_{1\max} - A_{1\min} \quad \cdots\cdots(1)$$

式中：

$A_{1\max}$——滑块基准面与导轨基准面间的最大距离；

A_{1min}——滑块基准面与导轨基准面间的最小距离。

3.13

滑块公称长度　nominal carriage length

B

被指定的用于限制滑块长度的两端面间的距离。

3.14

成型导轨副的公称高度　nominal height of profiled rail guide

H

成型导轨底面与滑块顶面间的距离。

3.15

同一导轨上几个滑块高度的偏差　deviation of the height of several carriages on one rail

Δ_H

同一导轨上几个滑块顶面的高度之差，在导轨同一点与几个滑块顶面中心点之间测量。

3.16

几个导轨上几个滑块高度的变动量　variation of the height of several carriages on several rails

V_H

几个导轨上几个滑块顶面高度的变动量，在导轨任一点与几个滑块顶面中心点之间测量。

注：几个导轨上几个滑块的高度变动量按式(2)计算：

$$V_H = H_{max} - H_{min} \quad \cdots\cdots(2)$$

式中：

H_{max}——成型导轨副的最大高度值；

H_{min}——成型导轨副的最小高度值。

3.17

成型导轨副底面间的公称高度　nominal height between the bottom faces of profiled rail guide

H_1

成型导轨底面与指定滑块底面间的距离，用于限制滑块底面与导轨底面之间的间隙。

3.18

成型导轨公称宽度　nominal profiled rail width

W

成型导轨两端面间的距离。

3.19

垂直方向运行平行度　vertical running parallelism

P_V

沿导轨长度在滑块顶面中心点和导轨底面测量的滑块运行时的平行度。

3.20

水平方向运行平行度　horizontal running parallelism

P_H

沿导轨长度方向在滑块基准面中心点和导轨基准面测量的滑块运行时的平行度。

4　符号

ISO 15241 给出的以及下列符号适用于本文件。

除另有说明外，图1～图6中所示符号（公差符号除外）和表1～表8中所示数值均表示公称尺寸。

A：滑块公称宽度

A_1：滑块基准面与导轨基准面间的公称距离

B：滑块公称长度

d_1：滑块内螺纹内径

d_2：从滑块底部安装的螺栓孔径（可为沉孔结构）

G：滑块内螺纹代号

G_1：成型导轨内螺纹代号

H：成型导轨副公称高度

H_1：成型导轨与滑块底面间的公称高度

H_2：滑块基准面高度

h：成型导轨螺栓孔沉孔深度

h_1：从沉孔端面到滑块安装面的高度

J：滑块螺栓孔中心距（宽度方向）

J_1：滑块螺栓孔中心距（长度方向）

J_2：成型导轨螺栓孔中心距（长度方向）

J_3：成型导轨端面到第一个螺栓孔中心的距离（长度方向）

J_5：滑块上第5个与第6个孔中心的距离（长度方向）

J_{11}：滑块螺栓孔中心距的一半（长度方向）

l_G：滑块内螺纹长度

l_{G1}：成型导轨内螺纹长度

N：滑块螺栓孔直径

N_1：成型导轨螺栓孔直径

N_2：成型导轨螺栓孔沉孔直径

P_H：水平方向运行平行度

P_V：垂直方向运行平行度

V_{A1}：几个导轨上几个滑块基准面与成型导轨基准面间距离的变动量

V_H：几个导轨上几个滑块高度的变动量

W：成型导轨公称宽度

Δ_{A1}：一个导轨上几个滑块的基准面与成型导轨基准面间距离的偏差

Δ_H：一个导轨上几个滑块的高度偏差

5 结构型式

5.1 滑块

滑块的结构型式按表1的规定。

表 1 T 型和 B 型成型导轨用滑块

系列	结构	型式
1	标准	1M
	标准、长	1L
2	窄	2M
	窄、长	2L
3	窄、增高	3M
	窄、增高、长	3L

5.2 成型导轨

成型导轨的结构型式按表 2 的规定。

表 2 成型导轨

固定方式	型式
从上面	T
从下面	B

6 外形尺寸

6.1 成型导轨副

6.1.1 总则

1、2、3 系列成型导轨副的外形尺寸分别按表 3、表 4 和表 5 的规定。

表 3 1 系列外形尺寸

单位为毫米

尺寸规格	W	H	A	A_1	H_1 min	H_2 min	1M 型			1L 型			J	[a]				
							B max	J_1	J_{11}	B max	J_1	J_{11}		G	d_1 max	d_2 [b]	h_1 min	N max
15	15	24	47	16	3	4.5	72	30	—	86	30	—	38	M5	4.5	M4	5	4.5
20	20	30	63	21.5	4	5	92	40	—	112	40	—	53	M6	6	M5	5	6
25	23	36	70	23.5	4.5	5	100	45	—	118	45	—	57	M8	7	M6	8	7
30	28	42	90	31	4.5	6	113	52	—	139	52	—	72	M10	9	M8	10	9
35	34	48	100	33	5.5	6.5	130	62	—	155	62	—	82	M10	9	M8	10	9
45	45	60	120	37.5	7	9	159	80	—	194	80	—	100	M12	11	M10	12	11
55	53	70	140	43.5	7.5	11	191	95	—	238	95	—	116	M14	13	M12	14	14
65	63	90	170	53.5	10	14	245	110	—	309	110	—	142	M16	15	M14	16	16

表 3（续） 单位为毫米

尺寸规格	W	H	A	A_1	H_1 min	H_2 min	1M 型			1L 型			J	[a]				
							B max	J_1	J_{11}	B max	J_1	J_{11}		G	d_1 max	d_2[b]	h_1 min	N max
85	85	110	215	65	16	20	300	140	—	350	140	—	185	M20	18	M16	20	18
100	100	120	250	75	14	18	335	150	75	405	200[c] 230[c]	100[c] 115[c]	200[c] 220[c]	M20	19	M16	20	20
125	125	160	320	97.5	23	25	390	205	102.5	500	205	102.5	270	M27	25.5	M24	30	25.5

注：如需要，可增加两个安装孔。尺寸和位置由制造厂确定。

[a] 也可采用从顶部或底部安装的组合结构。内螺纹内径按制造厂的规定。

[b] 从下方固定时，表示螺栓代号的 d_2 处可采用沉孔结构。

[c] 结构由制造厂确定。因此，通常 1L 型的 J_1 和 J_{11} 以及 J 分别有两种不同的尺寸。

表 4　2 系列外形尺寸 单位为毫米

尺寸规格	W	H	A	A_1	H_1 min	H_2 min	2M 型			2L 型			J	G	l_G min
							B max	J_1	J_{11}	B max	J_1	J_{11}			
15	15	24	34	9.5	3	4.5	72	26	—	86	26	—	26	M4	4
20	20	30	44	12	4	5	92	36	—	112	50	—	32	M5	5
25	23	36	48	12.5	4.5	5	100	35	—	118	50	—	35	M6	6
30	28	42	60	16	4.5	6	113	40	—	139	60	—	40	M8	8
35	34	48	70	18	5.5	6.5	130	50	—	155	72	—	50	M8	8
45	45	60	86	20.5	7	9	159	60	—	194	80	—	60	M10	10
55	53	70	100	23.5	7.5	11	191	75	—	238	95	—	75	M12	13
65	63	90	126	31.5	10	14	245	70	—	309	120	—	76	M16	18
100	100	120	185	42.5	14	20	335	150	75	400	230	115	140	M16	20
125	125	160	235	55	23	25	390	205	102.5	500	205	102.5	180	M24	30

注：如需要，可增加两个安装孔。尺寸和位置由制造厂确定。

表 5　3 系列外形尺寸 单位为毫米

尺寸规格	W	H	A	A_1	H_1 min	H_2 min	3M 型			3L 型			J	G	l_G min
							B max	J_1	J_{11}	B max	J_1	J_{11}			
15	15	28	34	9.5	3	4.5	72	26	—	86	26	—	26	M4	5
20	20	30	44	12	4	5	92	36	—	112	50	—	32	M5	5
25	23	40	48	12.5	4.5	5	100	35	—	118	50	—	35	M6	6.5

表5(续)

单位为毫米

尺寸规格	W	H	A	A_1	H_1 min	H_2 min	3M型			3L型			J	G	l_G min
							B max	J_1	J_{11}	B max	J_1	J_{11}			
30	28	45	60	16	4.5	6	113	40	—	139	60	—	40	M8	8
35	34	55	70	18	5.5	6.5	130	50	—	155	72	—	50	M8	10
45	45	70	86	20.5	7	9	159	60	—	194	80	—	60	M10	12
55	53	80	100	23.5	7.5	11	191	75	—	238	95	—	75	M12	14
65	63	100	126	31.5	10	14	245	70	—	309	120	—	76	M16	18
100	100	140	185	42.5	14	20	335	150	75	400	230	115	140	M16	20
125	125	180	235	55	23	25	390	205	102.5	500	205	102.5	180	M24	30
注：如需求可增加两个安装孔。尺寸和位置由制造厂确定。															

6.1.2 1系列

1系列成型导轨副的外形尺寸见图1。

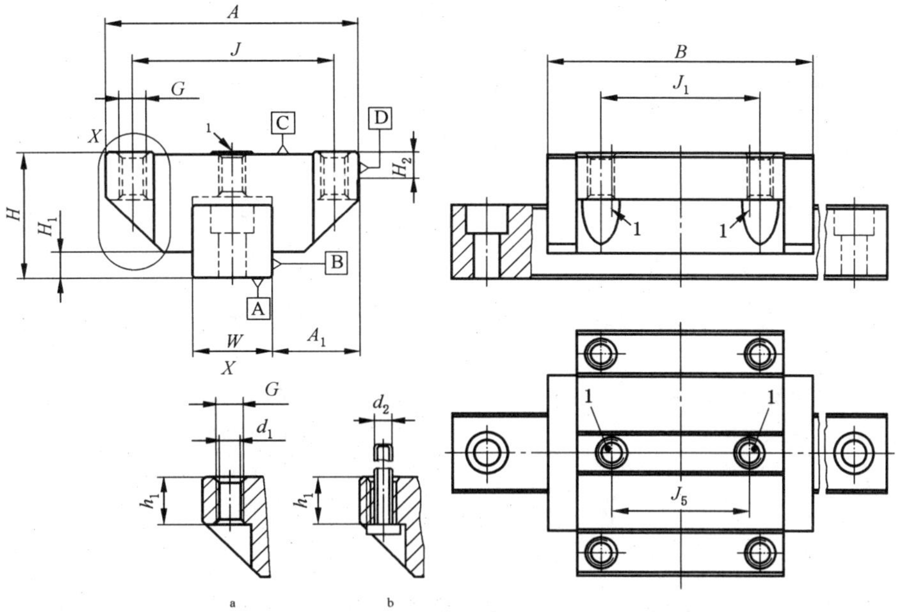

a) 尺寸规格15~85——螺纹孔滑块

图1 成型导轨副——1系列

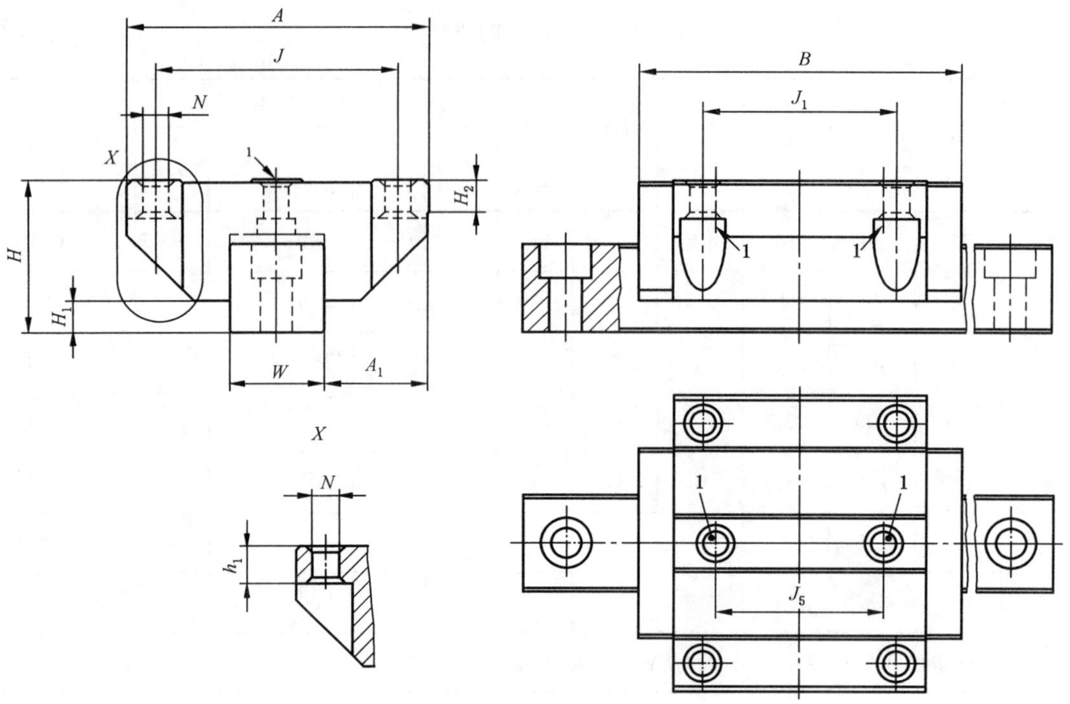

b) 尺寸规格 15～85——通孔滑块

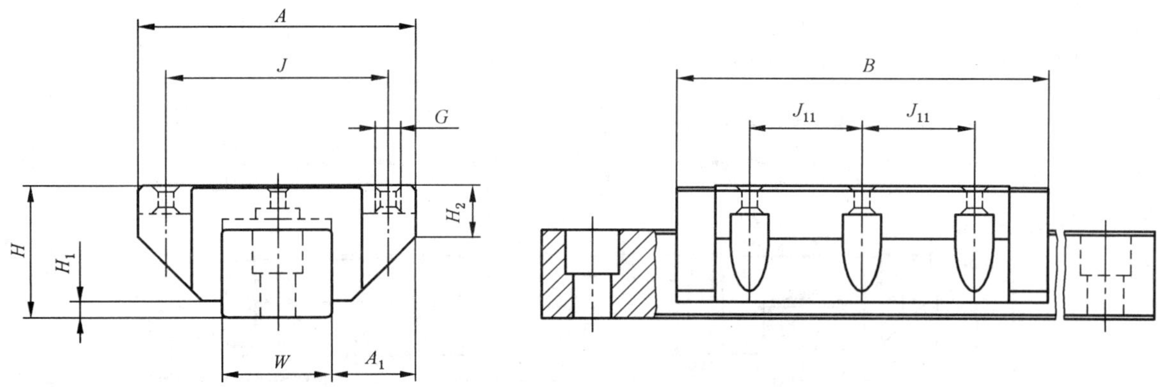

c) 尺寸规格 100 和 125——螺纹孔和通孔滑块

说明：

1——安装孔(与尺寸和制造厂有关)。

[a] 从顶部或底部固定(螺纹孔)；

[b] 从底部固定(通孔)。

A 导轨底面；

B 导轨基准面；

C 滑块顶面；

D 滑块基准面。

注 1：基准 A～D 适用于 1、2、3 系列。

注 2：尺寸规格 100 和 125 的滑块可配螺纹孔或通孔。

图 1(续)

6.1.3 2 系列

2 系列成型导轨副的外形尺寸见图 2。

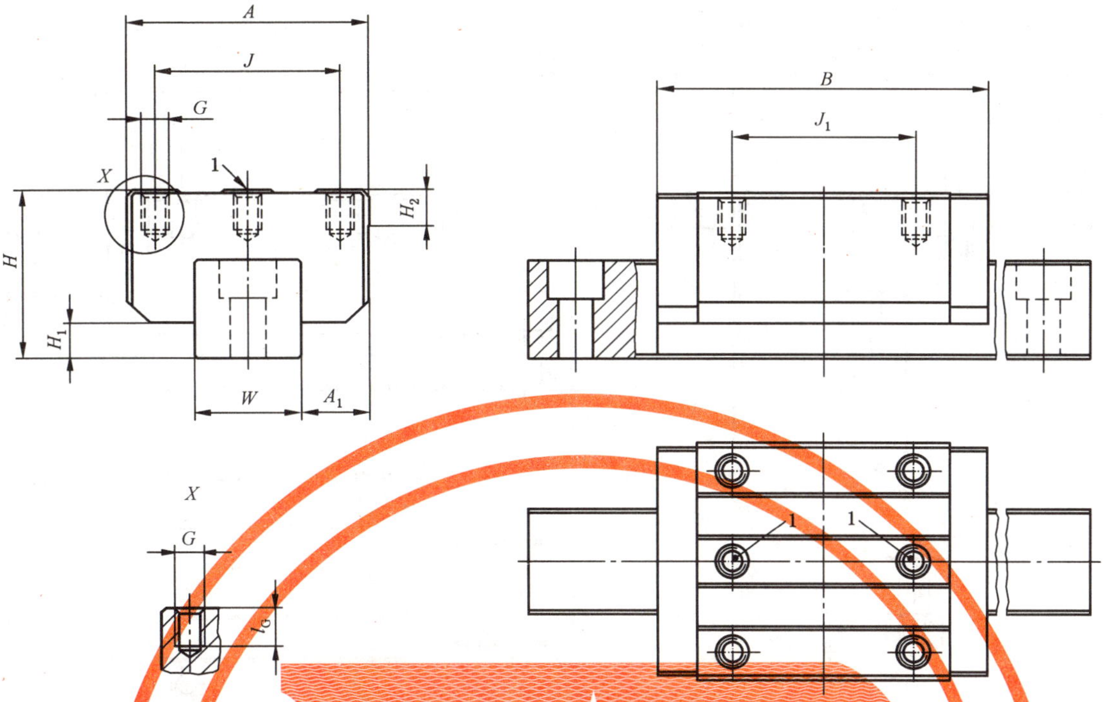

a） 尺寸规格 15～65

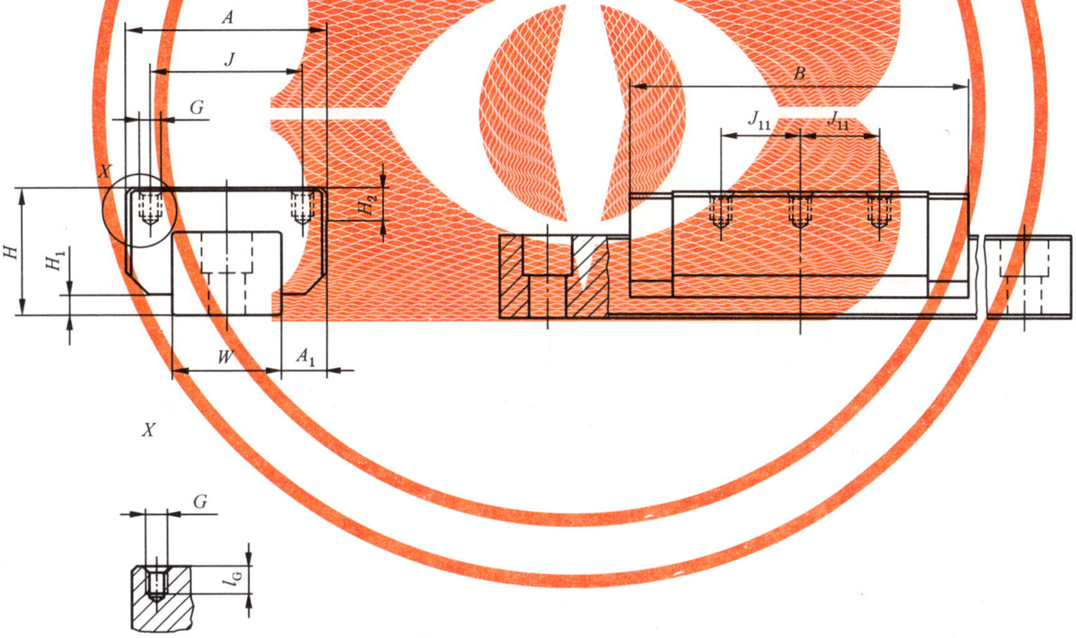

b） 尺寸规格 100 和 125

说明：

1——安装孔（与尺寸和制造厂有关）。

图 2　成型导轨副——2 系列

6.1.4　3 系列

3 系列成型导轨副的外形尺寸见图 3。

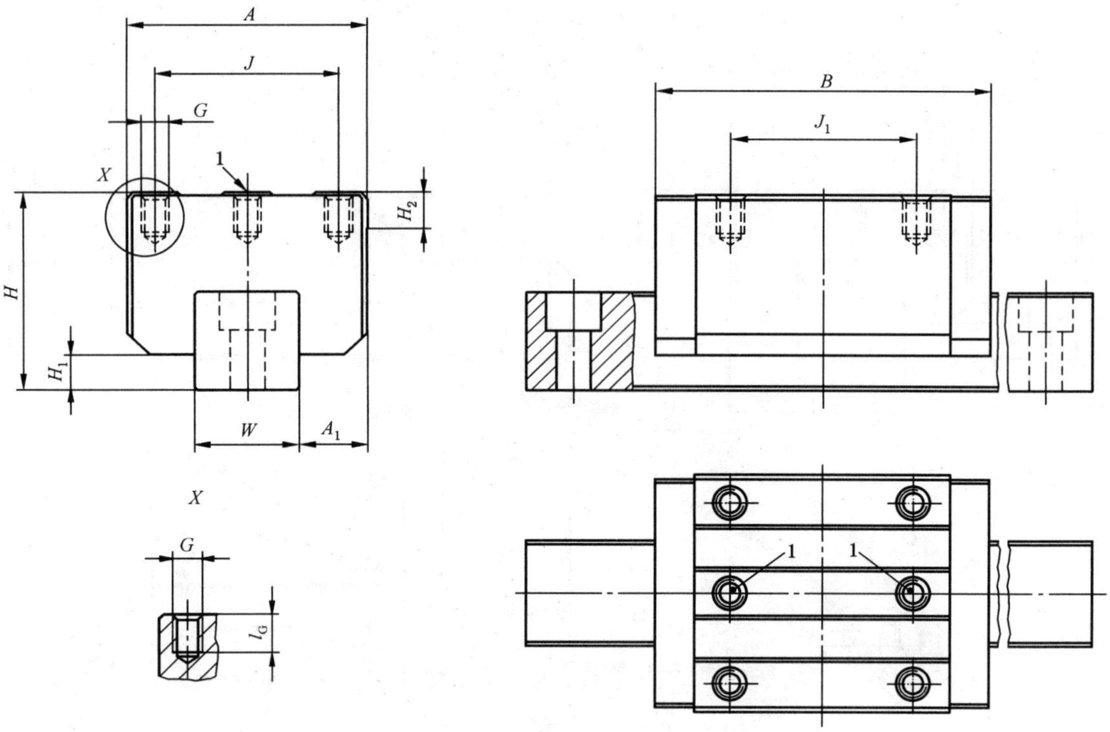

a）尺寸规格 15～65

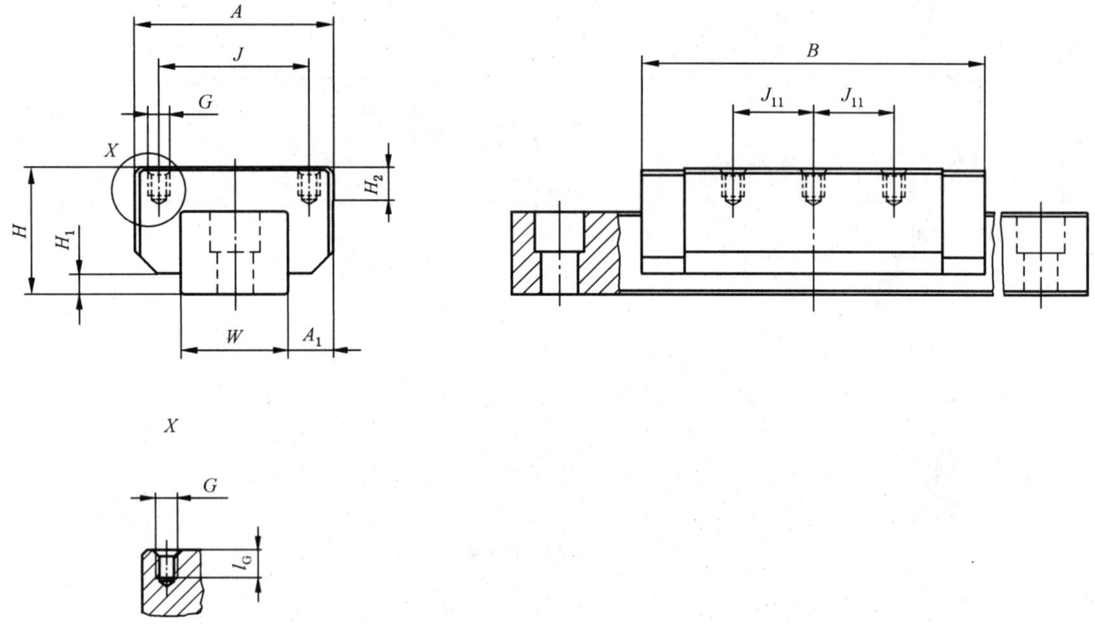

b）尺寸规格 100 和 125

说明：

1——安装孔(与尺寸和制造厂有关)。

图 3 成型导轨副——3 系列

6.2 成型导轨

6.2.1 单件成型导轨

1、2、3 系列 T 型和 B 型成型导轨的外形尺寸见图 4 和表 6。

对于滚子滑块成型导轨副，安装孔之间的中心距 $J_2/2$ 可选。

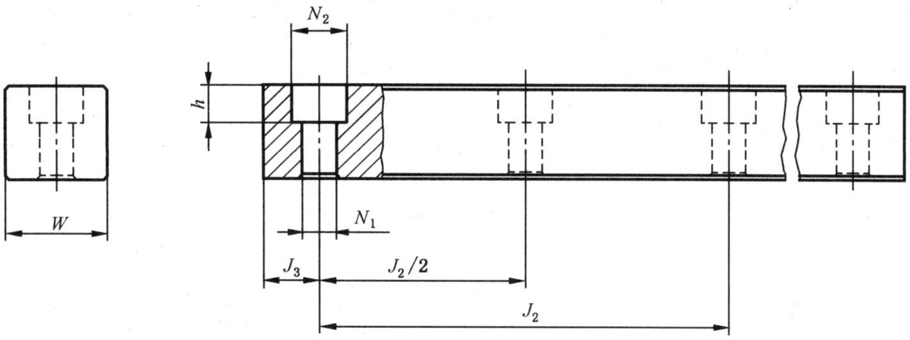

a） T 型通孔

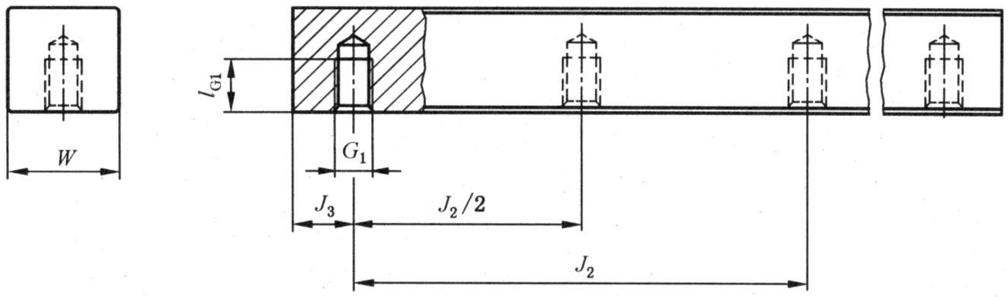

b） B 型螺纹孔

图 4 成型导轨——T 型和 B 型

表 6 成型导轨尺寸——T 型和 B 型

单位为毫米

尺寸规格	T 型和 B 型			T 型			B 型	
	W	J_2	J_3 min	N_1 min	N_2 min	h min	G_1	l_{G1} min
15	15	60	7	4	7.4	5.3	M5	6.5
20	20	60	8	5.8	9.3	6.8	M6	7.5
25	23	60	9	6.8	11	8.5	M6	7.5
30	28	80	11	9	14	10.5	M8	10
35	34	80	11	9	14	10.5	M8	12
45	45	105	13	14	20	15	M12	15
55	53	120	15	16	23	17	M14	17.5
65	63	150	16	18	26	20	M16	20
85	85	180	22	24	35	28	M20	25
100	100	210	30	26	39	31	M24	30
125	125	240	35	33	49	40	M30	38

注：对于滚子滑块成型导轨副，安装孔之间的中心距 $J_2/2$ 可选。

6.2.2 多件成型导轨

对于长行程的成型导轨副，成型导轨需要加工成两件或多件，安装时首尾放置。

独立部件的标志和相应安装规程的确立由制造厂确定。

7 公差

成型导轨副的公差见图 5 和表 7。

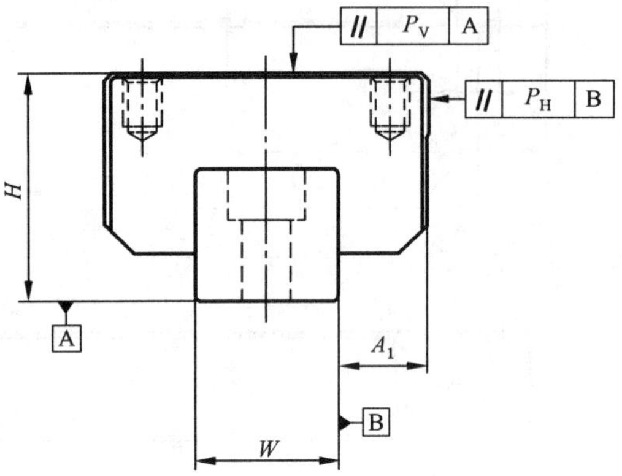

图 5 运行平行度的测量指南

表 7 滑块和成型导轨支承的公差

尺寸和公差值单位为毫米

符号	尺寸 W		公差等级					
	>	≤	P8	P7	P6	P5	P4	P3
Δ_H [a]	—	60	±0.12	±0.1	±0.05	±0.025	±0.015	±0.008
	60	—	±0.12	±0.1	±0.05	±0.025	±0.015	±0.015
V_H	—	60	0.06	0.03	0.015	0.01	0.005	0.003
	60	—	0.06	0.03	0.02	0.01	0.007	0.005
Δ_{A1} [a]	—	60	±0.12	±0.1	±0.05	±0.025	±0.015	±0.01
	60	—	±0.12	±0.1	±0.07	±0.025	±0.025	±0.02
V_{A1}	—	60	0.06	0.03	0.02	0.015	0.007	0.003
	60	—	0.06	0.03	0.025	0.015	0.01	0.005
P_V max			见图 5 和图 6					
P_H max			见图 5 和图 6					

[a] 实际高度偏差 Δ_H 和基准面间实际距离偏差 Δ_{A1} 是同一导轨上几个滑块间的尺寸差，应在成型导轨同一点和滑块顶面或基准面的中心点测量。

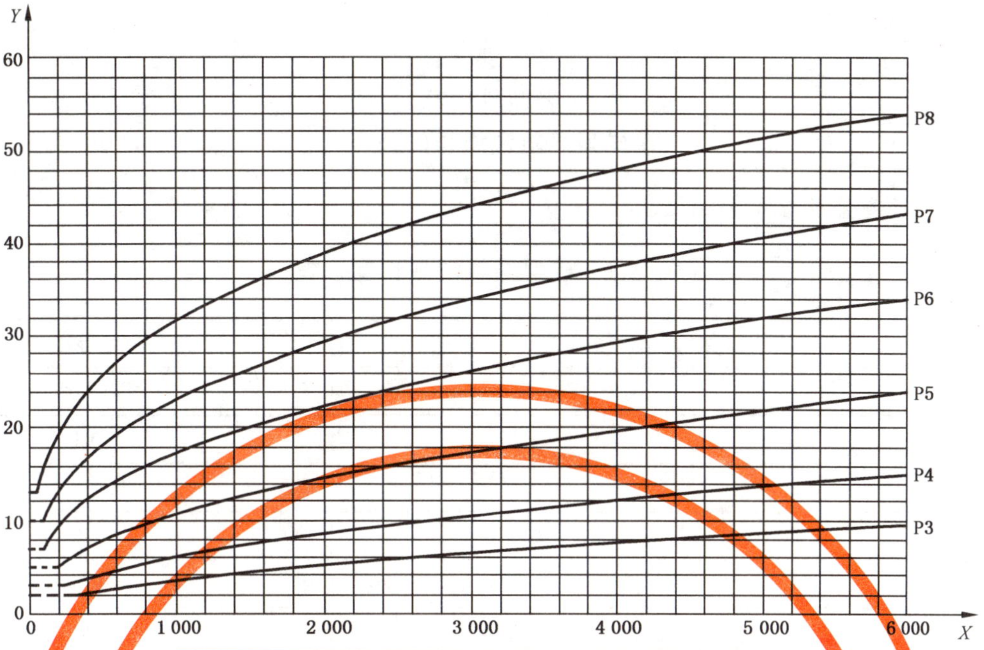

说明：

X ——单件成型导轨长度，mm；

Y ——P_V 和 P_H，μm。

图 6 单件成型导轨长度上的 P_V 和 P_H 的公差

附　录　A
（资料性附录）
成型导轨常规长度公差

成型导轨的长度公差参见表A.1。

表 A.1　成型导轨常规长度公差

单位为毫米

导轨公称长度		公差等级
>	≤	所有等级
—	6	±0.1
6	30	±0.2
30	120	±0.3
120	400	±0.5
400	1 000	±0.8
1 000	2 000	±1.2
2 000	3 000	±2

ICS 21.100.20
J 11

中华人民共和国国家标准

GB/T 32322.2—2015/ISO 12090-2:2011

滚动轴承　直线运动滚动支承成型导轨副 第2部分:4、5系列外形尺寸和公差

Rolling bearings—Profiled rail guides for linear motion rolling bearings—Part 2: Boundary dimensions and tolerances for series 4 and 5

(ISO 12090-2:2011,IDT)

2015-12-31 发布　　2016-04-01 实施

中华人民共和国国家质量监督检验检疫总局
中国国家标准化管理委员会　发布

前　　言

GB/T 32322《滚动轴承　直线运动滚动支承成型导轨副》分为两个部分：

——第1部分：1、2、3系列外形尺寸和公差；

——第2部分：4、5系列外形尺寸和公差。

本部分为GB/T 32322的第2部分。

本部分按照GB/T 1.1—2009给出的规则起草。

本部分使用翻译法等同采用ISO 12090-2:2011《滚动轴承　直线运动滚动支承成型导轨副　第2部分：4、5系列外形尺寸和公差》。

与本部分中规范性引用的国际文件有一致性对应关系的我国文件如下：

——GB/T 4199—2003　滚动轴承　公差　定义(ISO 1132-1:2000,MOD)

——GB/T 6930—2002　滚动轴承　词汇(ISO 5593:1997,IDT)

——GB/T 7811—2015　滚动轴承　参数符号(ISO 15241:2012,IDT)

——GB/T 29719—2013　滚动轴承　直线运动滚动支承　词汇(ISO 24393:2008,IDT)

本部分由中国机械工业联合会提出。

本部分由全国滚动轴承标准化技术委员会(SAC/TC 98)归口。

本部分起草单位：洛阳轴承研究所有限公司、山东凯美瑞轴承科技有限公司、浙江精久轴承有限公司、洛阳轴研科技股份有限公司。

本部分主要起草人：马素青、燕敬祥、姚勇伟、燕敬东。

滚动轴承 直线运动滚动支承成型导轨副 第2部分:4、5系列外形尺寸和公差

1 范围

GB/T 32322 的本部分规定了4、5系列直线运动滚动支承成型导轨副的外形尺寸和公差。

成型导轨副由成型导轨和滑块组成,滑块能承受垂直方向的载荷和绕所有轴线的力矩。这些成型导轨副的内部结构由制造厂确定。

成型导轨副可由一条导轨一个滑块或一条导轨几个滑块组成,因此,这些零件的组合及互换要求应符合制造厂的规定。

2 规范性引用文件

下列文件对于本文件的应用是必不可少的。凡是注日期的引用文件,仅注日期的版本适用于本文件。凡是不注日期的引用文件,其最新版本(包括所有的修改单)适用于本文件。

ISO 1132-1 滚动轴承 公差 第1部分:术语和定义(Rolling bearings—Tolerances—Part 1: Terms and definitions)

ISO 5593 滚动轴承 词汇(Rolling bearings—Vocabulary)

ISO 15241 滚动轴承 参数符号(Rolling bearings—Symbols for quantities)

ISO 24393 滚动轴承 直线运动滚动支承 词汇(Rolling bearings—Linear motion rolling bearings—Vocabulary)

3 术语和定义

ISO 1132-1、ISO 5593 和 ISO 24393 界定的以及下列术语和定义适用于本文件。

3.1

直线导轨副 linear rail guide

成型导轨副 profiled rail guide

〈单轨引导系统〉由成型导轨和一个或多个球滑块或滚子滑块组成的直线运动滚动支承单元。

注:根据 ISO 24393:2008,定义 02.02.01 修改。

3.2

球滑块成型导轨副 ball carriage profiled rail guide

由一个或多个球滑块和成型导轨组成的直线导轨副。

[ISO 24393:2008,定义 02.02.03]

注:由于球滑块具有循环球特性,因此移动长度(行程)不受限制。

3.3

滚子滑块成型导轨副 roller carriage profiled rail guide

由一个或多个滚子滑块和成型导轨组成的直线导轨副。

[ISO 24393:2008,定义 02.02.04]

注：由于滚子滑块具有循环滚子特性，因此移动长度(行程)不受限制。

3.4

球滑块　ball carriage

为实现沿成型导轨作无限运动而设计的由球滑块体和若干条球循环封闭回路组成的直线支承组件。

[ISO 24393:2008，定义 03.01.02]

3.5

滚子滑块　roller carriage

为实现沿成型导轨作无限运动而设计的由滚子滑块体和若干条滚子循环封闭回路组成的直线支承组件。

[ISO 24393:2008，定义 03.01.03]

3.6

成型导轨　profiled rail

具有成型截面并包含若干条滚道的导轨，球滑块或滚子滑块沿其往复移动。

注：根据 ISO 24393:2008，定义 04.01.15 修改。

3.7

滑块公称宽度　nominal carriage width

A

滑块两侧面间的距离。

3.8

滑块的基准面　reference face of a carriage

由导轨副制造厂指定作为基准面的滑块面，也可作为测量基准。

3.9

成型导轨的基准面　reference face of a profiled rail

由导轨副制造厂指定作为基准面的成型导轨面，也可作为测量基准。

3.10

滑块基准面与导轨基准面间的公称距离　nominal distance between the reference face of carriage and the reference face of the rail

A_1

成型导轨副滑块与导轨两基准面间的距离。

3.11

一个导轨上几个滑块的基准面与成型导轨基准面间距离的偏差　deviation of the distance between the reference faces of several carriages on one rail and profiled rail

Δ_{A1}

同一导轨上几个滑块基准面间的尺寸差，在导轨同一点与几个滑块基准面的中心之间测量。

3.12

几个导轨上几个滑块基准面与成型导轨基准面间距离的变动量　variation of the distance between the reference faces of several carriages on several rails and profiled rail

V_{A1}

几个导轨上几个滑块基准面间的尺寸变动量，在导轨任一点与几个滑块基准面中心点之间测量。

注：几个导轨上几个滑块基准面间距离的变动量按式(1)计算：

$$V_{A1} = A_{1\max} - A_{1\min} \qquad \cdots\cdots(1)$$

式中：

A_{1max}——滑块基准面与导轨基准面间的最大距离；

A_{1min}——滑块基准面与导轨基准面间的最小距离。

3.13

滑块公称长度　nominal carriage length

B

被指定的用于限制滑块长度的两端面间的距离。

3.14

成型导轨副的公称高度　nominal height of profiled rail guide

H

成型导轨底面与滑块顶面间的距离。

3.15

同一导轨上几个滑块高度的偏差　deviation of the height of several carriages on one rail

Δ_H

同一导轨上几个滑块顶面的高度之差，在导轨同一点与几个滑块顶面中心点之间测量。

3.16

几个导轨上几个滑块高度的变动量　variation of the height of several carriages on several rails

V_H

几个导轨上几个滑块顶面高度的变动量，在导轨任一点与几个滑块顶面中心点之间测量。

注：几个导轨上几个滑块高度的变动量按式(2)计算：

$$V_H = H_{max} - H_{min} \qquad (2)$$

式中：

H_{max}——成型导轨副的最大高度值；

H_{min}——成型导轨副的最小高度值。

3.17

成型导轨副底面间的公称高度　nominal height between the bottom faces of profiled rail guide

H_1

成型导轨底面与指定滑块底面间的距离，用于限制滑块底面与导轨底面之间的间隙。

3.18

成型导轨公称宽度　nominal profiled rail width

W

成型导轨两端面间的距离。

3.19

垂直方向运行平行度　vertical running parallelism

P_V

沿导轨长度在滑块顶面中心点和导轨底面测量的滑块运行时的平行度。

3.20

水平方向运行平行度　horizontal running parallelism

P_H

沿导轨长度方向在滑块基准面中心点和导轨基准面测量的滑块运行时的平行度。

4　符号

ISO 15241 给出的以及下列符号适用于本文件。

除另有说明外，图 1～图 3 中所示符号(公差符号除外)和表 1～表 5 中所示数值均表示公称尺寸。

A:滑块公称宽度

A_1:滑块基准面与导轨基准面间的公称距离

B:滑块公称长度

G:滑块内螺纹代号

H:成型导轨副公称高度

H_1:成型导轨与滑块底面间的公称高度

H_2:滑块基准面高度

h:成型导轨螺栓孔沉孔深度

J:滑块螺栓孔间中心距 (宽度方向)

J_1:滑块螺栓孔间中心距(长度方向)

J_2:成型导轨螺栓孔间中心距(长度方向)

J_3:成型导轨端面到第一个螺栓孔间的距离(长度方向)

J_4:成型导轨螺栓孔间中心距(宽度方向)

l_G:滑块内螺纹长度

N_1:成型导轨螺栓孔直径

N_2:成型导轨螺栓孔沉孔直径

P_H:水平方向运行平行度

P_V:垂直方向运行平行度

V_{A1}:几个导轨上几个滑块基准面与成型导轨基准面间距离的变动量

V_H:几个导轨上几个滑块高度的变动量

W:成型导轨公称宽度

Δ_{A1}:一个导轨上几个滑块的基准面与成型导轨基准面间距离的偏差

Δ_H:一个导轨上几个滑块的高度偏差

5 结构型式

成型导轨副的结构型式按表 1 的规定。

表 1 成型导轨副

系　列	结　构	型　式
4	微型	4M
5	微型、宽	5W

6 外形尺寸

6.1 成型导轨副

6.1.1 总则

4、5 系列成型导轨副的外形尺寸分别按表 2 和表 3 的规定。

6.1.2 4 系列

4 系列成型导轨副的外形尺寸见图 1。

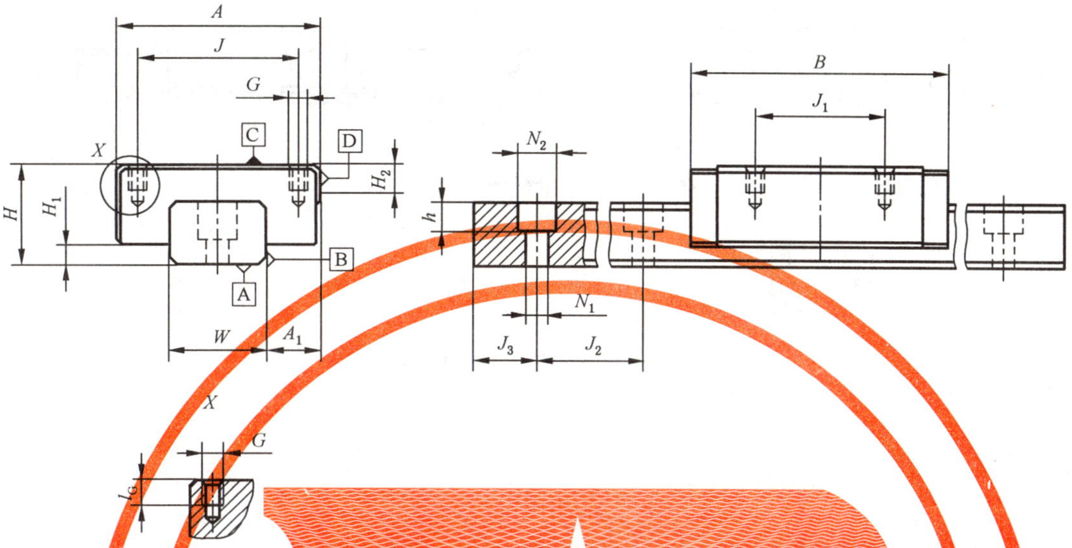

说明：

A——导轨底面；

B——导轨基准面；

C——滑块顶面；

D——滑块基准面。

注：基准 A～D 适用于 4 和 5 系列。

图 1 成型导轨副——4 系列

表 2 4 系列外形尺寸

单位为毫米

尺寸规格	W	H	A	A_1	H_1 min	H_2 min	B max	J	J_1	G	J_2	J_3 min	N_1 min	N_2 min	h min	l_G min
5	5	6	12	3.5	1	2	20	8	—	M2	15	5	2.4	3.5	0.8	1.5
7	7	8	17	5	1.1	1.8	25	12	8	M2	15	5	2.4	4.2	2.3	2.4
9	9	10	20	5.5	1.7	2.5	32	15	10	M3	20	6	3.5	6	3.1	3
12	12	13	27	7.5	2.6	3	36	20	15	M3	25	6	3.5	6	4.5	3.5
15	15	16	32	8.5	3.2	4	44	25	20	M3	40	6	3.5	6	4.5	4
20	20	25	46	13	5	5.5	70	38	38	M4	60	6.5	6	9.5	8	6

6.1.3 5 系列

5 系列成型导轨副的外形尺寸见图 2。

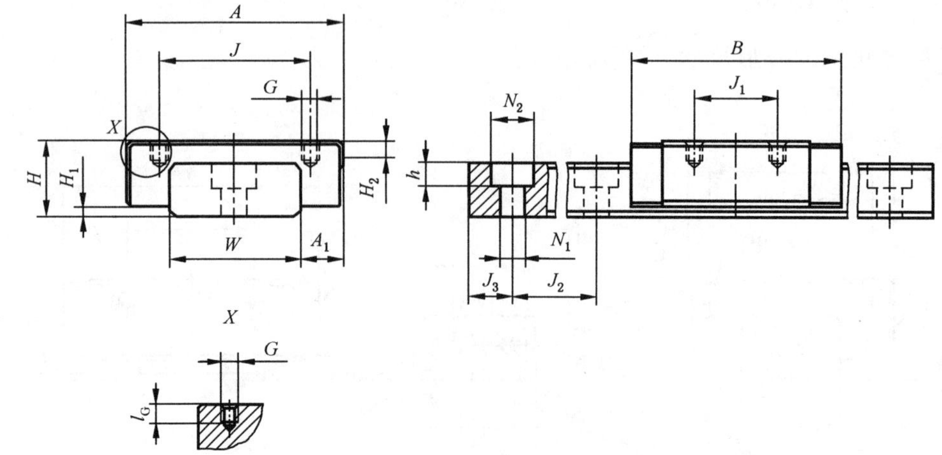

a） 尺寸规格 5 W～12 W

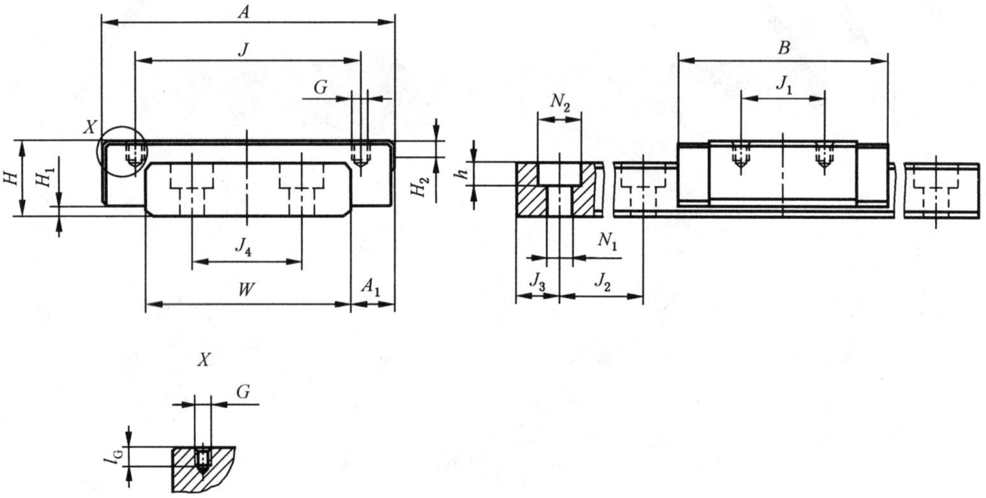

b） 尺寸规格 15 W

图 2　成型导轨副——5 系列

表 3　5 系列外形尺寸

单位为毫米

尺寸规格	W	H	A	A_1	H_1 min	H_2 min	B max	J	J_1	G	J_2	J_3 min	J_4	N_1 min	N_2 min	h min	l_G min
5W	10	6.5	17	3.5	1.4	2	24.5	13	—	M2.5[a]	20	5	—	2.9	4.8	1.6	1.5[a]
								—	6.5	M3[a]							2.3[a]
7W	14	9	25	5.5	1.7	1.8	32	19	10	M3	30	6	—	3.5	6	3.1	2.8
9W	18	12	30	6	2	2.5	40	21	12	M3	30	6	—	3.5	6	4.5	3
12W	24	14	40	8	2	3	46	28	15	M3	40	8	—	4.5	8	4.5	3.5
15W	42	16	60	9	3.2	4	57	45	20	M4	40	8	23	4.5	8	4.5	4

[a] 结构由制造厂确定。因此，通常 G 和 l_G 分别有两种不同的尺寸。

6.2 多件成型导轨

对于长行程的成型导轨副，成型导轨需要加工成两件或多件，安装时首尾放置。

独立部件的标志和相应安装规程的确立由制造厂确定。

7 公差

成型导轨副的公差见图 3 和表 4。

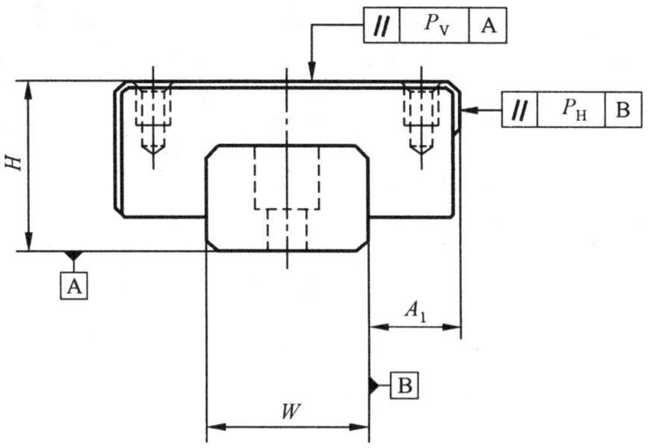

图 3 运行平行度的测量指南

表 4 滑块和成型导轨副的公差

单位为毫米

符号	尺寸 W	公差等级		
		P5	P4	P3
Δ_H [a]	所有尺寸	±0.04	±0.02	±0.01
V_H	所有尺寸	0.03	0.015	0.007
Δ_{A1} [a]	所有尺寸	±0.04	±0.025	±0.015
V_{A1}	所有尺寸	0.03	0.02	0.01
P_V max		见图 3 和图 4		
P_H max		见图 3 和图 4		

[a] 实际高度偏差 Δ_H 和基准面间实际距离偏差 Δ_{A1} 是同一导轨上几个滑块间的尺寸差，应在成型导轨同一点和滑块顶面或基准面的中心点测量。

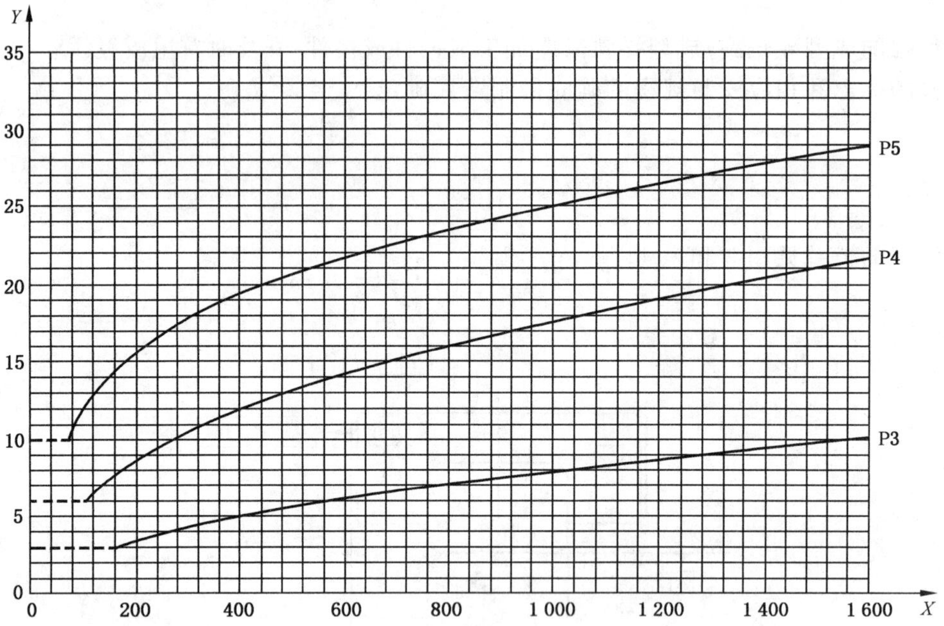

说明：

X ——单件成型导轨长度，mm；

Y ——P_V 和 P_H，μm。

图 4 P_V 和 P_H 的公差

附 录 A
（资料性附录）
成型导轨常规长度公差

成型导轨的长度公差参见表 A.1。

表 A.1 成型导轨常规长度公差

单位为毫米

导轨公称长度		公差等级
>	≤	所有等级
—	6	±0.1
6	30	±0.2
30	120	±0.3
120	400	±0.5
400	1 000	±0.8

ICS 21.100.20
J 11

中华人民共和国国家标准

GB/T 32323—2015

滚动轴承　四点接触球轴承轴向游隙的测量方法

Rolling bearings—Measuring methods for axial internal clearance of four-point-contact ball bearings

2015-12-31 发布　　2016-04-01 实施

中华人民共和国国家质量监督检验检疫总局
中国国家标准化管理委员会　发布

前言

本标准按照 GB/T 1.1—2009 给出的规则起草。

本标准由中国机械工业联合会提出。

本标准由全国滚动轴承标准化技术委员会(SAC/TC 98)归口。

本标准起草单位:洛阳轴承研究所有限公司、常熟长城轴承有限公司、浙江美亚特精密机械有限公司、宁波慈兴轴承有限公司、浙江省机电产品质量检测所。

本标准主要起草人:李飞雪、朱克明、周友华、韩春伟、章有良。

滚动轴承　四点接触球轴承轴向游隙的测量方法

1　范围

本标准规定了四点接触球轴承轴向游隙的测量方法。

本标准适用于四点接触球轴承轴向游隙的测量，其他类型轴承轴向游隙的测量可参照使用。

本标准所规定的不同测量方法，对它们的解释也不是唯一的。鉴于还有其他适用的测量方法，且随着技术进步，会有更便捷的方法出现，本标准不限定必须使用某一特殊方法。但在有争议的情况下，应按本标准规定的方法。

2　规范性引用文件

下列文件对于本文件的应用是必不可少的。凡是注日期的引用文件，仅注日期的版本适用于本文件。凡是不注日期的引用文件，其最新版本（包括所有的修改单）适用于本文件。

GB/T 4199　滚动轴承　公差　定义

JJG 626　球轴承轴向游隙测量仪检定规程

3　轴向游隙的测量原则

3.1　四点接触球轴承轴向游隙的测量是在轴向固定一套圈，在不固定套圈上施加能得到稳定测值的轴向测量载荷，并作轴向往复移动，进行测量。轴向固定的套圈可以静止，也可以旋转，但应与不固定套圈保持同心。不固定套圈在往复移动过程中，应保证平行移动，不发生偏斜。

注：若轴承一套圈为双半套圈，测量时应将两个半圈轴向靠牢夹紧，达到可视为一个套圈的状态。

3.2　读取不固定套圈在各个角位置（大致均布，至少 3 个）上沿轴向、从一极限位置到另一极限位置的移动量，其算术平均值（减去由于测量载荷引起的轴向游隙增加量）即为轴承轴向游隙测量值。若是动态测量，自动求取平均值，一周采样 50 点以上。

4　测量前的准备

测量前，应将可能影响测量结果的、粘附于轴承上的油脂和/或防锈剂除去，并应采用低黏度油润滑。

对于闭型轴承，应在封闭前测量。

注：测量完成后，轴承应立即防锈。

5　测量仪器通用技术条件

轴向游隙测量仪的设计和使用条件应符合 GB/T 4199 中有关轴承轴向游隙的定义，技术要求应符合 JJG 626 或其他相关规定。

6 轴向游隙的测量

6.1 仪器测量法

此方法适用于 $d \leqslant 260$ mm 的四点接触球轴承。

6.1.1 将轴承的外圈(或内圈)在轴向固定,圆周方向静止或旋转(动态测量时),对内圈(或外圈)均匀交替施加表 1 所示的轴向测量载荷,使轴承内圈(或外圈)沿轴向移动,即可从指示仪上读出轴承的游隙测量值(见图 1、图 2)。

注:动态测量时,被测套圈在往复移动过程中应有导向机构或消偏机构,用来消除套圈偏斜带来的误差。

6.1.2 由于轴承所规定的轴向游隙是无载荷状态下的值,因此,有载荷测量的结果应注明测量载荷值,为补偿测量过程中产生的变形影响,应对测值进行修正。

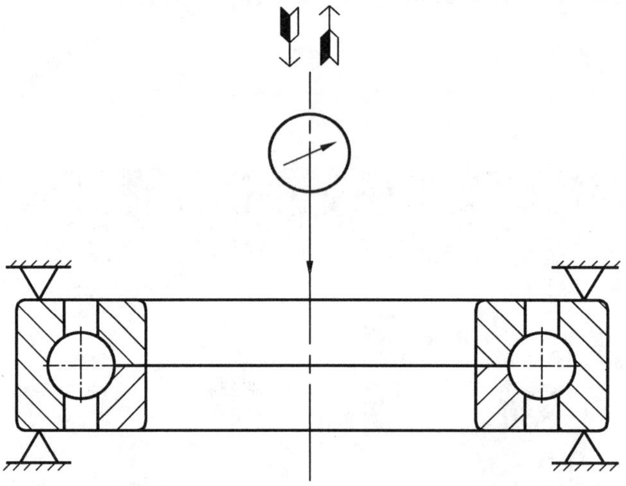

图 1 轴向固定外圈,对内圈均匀交替施加测量载荷

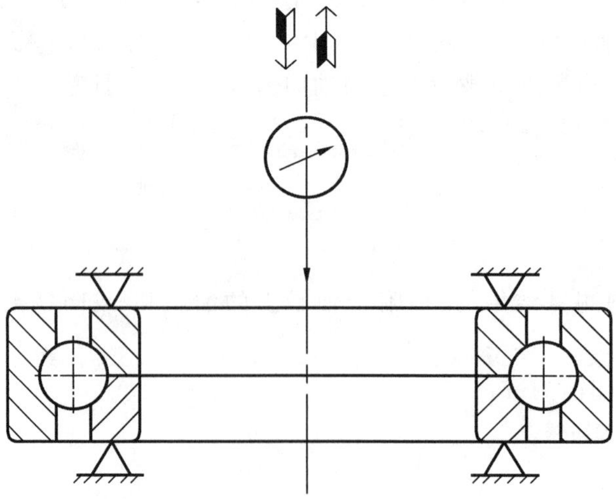

图 2 轴向固定内圈,对外圈均匀交替施加测量载荷

表 1 轴向测量载荷

轴承公称内径 d mm		测量载荷 N
>	≤	
10	18	49
18	100	98
100	220	147
220	260	196

6.2 简易测量法

6.2.1 如图 3 所示，将外圈一端面支在 3 个均布、等高的固定支点或一支承柱体上，将一压板置于上半内圈的端面上，并将指示仪置于压板中心，外圈保持不动，通过压板向下施力，使上半内圈向下至极限位置，记下指示仪读数，松开；用手将下半内圈向上抬起至另一极限位置，然后松开，读取指示仪的变化数值，然后将轴承双半内圈分别旋转 60°、120°，重复测量并记下读数，3 次测值的算术平均值即为轴承的轴向游隙测量值。

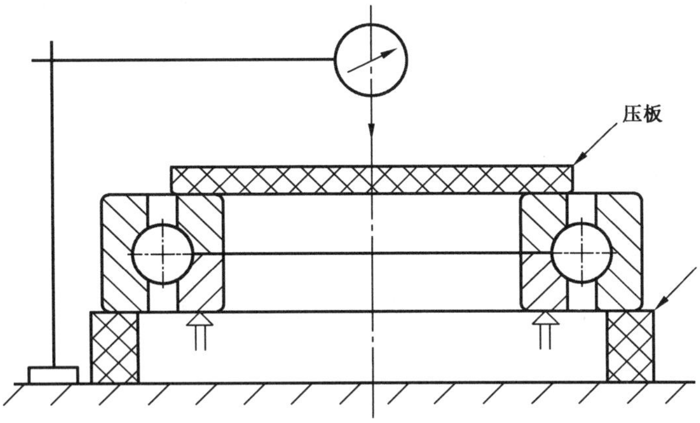

图 3

6.2.2 用手无法抬起套圈时，用图 4 所示方法测量。将轴承一套圈端面置于 3 个均布、等高的固定支点或一平台上，在该套圈另一个端面上沿圆周均布 3 个指示仪，测头指在另一套圈端面上，将 3 个可调支承分别置于 3 个测头的正下方，测量时使 3 个可调支承缓慢地接触非支承套圈端面并逐渐向上顶起，直至原支承套圈端面离开 3 个固定支点或平台，此时 3 个指示仪变化数值的算术平均值即为轴承的轴向游隙。

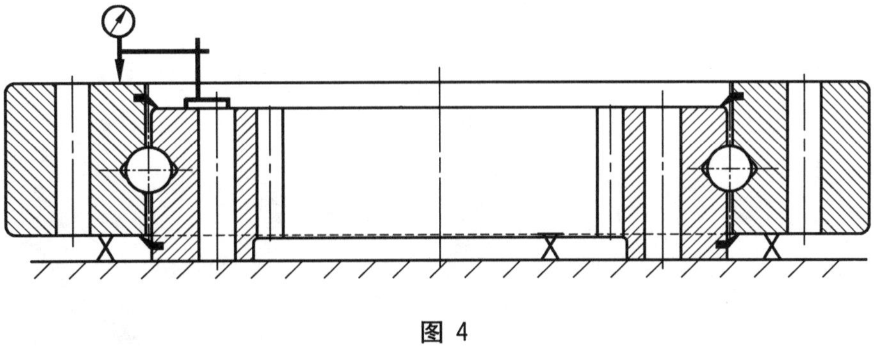

图 4

ICS 21.100.20
J 11

中华人民共和国国家标准

GB/T 32324—2015

滚动轴承　圆度和波纹度误差测量及评定方法

Rolling bearings—Methods for the measurement and assessment of departure from roundness and waviness

2015-12-31 发布　　　　2016-04-01 实施

中华人民共和国国家质量监督检验检疫总局
中国国家标准化管理委员会　发布

前　言

本标准按照GB/T 1.1—2009给出的规则起草。

本标准由中国机械工业联合会提出。

本标准由全国滚动轴承标准化技术委员会(SAC/TC 98)归口。

本标准起草单位:洛阳轴研科技股份有限公司、福建永安轴承有限公司、洛阳轴承研究所有限公司、杭州轴承试验研究中心有限公司、宁波慈兴轴承有限公司、捷姆轴承集团有限公司、浙江时代计量科技有限公司。

本标准主要起草人:李副来、任利珍、刘金秀、陈德富、赵铭、李兴林、郝大庆、赵坤、舒永强、陈建新。

滚动轴承　圆度和波纹度误差测量及评定方法

1　范围

本标准规定了用接触式圆度测量仪以半径变化量来确定滚动轴承零件在规定部位的圆度和波纹度误差的测量及评定方法。

本标准适用于公称外径 3 mm～1 000 mm 的各类滚动轴承零件的圆度和波纹度误差的测量和评定。

2　规范性引用文件

下列文件对于本文件的应用是必不可少的。凡是注日期的引用文件，仅注日期的版本适用于本文件。凡是不注日期的引用文件，其最新版本(包括所有的修改单)适用于本文件。

GB/T 7234　产品几何量技术规范(GPS)　圆度测量　术语、定义及参数

3　术语和定义

GB/T 7234 界定的以及下列术语和定义适用于本文件。

3.1

圆度误差　roundness deviation

以基准圆的圆心得出的被测零件轮廓的最大半径和最小半径之差来确定被测截面的圆度误差。

3.2

波纹度误差　waviness deviation

随机或周期性偏离理想圆的表面不平度，取高于圆度波数的一个范围内的波数集合的峰谷幅值作为波纹度误差。

4　测量要求

4.1　仪器

4.1.1　测量仪器类型

测量仪器为接触式圆度测量仪，可为传感器旋转式或工作台旋转式。

4.1.2　测量结果输出方式

测量结果有两种输出方式，即图形记录式或参数直接显示式。同一台仪器可具有一种或两种输出方式。

4.1.3　频率响应、滤波特性

对于公称外径 3 mm～350 mm 的滚动轴承零件，被测轮廓频率响应范围为 2 u/r～500 u/r(u/r 即

undulations per revolution 波数/转)。

对于公称外径 350 mm～1 000 mm 的滚动轴承零件,被测轮廓频率响应范围为 2 u/r～1 500 u/r。

圆度测量时的频率响应范围为 2 u/r～15 u/r 及 2 u/r～50 u/r,滤波器通带名义截止端的传输率为 75%。推荐采用 2 u/r～15 u/r 的频率响应范围。

波纹度测量时的频率响应范围为 15 u/r～150 u/r 及 15 u/r～250 u/r,滤波器通带名义截止端的传输率为 75%。测量球(滚子)和内沟(滚)道的波纹度一般采用 15 u/r～150 u/r 的频率响应范围;测量外沟(滚)道的波纹度一般采用 15 u/r～250 u/r 的频率响应范围。

滤波器的幅度传输特性等效于相同时间常数的两个独立 CR 网络,如图 1 所示。

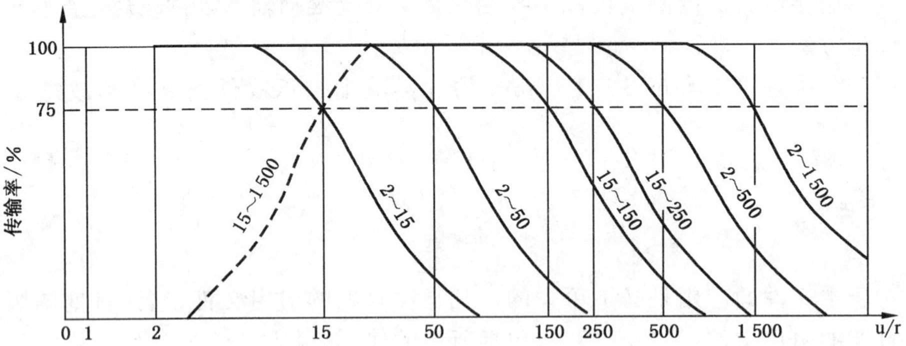

图 1 滤波器幅度传输特性曲线

4.1.4 采样频率

4.1.4.1 对于公称外径 3 mm～350 mm 的滚动轴承零件,采用计算机系统计算圆度和波纹度时,其被测轮廓采样数不应小于 1 024 点,并且均匀分布。

4.1.4.2 对于公称外径 350 mm～1 000 mm 的滚动轴承零件,采用计算机系统计算圆度和波纹度时,其被测轮廓采样数不应小于 4 096 点,并且均匀分布。

4.1.5 谐波分析

采用计算机系统的圆度测量仪,应能够计算圆度及波纹度的正弦波数及其幅值,能够显示或打印滤波范围内任意正弦波的幅值。

4.2 触头

4.2.1 触头材料

应以不划伤被测体表面为准则,推荐使用人造宝石或尼龙。

4.2.2 触头静压力

应根据检测零件的尺寸和形状,触头静压力在 0.02 N～1.2 N 内选择。

4.2.3 触头型式及其尺寸

为满足测量被测表面不规则的特征和大小的不同要求,触头有不同型式,如图 2、图 3 所示。

测头半径 r 及 R 应按下列数值选取:0.25 mm,0.8 mm,2.5 mm。

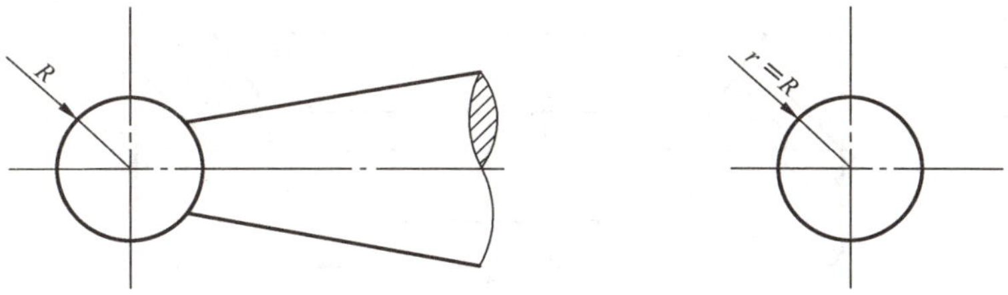

图 2　球形触头

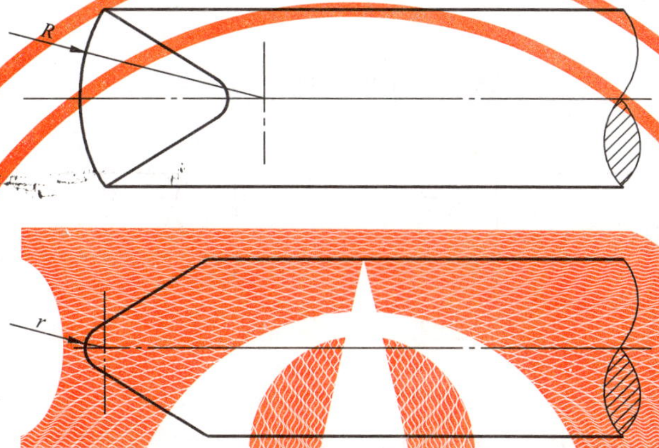

图 3　斧形触头

5　轴承零件测量

5.1　测量部位及方向

5.1.1　球轴承套圈

深沟球轴承套圈与角接触球轴承套圈的测量部位及方向，如图 4、图 5 所示。

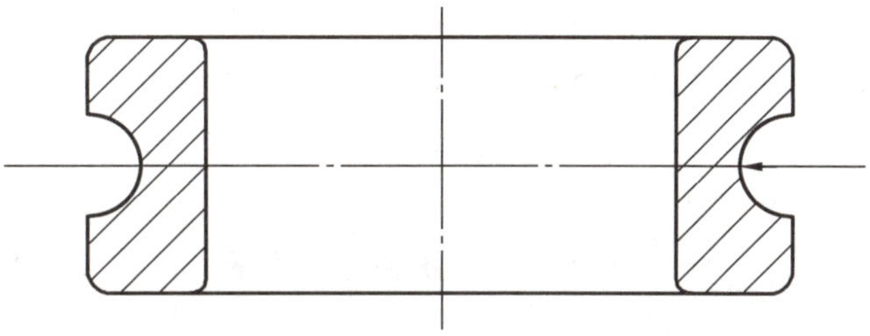

图 4　深沟球轴承套圈测量部位及方向

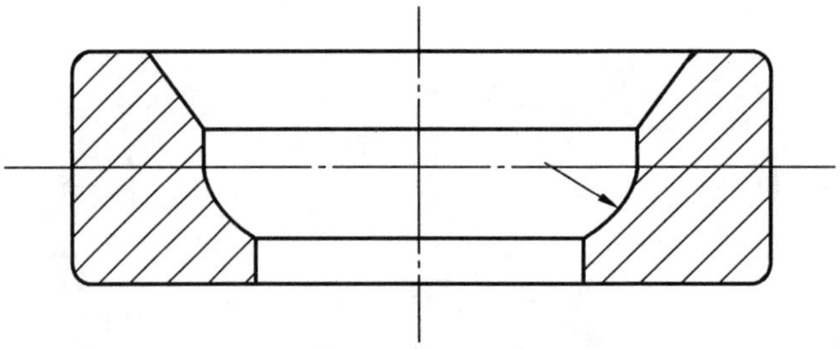

图 5　角接触球轴承套圈测量部位及方向

5.1.2　滚子轴承套圈

应在套圈滚道宽度的中心、垂直于滚道素线的方向上测量，见图 6。

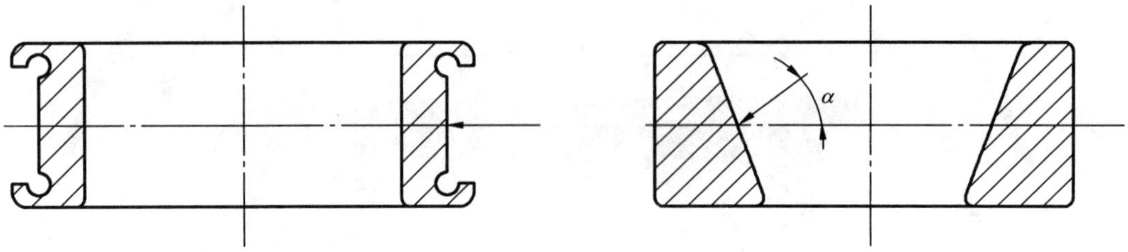

图 6　滚子轴承套圈测量部位及方向

5.1.3　球

应在 3 个彼此互成 90°的单一赤道平面内测量，见图 7。

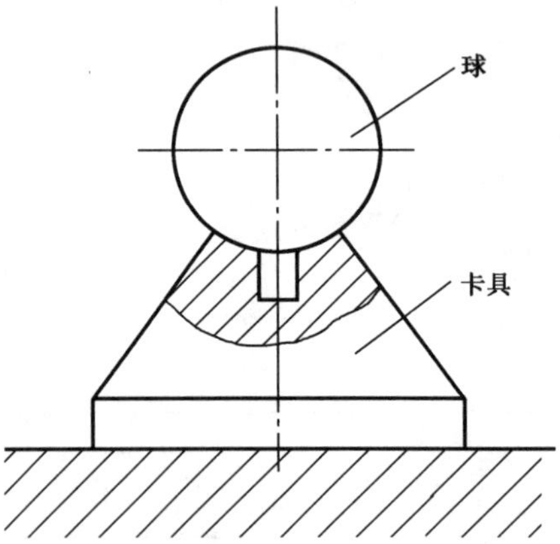

图 7　球测量装置示意图

5.1.4　滚子

应在滚子长度的 1/2 处(非对称球面滚子在最大直径处)、垂直于滚子素线的方向上测量，见图 8。

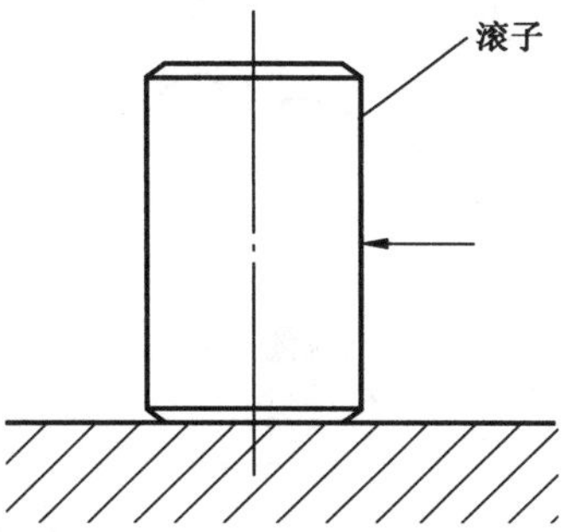

图 8 滚子测量部位及方向

5.2 定位调整

5.2.1 轴承零件安装及仪器调整

调整被测轴承零件，控制安装偏心在规定的范围内，以避免过量的偏心畸变。调整仪器使被测轴承零件轴线平行于仪器回转轴线，以避免过量的倾斜误差。

5.2.2 图形记录

显示轮廓的轨迹应分布在轮廓图形平均半径的 1/2 范围内。

5.2.3 偏心量控制

对于一般精度的测量，偏心量应限制在大约轮廓图形平均半径的 15%以内，高精度测量应限制在 7%以内。

6 误差评定方法

6.1 圆度误差评定中心

本标准规定以下列任一圆心(基准圆的圆心)得出的被测轴承零件轮廓的最大半径和最小半径之差来确定被测截面的圆度误差。

a) 最小区域圆圆心(MZC)(见图 9)；

b) 最小二乘圆圆心(LSC)(见图 10)。

当由于方法差异引起测值有争议时，以最小二乘圆圆心方法评定为准。

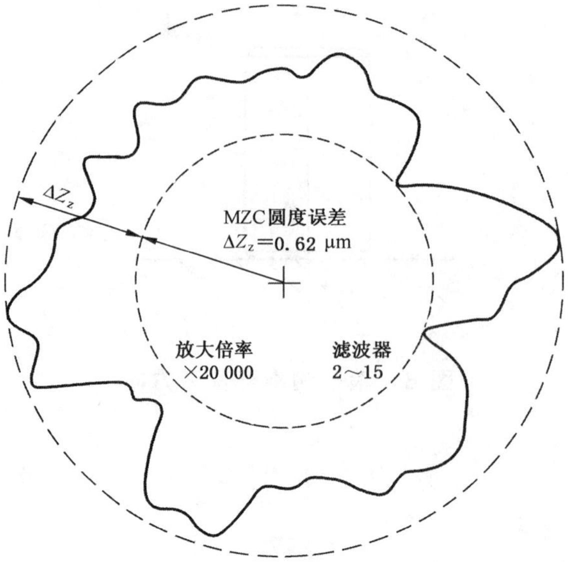

图 9　以最小区域圆圆心评定圆度误差 ΔZ_z

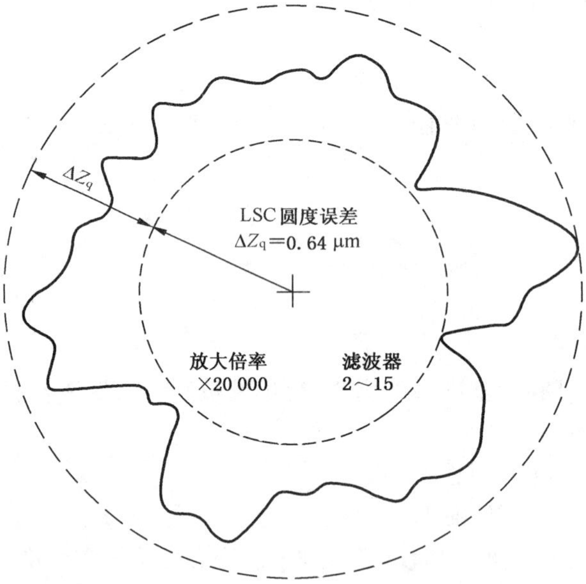

图 10　以最小二乘圆圆心评定圆度误差 ΔZ_q

6.2　波纹度误差评定中心

本标准规定以下列任一圆心(基准圆的圆心)得出的被测轴承零件轮廓的最大半径和最小半径之差来确定被测截面的波纹度误差。

a)　最小区域圆圆心(MZC)(见图 11);

b)　最小二乘圆圆心(LSC)(见图 12)。

当由于方法差异引起测值有争议时,以最小二乘圆圆心方法评定为准。

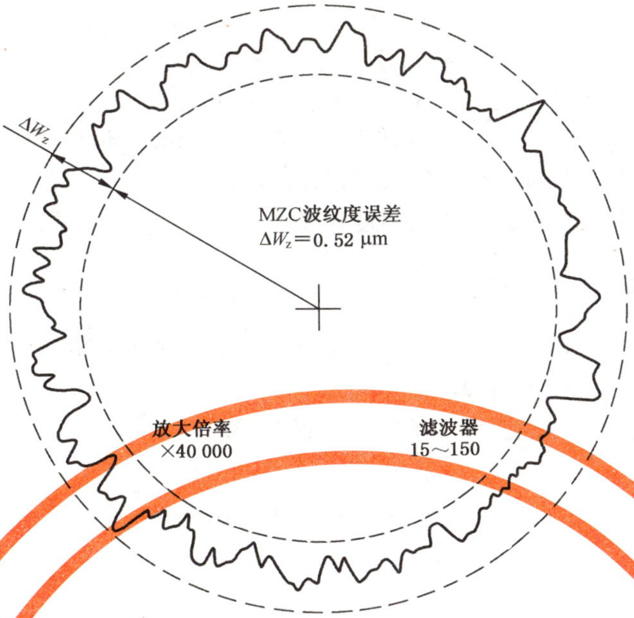

图 11　以最小区域圆圆心评定波纹度误差 ΔW_z

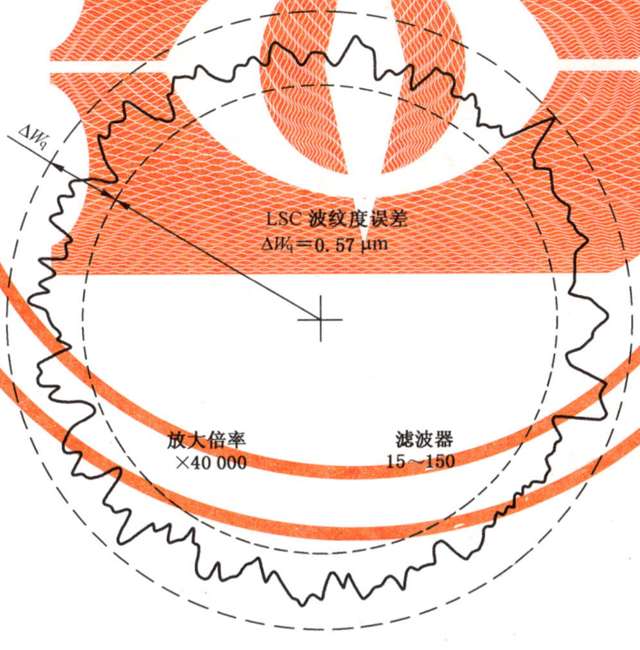

图 12　以最小二乘圆圆心评定波纹度误差 ΔW_q

6.3　评定结果输出

在输出结果中，应给出放大倍数、滤波器的频率响应范围和圆度或波纹度误差值这 3 个参数。

6.4 评定代号

6.4.1 圆度误差评定代号

圆度误差评定代号由 ΔZ 加上表示相应评定中心的一个角标字母构成。

ΔZ_z——评定中心为最小区域圆圆心的圆度误差；

ΔZ_q——评定中心为最小二乘圆圆心的圆度误差。

6.4.2 波纹度误差评定代号

波纹度误差评定代号由 ΔW 加上表示相应评定中心的一个角标字母构成。

ΔW_z——评定中心为最小区域圆圆心的波纹度误差。

ΔW_q——评定中心为最小二乘圆圆心的波纹度误差。

ICS 21.100.20
J 11

中华人民共和国国家标准

GB/T 32325—2015

滚动轴承　深沟球轴承振动(速度)技术条件

Rolling bearings—Specifications for vibration(velocity) of deep groove ball bearings

2015-12-31 发布　　2016-04-01 实施

中华人民共和国国家质量监督检验检疫总局
中国国家标准化管理委员会　发布

前　言

本标准按照GB/T 1.1—2009给出的规则起草。

本标准由中国机械工业联合会提出。

本标准由全国滚动轴承标准化技术委员会(SAC/TC 98)归口。

本标准起草单位:杭州轴承试验研究中心有限公司、进发轴承有限公司、国家中小型轴承产品质量监督检验中心、天马轴承集团股份有限公司、浙江五洲新春集团股份有限公司、浙江辰通轴承有限公司、浙江时代计量科技有限公司。

本标准主要起草人:陈芳华、严思思、李仙红、钱亚明、时大方、石浙溪、郑小鹏、陈建新、康鹏飞。

滚动轴承　深沟球轴承振动(速度)技术条件

1　范围

本标准规定了公称外径大于10 mm～200 mm,外形尺寸符合GB/T 276的0、2、3直径系列深沟球轴承(以下简称轴承)振动(速度)技术要求、测量方法、评定方法和检验规则。

本标准适用于深沟球轴承,其中规定的V组是对通用轴承振动(速度)的基本要求,V1、V2、V3、V4组以及VF3、VF4组适用于对振动(速度)有更高要求的轴承,其中VF3、VF4组仅适用于公称外径大于10 mm～100 mm的轴承。

2　规范性引用文件

下列文件对于本文件的应用是必不可少的。凡是注日期的引用文件,仅注日期的版本适用于本文件。凡是不注日期的引用文件,其最新版本(包括所有的修改单)适用于本文件。

GB/T 276　滚动轴承　深沟球轴承　外形尺寸

GB 443　L-AN全损耗系统用油

GB/T 2828.1　计数抽样检验程序　第1部分:按接收质量限(AQL)检索的逐批检验抽样计划

GB/T 24610.1　滚动轴承　振动测量方法　第1部分:基础

GB/T 24610.2　滚动轴承　振动测量方法　第2部分:具有圆柱孔和圆柱外表面的向心球轴承

JB/T 2974　滚动轴承　代号方法的补充规定

SH 0004　橡胶工业用溶剂油

3　术语和定义

GB/T 24610.1界定的以及下列术语和定义适用于本文件。

3.1

轴承振动速度峰值　peak value of bearing vibration velocity

在给定时间间隔内,轴承振动速度的最大值。

3.2

轴承振动速度波峰因数　crest factor of bearing vibration velocity

F

在给定时间间隔内,轴承振动速度峰值与振动速度均方根值之比。

4　组别代号

JB/T 2974中的代号以及下列振动组别代号适用于本文件。

F:低频振动速度波峰因数不大于4,中、高频振动速度波峰因数不大于6;

VF3:振动速度达到V3组且振动速度波峰因数达到F组;

VF4:振动速度达到V4组且振动速度波峰因数达到F组。

5 技术要求

5.1 单个轴承振动速度值不应大于表 1 规定的相应组别限值。

5.2 对于 VF3、VF4 组轴承,除振动速度值不应大于表 1 规定的相应组别限值外,其振动速度波峰因数应符合 F 组的要求。采用振动速度峰值时,其低频振动速度峰值不应大于振动速度值的 4 倍,中、高频振动速度峰值不应大于振动速度值的 6 倍。

表 1 深沟球轴承振动(速度)限值

公称外径 D mm		V			V1			V2			V3			V4		
>	≤	低频	中频	高频	低频	中频	高频	低频	中频	高频	低频	中频	高频	低频	中频	高频
		μm/s														
10	15	110	60	60	80	40	40	55	28	28	40	18	18	28	12	12
15	20	145	70	70	100	50	50	65	30	30	45	18	18	32	12	12
20	25	185	85	95	120	55	60	80	35	35	52	20	20	35	12	12
25	30	225	100	125	145	65	75	95	40	45	60	25	25	38	15	15
30	40	265	120	170	170	75	100	110	50	65	70	32	35	45	20	20
40	50	310	140	220	195	90	130	125	60	85	80	38	50	50	25	30
50	60	360	160	270	225	105	165	145	70	105	90	45	65	55	30	40
60	70	410	185	320	255	120	200	165	80	125	105	52	80	65	35	50
70	80	460	210	370	285	135	235	185	90	145	120	60	95	75	40	60
80	90	510	240	430	320	155	270	205	100	170	135	68	110	85	45	70
90	100	560	270	490	355	175	310	225	110	195	150	75	125	95	50	80
100	110	610	300	550	390	195	350	250	120	220	165	82	140	105	55	90
110	120	660	330	610	425	215	390	275	130	245	180	90	155	115	60	100
120	130	710	360	670	460	235	430	300	140	270	200	98	170	130	65	110
130	140	760	390	730	500	255	470	330	155	295	220	105	190	145	70	120
140	150	810	420	790	540	275	510	360	170	325	240	115	210	160	75	135
150	160	860	450	850	580	295	550	390	185	355	260	125	230	175	80	150
160	170	920	480	910	620	315	590	420	200	385	280	135	250	190	85	165
170	180	980	510	970	660	335	635	450	215	415	300	145	270	205	90	180
180	190	1 040	540	1 030	705	355	680	480	230	445	320	155	295	220	100	195
190	200	1 100	570	1 100	750	375	730	510	250	480	345	165	320	235	110	210

6 测量方法

6.1 测量方法按 GB/T 24610.2 的规定。

6.2 心轴与主轴组合后径向、轴向圆跳动均不应大于5 μm。其测量方法按附录A的规定。

6.3 驱动装置的基础振动不应超过表2规定的限值。其测量方法按附录B的规定。

表2 驱动装置基础振动限值

轴承公称外径 D mm		基础振动 max		
>	≤	低频(L)	中频(M)	高频(H)
		μm/s		
10	100	10	7	4
100	200	15	15	7

7 评定方法

7.1 在规定的测量条件下，使轴承振动达到稳定状态运转1 s后开始测量，测量持续时间2 s～5 s，对应于每个测点位置均应在此状态下读取测值。

7.2 选取轴承外圈外圆柱面圆周方向大致等距的3个测点位置进行测量，正反两面测量，某频带的最大测值为该轴承该频带的振动值。

7.3 在有争议时，非预润滑轴承应采用NY-120溶剂油进行有效清洗，在轴承干燥后，以符合GB 443的L-AN15全损耗系统用油润滑的测值为准。NY-120溶剂油应经孔径不大于0.45 μm的过滤器过滤，其他技术要求按SH 0004的规定；L-AN15全损耗系统用油应经孔径不大于0.8 μm的过滤器过滤。

8 检验规则

8.1 单个轴承按本标准规定的方法测量，其任一频带振动速度值大于表1相应组别限值时，该轴承为不合格品；对于VF3和VF4组轴承，当任一频带振动速度值大于表1相应组别限值，或任一频带振动速度波峰因数超出F组的要求时，该轴承为不合格品。

8.2 抽样检查一批轴承的振动时，按GB/T 2828.1的规定，采用正常检验一次抽样方案，使用一般检验水平Ⅱ，振动速度的接收质量限AQL值为1.5；振动速度波峰因数或振动速度峰值的AQL值为4.0。

附 录 A
（规范性附录）
心轴径向圆跳动和轴向圆跳动测量方法

如图 A.1 所示，心轴与主轴组合后，将测表 1 测头垂直置于心轴与轴承内孔配合表面的任何部位，将测表 2 测头垂直置于心轴轴肩端面的任何部位，在主轴供油系统开启状态下，在主轴后端缓慢、平稳驱动主轴旋转一周以上（转速不大于 10 r/min），测表 1 最大示值与最小示值之差即为心轴的径向圆跳动，测表 2 最大示值与最小示值之差即为心轴的轴向圆跳动。

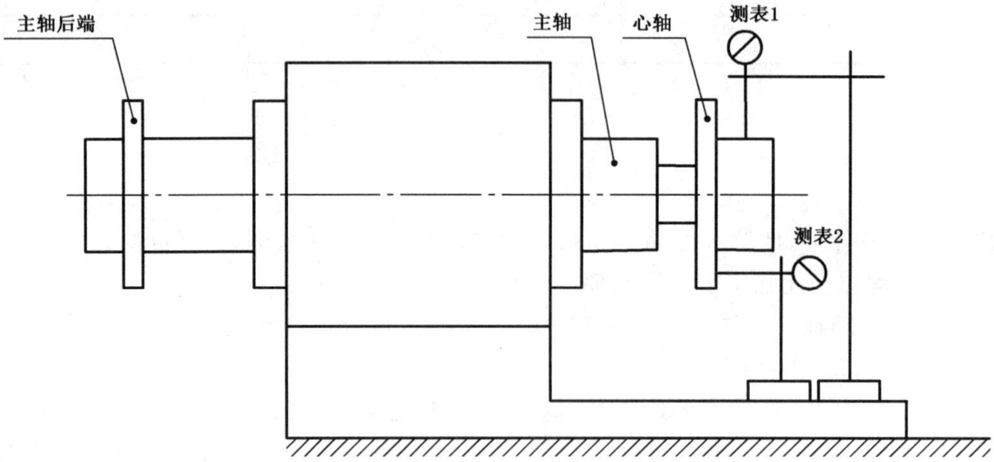

图 A.1　心轴径向圆跳动和轴向圆跳动测量示意图

附　录　B
（规范性附录）
驱动装置基础振动测量方法

如图 B.1 所示，在轴承振动测量驱动装置支承平台上放置一刚性基础振动测量棒（铸铁件或钢件，其两端面平行度不应大于 0.01 mm），使传感器测头与基础振动测量棒上端面接触，接触力为轴承振动测量时的传感器接触力。启动主轴，将电子测量仪器量程开关（如果有）置于最小挡位，此时电子测量仪器低、中、高三个频带的示值即为驱动装置的基础振动。

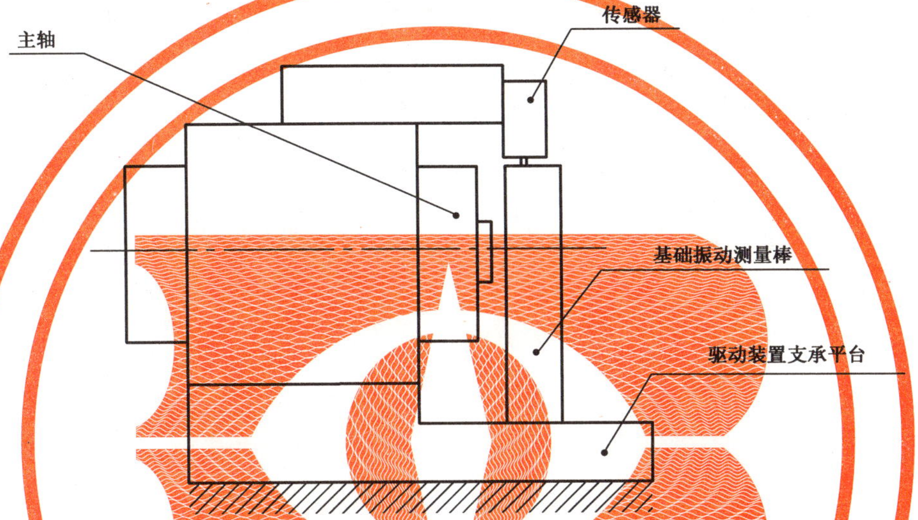

图 B.1　驱动装置基础振动测量示意图

ICS 13.020.10
Z 00

中华人民共和国国家标准

GB/T 32326—2015

工业固体废物综合利用技术评价导则

Assessment guidelines for integrated utilization technology of industrial solid waste

2015-12-31 发布　　2016-07-01 实施

中华人民共和国国家质量监督检验检疫总局
中国国家标准化管理委员会　发布

前 言

本标准按照 GB/T 1.1—2009 给出的规则起草。

本标准由全国产品回收利用基础与管理标准化技术委员会(SAC/TC 415)提出并归口。

本标准起草单位:中国标准化研究院、清华大学、北京工业大学、中国循环经济协会、冶金工业信息标准研究院、深圳市华测检测技术股份有限公司、北京师范大学、上海新金桥环保有限公司、北京建筑材料科学研究总院有限公司、内蒙古大唐国际再生资源开发有限公司、山西平朔煤矸石发电有限责任公司、朔州市润臻新技术开发有限公司。

本标准主要起草人:高东峰、温宗国、黄进、林翎、张建松、王秀腾、兰明章、李会芳、于亚杰、杨进波、曾维华、戴煦、吕征宇、侯姗、曹妍、仇金辉、朱平、黄晨、耿春雷。

工业固体废物综合利用技术评价导则

1 范围

本标准规定了工业固体废物综合利用技术评价的指标体系、评价程序和评价方法。

本标准适用于工业生产过程的固体废物综合利用技术评价工作，其他技术评价可参照本文件执行。

2 规范性引用文件

下列文件对于本文件的应用是必不可少的。凡是注日期的引用文件，仅注日期的版本适用于本文件。凡是不注日期的引用文件，其最新版本(包括所有的修改单)适用于本文件。

GB/T 20861 废弃产品回收利用术语

3 术语和定义

GB/T 20861 界定的以及下列术语和定义适用于本文件。

3.1

工业固体废物 industrial solid waste

在工业生产活动中产生的固体废物，是工业生产过程中排入环境的各种废渣、废液、粉尘及其他废物，可分为一般工业废物和工业有害固体废物。

3.2

工业固体废物综合利用 integrated utilization of industrial solid waste

工业固体废物中提取物质作为原材料或者燃料的活动。

注：也称工业固体废物资源化。

3.3

工业固体废物综合利用技术 integrated utilization technology of industrial solid waste

对工业固体废物中的物质进行综合开发和合理利用为原材料或者燃料的技术。

3.4

最佳适用技术 best available technology

综合考虑技术、环境、资源和经济等目标，从众多适用技术中选择出能够使综合效益达到最大化的单一技术或组合技术。

4 评价原则

4.1 技术评价应科学、客观、真实、全面反映技术应用的实际情况，并得到一致性较好的评价结果。

4.2 多项技术评价应根据技术特点进行分类，对不同类型的技术制定适宜的评价指标，应具有较好的可比性和可操作性。

4.3 评价指标应涵盖技术指标、环境指标、资源指标和经济指标等多个方面。

4.4 评价指标间应相互联系并相对独立，避免交叉。

4.5 评价指标应具有可操作性，统计计量方便，便于验证。

4.6 评价指标应分为定性指标和定量指标。

4.7 评价指标体系应全面考虑正面效益和负面影响两个方面。

5 评价指标体系

5.1 概述

评价指标体系分为一级指标和二级指标，其中一级指标包括技术指标、环境指标、资源指标和经济指标等，二级指标是一级指标的细化。评价指标体系框架见表1。

5.2 技术指标

技术指标包括技术水平、技术成熟度、技术政策符合度、实施及管理维护复杂程度等。

5.3 环境指标

环境指标包括工艺设备环保政策符合程度、能源利用效率、污染降低程度、固废减排量、废水减排量、资源化产品环境影响等。

5.4 资源指标

资源指标包括原生资源替代率等。

5.5 经济指标

经济指标包括技术产业化前景、资源化产品附加值、技术投资回报等。

表1 评价指标体系框架表

	一级指标	二级指标	指标说明
工业固废综合利用技术评价指标体系	技术指标	技术水平	与国内外同类技术相比，被评价技术所处的地位。如国际先进技术、政府鼓励的最佳技术等
		技术成熟度	已经形成生产能力或达到实际应用的程度
		技术政策符合度	运用的工艺设备有无国家禁用、淘汰技术，是否符合产业政策及相关规划等
		实施及管理维护复杂程度	运用的工艺设备实施难度、运行管理维护复杂程度
		……	……
	环境指标	工艺设备环保政策符合程度	工艺设备是否符合国家环保产业政策及污染排放标准等
		能源利用效率	处理单位工业固体废物耗能情况
		污染降低程度	有无二次污染，是否降低废物数量和毒性
		固废减排量	综合利用过程固废减排量
		废水减排量	综合利用过程废水减排量
		资源化产品环境影响	所形成的产品或资源有无环境危害，产品废弃后处理难易程度及对环境的影响
		……	……

表 1（续）

	一级指标	二级指标	指标说明
工业固废综合利用技术评价指标体系	资源指标	原生资源替代率	资源综合利用产品中非原生资源比例
		……	……
	经济指标	技术产业化前景	技术在未来资源化市场中的发展前景及潜力
		资源化产品附加值	所形成的产品或资源的附加值高低
		技术投资回报	保证技术可行、环境友好前提下，优先考虑成本低、投资回报率高和综合利用产品销售净利率高的技术
		……	……

6 评价程序

6.1 组建评价小组

组建专家评价小组，负责开展工业固废综合利用技术评价工作。专家组人数一般不少于 9 人，专家组成应包括熟悉所评价技术领域，从事技术研发应用、工程设计、企业管理等各方面的专家。

6.2 评价申报

应用工业固体废物综合利用技术的企业提交技术评价申报文件，评价申报文件格式见附录 A，申报文件内容包括但不限于：

——技术执行的标准或技术验收条件；
——设备类型；
——技术运行说明书；
——技术运行记录；
——工业固体废弃物类型、来源；
——综合利用产品产量、销售情况；
——资源、能源消耗计量统计数据及记录文件；
——污染物排放计量统计数据及记录文件；
——处理单位工业固体废物的污染物排放量；
——有关应用综合利用技术的投入、产出财务数据及记录文件；
——综合利用产品检测、测试数据及记录文件；
——其他必要文件资料。

6.3 现场考察

评价小组查看企业申报文件、统计报表、原始记录。根据实际情况，开展对相关人员的座谈、实地调查和抽样检测等工作，确保数据完整和准确。

6.4 评价

根据评价技术特点，确定评价方法和评价指标体系。

根据申报文件和现场考察情况，评价小组从技术指标、环境指标、资源指标和经济指标四个方面对技术进行综合评价。

对评价计算结果进行分析，并开展专家评议，取得对评价结果认同的一致性。

7 评价方法

7.1 总述

本标准推荐使用专家辅助综合评价法，对比较复杂的技术，可以选用附录B中的评价方法。

7.2 专家辅助综合评价法

7.2.1 建立指标体系

参照第5章的评价指标体系。

7.2.2 权重确定

7.2.2.1 评价小组根据一级指标的相对重要程度确定各一级指标的权重，各一级指标的权重值 $0<F_i<1$，且一级指标权重值之和等于1。
7.2.2.2 评价小组根据四个一级指标下各二级指标的相对重要程度确定二级指标的权重，每个一级指标下各二级指标权重 $0<K_i<1$，且同一个一级指标下各二级指标权重值 K_i 之和等于1。

7.2.3 二级指标单项评价

7.2.3.1 二级指标评价值 S_i 确定

7.2.3.1.1 二级定量评价指标计算方法：通常取待评价技术在统计报告期(一般以一个生产年度为一个统计报告期)内，某二级评价指标的实际数值，部分计算公式参见附录C。
7.2.3.1.2 二级指标为定性指标的，参考专家经验进行量化分析。本文件涉及的定性指标量化方法见表2。

表2 定性指标量化表

指标		定性指标量化				
		0～0.2	0.2～0.4	0.4～0.6	0.6～0.8	0.8～1.0
技术指标	技术水平	落后	国内一般	国内先进	国际先进	国际领先
	技术成熟度	差	较差	一般	较成熟	很成熟
	技术政策符合度	差	较差	一般	符合	完全符合
	实施及管理维护复杂程度	实施维护复杂	实施维护比较复杂	实施维护中等	实施维护比较容易	实施维护容易
环境指标	工艺设备环保政策符合程度	差	较差	一般	较好	好
	污染降低程度	差	较差	一般	较好	好
	资源化产品环境影响	环境影响显著	环境影响较为明显	环境危害不能忽略	有轻微环境危害	环境危害小
经济指标	技术产业化前景	市场潜力小，前景差	市场潜力一般，前景一般	有一定市场，前景中等	有较大市场潜力，前景较好	市场潜力巨大，前景广阔

7.2.3.2　二级指标单项评价指数 I_i 的确定

一般而言,不同的评价指标具有不同的量纲和量纲单位。为了消除量纲和量纲单位不同所带来的不可比性,评价之前首先应将评价指标无量纲化处理。

本文件评价指标均设置为取值越大越好,取各评价技术 S_i 最大值作为理想值,其计算公式为:

$$I_i = \frac{S_i}{S_0} \quad \cdots\cdots(1)$$

式中:

I_i ——第 i 项二级指标的单项评价指数;

S_i ——第 i 项二级指标的单项评价值;

S_0 ——第 i 项二级指标的单项基准值。确定各定量评价指标基准值的依据是:凡在国家或行业有关政策、标准、技术规章等文件中对该项指标已有明确要求值的,选用国家或行业要求的数值;凡国家或行业对该项指标尚无明确要求值的,则选用国内同行业重点大中型企业近年来实际生产过程中所达到的中上等以上水平的指标值;定性指标基准值定为1。

注:本文件指标设置为取值越大越好,对于负向指标,需要进行处理后(如取倒数)计算。

7.2.3.3　二级指标单项评分值 P_i 的确定

$$P_i = I_i \times K_i \quad \cdots\cdots(2)$$

式中:

P_i ——第 i 项二级指标单项评分值;

I_i ——第 i 项二级指标单项评价指数;

K_i ——第 i 项二级指标权重值。

7.2.4　一级指标单项评价

7.2.4.1　一级指标单项评价指数 Q_j 的确定

$$Q_j = \sum_{i=1}^{n} P_i \quad \cdots\cdots(3)$$

式中:

Q_j ——第 j 项一级指标单项评价指数,$j=1,2,3,4$;

n ——第 j 项一级指标之下的二级指标总数;

P_i ——第 i 项二级指标单项评分值。

7.2.4.2　一级指标单项评分值 M_j 的确定

$$M_j = Q_j \times F_j \quad \cdots\cdots(4)$$

式中:

$j=1,2,3,4$;

M_j ——第 j 项一级指标单项评分值;

Q_j ——第 j 项一级指标单项评价指数;

F_j ——第 j 项一级指标权重值。

7.2.5　综合评价指数 E 的确定

$$E = \sum_{j=1}^{4} M_j \quad \cdots\cdots(5)$$

式中：

E ——某项技术的综合评价指数；

M_j——第 j 项一级指标单项评分值；

$j=1,2,3,4$，分别对应技术、环境、资源、经济四个一级指标。

7.2.6 最佳适用技术选择

根据各项待评价技术的综合评价指数，按从大到小的顺序排列，理论上选取综合评价指数最高的技术为最佳适用技术。

附 录 A
(资料性附录)
技术评价申报文件(格式)

建议各相关单位参照以下要求提交技术评价申请材料:

1. 申报单位应是在中华人民共和国境内注册1年以上的企事业单位,具有独立法人资格。
2. 参选技术符合国家产业政策、资源综合利用规划等。
3. 技术知识产权明晰,合资企业中方股权不小于51%。
4. 同一单位单次申报技术数量不超过5项。
5. 申报材料包括:

(1) 企业法人资格证书、营业执照;
(2) 工业固体废物综合利用技术基本信息表(表A.1);
(3) 工艺流程图;
(4) 地市级环保、经信部门提供的节能减排监测数据证明材料;
(5) 查新报告、鉴定结果或专利证书;
(6) 获奖证明;
(7) 技术转让合同、知识产权归属和授权使用证明文件;
(8) 其他材料。

表 A.1 技术基本信息表(格式)

<table>
<tr><td>技术依托单位</td><td colspan="3"></td></tr>
<tr><td>单位性质</td><td colspan="3"></td></tr>
<tr><td>组织机构代码</td><td colspan="3"></td></tr>
<tr><td>通信地址</td><td colspan="3">省(自治区) 市 区(县) 街(路) 号</td></tr>
<tr><td>邮政编码</td><td></td><td>负责人</td><td></td></tr>
<tr><td>联系人</td><td></td><td>联系电话(附手机)</td><td></td></tr>
<tr><td>电子信箱</td><td></td><td>传真号码</td><td></td></tr>
<tr><td>技术名称</td><td colspan="3"></td></tr>
<tr><td>技术简介</td><td colspan="3">(300字以内,包括工艺原理、工业固体废物综合利用技术效果、主要技术经济指标等)</td></tr>
<tr><td>技术类型(可根据实际情况多选,最多选3项)</td><td colspan="3">□生产建材产品 □回收热值
□其他(可注明＿＿＿＿＿＿)</td></tr>
</table>

表 A.1（续）

<table>
<tr><td rowspan="22">主要技术内容</td><td>适用行业</td><td colspan="3">□钢铁 □石化 □有色 □建材 □纺织 □轻工
□装备 □电力 □汽车 □其他行业(请注明)______</td></tr>
<tr><td>适用条件(如规模、地域、技术条件等)</td><td colspan="3"></td></tr>
<tr><td>技术原理与工艺路线(附工艺流程图)</td><td colspan="3"></td></tr>
<tr><td rowspan="3">主要工艺技术参数</td><td>指标名称</td><td>值</td><td>单位</td></tr>
<tr><td></td><td></td><td></td></tr>
<tr><td></td><td></td><td></td></tr>
<tr><td rowspan="4">工业固体废物综合利用效果</td><td>指标名称</td><td>值</td><td>单位</td></tr>
<tr><td>原生资源替代率[a]</td><td></td><td>%</td></tr>
<tr><td>固废减排量[a]</td><td></td><td>t</td></tr>
<tr><td>废水减排量[a]</td><td></td><td>t</td></tr>
<tr><td rowspan="4">主要经济指标</td><td>指标名称</td><td>值</td><td>单位</td></tr>
<tr><td>技术产生的直接综合利用产品销售额[a]</td><td></td><td>万元</td></tr>
<tr><td>技术投资回报率[a]</td><td></td><td>%</td></tr>
<tr><td>技术产生的直接综合利用产品销售净利率[a]</td><td></td><td>%</td></tr>
<tr><td rowspan="4">环境影响指标，处理单位固体废物的污染物排放(如大气、水、固体污染等)</td><td>指标名称</td><td>值</td><td>单位</td></tr>
<tr><td>大气</td><td></td><td></td></tr>
<tr><td>废水</td><td></td><td></td></tr>
<tr><td>固废</td><td></td><td></td></tr>
<tr><td rowspan="2">其他指标</td><td>指标名称</td><td>值</td><td>单位</td></tr>
<tr><td></td><td></td><td></td></tr>
<tr><td>技术成熟度</td><td colspan="3">□已完成中试 □已完成工业化试验 □拥有 1～3 个应用案例
□拥有 4～9 个应用案例 □ 拥有 10 个及以上应用案例</td></tr>
<tr><td>知识产权现状</td><td colspan="3">□国内专利 □国际专利 □自主开发 □购买 □其他情况______</td></tr>
<tr><td rowspan="2">技术水平</td><td>同领域国内外技术现状(限 300 字)</td><td colspan="3"></td></tr>
<tr><td>技术特点及创新点(限 150 字)</td><td colspan="3"></td></tr>
</table>

表 A.1（续）

定性指标自评估	技术先进性指标	技术水平*	□落后　□国内一般　□国内先进 □国际先进　□国际领先
		技术成熟度	□差　□较差　□一般　□较成熟 □很成熟
		技术政策符合度*	□差　□较差　□一般　□符合 □完全符合
		实施及管理维护复杂程度*	□实施维护复杂 □实施维护比较复杂 □实施维护中等 □实施维护比较容易 □实施维护容易
	环境友好性指标	工艺设备环保政策符合程度*	□差　□较差　□一般 □较好　□好
		污染降低程度*	□差　□较差　□一般 □较好　□好
		资源化产品环境影响*	□环境影响显著 □环境影响较为明显 □环境危害不能忽略 □有轻微环境危害 □环境危害小
	经济可行性指标	技术产业化前景*	□市场潜力小，前景差 □市场潜力一般，前景一般 □有一定市场，前景中等 □有较大市场潜力，前景较好 □市场潜力巨大，前景广阔
应用情况	应用案例。 （**注**：可加行。填写应用项目的联系人及联系方式、项目名称、地点、规模、运行时间，并按照主要技术内容栏目中所列明细说明固废综合利用、主要经济指标、环境影响等）		

表 A.1（续）

申报单位承诺： 申报技术的知识产权明晰，申报材料内容属实、准确 （公　章） 日期：　　年　月　日
推荐单位审查意见： （公　章） 日期：　　年　月　日

注 1：指标计算参照附录 C。

注 2：标“*”的指标为基本指标。

附　录　B
（资料性附录）
参考评价方法（多属性综合评价法）

B.1　建立技术评价指标体系及评价因素集

参照第5章的评价指标体系，构建评价因素集，包括目标层、准则层和基础指标层。

目标层对应技术评价的目的，即工业固体废物综合利用技术的综合应用效果。

准则层对应指标体系的一级指标。

基础指标层对应指标体系的二级指标，为根据行业特点和技术实际情况确定的具体量化指标和定性指标。

B.2　构造隶属度函数并计算隶属度

B.2.1　定量指标隶属度的确定

定量技术评价指标均设置为取值越大越好，采用升半梯形分布的隶属函数：

$$\mu=\begin{cases}1 & x\geqslant a_2\\ \dfrac{x-a_1}{a_2-a_1} & a_1\leqslant x\leqslant a_2\\ 0 & 0\leqslant x\leqslant a_1\end{cases}\qquad\cdots\cdots(B.1)$$

式中：

a_1，a_2——分别为该组备选技术指标值的上、下界。

注1：本文件指标设置为取值越大越好，对于负向指标，需要进行处理后（如取倒数）计算。

注2：定量指标计算按照附录C中的方法计算。

B.2.2　定性指标隶属度的确定

确定评语集 V 及标准得分集 X。

V	差	较差	一般	较好	好
X	0～1	1～2	2～3	3～4	4～5

采用问卷调查的形式，请该行业或相关领域的九位以上专家，根据评语集进行打分，取算术平均值为 X。

隶属函数表达式为：

$$\mu(x)=\frac{x}{5}\qquad 0\leqslant x\leqslant 5\qquad\cdots\cdots(B.2)$$

根据隶属函数计算不同技术条件下指标层的各定量、定性指标的隶属度，得到指标层单因素评估矩阵 R_1，R_2，…，R_k，

$R_k=\{\mu_{ki}\}$

其中，i 表示第 i 个基础指标层指标，k 表示第 k 个准则层指标。

B.3 确定评估指标权重并建立权重集

B.3.1 构造判断矩阵

请每位专家对指标体系中每一层次(目标层-准则层、准则层-指标层)的指标两两相对重要性打分，分别构造判断矩阵集$\{M\}_1$，$\{M\}_2$，…，$\{M\}_i$，其中i表示专家人数，M表示判断矩阵集。

B.3.2 计算相对权重

按照层次分析法计算公式，得出通过一致性检验的相对权重分配集$\{w\}_1$，$\{w\}_2$，…，$\{w\}_j$，其中j表示通过一致性检验的权重分配结果个数，$j \leqslant i$，w表示指标体系中所有相对权重集。

B.3.3 计算平均相对权重

计算$\{w\}$中所有元素的算术平均值，记为$\{N_{ij}\}$，其中i表示第i组相对权重集，j表示其中的第j个指标。根据式(B.3)计算所有指标的相对权重W_{ij}。

$$W_{ij}=N_{ij}/\sum_j N_{ij} \qquad \cdots\cdots(B.3)$$

B.3.4 指标总排序权重计算

根据准则层指标间的相对权重关系和各个准则层下的指标层相对权重，计算指标层的总排序权重：

$$W_{(ij)}=W_i \times W_{ij} \qquad \cdots\cdots(B.4)$$

式中：

W_i——准则层i的相对权重；

W_{ij}——准则层i中第j指标的相对权重。

B.4 综合评估

B.4.1 一级评估

由上述隶属度的计算，可得所有技术的单因素评估矩阵R_k。由此可得到一级综合评估B_k：

$$B_k=W_k \cdot R_k=(b_{k1},b_{k2},\cdots,b_{kn}) \qquad \cdots\cdots(B.5)$$

式中：

W_k——第k个准则层指标下的指标层指标相对权重矩阵。

B.4.2 二级评估

由评估结果B_k，得出总的评估矩阵T为：

$$T=\begin{Bmatrix} B_1 \\ B_2 \\ \vdots \\ B_k \end{Bmatrix}=\begin{Bmatrix} b_{11} & b_{12} & \cdots & b_{1n} \\ B_{21} & B_{22} & \cdots & b_{2n} \\ \vdots & \vdots & \vdots & \vdots \\ b_{k1} & b_{k2} & \cdots & b_{kn} \end{Bmatrix} \qquad \cdots\cdots(B.6)$$

将目标层A上的k个准则层指标集B_k看作是A上的k个单因素指标，则同样利用式(B.5)，有目标层的综合评判矩阵A为：

$$A=W \cdot T=(W_1,W_2,\cdots,W_n) \cdot \begin{Bmatrix} b_{11} & b_{12} & \cdots & b_{1n} \\ B_{21} & B_{22} & \cdots & b_{2n} \\ \vdots & \vdots & \vdots & \vdots \\ b_{k1} & b_{k2} & \cdots & b_{kn} \end{Bmatrix}=(a_1,a_2,\cdots,a_n) \qquad \cdots\cdots(B.7)$$

式中：

W ——准则层指标的相对权重矩阵；

T ——一级评估结果矩阵。

矩阵 A 为各技术综合评估结果。

根据最大隶属度原则，a_i 值越大，表示技术的综合效果越好。据此可对各项待评价技术进行排序和比较。其中，一级评估的结果也可作为重要参考依据。

附　录　C
（资料性附录）
工业固体废物综合利用技术评价部分定量指标计算方法

C.1　能源利用效率

能源利用效率按式(C.1)计算：

$$e_Z = \frac{E_i}{W_0} \qquad \cdots\cdots(C.1)$$

式中：

e_Z ——能源利用效率，单位为吨标准煤每处理单位工业固体废物(tce/t 工业固体废物)；

E_i ——统计报告期内，工业固体废物综合利用企业综合能源消耗量，单位为吨标准煤(tce)；

W_0 ——统计报告期内，工业固体废物综合利用企业处理的工业固体废物数量，单位为吨(t)。

注：参考 GB/T 2589《综合能耗计算通则》。

C.2　固废减排量

固废减排量为：

固废减排量(吨)＝比较期同期固废排放量(吨)－统计期固废排放量(吨)

C.3　废水减排量

废水减排量为：

废水减排量(吨)＝比较期同期废水排放量(吨)－统计期废水排放量(吨)

C.4　原生资源替代率

原生资源替代率按式(C.2)计算：

$$\rho_{Zr} = \frac{w_{pt}}{W_t} \times 100\% \qquad \cdots\cdots(C.2)$$

式中：

ρ_{Zr} ——原生资源替代率，%；

w_{pt} ——统计报告期内，合格的工业固体废物综合利用产品中工业固体废物的掺入量，单位为吨(t)；

W_t ——统计报告期内，合格的工业固体废物综合利用产品总重量，单位为吨(t)。

C.5　技术投资回报率

工业固体废物综合利用技术投资回报率按式(C.3)计算：

$$ROI = \frac{P_i}{IN_i} \times 100\% \qquad \cdots\cdots(C.3)$$

式中：

ROI ——工业固体废物综合利用技术投资回报率，%；

P_i ——统计报告期内，企业采用综合利用技术的净利润，单位为万元；

IN_i ——统计报告期内，企业采用综合利用技术投资总额，单位为万元。

C.6 技术产生的直接综合利用产品销售净利率

技术产生的直接综合利用产品销售净利率按式(C.4)计算：

$$p=\frac{P_i}{I_i}\times 100\% \qquad \cdots\cdots(C.4)$$

式中：

p ——采用技术产生的直接综合利用产品销售净利率，%；

P_i ——统计报告期内，企业采用技术直接产生的综合利用产品净利润，单位为万元；

I_i ——统计报告期内，企业采用技术直接产生的综合利用产品销售收入，单位为万元。

参 考 文 献

[1] GB/T 2589 综合能耗计算通则
[2] GB 8978—1996 污水综合排放标准
[3] GB 16297—1996 大气污染物综合排放标准
[4] GB 18599—2001 一般工业固体废物贮存、处置场污染控制标准

ICS 13.030.20
Z 05

中华人民共和国国家标准

GB/T 32327—2015

工业废水处理与回用技术评价导则

Guide for evaluating industrial wastewater treatment and reuse technology

2015-12-31 发布 2016-07-01 实施

中华人民共和国国家质量监督检验检疫总局
中国国家标准化管理委员会 发布

前　　言

本标准按照 GB/T 1.1—2009 给出的规则起草。

本标准由全国产品回收利用基础与管理标准化技术委员会(SAC/TC 415)和全国工业节水标准化技术委员会(SAC/TC 442)提出并归口。

本标准起草单位:中国标准化研究院、轻工业环境保护研究所、北京建工金源环保发展有限公司、北京万邦达环保技术股份有限公司、北京高能时代环境技术股份有限公司、北京华瑞创源环保科技有限公司。

本标准主要起草人:任晓晶、朱春雁、白雪、张忠国、胡梦婷、吴月、贺克明、单明军、马文臣、刘泽军、刘艳尼、高东峰、李珊、梁爽、程言君、王玉洁、才宽、侯姗、杨明、刘静。

工业废水处理与回用技术评价导则

1 范围

本标准规定了工业废水处理与回用技术的评价原则、评价指标体系、评价程序和方法。

本标准适用于工业企业或有关部门评价与比选废水处理与回用技术。

2 规范性引用文件

下列文件对于本文件的应用是必不可少的。凡是注日期的引用文件，仅注日期的版本适用于本文件。凡是不注日期的引用文件，其最新版本(包括所有的修改单)适用于本文件。

GB/T 18919 城市污水再生利用 分类

HG/T 3923 循环冷却水用再生水水质标准

GB/T 18921 城市污水再生利用 景观环境用水水质

SL 368 再生水水质标准

3 术语和定义

下列术语和定义适用于本文件。

3.1

工业废水 industrial wastewater

工艺生产过程中排出的废水和废液，其中含有随水流失的工业生产用料、中间产物、副产品以及生产过程中产生的污染物。

3.2

回用 water reuse

企业产生的排水直接或经处理后再利用于某一用水单元。

3.3

最佳适用技术 best available technology

综合考虑技术、环境、资源和经济等目标，从众多适用技术中选择出能够使综合效益达到最大化的单一技术或组合技术。

4 评价原则

4.1 全面性

所选评价指标应涵盖技术、环境、资源和经济等。

4.2 综合性

所选评价指标体系既能反映拟评价技术的普适性、概括性特征(一级指标)，又能反映各特征具体的、可验证的指标(二级指标)。

4.3 独立性

所选每个单项评价指标均反映拟评价技术某类特征的一个侧面情况，指标之间尽量不重复交叉。

4.4 可操作性

评价指标选择应充分考虑拟评价技术各项指标数据的可获取性，以及其在评价体系中的权威性和通用性，使评价指标简洁明确，易于计算。

4.5 特征性

评价指标的选择应体现不同行业工业废水的特征性污染物指标。

5 评价指标体系

5.1 评价指标体系分为一级指标和二级指标，其中一级指标包括技术指标、环境指标、资源指标和经济指标，二级指标是一级指标的细化，二级指标解释参见附录A。评价指标体系框图见图1。

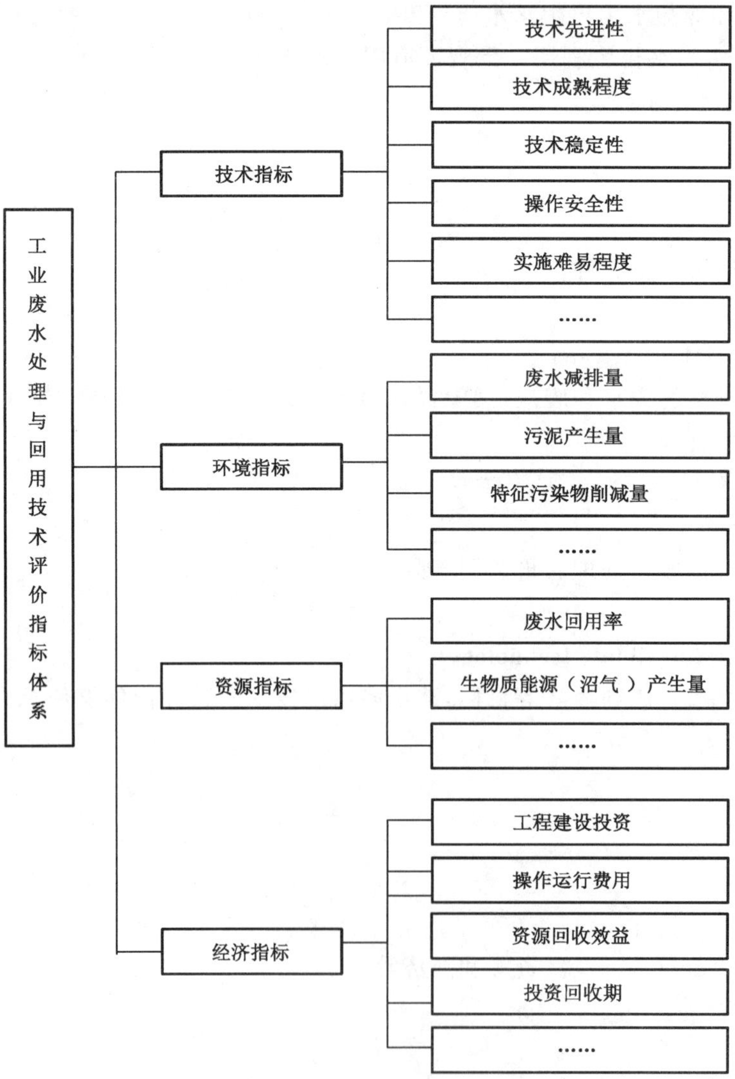

图1 工业废水处理与回用技术评价指标体系

5.2 技术指标包括技术先进性、技术成熟程度、技术稳定性、操作安全性、实施难易程度等。

5.3 环境指标包括废水减排量、污泥产生量、特征污染物削减量等。

5.4 资源指标包括废水回用率、生物质能源(沼气)产生量等。

5.5 经济指标包括工程建设投资、操作运行费用、资源回收效益、投资回收期等。

6 评价程序

6.1 概述

工业废水处理与回用技术评价工作程序包括评价准备、预评价、评价和编写评价报告,如图2所示。

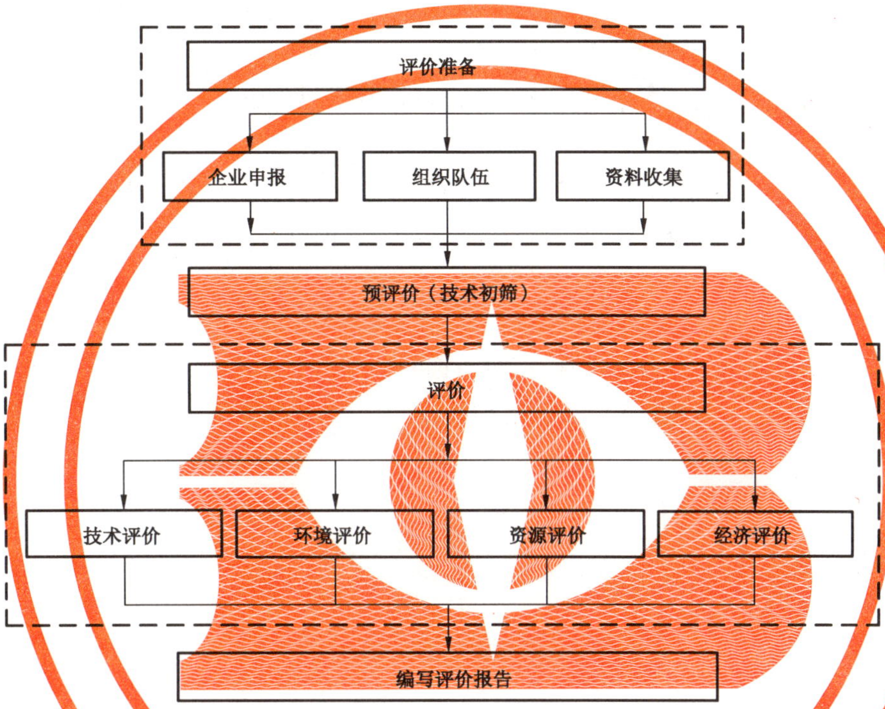

图2 工业废水处理与回用技术评价工作程序

6.2 评价准备

6.2.1 企业提出评价需求并提交相关文件,文件类型和内容包括但不限于:

a) 企业所处地理位置特点;

b) 主要生产流程和设备;

c) 工业废水类型及来源;

d) 废水排放量;

e) 主要污染物排放量统计数据及其记录文件;

f) 资源、能源消耗计量统计数据及其记录文件;

g) 废水回用方式及水质要求;

h) 环境影响评价报告;

i) 其他必要文件资料。

6.2.2 组建专家评价小组,负责开展工业废水处理与回用技术评价工作。

6.2.3 评价小组根据企业提供的统计报表和原始记录，开展实地调查和抽样检测等工作，确保数据完整和准确。

6.3 预评价

预评价程序如下：

a) 根据工业废水所属类别，对国内外现有处理和回用技术进行分析总结，确定拟评价的若干技术；

b) 对上述各项技术进行简易初选淘汰。主要考虑因素包括但不限于：
  ——技术能否达到预期的污染物去除效率；
  ——依据 GB/T 18919、HG/T 3923、GB/T 18921 和 SL 368，判断技术能否满足其相应的回用水质要求；
  ——是否在现有的场地、公用设施等条件或稍作改进即可实施；
  ——其他必要条件。

c) 评价小组组织企业领导、工程技术人员及相关专家进行讨论，结合企业实际情况分出初步可行技术和不可行技术两大类。初步可行技术供进一步评价。

6.4 评价

对初步可行技术从技术指标、环境指标、资源指标和经济指标四个方面进行综合评价，并根据综合评价指数进行排序，确定最佳适用技术。

6.5 编写评价报告

工业废水处理与回用技术评价报告应包括企业及废水的基本情况、有关技术情况、评价过程和结果等。

7 评价方法

7.1 指标权重值确定

7.1.1 按照附录 B 的方法，确定各项一级指标权重值 F_j 和二级指标权重值 K_i。

7.1.2 F_j 和 K_i 均在区间[0,1]取值。

7.1.3 同一个一级指标下各项二级指标权重值 K_i 之和等于 1。各项一级指标权重值 F_j 之和等于 1。

7.2 二级指标单项评价

7.2.1 二级指标量化值

本评价指标体系分为定性和定量两种评价指标。

a) 定量评价指标赋值依据

依据待评价技术的工程应用统计数据、相关技术的工程应用统计数据或有关理论计算数据等进行定量指标的数值计算，必要时可进行实测，以核实数据的准确性。部分计算公式参见附录 A。

b) 定性二级指标赋值依据

参考专家经验进行量化分析。鉴于本标准中只有技术性指标为定性指标，对其进行量化可参考表 1。

表 1　定性指标量化值

技术性指标	定性指标量化				
	0～0.2	0.2～0.4	0.4～0.6	0.6～0.8	0.8～1.0
技术先进性	低	较低	中等	较高	高
技术成熟程度	研发阶段	现场试验	工业示范	工业应用	商业化
技术稳定性	差	较差	一般	较好	好
操作安全性	低	较低	中等	较高	高
实施难易程度	复杂	比较复杂	中等	比较简单	简单

7.2.2　二级指标单项评价指数

为了消除各二级指标量纲和量纲单位不同所带来的不可比性，评价之前首先应将评价指标无量纲化处理。对于取值越大越好的指标，按式(1)计算：

$$I_i = \frac{S_i}{S_{max}} \qquad \cdots\cdots(1)$$

对于取值越小越好的指标，按式(2)计算：

$$I_i = \frac{S_{min}}{S_i} \qquad \cdots\cdots(2)$$

式中：

I_i ——第 i 项二级指标单项评价指数；

S_i ——第 i 项二级指标单项评价基准值；

S_{max}——拟评价各技术的 S_i 最大值；

S_{min}——拟评价各技术的 S_i 最小值。

7.2.3　二级指标单项评分值

$$P_i = I_i \times K_i \qquad \cdots\cdots(3)$$

式中：

P_i ——第 i 项二级指标单项考核总分；

I_i ——第 i 项二级指标单项评价指数；

K_i ——第 i 项二级指标权重值。

7.3　一级指标单项评价

7.3.1　一级指标单项评价指数

$$Q_j = \sum_{i=1}^{n} P_i \qquad \cdots\cdots(4)$$

式中：

Q_j ——第 j 项一级指标单项评价指数，$j=1,2,3,4$，分别对应技术、环境、资源、经济四个一级指标；

n ——第 j 项一级指标之下的二级指标项目总数；

P_i ——第 i 项二级指标单项考核总分。

7.3.2 一级指标单项评分值

$$M_j = Q_j \times F_j \quad \cdots\cdots (5)$$

式中：

M_j ——第 j 项一级指标单项评分值，$j=1,2,3,4$；

Q_j ——第 j 项一级指标单项评价指数；

F_j ——第 j 项一级指标权重值。

7.4 综合评价指数

$$E = \sum_{j=1}^{4} M_j \quad \cdots\cdots (6)$$

式中：

E ——某项技术的综合评价指数；

M_j——第 j 项一级指标单项评分值，$j=1,2,3,4$。

工业废水处理与回用技术评价表参见附录C。

7.5 最佳适用技术选择

根据各项拟评价技术的综合评价指数，按从大到小的顺序排列，理论上选取综合评价指数最高的技术为最佳适用技术。

附 录 A
（资料性附录）
二级指标解释

A.1 技术先进性

技术先进性泛指与国内外同类技术相比，被评价废水处理和回用技术水平所处的地位。可根据技术验收或鉴定时的有关结论、核心技术获奖情况、国家发明专利授权情况、国家先进污染防治示范技术和国家鼓励发展的环境保护技术目录中列举技术等联合评定。

A.2 技术成熟程度

技术在研发过程所达到的一般性可用程度，技术成熟程度由低到高分为五个等级：研发阶段、现场试验、工业示范、工业应用、商业化。

A.3 技术稳定性

包括抗冲击负荷能力和出水水质稳定达标率。

抗冲击负荷能力：当进水水质、水量发生变化时，对废水处理设施造成的一定影响，以该废水处理技术恢复到以前所需时间进行判断抗冲击负荷能力的强弱。

出水水质稳定达标率：指废水经过处理后能实现达标排放的概率，通常指全年出水水质达标天数与全年总运行天数之比。

A.4 操作安全性

评价工艺的安全性包括使用的原材料安全、设备及设施运行的安全性、运行管理过程中的物料使用安全性、产物的毒性及有害性、潜在危险性。

A.5 实施难易程度

实施难易程度的差异、操作的自控水平和人工管理的复杂状况相关，对自控要求的高低会直接影响废水处理技术运行的稳定性、工程投资多少等。

A.6 废水减排量

废水减排量(t)＝统计期废水排放量(t)－比较期同期废水排放量(t)。

A.7 污泥产生量

单位废水处理过程中产生的污泥量。

A.8 特征污染物削减量

行业工业废水中某些具有代表性的污染物经过处理后被控制降低的数量。

A.9 废水回用率

统计期内废水回用率按式(A.1)计算：

$$K_w = \frac{V_w}{V_d + V_w} \times 100\% \qquad \cdots\cdots(A.1)$$

式中：

K_w ——废水回用率；

V_w ——在统计期内，企业外排废水自行处理后的回用水量，单位为吨(t)；

V_d ——在统计期内，企业向外排放的废水量，单位为吨(t)。

A.10 生物质能源(沼气)产生量

废水处理过程中某些工业有机废弃物转化为可燃气体或液体燃料的生物质能源产量。

A.11 工程建设投资

包括建筑工程费、安装工程费、设备购置费等。

A.12 操作运行费用

包括药剂费、人工费、燃料动力费、设备维护维修费、折旧费等。

A.13 资源回收效益

工业废水处理中资源综合利用取得的直接经济效益，如：对废水中部分有用物质进行回收取得的收益以及通过处理后水回用抵消的节水收益。

A.14 投资回收期

从项目的投建之日起，用项目所得的净收益偿还原始投资所需要的年限。投资回收期分为静态投资回收期与动态投资回收期两种。按式(A.2)和式(A.3)计算：

$$\text{投资回收期(静态)} = (T-1) + \frac{\text{第}(T-1)\text{年的累计现金流量绝对值}}{\text{第}\,T\,\text{年现金流量}} \qquad \cdots\cdots(A.2)$$

$$\text{投资回收期(动态)} = (T-1) + \frac{\text{第}(T-1)\text{年的累计折现值}}{\text{第}\,T\,\text{年折现值}} \qquad \cdots\cdots(A.3)$$

式中：

T——累计净现金流量开始出现正值的年份数。

附　录　B
（资料性附录）
指标权重值的确定

所谓权重值就是评价各指标在评价系统结构中的重要程度或者说是管理决策者对其重视程度，用区间[0,1]中的一个数值来表示其大小。权重值的确定采用德尔菲法确定，具体程序如下：

a）组成权重值调查专家组

专家组的具体要求：

1）具有典型代表，调查范围尽量广；

2）从事的工作与污水处理有较密切关系，且在相应领域有较高权威；

3）涉及的专业面广，调查对象从所从事的专业来说，可涉及环境工程、环境科学、建筑经济、给水排水等专业。从工作单位来说，可涉及政府部门、教学科研等单位。

b）编制权重值调查表

将要调查的问题集中起来，逐步进行分解以避免重迭，并用准确的术语设计成表格，以广泛征求意见，使得被调查对象明确调查目的，了解技术评价指标的结构体系。权重值调查表参考表 B.1。

表 B.1　权重值调查表

一级指标	权重评分	二级指标	权重评分
技术指标		技术先进性	
		技术成熟程度	
		技术稳定性	
		操作安全性	
		实施难易程度	
		……	
环境指标		废水减排量	
		污泥产生量	
		特征污染物削减量	
		……	
资源指标		废水回用率	
		生物质能源（沼气）产生量	
		……	
经济指标		工程建设投资	
		操作运行费用	
		资源回收效益	
		投资回收期	
		……	

注：请根据经验对各指标在工业废水处理与回用中的重要程度给出权重评分，分值界于 0～1 之间，各级指标的和应为 1。

c） 调查方法

围绕调查目的，使用统一的调查表，按统一的填写方式进行调查：

1） 提出征询的问题，制定征询意见表，分发给各位专家填写；

2） 收集征询意见表，对各种意见进行统计、整理；

3） 把上一轮意见统计、整理结果分发给各位专家（不透露提出各种意见人的姓名），再次征询意见，请各位专家重新填写征询意见表，如此反复多次；

4） 经过 3～4 轮的反复征询意见，使得专家意见基本一致。

d） 统计分析调查结果

采用算术平均值法，对数据进行统计，确定二级指标权重值 K 和一级指标权重值 F。具体计算方法如下：

假设参与统计专家总数为 n，w_{ij} 表示第 j 个专家对第 i 个指标所给的权值咨询值，且同类同级指标（设同类指标数为 m 个）权值咨询值之和应为 1。即：

$$\sum_{i=1}^{m} w_{ij} = 1 \qquad \cdots\cdots(\text{B.1})$$

则对每一指标所赋权值的均值为：

$$\overline{w_i} = \frac{1}{n}\sum_{j=1}^{n} w_{ij} \qquad \cdots\cdots(\text{B.2})$$

附　录　C
（资料性附录）
工业废水处理与回用技术评价表

表 C.1　技术评价表

序号	一级指标	指标类型	二级指标	二级指标权重值 K（参见附录B确定）	二级指标单项评价指数 I $\left(I_i=\frac{S_i}{S_{\max}}\right)$	二级指标单项评分值 P $(P_i=I_i\times K_i)$	一级指标权重值 F（参见附录B确定）	一级指标单项评价指数 Q $\left(Q_j=\sum_{i=1}^{n}P_i\right)$	一级指标单项评分值 M $(M_j=Q_j\times F_j)$
1	技术指标	定性	技术先进性						
			技术成熟程度						
			技术稳定性						
			操作安全性						
			实施难易程度						
			……						
2	环境指标	定量	废水减排量						
			污泥产生量						
			特征污染物削减量						
			……						
3	资源指标	定量	废水回用率						
			生物质能源（沼气）产生量						
			……						
4	经济指标	定量	工程建设投资						
			操作运行费用						
			资源回收效益						
			投资回收期						
			……						
综合评价指数 E $\left(E=\sum_{j=1}^{4}M_j\right)$									

ICS 13.020.10
Z 00

中华人民共和国国家标准

GB/T 32328—2015

工业固体废物综合利用产品环境与质量安全评价技术导则

Quality and environment safety evaluation guidelines for integrated utilization product of industrial solid waste

2015-12-31 发布　　2016-07-01 实施

中华人民共和国国家质量监督检验检疫总局
中国国家标准化管理委员会　发布

前　言

本标准按照GB/T 1.1—2009给出的规则起草。

本标准由全国产品回收利用基础与管理标准化技术委员会(SAC/TC 415)提出并归口。

本标准起草单位:中国标准化研究院、中国循环经济协会、北京工业大学、冶金工业信息标准研究院、深圳市华测检测技术股份有限公司、上海新金桥环保有限公司、北京建筑材料科学研究总院有限公司、内蒙古大唐国际再生资源开发有限公司、山西平朔煤矸石发电有限责任公司、朔州市润臻新技术开发有限公司。

本标准主要起草人:张建松、黄进、林翎、高东峰、于亚杰、王秀腾、兰明章、杨进波、吕征宇、侯姗、仇金辉、戴煦、朱平、黄晨、耿春雷。

引　言

随着经济的发展和工业化水平的提高，工业固体废弃物排放量呈现出不断增长的趋势。虽然我国已经通过各种途径综合利用工业固体废弃物，但是，由于工业固废综合利用产品在加工生产过程中对环境和人类造成危害，产品质量存在各种安全隐患，我国对工业固废综合利用产品的生产加工和使用过程的相关标准缺失，导致工业固废综合利用产品市场规模小，综合利用难以推广。

为了更好地建设资源节约型、环境友好型社会，国家出台了《"十二五"资源综合利用指导意见》等相关政策，鼓励支持工业固废综合利用，提高资源综合利用水平。

通过本标准的实施，可提高工业固废综合利用产品的环境表现，提高产品质量安全性，保障使用中对人体健康的安全性，规范和指导主要大宗工业固废综合利用产品的生产、销售，激励固体废物综合利用技术创新、产品升级，提高固体废物利用率，促进资源循环利用。

工业固体废物综合利用产品
环境与质量安全评价技术导则

1 范围

本标准规定了工业固体废物综合利用产品(简称固废产品)环境安全与质量安全有关的评价原则、评价指标体系、评价方法和程序。

本标准适用于对固废产品的环境与质量安全性评价,本标准特定适用于:煤矸石、粉煤灰、冶炼渣、工业副产石膏和尾矿等主要大宗工业固体废物为原材料生产的各种建筑材料产品,其他工业固废综合利用产品评价可参照执行。

2 规范性引用文件

下列文件对于本文件的应用是必不可少的。凡是注日期的引用文件,仅注日期的版本适用于本文件。凡是不注日期的引用文件,其最新版本(包括所有的修改单)适用于本文件。

GB/T 2589 综合能耗计算通则

GB 6566 建筑材料放射性核素限量

GB 8978 污水综合排放标准

GB 12348 工业企业厂界环境噪声排放标准

GB 16297 大气污染物综合排放标准

GB 18597 危险废物贮存污染控制标准

GB 18599 一般工业固体废物贮存、处置场污染控制标准

GB/T 18820 工业企业产品取水定额编制通则

GB/T 19001 质量管理体系 要求

GB/T 20861 废弃产品回收利用术语

GB/T 24004 环境管理体系 原则、体系和支持技术通用指南

GB/T 28001 职业健康安全管理体系 要求

3 术语和定义

GB/T 20861 界定的以及下列术语和定义适用于本文件。

3.1

工业固体废物 industrial solid waste

在工业生产活动中产生的固体废物,是工业生产过程中排入环境的各种废渣、废液、粉尘及其他废物,可分为一般工业废物和工业有害固体废物。

3.2

工业固体废物综合利用产品 product of integrated utilization of industrial solid waste

采用一定比例工业固体废物为原材料经过加工、制作,并用于销售的成品。

注：本标准系指采用煤矸石、粉煤灰、冶炼渣、工业副产石膏和尾矿等主要工业固体废物为原材料。

3.3

环境与质量安全 environment and quality safety

产品在全生命周期内安全可靠，对人类和环境不存在现实的或潜在的危险、威胁或损害。

4 评价指标体系建立的原则

4.1 应结合具体固废产品的特点，选择本标准中相关指标，也可增加其他指标。

4.2 指标选取科学，数据易于获取、可操作性强，统计计量方便，便于评价。

4.3 评价指标包括定性指标和定量指标，定量指标应给出基准值、计算方法和检测方法。

5 评价指标体系

5.1 定性评价指标

5.1.1 固废产品环境与质量安全的定性评价应从产品的全生命周期考虑，确保产品在全生命周期过程中对人、动植物和环境不造成危害。

5.1.2 固废产品环境与质量安全的定性评价指标包括固废产品原材料、生产过程、管理和产品四个方面的评价指标。定性评价指标见表1，表中各项为符合性指标，可根据产品的具体情况适当增加定性指标。

5.1.3 固废产品原材料评价指标包括运输、堆存、成分等方面的指标。

5.1.4 固废产品生产过程评价指标包括工艺技术、作业环境、环境安全等方面的指标。

5.1.5 固废产品管理方面的评价指标包括职业健康、环境和质量管理等方面的指标。

5.1.6 固废产品本身评价指标主要关注产品质量方面的指标。

表1 工业固废综合利用产品环境与质量安全定性评价指标

评价内容	评价指标	指标要求
原材料	运输	原材料运输过程应确保有覆盖和封存，并且运输时间不宜过长，运输距离不宜过远，避免运输过程中发生溢出、泄漏、飞散、掉落等造成污染环境或危害人体健康的情况
	堆存	原材料堆存时间不宜过长，并保证不渗透到空气、水体和土壤中。贮存场地符合GB 18597、GB 18599的要求。露天贮存场地应具有防雨措施，露天贮存场地应铺设不透水地面，并具有排水及污染物截流设施，防止污染土壤和地下水等污染环境的情况发生
	成分	原材料中的放射性核素和重金属污染物应符合GB 6566的要求，并符合相关固体废物用于产品综合利用的相关标准要求
	其他	
生产过程	工艺技术	应采用国家鼓励和推荐的工业固废综合利用先进技术进行生产，所采用工艺先进、适用，能够保证固废综合利用产品达到国家标准
	作业环境	作业环境应满足工业企业设计卫生标准、工作场所有害因素职业接触限值相关要求

表 1（续）

评价内容	评价指标	指标要求
生产过程	环境安全	固废综合利用过程中应避免造成二次污染。大气污染应符合 GB 16297 的要求、污水排放应符合 GB 8978 的要求，噪声污染应符合 GB 12348 的要求，危险废物贮存、处置应符合相关国家标准
	其他	
管理	职业健康	应符合 GB/T 28001(OHSAS18001)的要求
	环境安全	符合国家相关资源综合利用政策要求，符合 GB/T 24004 的要求
	质量管理	生产过程应符合 GB/T 19001 的要求
	其他	
产品	质量可靠	固废产品性能达到相关产品标准要求，并说明适用范围
		说明书或包装物明显位置上明示固废利用种类及掺量
	其他	

5.2 定量评价指标

固废产品环境与质量安全定量评价指标包括：资源、能源、环境和产品四个方面。固废产品定量评价指标见表 2，应依据不同固废产品特点，选择不同的定量指标进行细化，也可以根据产品情况适当增加其他指标。

表 2 工业固废综合利用产品环境与质量安全定量评价指标

一级指标	二级指标	单位
资源	固废利用率(掺量)	%
	单位产品水耗	m^3/单位产品
	其他	
能源	单位产品综合能耗	tce
	其他	
环境	单位产品废气排放量	吨/产品单位(t/产品单位)
	单位产品废水排放量	吨/产品单位(t/产品单位)
	单位产品废渣排放量	吨/产品单位(t/产品单位)
	其他	
产品	产品性能指标	按具体产品定
	其他	

6 评价方法和程序

6.1 评价所需要的文件资料

固废产品生产企业应提出评价要求并提供产品的相关材料，文件材料包括但不限于以下：

a) 固废产品的送检样品；
b) 固废产品的成分、材质和规格；
c) 固废产品执行的标准或产品制造验收技术条件；
d) 生产工艺流程图及说明；
e) 生产过程记录文件；
f) 资源能源消耗计量统计或测算数据及记录文件；
g) 污染物排放计量统计或测算数据及记录文件；
h) 固废产品检测、测试数据及记录文件；
i) 其他必要文件资料。

6.2 评价方法

6.2.1 固废产品应满足表1所列要求。可根据企业提供的文件资料以及现场查验，确定各指标是否符合要求。

6.2.2 应根据固废产品特点，以鼓励固废产品生产和推广为目的，在广泛征询行业专家、生产厂商意见的基础上，科学、合理地选取定量指标基准值，并随着工艺、技术、产品的发展及时修订基准值。应依据权重确定方法，合理确定定量指标权重，并说明权重确定的依据。定量指标计算方法见附录A，定量指标权重确定方法和评价方法参见附录B。定量指标满分为100分。

6.3 评价程序

6.3.1 建立专家评审组，负责开展固废产品的评价工作。

6.3.2 固废产品按产品类别进行评价。

6.3.3 根据不同产品类别，按照5.1和5.2的要求合理确定固废产品的定性指标和定量指标。

6.3.4 查看报告文件、统计报表、原始记录；根据实际情况，开展对相关人员的座谈、实地调查和抽样检测等工作，确保数据完整和准确。

6.3.5 根据产品数据，按照6.2的要求，确定产品是否满足定性指标要求，同时计算定量指标综合得分。

6.3.6 对产品是否满足定性指标和定量指标要求进行综合评审。如果产品满足定性指标要求，且定量指标综合得分高于合格分值线，可认定其为环境与质量安全的固废产品。

附　录　A
（规范性附录）
固废产品环境与质量安全定量指标计算方法

A.1　固废利用率(重量计)

固废利用率(重量计)按式(A.1)计算：

$$\rho_q = \frac{w_h}{W_t} \times 100\% \quad \cdots\cdots\cdots\cdots (A.1)$$

式中：

ρ_q ——固废利用率(质量计)，单位为%；

w_h ——在统计报告期内，掺入的固体废物总重量，单位为吨(t)；

W_t ——在统计报告期内，固废产品总重量，单位为吨(t)。

A.2　单位产品取水量

单位产品取水量按式(A.2)计算：

$$v_z = \frac{V_i}{N} \quad \cdots\cdots\cdots\cdots (A.2)$$

式中：

v_z ——单位固废产品取水量，单位为立方米每产品单位(m^3/产品单位)；

V_i ——统计报告期内，固废企业的取水量，单位为立方米(m^3)；

N ——统计报告期内，产出的固废产品的合格品数量，单位为产品单位。

注：参考 GB/T 18820《工业企业产品取水定额编制通则》。

A.3　单位产品废气排放量

单位产品废气排放量按式(A.3)计算：

$$G_{ui} = \frac{G_i}{N} \quad \cdots\cdots\cdots\cdots (A.3)$$

式中：

G_{ui} ——单位固废产品废气排放量，单位为吨每产品单位(t/产品单位)；

G_i ——统计报告期内，固废综合利用企业排放的二氧化硫、氮氧化物等废气总量，单位为吨(t)；

N ——统计报告期内，产出的固废产品的合格品数量，单位为产品单位。

A.4　单位产品废水排放量

单位产品废水排放量按式(A.4)计算：

$$V_{wui} = \frac{V_{wi}}{N} \quad \cdots\cdots\cdots\cdots (A.4)$$

式中：

V_{wui} ——单位固废产品废水排放量，单位为吨每产品单位(t/产品单位)；

V_{wi} ——统计报告期内，固废企业向外排放的废水总量，单位为吨(t)；
N ——统计报告期内，产出的固废产品的合格品数量，单位为产品单位。

A.5 单位产品废渣排放量

单位产品废渣排放量按式(A.5)计算：

$$Z_{ui}=\frac{Z_i}{N} \qquad \cdots\cdots(A.5)$$

式中：

Z_{ui}——单位固废产品废渣排放量，单位为吨每产品单位(t/产品单位)；
Z_i ——统计报告期内，固废企业向外排放的废渣总量，单位为吨(t)；
N ——统计报告期内，产出的固废产品的合格品数量，单位为产品单位。

A.6 单位产品综合能耗

单位产品综合能耗按式(A.6)计算：

$$e_z=\frac{E_i}{N} \qquad \cdots\cdots(A.6)$$

式中：

e_z ——单位固废产品综合能耗，单位为吨标准煤每产品单位(tce/产品单位)；
E_i——统计报告期内，固废综合利用企业综合能源消耗量，单位为吨标准煤(tce)；
N ——统计报告期内，产出的固废产品的合格品数量，单位为产品单位。

注：参考 GB/T 2589《综合能耗计算通则》。

附 录 B
（规范性附录）
固废产品环境与质量安全定量指标权重确定方法及评价方法

B.1 固废产品定量指标权重确定方法

B.1.1 采用专家集体决策的经验判断法确定评价指标的权重。每个专家通过定性分析，在打分表上为每个指标打分，分值区间为0～10分。专家组收回每个专家的打分表后，计算每个指标的权数算术平均值。一级指标的计算方法见式(B.1)：

$$w_i=\sum_{a=1}^{n}\frac{f_{ai}}{n}\qquad i=1,2,\cdots,m \qquad\cdots\cdots(B.1)$$

式中：

n ——专家的数量；

m ——一级指标个数；

w_i ——第 i 个一级指标的权数平均值；

f_{ai}——第 a 个专家给第 i 个一级指标的打分值。

第 i 个一级指标下二级指标的计算方法见式(B.2)：

$$w_{ij}=\sum_{a=1}^{n}\frac{f_{aij}}{n}\qquad j=1,2,\cdots,m_i \qquad\cdots\cdots(B.2)$$

式中：

w_{ij} ——第 i 个一级指标下第 j 个二级指标的权数平均值；

f_{aij} ——第 a 个专家给第 i 个一级指标下第 j 个二级指标的打分值；

m_i ——第 i 个一级指标下二级指标的个数。

B.1.2 对一级指标权重和每个一级指标下的二级指标权重进行归一化处理。

一级指标权重的归一化方法见式(B.3)：

$$w'_i=\frac{w_i}{\sum_{i=1}^{m}w_i} \qquad\cdots\cdots(B.3)$$

二级指标权重的归一化方法见式(B.4)：

$$w'_{ij}=\frac{w_{ij}}{\sum_{j=1}^{m_i}w_{ij}} \qquad\cdots\cdots(B.4)$$

B.2 固废产品定量指标评价方法

B.2.1 采用加权评价方法计算固废产品定量指标综合得分。

B.2.2 对定量指标无量纲化。正向指标(越大越好的指标)和逆向指标(越小越好的指标)数值的无量纲化公式分别见式(B.5)和式(B.6)。

$$x'_{ij}=\frac{x_{ij}}{x^{*}_{ij}} \qquad\cdots\cdots(B.5)$$

$$x'_{ij}=\frac{x^{*}_{ij}}{x_{ij}} \qquad\cdots\cdots(B.6)$$

式中：

x_{ij}——二级指标原始指标值；

x_{ij}^{*}——二级指标的基准值；

x'_{ij}——无量纲化后的指标值。

当可能出现 x_{ij} 远大于[采用式(B.5)计算]或远小于评价基准值[采用式(B.6)计算]的情况时，需要对 x'_{ij} 值幅度范围进行限制。限制方法可根据产品特点予以确定并加以具体说明。

B.2.3 计算固废产品定量指标综合得分，见式(B.7)。

$$P_l = \sum_{i=1}^{m} w'_i \sum_{j=1}^{m_i} w'_{ij} x'_{ij} \times 100 \quad \cdots\cdots (\text{B.7})$$

式中：

P_l——固废产品定量指标综合得分，满分为 100 分。

ICS 81.080
Q 49

中华人民共和国国家标准

GB/T 32329—2015

氮氧化物材料抗氧化性试验方法
变温氧化法

Test method for oxidation resistance of oxynitride materials—
Non-isothermal oxidation

2015-12-31 发布　　2016-07-01 实施

中华人民共和国国家质量监督检验检疫总局
中国国家标准化管理委员会　发布

前　言

本标准按照GB/T 1.1—2009给出的规则起草。

本标准由全国产品回收利用基础与管理标准化技术委员会(SAC/TC 415)提出并归口。

本标准主要起草单位:北京大学、中国标准化研究院、中钢集团洛阳耐火材料研究院有限公司、北京建筑材料科学研究总院有限公司、烟台同立高科新材料股份有限公司。

本标准主要起草人:许零、王秀腾、王习东、张作泰、林翎、肖普、王博、王琛、耿春雷、申西杰、谭丽华。

氮氧化物材料抗氧化性试验方法 变温氧化法

1 范围

本标准规定了用变温氧化法测试氮氧化物材料抗氧化性的原理、试验设备及仪器、试样、试验步骤、结果计算、评价指标及试验报告。

本标准适用于氮氧化物材料在高温条件下抗氧化性的测试和评价。

2 规范性引用文件

下列文件对于本文件的应用是必不可少的。凡是注日期的引用文件,仅注日期的版本适用于本文件。凡是不注日期的引用文件,其最新版本(包括所有的修改单)适用于本文件。

GB/T 8170 数值修约规则与极限数值的表示和判定

3 术语和定义

下列术语和定义适用于本文件。

3.1

氮氧化物材料 oxynitride materials

由 Si、Al、Mg 等元素的氮化物、氧化物所形成的一类固溶体陶瓷材料,包括赛隆(SiAlON)、阿隆(AlON)、镁阿隆(MgAlON)系列材料等。

3.2

抗氧化性 oxidation resistance

某种材料在一定温度下的氧化性气氛中抵抗氧化的能力。

4 原理

在高温氧化性气氛中,氮氧化物材料会在高于某一温度时发生氧化反应,其质量会随温度的升高而增加。随着温度的升高,其氧化反应的速度加快。当材料表面被完全氧化后,其质量不再随温度的升高而增加。通过测量试样在一系列温度下的质量,可绘制出试样质量与温度的关系曲线,进而通过计算得到试样单位面积氧化增重、起始氧化温度、最大氧化速率温度等指标,用于表征试样的抗氧化性。

5 试验设备及仪器

5.1 加热炉

恒温区温差小于或等于 5 ℃,最高使用温度大于或等于 1 600 ℃。具有至少一套气路(底部进气,顶部出气),能够通过流量为 0.5 L/min～5 L/min 的气体。加热炉中的样品应能够通过分析天平进行实时测量。

5.2 温度控制仪

1.0级控制精度。

5.3 分析天平

量程120 g,感量0.000 1 g,配备数据采集系统,每秒位数1 200。

5.4 连接部件

5.4.1 金属钩:用抗氧化金属材料制成,确保在试验时不被氧化。
5.4.2 刚玉坩埚:底部均匀打孔。
5.4.3 刚玉吊杆。
5.4.4 刚玉制插销横细杆。

5.5 游标卡尺

分度值0.02 mm。

5.6 流量计

量程2 L/min,精度0.5级。

5.7 试验装置

试验装置组成和结构如图1所示。

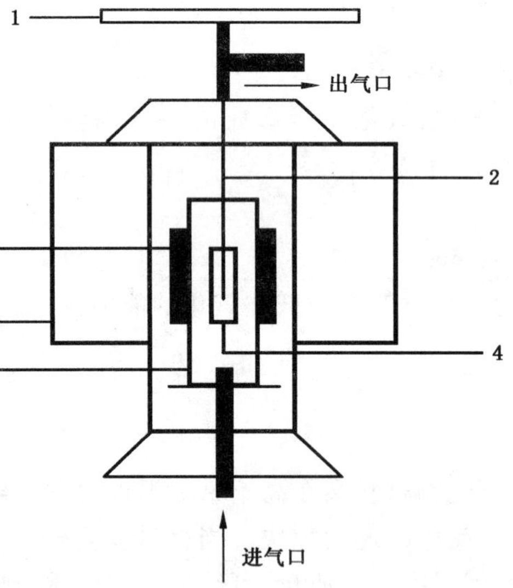

说明:

1——分析天平;

2——刚玉吊杆;

3——硅钼棒;

4——刚玉坩埚;

5——炉体;

6——刚玉管。

图1 试验装置示意图

6 试样准备

每次测试需准备2个试样以便进行平行试验。被测试样应从同一块制品上获取，外形为长方体，推荐尺寸为(25±1)mm(长)×(15±1)mm(宽)×(15±1)mm(厚)，其他尺寸可协商确定。

7 试验步骤

7.1 清理炉膛，确保炉膛内不含高温下易挥发的物质，以及酸、碱等其他污染物。检查并确认温度控制仪处于正常状态。

7.2 磨去试样的棱角、毛刺，将试样表面清理干净，烘干并在干燥器中冷却至室温，称量其质量为 m_1。

7.3 将刚玉坩埚烘干至恒量，在干燥器中冷却至室温后将试样放入刚玉坩埚的中心位置，使试样与坩埚的接触面积尽可能最小，并将放入试样的坩埚悬挂于加热炉的恒温区中。

7.4 向加热炉内持续通入空气，流量为1 L/min。

7.5 按照表1的速率将加热炉升温，同步采集温度与样品质量的数据。当温度达到预先商定的试验保温温度 T_{max} 后，保持该温度一段时间，保温时间记为 t。

表1 推荐样品升温速率表

温度区间	升温速率
室温～800 ℃	10 ℃/min
800 ℃～1 100 ℃	8 ℃/min
1 100 ℃～1 500 ℃	4 ℃/min
注：试验保温温度 T_{max} 推荐为1 500 ℃，试验保温时间 t 推荐为120 min。	

7.6 保温结束后，停止加热，同时停止通入空气，当试样随加热炉冷却至50 ℃后取出，继续置于干燥器中冷却至室温，称量试样的质量为 m_2。

8 结果计算

8.1 单位面积氧化增重

试样的单位面积氧化增重(G)由式(1)计算：

$$G=\frac{m_2-m_1}{S} \quad \cdots\cdots(1)$$

式中：

G ——单位面积氧化增重，单位为毫克每平方毫米(mg/mm^2)；

S ——试样表面积，通过测量试样的尺寸计算，单位为平方毫米(mm^2)；

m_1——试验前试样质量，单位为毫克(mg)；

m_2——试验后试样质量，单位为毫克(mg)。

8.2 起始氧化温度和最大氧化速率温度

根据试验采集的试样质量和温度的数据，绘制氧化增重曲线，用最小二乘法拟合处理后，对氧化增重曲线进行一阶微分，得到氧化增重速率曲线。氧化增重速率曲线峰值对应温度为最大氧化速率温度，

记为 T_2。在氧化增重曲线上，通过 T_2 作曲线的切线，其与氧化增重前的基线的延长线的交点所对应的温度，作为氧化起始温度，记为 T_1。曲线绘制参见附录 A。

8.3 试验结果的有效性

平行样偏差由式(2)计算：

$$\eta=\frac{X_{j1}-X_{j2}}{X_{j1}+X_{j2}}\times 100\% \qquad \cdots\cdots(2)$$

式中：

η ——平行样偏差；

X_j ——代表 T_1、T_2 和 G，且 $X_{j1}>X_{j2}$。

计算试样的单位面积氧化增重、起始氧化温度和最大氧化速率温度的平行样偏差，若均不大于5%，则认为试验结果有效，上述 3 个指标以两个平行样试验的平均值为准；否则认为试验结果无效，需重新进行试验。

数值修约按 GB/T 8170 规定进行。

9 试样抗氧化性的评价

试验材料的抗氧化性通过单位面积氧化增重、起始氧化温度、最大氧化速率温度等指标来共同表征。

10 试验报告

试验报告应包括如下信息，同时，与标准不一致的内容需注明。

a) 委托单位；
b) 试样名称和编号；
c) 试验温度(℃)；
d) 保温时间(h)；
e) 试样尺寸；
f) 单位面积氧化增重、起始氧化温度和最大氧化速率温度的单值和平均值；
g) 试验单位；
h) 试验人员；
i) 试验日期。

附　录　A
（资料性附录）
试验曲线绘制方法

氧化增重曲线与氧化增重速率曲线的作图方法见图 A.1：

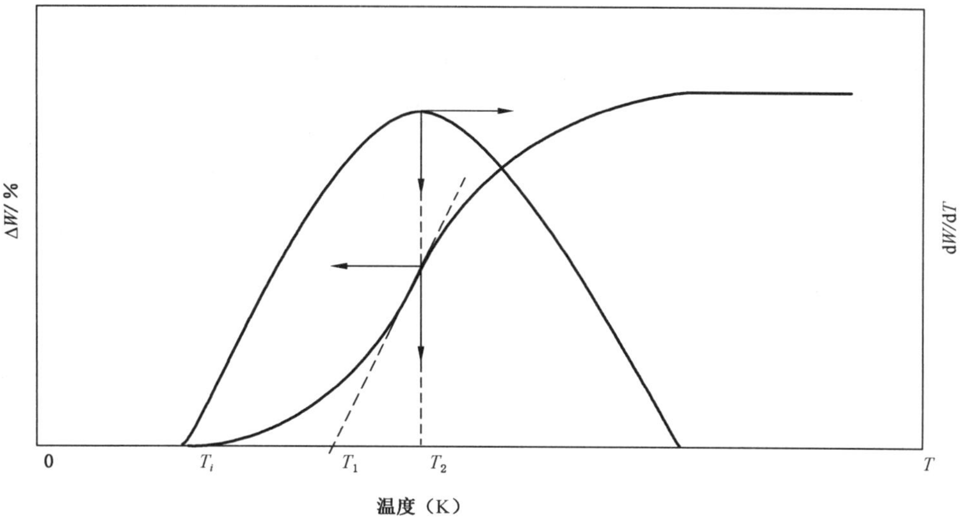

图 A.1　氧化增重曲线与氧化增重速率曲线示意图

曲线绘制：根据试验中采集的试样质量-温度数据绘制氧化增重曲线，做出一阶微分曲线，即氧化增重速率曲线。氧化增重速率曲线上峰值对应温度，为氧化速率最大温度，记为 T_2，然后在氧化增重曲线上以氧化增重前的基线的延长线与 T_2 处的切线的交点所对应的温度，即为外推的氧化起始温度 T_1。(图 A.1 中 T_i 代表的是开始增重的温度)

ICS 53.040.20
G 42

中华人民共和国国家标准

GB/T 32330—2015/ISO 21180:2013

轻型输送带　最大拉伸强度的测定

Light conveyor belts—Determination of the maximum tensile strength

(ISO 21180:2013,IDT)

2015-12-31 发布　　2016-07-01 实施

中华人民共和国国家质量监督检验检疫总局
中国国家标准化管理委员会　发布

前　言

本标准按照 GB/T 1.1—2009 给出的规则起草。

本标准使用翻译法等同采用 ISO 21180:2013《轻型输送带　最大拉伸强度的测定》(英文版)。

与本标准中规范性引用的国际文件有一致性对应关系的我国文件如下：

GB/T 30691—2014　输送带　试验环境和状态调节时间(ISO 18573:2012,IDT)。

本标准做了下列编辑性修改：

——删除了 ISO 21180:2013 中的条号 6.1。

本标准由中国石油和化学工业联合会提出。

本标准由全国带轮与带标准化技术委员会输送带分技术委员会(SAC/TC 428/SC 1)归口。

本标准起草单位:青岛新干线技术咨询有限公司、上海永利带业股份有限公司、青岛科技大学。

本标准主要起草人:辛永录、谢文峰、吕桂芹。

轻型输送带 最大拉伸强度的测定

1 范围

本标准规定了测定 ISO 21183-1 规定的轻型输送带的最大拉伸强度的试验方法。

本标准适用于 ISO 21183-1 规定的轻型输送带，本标准不适用于符合 ISO 283 适用范围中的输送带。

2 规范性引用文件

下列文件对于本文件的应用是必不可少的。凡是注日期的引用文件，仅注日期的版本适用于本文件。凡是不注日期的引用文件，其最新版本(包括所有的修改单)适用于本文件。

ISO 7500-1 金属材料 静态单轴试验机的检定 第1部分：拉伸/压缩试验机——测力系统的检验和校正准(Metallic materials—Verification of static uniaxial testing machines—Part 1: Tension/compression testing machines—Verification and calibration of the force-measuring system)

ISO 18573 输送带 试验环境和状态调节时间(Conveyor belts—Test atmospheres and conditioning periods)

3 术语和定义

下列术语和定义适用于本文件。

3.1

拉伸负荷 tensile load

单位带宽受到的力，以牛顿每毫米(N/mm)表示。

注1：在轻型输送带技术中，拉伸负荷的定义与普通用法不同。它用每单位带宽的力测定，用牛顿每毫米(N/mm)表示，然而它通常被定义为应力，即单位横截面的力，用牛顿每平方毫米(N/mm^2)表示。

注2：轻型输送带技术中，拉伸负荷的符号为 k，最大拉伸强度表示为 k_{max}，以牛顿每毫米(N/mm)表示。

注3：在 EN 10002-1:2001 中，符号 k 代表比例系数。

4 符号

下列符号适用于本文件(参见图1)：

F_{break} ——试样拉断时的拉伸力，以牛顿(N)表示。

F_{max} ——试样最大拉伸力，以牛顿(N)表示。

k_{max} —— F_{max} 除以试验开始时试样最窄部分的宽度(以毫米为单位)的值。

Δl ——试验期间，在夹持器之间试样实际增加的长度，以毫米(mm)表示。

Δl_{break}——试样拉断时，在夹持器之间试样增加的长度，以毫米(mm)表示。

Δl_{max} ——在达到 F_{max} 时，在夹持器之间试样增加的长度，以毫米(mm)表示。

Δl_{m} ——在两基准线间(见7.4)增加的长度，以毫米(mm)表示。

ε_{max} —— Δl_{max} 或 Δl_{m} 除以试样的初始长度或者两基准线间的初始距离，用百分数来表示。

注：F_{break} 和 F_{max} 可以相同，但不是必须相同。

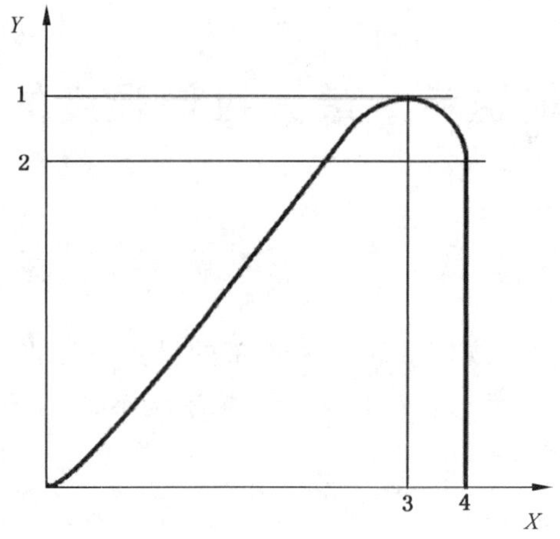

说明：
X ——试样伸长率，Δl，单位为毫米(mm)；
Y ——拉伸力，F，单位为牛顿(N)；
1 —— F_{max}；
2 —— F_{break}；
3 —— Δl_{max}；
4 —— Δl_{break}。

图 1 测力计曲线图

5 原理

从全厚度输送带纵向切取的试样进行试验，记录的拉伸力作为带伸长率的函数。从那个曲线图，可计算出最大拉伸强度。

6 装置

拉力试验机(测力计)，能提供满足试样最大拉伸强度的负荷，并且带有符合 ISO 7500-1 的 3 级或更高级(例如 2 级)的测力系统。

7 试样

7.1 形状和尺寸

试样应从全厚度输送带上沿带的纵向切取。试样的形状和尺寸应根据图 2 的规定。试样应在制备 5 d 后进行试验。

对于某些类型的带结构，图 2 所示试样形状可能产生异常和不等的应力分布，导致试样在夹持器中发生惯常的滑动，给出错误结果。在这种情况下，试验可以用不同形状的试样(见 ISO 1421 和 ISO 13941-1 示例)。

单位为毫米

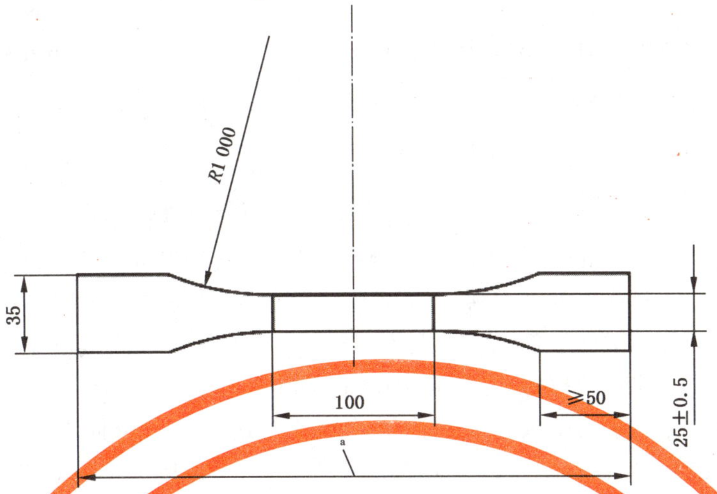

a 220+(2×夹持器长度)

图 2 试样形状和尺寸

7.2 数量和选择

沿输送带纵向切取 5 个试样。

试样应根据图 3 进行选择。

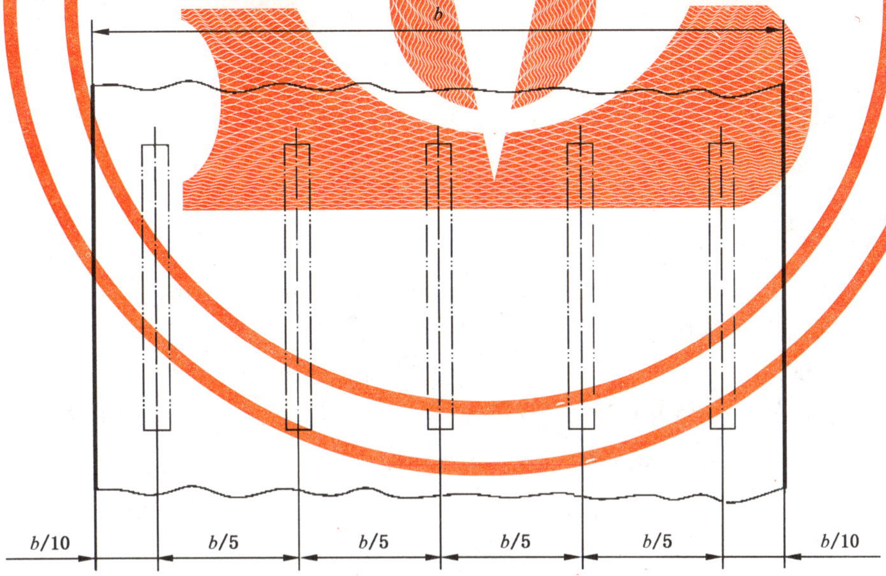

图 3 试样选择分布

7.3 状态调节

试验前，根据 ISO 18573 中的环境 B 对试样进行状态调节 24 h，除此之外如果轻型输送带包含高吸湿性材料，如棉或锦纶，进行状态调节 48 h。

7.4 准备

在试样轴纵向上距离中心画两个等距的基准线,标距为 100 mm±0.5 mm(见图 2)。

8 程序

将试样两端部安装在拉力试验机(第 6 章)的两夹持器上,使试样不受外力保持垂直状态。确保在两夹持器间自由长度为 220 mm±5 mm,且在试验中试样在夹持器间没有滑动。

通过将试样在被夹持器夹住的部分擦松香可减轻滑动,擦去多余的松香并且用粗砂布包住涂过松香的试样两面。该砂布包在试样端部,布的粗面与涂有松香的试样表面接触。

对试样施加连续(不间断)的拉力,拉伸速度为 100 mm/min±10 mm/min。

记录该拉力作为带伸长率的函数。连续施加拉力至少达到最大拉伸力 F_{max} 或者直到试样发生断裂。如果试验直到试样发生断裂,观察断裂是否发生在试样两基准线间。如果试样在基准线以外的位置断裂或者夹持位置发生滑动,计算平均值时这些结果无效,但要使用新试样重复试验。

9 计算和结果表示

根据图 1 所示曲线图读出最大拉伸力 F_{max} 。

F_{max} 除以试样最小宽度(25 mm),由此得出最大拉伸强度 k_{max} :

$$k_{max}=\frac{F_{max}}{25\ \text{mm}}\text{N/mm}$$

如果需要,当达到 F_{max} 时由 Δl_m(单位为毫米)计算伸长率 ε_{max},如下式所示百分数的形式记录下来:

$$\varepsilon_{max}=\frac{\Delta l_m}{100\ \text{mm}}\times 100\%$$

如果没有测量装置来测量 Δl_m(单位为毫米),ε_{max} 也可以根据下式中 Δl_{max} 来计算:

$$\varepsilon_{max}=\frac{\Delta l_{max}}{220\ \text{mm}}\times 100\%$$

然而这种方法有缺点,试验结果会受到试样不同宽度(25 mm～35 mm)的影响且试验结果仅在试验装置上的夹持器间试样没有滑动的情况下才准确。

如果试验持续到试样发生断裂,k_{break} 和 ε_{break} 可以类似地通过 F_{break} 测定。

分别计算 5 个试样的 k_{max} 值并取这 5 个数值的平均值。如果需要,用相同的步骤计算 ε_{max} 。如果适用的话,用相同的方法测定断裂条件下的有关数值。

10 试验报告

试验报告应包含下列内容:

a) 被试验输送带材料的完整标记和生产日期;

b) 提及按本标准进行试验;

c) 试验室温度和相对湿度;

d) 状态调节时间;

e) 按照第 9 章的试验结果;

f) 试验日期。

参 考 文 献

[1] ISO 283 Textile conveyor belts—Full thickness tensile strength, elongation at break and elongation at the reference load—Test method

[2] ISO 1421 Rubber- or plastics-coated fabrics—Determination of tensile strength and elongation at break

[3] ISO 13934-1 Textiles—Tensile properties of fabrics—Part 1: Determination of maximum force and elongation at maximum force using the strip method

[4] ISO 21183-1 Light conveyor belts—Part 1: Principal characteristics and applications

[5] EN 10002-1:2001 Metallic materials—Tensile testing—Part 1: Method of test at ambient temperature

ICS 53.040.20
G 42

中华人民共和国国家标准

GB/T 32331—2015/ISO 583:2007

织物芯输送带　带总厚度和各层厚度　试验方法

Conveyor belts with a textile carcass—Total belt thickness and thickness of constitutive elements—Test methods

(ISO 583:2007, IDT)

2015-12-31 发布　　2016-07-01 实施

中华人民共和国国家质量监督检验检疫总局
中国国家标准化管理委员会　发布

前　言

本标准按照 GB/T 1.1—2009 给出的规则起草。

本标准使用翻译法等同采用国际标准 ISO 583:2007《织物芯输送带　带总厚度和各层厚度　试验方法》(英文版)。

本标准做了下列编辑性修改：

——将表编号“表 2”改正为“表 1”(见 2.3)。

本标准由中国石油和化学工业联合会提出。

本标准由全国带轮与带标准化技术委员会输送带分技术委员会(SAC/TC 428/SC 1)归口。

本标准起草单位：青岛新干线技术咨询有限公司、浙江三维橡胶制品股份有限公司、山东中一橡胶有限公司、保定华月胶带有限公司、青岛科技大学。

本标准主要起草人：辛永录、张国方、郭永县、孟凡佑、吕桂芹。

织物芯输送带　带总厚度和各层厚度　试验方法

1　范围

本标准规定了用于测定织物芯输送带总厚度和各层厚度的试验方法。各层面包括覆盖层、带芯层、夹层,即位于相邻层之间的物质。

本标准适用于织物芯输送带。

本标准不适用于ISO 21183-1规定的轻型输送带。

2　带的总厚度测定

2.1　仪器

该仪器由平坦而坚硬的底座构成,计量器有平型圆压头,直径为10 mm,以便压头对试样施加规定的压强。

计量器应至少能测量0.1 mm。

对于硬度大于或等于35 IRHD的材料,施加的压强应为(22±5)kPa,对于其他硬度的材料,施加的压强应为(10±2)kPa。

注:产生规定压强的压头直径为10 mm,需要的质量分别是176 g和80 g。

2.2　试样

应使用下列试样1或试样2来试验。

试样1:从全宽度的带上切取一块长为50 mm的矩形试样,指定尺寸L,如图1所示。

单位为毫米

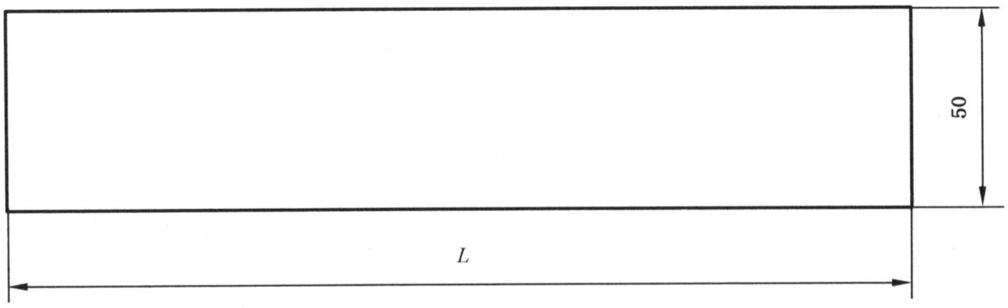

图1　试样1(矩形)

试样2:从全宽度的带上切取一块楔型试样,指定尺寸L,如图2所示。

单位为毫米

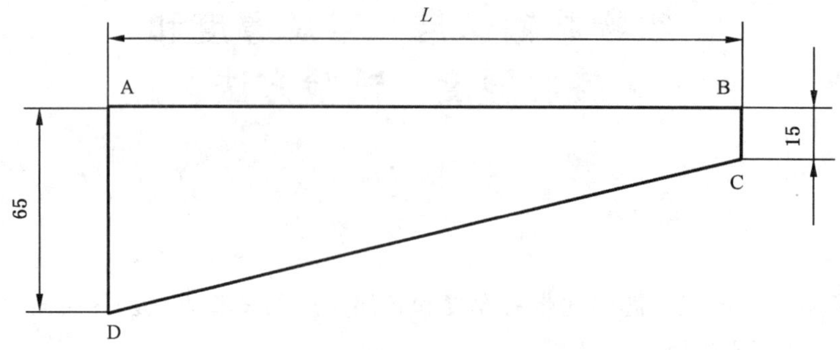

图 2　试样 2(楔形)

2.3　测量点

测量点应沿着试样的长轴(即带的宽度方向)等距分布,如图 3 所示。

单位为毫米

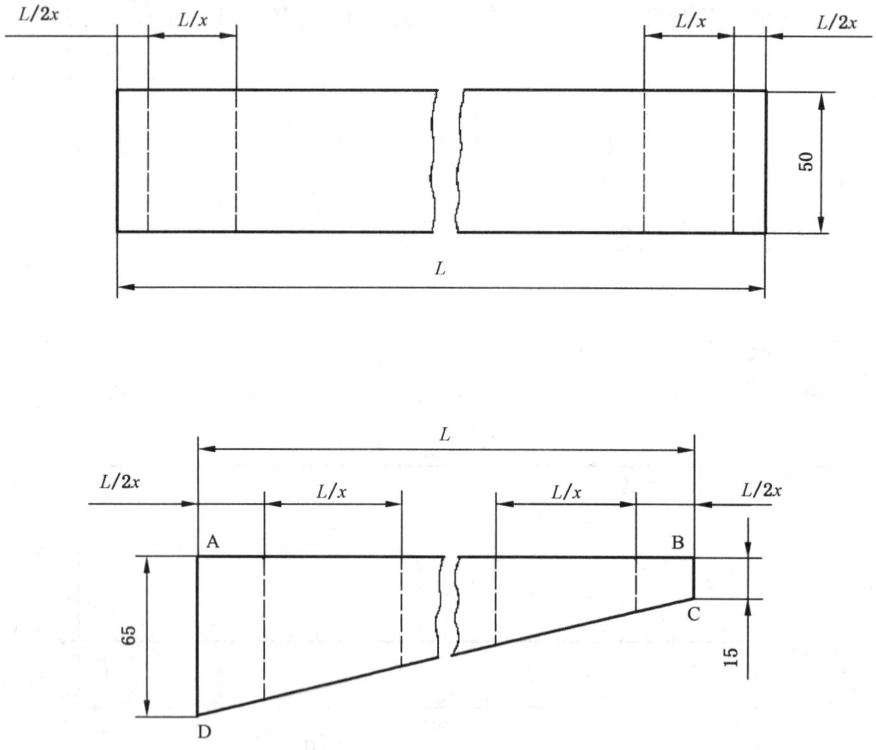

图 3　测量点

根据表 1,按照带宽 L 来确定测量点的最低数目 x。

表 1 测量点的最低数目

带宽 L mm	测量点的最低数目 x
$L \leqslant 650$	3
$650 < L \leqslant 1\ 200$	5
$L > 1\ 200$	8

2.4 程序

使用 2.1 规定的压强,在 2.3 规定的每个测量点上测定试样总厚度 d。

2.5 结果表达

计算按照 2.4 测得的各测量值的算术平均值作为带的总厚度,单位为毫米,精确到 0.1 mm。

3 覆盖层厚度的测定

3.1 总则

覆盖层厚度有两种测定方法,其选择取决于覆盖层是否能从带芯上完全剥离。

3.2 覆盖层能从带芯上完全剥离的测定方法

3.2.1 原理

在根据带宽确定的各测量点上测量覆盖层被剥下之前和之后试样的厚度,用减法计算覆盖层厚度。

3.2.2 仪器

测量仪器应符合 2.1 的规定。

3.2.3 试样

按照 2.2 和图 1 应使用试样 1。

3.2.4 测量点

测量点应按 2.3 的规定。

3.2.5 程序

按照 2.4 的规定测量每个测量点试样的总厚度 d。

将上覆盖层完全剥掉,然后在同样的测量点上测量试样厚度 d_1。

然后将下覆盖层完全剥掉,在同样的测量点上测量试样厚度 d_2。

见图 4。

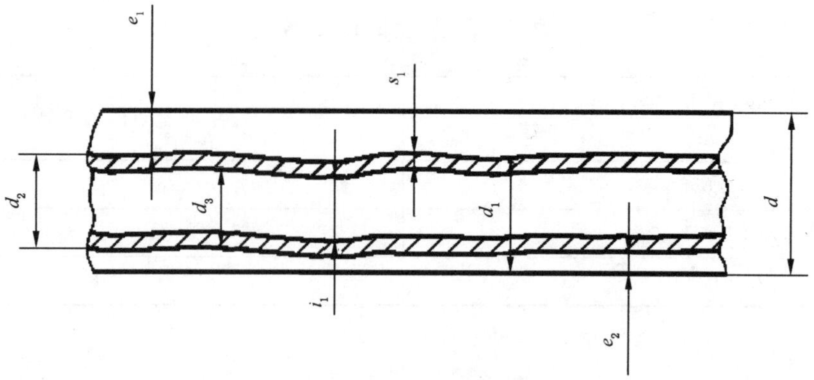

说明：

d ——总厚度；

d_1 ——将上覆盖层完全剥掉的试样厚度；

d_2 ——将上下覆盖层完全剥掉的试样厚度；

d_3 ——剥掉一层织物层的试样厚度[a]；

e_1 ——上覆盖层厚度；

e_2 ——下覆盖层厚度；

i_1 ——夹层厚度[a]；

s_1 ——织物层厚度[a]。

[a] 适用于有两层织物层的带(见 5.2.5 和 5.2.6)。

图 4　夹层厚度(织物芯带)

嵌入覆盖层中的保护性织物不是织物带芯的组成部分，而被认为是覆盖层的一部分，因而应随覆盖层一起剥掉。除非生产商和买方另有约定，否则其他不承受张力的纱线是带芯不可分割的一部分，通常被认为是带芯的一部分。对于协议的全部信息应记录在试验报告中。

3.2.6 结果表示

计算每一测量点的上覆盖层厚度 e_1：

$$e_1 = d - d_1$$

计算每一测量点的下覆盖层厚度 e_2：

$$e_2 = d_1 - d_2$$

式中：

d ——带的总厚度；

d_1 ——上覆盖层剥掉的试样厚度；

d_2 ——上、下覆盖层剥掉的试样厚度。

计算各测量值的算术平均值，覆盖层厚度以毫米为单位，精确到 0.1 mm。

3.3 覆盖层不能从带芯上完全剥离时的测定方法

3.3.1 原理

用光学测微计或携带式显微镜在未剥层的带切割面上直接测量各覆盖层的厚度。

3.3.2 仪器

光学测微计或携带式显微镜,最小分度为 0.1 mm。

3.3.3 试样

按 2.2 切取试样(试样 1 或试样 2)。如果输送带是整体织物芯结构,应使用试样 2。

3.3.4 测量点

按 2.3 确定测量点。如果使用试样 2,则沿如图 2 所示的 DC 线来测量。

3.3.5 程序

在按 2.3 规定的每个测量点上用光学测微计或携带式显微镜(见 3.3.2)测量带表面到最接近织物上方(见图 5)的距离。确保光学测微计或携带式显微镜的刻度盘与试样的物理接触,以避免视觉误差。

对有某些颜色的覆盖层材料,在确定其与织物的交界线时会碰到困难。在这种情况下,允许用适当的染色剂对织物纤维着色。

嵌入覆盖层中的保护性织物不是织物带芯的组成部分,而被认为是覆盖层的一部分,因而应随覆盖层一起剥掉。除非生产商和买方另有约定,否则其他不承受张力的纱线是带芯不可分割的一部分,通常被认为是带芯的一部分。对于协议的全部信息应记录在试验报告中。

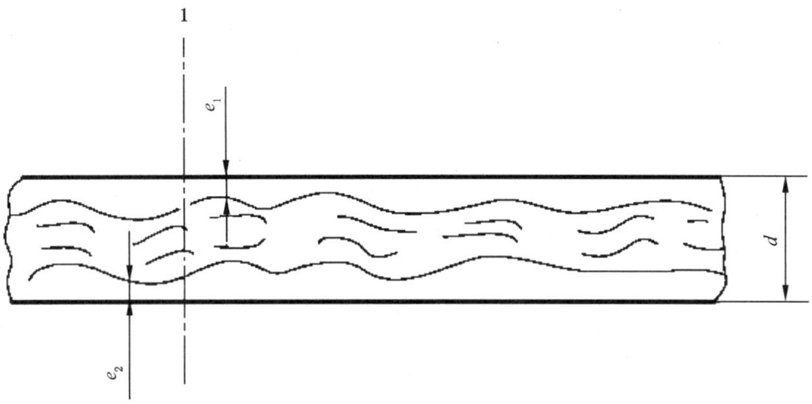

说明:

d ——总厚度;

e_1 ——上覆盖层厚度;

e_2 ——下覆盖层厚度;

1 ——目标测量点。

图 5 覆盖层厚度(整体织物芯带)

3.3.6 结果表达

计算各测量值的算术平均值作为覆盖层厚度,结果用毫米表示,精确到 0.1 mm,e_1 是上覆盖层厚度,e_2 是下覆盖层厚度。

4 带芯层厚度测定

4.1 无覆盖层的带芯层厚度

对于覆盖层能完全剥掉的带,带芯层厚度 d_2 按 3.2 测定。

4.2 有覆盖层的带芯层厚度

对于覆盖层不能剥掉的带,带芯层厚度由带的总厚度减去上、下覆盖层的厚度而得出。覆盖层厚度按 3.3 的规定测定,带的总厚度按第 2 章测定。

4.3 结果表达

按下式计算每个测量点的带芯层厚度 d_2:

$$d_2 = d - (e_1 + e_2)$$

式中:

d ——带的总厚度;

e_1 ——上覆盖层厚度;

e_2 ——下覆盖层厚度。

计算各测量值的算术平均值,带芯层厚度 d_2 用毫米表示,精确到 0.1 mm。

5 夹层厚度测定

5.1 总则

夹层厚度(即位于多层织物结构输送带的各层织物之间的弹性材料)可用两种方法测定,用哪种方法取决于这个弹性材料是否能与织物层完全分离。

5.2 夹层弹性材料能从相邻织物上完全剥掉时的试验方法

5.2.1 原理

将各覆盖层剥掉后,在沿带宽方向上的各测量点上测量厚度。然后将织物层与弹性材料层分离,并在同样的测量点上测量剩余部分的厚度。用减法计算夹层厚度。

5.2.2 仪器

应按 2.1 规定的仪器。

5.2.3 试样

应使用 2.2 和图 1 规定的试样 1。

5.2.4 测量点

测量点应按 2.3 规定。

5.2.5 程序

采用 2.1 规定的压强,在按 2.3 规定的各测量点上测定带芯层厚度 d_2。

对有两层织物的带，剥掉一层织物，然后在相同测量点（见图 4）测定试样剩余部分的厚度 d_3。

对有两层以上织物的带，继续依次在剥掉在每一层织物和每一层弹性体之后，在相同测量点上测定剩余部分的厚度，直到仅剩下一层织物和一层弹性体为止。

5.2.6 结果表达

对有两层织物的带，按下式计算各测量点的夹层厚度 i_1：

$$i_1 = d_2 - (2 \times s_1)$$

式中：

d_2——带芯层厚度；

s_1——一层织物的厚度；

$$s_1 = d_2 - d_3$$

d_3——剥掉一层织物后试样的厚度。

对有两层以上织物的带，用类似方法计算每层夹层的厚度（i_2，i_3……）。

计算各个测量值的算术平均值，该结果即为夹层厚度，单位为毫米，精确到 0.1 mm（见图 4）。

5.3 夹层弹性材料不能从相邻织物层上完全剥掉时的试验方法

5.3.1 原理

用光学测微计或携带式显微镜在未剥层的带切割面上直接测量各夹层的厚度。

5.3.2 仪器

按 3.3.2 规定的光学测微计或携带式显微镜。

5.3.3 试样

按 2.2 规定切取的试样 1 或试样 2。

5.3.4 测量点

测量点应按 2.3 规定。

5.3.5 程序

用光学测微计或携带式显微镜（见 3.3.2）通过测定弹性体与织物各层界面间的距离来测定相应夹层材料的厚度。确保光学放大镜的刻度盘与试样的物理接触，以避免视觉误差。

由织物的波状起伏引起的测量结果的较小差异将在以后对结果取平均值时减至最低限度。然而当织物上的褶皱足以引起显著差异时，则宜按与 2.3 所述相似的方法来确定测量点，以确保能获得最小的夹层厚度。

5.3.6 结果表达

对每一层夹层计算各测量值的算术平均值，计算的结果即为该层厚度，单位为毫米，精确到 0.1 mm，视带的具体情况夹层厚度分别以 i_1，i_2，i_3……表示。

6 试验报告

试验报告应包含下列内容：

a） 提及按本标准(即 GB/T 32331)进行试验；

b） 被试验输送带的标志；

c） 测量点的数量；

d） 使用试样 1 还是试样 2；

e） 试验压强值(应用的)；

f） 根据带的具体情况分别按 2.5、3.2.6、3.3.6、4.3、5.2.6 或 5.3.6 表示测定结果；

g） 试验日期。

参 考 文 献

[1] ISO 21183-1 轻型输送带 第1部分:基本性能及应用

ICS 21.100.20
J 11

中华人民共和国国家标准化指导性技术文件

GB/Z 32332.1—2015/ISO/TR 1281-1:2008

滚动轴承 对 ISO 281 的注释 第 1 部分：基本额定动载荷和基本额定寿命

Rolling bearings—Explanatory notes on ISO 281—
Part 1: Basic dynamic load rating and basic rating life

(ISO/TR 1281-1:2008, IDT)

2015-12-31 发布 2016-04-01 实施

中华人民共和国国家质量监督检验检疫总局
中国国家标准化管理委员会 发布

前　言

GB/Z 32332《滚动轴承　对 ISO 281 的注释》分为以下两个部分：

——第 1 部分：基本额定动载荷和基本额定寿命；

——第 2 部分：基于疲劳应力系统方法的修正额定寿命计算。

本部分为 GB/Z 32332 的第 1 部分。

本部分按照 GB/T 1.1—2009 给出的规则起草。

本部分使用翻译法等同采用 ISO/TR 1281-1:2008《滚动轴承　对 ISO 281 的注释　第 1 部分：基本额定动载荷和基本额定寿命》和 ISO/TR 1281-1:2008/Cor.1:2009。

本部分还做了下列编辑性修改：

——纳入国际标准技术勘误 ISO/TR 1281-1:2008/Cor.1:2009 的内容，即删除了第 7 章。

本部分由中国机械工业联合会提出。

本部分由全国滚动轴承标准化技术委员会(SAC/TC 98)归口。

本部分起草单位：洛阳轴承研究所有限公司、上海斐赛轴承科技有限公司。

本部分主要起草人：李飞雪、赵联春。

引　言

ISO/R 281:1962

滚动轴承额定载荷计算方法标准化问题具有国际水准的首次讨论始于国际标准化联合会(ISA)的1934年会议上，在1939年ISA召开其最后一次会议时没有取得进展。但是，ISA第四秘书处在其1945年关于滚动轴承标准化的报告中，包括有对于额定载荷和寿命计算基本概念的定义。该报告在1949年作为ISO/TC 4(秘书处-1)1号文件分发，其包含的定义基本上如ISO 281:2007给出的关于“寿命”和“基本额定动载荷”的概念。

1946年，在纽约减摩轴承制造商协会(AFBMA)的倡议下，美国和瑞典的轴承行业之间开始讨论额定载荷和寿命计算标准。主要在文献[1]中列出的成果的基础上，AFBMA标准《向心球轴承额定载荷估算方法》完成制定并于1949年发布。在同样的基础上，瑞典于1950年2月向ISO提出第一份提案“球轴承的额定载荷”[文件号ISO/TC 4/SC 1(瑞典-1)-1]。

鉴于进一步研究的结果和1950年AFBMA标准的修订，以及对滚子轴承额定载荷标准的关注，瑞典于1951年提交了对球轴承额定载荷的修正案[文件号ISO/TC 4/SC 1(瑞典-6)20]，以及滚子轴承额定载荷的提案[文件号ISO/TC 4/SC 1(瑞典-7)21]。

之后，在1951～1959年间，ISO/TC 4、ISO/TC 4/SC 1和ISO/TC 4/WG 3曾在11次不同会议上，研讨了额定载荷和寿命计算方法问题。其后，文献[2]成为滚子轴承额定载荷部分的主要基础。

在1956年的TC 4/WG 3会议上，决定了推荐性标准的框架。同时，美国审议了AFBMA标准的修订草案，ASA B3(美国标准学会机械工程3组)批准了修订的标准。美国向会议提交了该标准，连同秘书处的提案一起进行了详细的讨论。在会上，拟定出第三工作组(WG 3)提案，其中采纳了美国提案的若干部分。

1957年，发布了基于工作组提案的建议草案(文件号TC 4 N145)，在次年的WG 3会议上，对该草案进行了详细研究，并在随后的TC 4会议上，决定采纳TC 4 N145并做少量修改。1959年发布了ISO建议草案No.278(文件号TC 4 N188)，1962年被ISO委员会接受为ISO/R 281。

ISO 281-1:1977

1964年，瑞典建议鉴于轴承钢的发展，复审ISO/R 281的时机到了，并提交了提案[ISO/TC 4/WG 3(瑞典-1)9]，但是第三工作组(WG 3)不赞成修订。

1969年，TC 4采纳日本的建议(文件号TC 4 N627)并重新组建了第三工作组，给予WG 3修订ISO/R 281的任务。这时，AFBMA的额定载荷工作组已开始修订工作。1970年，美国提交了AFBMA标准草案“球轴承额定载荷和疲劳寿命”[文件号ISO/TC 4/WG 3(美国-1)11]；1971年提交了“滚子轴承额定载荷和疲劳寿命”[文件号ISO/TC 4/WG 3(美国-3)19]，以供参考。

1972年，TC 4/WG 3重组为第八分委员会(TC 4/SC 8)。美国提案曾在1971～1974年间的五次会议上进行了详细地研讨。第三次建议草案和最终提案(文件号TC 4/SC 8 N23)经修改后，在1976年作为国际标准草案发出征求意见，并于1977年成为ISO 281-1:1977。

ISO281-1:1977基本上是ISO/R 281的再版，仅有少量实质性的修改，主要是根据美国20世纪60年代的研究，增加了新的一章，即对可靠度不是90%时的额定寿命以及对与材料和运转条件相关的额定寿命的修正。

有关ISO 281-1:1977中公式和系数推导的补充背景资料，最初是拟作为ISO 281-2“注释说明”于1979年发布的，但后来TC 4/SC 8和TC 4决定以技术报告形式发布，即ISO/TR 8646:1985。

滚动轴承 对 ISO 281 的注释 第 1 部分:基本额定动载荷和基本额定寿命

1 范围

GB/Z 32332 的本部分给出了 ISO 281:2007 中给出的公式和系数推导的补充背景资料。

2 规范性引用文件

下列文件对于本文件的应用是必不可少的。凡是注日期的引用文件,仅注日期的版本适用于本文件。凡是不注日期的引用文件,其最新版本(包括所有的修改单)适用于本文件。

GB/T 6391—2010 滚动轴承 额定动载荷和额定寿命(ISO 281:2007,IDT)

3 符号

下列符号适用于本文件。

		章
A_1	试验确定的比例常数	4
B_1	试验确定的比例常数	4
C_1	旋转套圈的径向基本额定动载荷	4、5
C_2	静止套圈的径向基本额定动载荷	4、5
C_a	推力球或滚子轴承的轴向基本额定动载荷	4、6
C_{a1}	整个推力球或滚子轴承旋转垫圈的轴向基本额定动载荷	4
C_{a2}	整个推力球或滚子轴承静止垫圈的轴向基本额定动载荷	4
C_{ak}	整个推力球或滚子轴承第 k 列的轴向基本额定动载荷	4
C_{a1k}	推力球或滚子轴承旋转垫圈第 k 列的轴向基本额定动载荷	4
C_{a2k}	推力球或滚子轴承静止垫圈第 k 列的轴向基本额定动载荷	4
C_e	外圈基本额定动载荷	5
C_i	内圈基本额定动载荷	5
C_r	向心球或滚子轴承的径向基本额定动载荷	4、5、6
D_{pw}	球或滚子组节圆直径	4
D_w	球直径	4、5
D_{we}	滚子平均直径	4
E_o	弹性模量	4
F_a	轴向载荷	5
F_r	径向载荷	4、5
J_1	旋转套圈平均当量载荷与 Q_{max} 的相关系数	4、5
J_2	静止套圈平均当量载荷与 Q_{max} 的相关系数	4、5

J_a	轴向载荷积分	5
J_r	径向载荷积分	4、5
L_{10}	基本额定寿命	6
L_{we}	滚子有效接触长度	4
L_{wek}	每 k 列的 L_{we}	4
N	滚道上一点的应力作用次数	4
P_a	推力轴承的轴向当量动载荷	5、6
P_r	向心轴承的径向当量动载荷	5、6
P_{r1}	旋转套圈的径向当量动载荷	5
P_{r2}	静止套圈的径向当量动载荷	5
Q	滚动体与滚道间的法向力	4、6
Q_C	用于轴承基本额定动载荷的滚动体载荷	4、6
Q_{C1}	用于相对于作用载荷旋转的套圈基本额定动载荷的滚动体载荷	4、5
Q_{C2}	用于相对于作用载荷静止的套圈基本额定动载荷的滚动体载荷	4、5
Q_{max}	最大滚动体载荷	4、5
S	可靠度,幸存概率	4
V	应力集中的体积	4
V_f	旋转系数	5
X	向心轴承的径向载荷系数	5
X_a	推力轴承的轴向载荷系数	5
Y	向心轴承的轴向载荷系数	5
Y_a	推力轴承的轴向载荷系数	5
Z	每列的球或滚子数	4、5
Z_k	每 k 列的球或滚子数	4
a	投影接触椭圆的长半轴	4
b	投影接触椭圆的短半轴	4
c	试验确定的指数	4、6
c_c	压缩常数	5
e	寿命离散度,即试验确定的韦布尔斜率	4、5、6
f_c	与轴承零件几何形状、不同零件制造精度以及材料有关的系数	4
h	试验确定的指数	4、6
i	球或滚子的列数	4
l	滚道的周长	4
r	沟道半径	5
r_e	外圈或座圈沟道半径	4
r_i	内圈或轴圈沟道半径	4
t	辅助参数	4
z_o	次表面最大正交剪切应力深度	4
α	公称接触角	4、5
α'	实际接触角	5

γ	$D_{w}\cos\alpha/D_{pw}$($\alpha\neq90°$的球轴承) D_{w}/D_{pw}($\alpha=90°$的球轴承) $D_{we}\cos\alpha/D_{pw}$($\alpha\neq90°$的滚子轴承) D_{we}/D_{pw}($\alpha=90°$的滚子轴承)	4
ε	轴承承荷区宽度的参数	4
η	降低系数	4、5
λ	降低系数	4
μ	赫兹导入的系数	4
ν	赫兹导入的系数或对指数变化的修正系数	4
σ_{max}	最大接触应力	4
$\sum\rho$	曲率和	4
τ_{o}	次表面最大正交剪切应力	4
φ_{o}	承载弧度之半	5

4 基本额定动载荷

依据 ISO 281 的滚动轴承基本额定动载荷的背景出自文献[1]和[2]。

滚动轴承基本额定动载荷的计算由乘幂关系式(1)发展而来:

$$\ln\frac{1}{S}\propto\frac{\tau_{o}^{c}N^{e}V}{z_{o}^{h}} \qquad \cdots\cdots(1)$$

式中:

S ——可靠度(幸存概率);

τ_{o} ——次表面最大正交剪切应力;

N ——滚道上一点的应力作用次数;

V ——应力集中的体积;

z_{o} ——次表面最大正交剪切应力深度;

c、h ——试验确定的指数;

e ——寿命离散度,即试验确定的韦布尔斜率。

对于点接触条件(球轴承),假定关系式(1)中应力集中的体积 V 与投影接触椭圆的长轴 $2a$、滚道周长 l 和次表面最大正交剪切应力 τ_{o} 的深度 z_{o} 成比例:

$$V\propto az_{o}l \qquad \cdots\cdots(2)$$

将关系式(2)代入关系式(1),得:

$$\ln\frac{1}{S}\propto\frac{\tau_{o}^{c}N^{e}al}{z_{o}^{h-1}} \qquad \cdots\cdots(3)$$

文献[1]和[2]中考虑的线接触是在计算赫兹接触椭圆长轴为 1.5 倍滚子有效接触长度的条件下得出的:

$$2a=1.5\ L_{we} \qquad \cdots\cdots(4)$$

另外,b/a 应足够小以允许当 b/a 接近 0 时引入 ab^{2} 的极限值:

$$ab^{2}=\frac{2}{\pi}\cdot\frac{3Q}{E_{o}\sum\rho} \qquad \cdots\cdots(5)$$

变量定义见 4.1。

4.1 向心球轴承的径向基本额定动载荷 C_r

根据赫兹理论,次表面最大正交剪切应力 τ_o和深度 z_o可以利用径向载荷 F_r来表示,即用滚动体最大载荷 Q_{max}或最大接触应力 σ_{max}和滚动体与滚道之间接触面积的尺寸来表示,其关系如下:

$$\tau_o = T\sigma_{max}$$

$$z_o = \zeta b$$

$$T = \frac{(2t-1)^{1/2}}{2t(t+1)}$$

$$\zeta = \frac{1}{(t+1)(2t-1)^{1/2}}$$

$$a = \mu\left(\frac{3Q}{E_o\sum\rho}\right)^{1/3}$$

$$b = \nu\left(\frac{3Q}{E_o\sum\rho}\right)^{1/3}$$

式中:

σ_{max} ——最大接触应力;

t ——辅助参数;

a ——投影接触椭圆的长半轴;

b ——投影接触椭圆的短半轴;

Q ——滚动体与滚道间的法向力;

E_o ——弹性模量;

$\sum\rho$ ——曲率和;

μ、ν ——赫兹导入的系数。

因此,对于一给定的滚动轴承,τ_o、a、l 和 z_o可用轴承的几何尺寸、载荷和转数来表示。关系式(3)通过插入一比例常数可变为一方程式。插入特定的转数(如 10^6)和特定的可靠度(如 0.9),可得到用于点接触滚动轴承基本额定动载荷的滚动体载荷(点接触滚动轴承导入了比例常数 A_1):

$$Q_C = \frac{1.3}{4^{(2c+h-2)/(c-h+2)}\ 0.5^{3e/(c-h+2)}} A_1 \left(\frac{2r}{2r-D_w}\right)^{0.41} \frac{(1\mp\gamma)^{(1.59c+1.41h-5.82)/(c-h+2)}}{(1\pm\gamma)^{3e/(c-h+2)}} \times \left(\frac{\gamma}{\cos\alpha}\right)^{3/(c-h+2)} D_w^{\ (2c+h-5)/(c-h+2)} Z^{-3e/(c-h+2)} \quad \cdots\cdots(6)$$

式中:

Q_C——用于轴承基本额定动载荷的滚动体载荷;

D_w——球直径;

γ ——$D_w\cos\alpha/D_{pw}$;

其中:

D_{pw}——球组节圆直径;

α ——公称接触角;

Z ——每列球数。

旋转套圈的径向基本额定动载荷 C_1为:

$$C_1 = Q_{C1}Z\cos\alpha\frac{J_r}{J_1} = 0.407Q_{C1}Z\cos\alpha \quad \cdots\cdots(7)$$

静止套圈的径向基本额定动载荷 C_2为:

$$C_2 = Q_{C2}Z\cos\alpha\frac{J_r}{J_2} = 0.389Q_{C2}Z\cos\alpha \quad \cdots\cdots(8)$$

式中：

Q_{C1} ——用于相对于作用载荷旋转的套圈基本额定动载荷的滚动体载荷；

Q_{C2} ——用于相对于作用载荷静止的套圈基本额定动载荷的滚动体载荷；

$J_r = J_r(0.5)$ ——径向载荷积分(见表3)；

$J_1 = J_1(0.5)$ ——旋转套圈平均当量载荷与 Q_{max} 的相关系数(见表3)；

$J_2 = J_2(0.5)$ ——静止套圈平均当量载荷与 Q_{max} 的相关系数(见表3)。

整个向心球轴承径向基本额定动载荷 C_r 和 C_1、C_2 的关系利用概率乘积定律表示为：

$$C_r = C_1 \left[1 + \left(\frac{C_1}{C_2}\right)^{(c-h+2)/3}\right]^{-3/(c-h+2)} \quad \cdots\cdots (9)$$

将方程式(6)～方程式(8)代入方程式(9)，则整个向心球轴承的径向基本额定动载荷 C_r 表示为：

$$C_r = 0.41 \frac{1.3}{4^{(2c+h-2)/(c-h+2)} 0.5^{3e/(c-h+2)}} A_1 \left(\frac{2r_i}{2r_i - D_w}\right)^{0.41} \frac{(1-\gamma)^{(1.59c+1.41h-5.82)/(c-h+2)}}{(1+\gamma)^{3e/(c-h+2)}} \gamma^{3/(c-h+2)} \times$$
$$\left\{1 + \left[1.04 \left(\frac{r_i}{r_e} \times \frac{2r_e - D_w}{2r_i - D_w}\right)^{0.41} \left(\frac{1-\gamma}{1+\gamma}\right)^{(1.59c+1.41h+3e-5.82)/(c-h+2)}\right]^{(c-h+2)/3}\right\}^{-3/(c-h+2)} \times$$
$$(i\cos\alpha)^{(c-h-1)/(c-h+2)} Z^{(c-h-3e+2)/(c-h+2)} D_w^{(2c+h-5)/(c-h+2)} \quad \cdots\cdots (10)$$

式中：

A_1 ——试验确定的比例常数；

r_i ——内圈沟道半径；

r_e ——外圈沟道半径；

i ——球的列数。

其中，接触角 α、滚动体(球)数 Z 及直径 D_w 取决于轴承结构。另外，沟道半径 r_i 和 r_e 与滚动体(球)半径 $D_w/2$ 之比以及 $\gamma = D_w\cos\alpha/D_{pw}$ 是无量纲的，故方程式(10)右边前二行的值用系数 f_c 表示更方便，则：

$$C_r = f_c (i\cos\alpha)^{(c-h-1)/(c-h+2)} Z^{(c-h-3e+2)/(c-h+2)} D_w^{(2c+h-5)/(c-h+2)} \quad \cdots\cdots (11)$$

对于向心球轴承，应考虑加工造成的缺陷，故导入一降低系数 λ，来考虑向心球轴承径向基本额定动载荷较其理论值有所减小，系数 f_c 中包含 λ 系数很方便，系数 λ 值由试验确定。

因此，系数 f_c 由式(12)给出：

$$f_c = 0.41\lambda \frac{1.3}{4^{(2c+h-2)/(c-h+2)} 0.5^{3e/(c-h+2)}} A_1 \left(\frac{2r_i}{2r_i - D_w}\right)^{0.41} \frac{(1-\gamma)^{(1.59c+1.41h-5.82)/(c-h+2)}}{(1+\gamma)^{3e/(c-h+2)}} \gamma^{3/(c-h+2)} \times$$
$$\left\{1 + \left[1.04 \left(\frac{r_i}{r_e} \times \frac{2r_e - D_w}{2r_i - D_w}\right)^{0.41} \left(\frac{1-\gamma}{1+\gamma}\right)^{(1.59c+1.41h+3e-5.82)/(c-h+2)}\right]^{(c-h+2)/3}\right\}^{-3/(c-h+2)} \quad \cdots\cdots (12)$$

根据文献[1]和[2]，额定载荷方程式中的试验常数规定如下：

$e = 10/9$

$c = 31/3$

$h = 7/3$

将这些数值代入式(11)，得下式，但是足够数量的试验结果仅适用于小尺寸的球，即直径约到25 mm，这时额定载荷与 $D_w^{1.8}$ 成比例。在球尺寸较大的情况下，额定载荷相对于球直径增加地较慢，当 $D_w > 25.4$ mm 时，额定载荷与 $D_w^{1.4}$ 成比例：

$$C_r = f_c (i\cos\alpha)^{0.7} Z^{2/3} D_w^{1.8} \qquad (D_w \leqslant 25.4 \text{ mm}) \quad \cdots\cdots (13)$$

$$C_r = 3.647 f_c (i\cos\alpha)^{0.7} Z^{2/3} D_w^{\ 1.4} \qquad (D_w > 25.4\ \text{mm}) \quad \cdots\cdots(14)$$

$$f_c = 0.089 A_1 0.41 \lambda \left(\frac{2r_i}{2r_i - D_w}\right)^{0.41} \frac{\gamma^{0.3}(1-\gamma)^{1.39}}{(1+\gamma)^{1/3}} \times \left\{1 + \left[1.04\left(\frac{1-\gamma}{1+\gamma}\right)^{1.72}\left(\frac{r_i}{r_e}\times\frac{2r_e - D_w}{2r_i - D_w}\right)^{0.41}\right]^{10/3}\right\}^{-3/10} \quad \cdots\cdots(15)$$

ISO 281:2007 表 2 中的 f_c值，是将沟道半径和表 1 中给出的降低系数代入式(15)计算而来的。当计算 C_r的单位为牛顿时，$0.089A_1$之值是 98.0665。

表 1 球轴承的沟道半径和降低系数

ISO 281:2007 中表的编号	轴承类型	沟道半径		降低系数	
		r_i	r_e	λ	η
表 2	单列径向接触沟型球轴承 单列和双列角接触沟型球轴承	$0.52D_w$		0.95	—
	双列径向接触沟型球轴承	$0.52D_w$		0.90	—
	单双和双列调心球轴承	$0.53\ D_w$	$0.5\left(\frac{1}{\gamma}+1\right)D_w$	1	—
	分离型单列径向接触球轴承 （磁电机轴承）	$0.52D_w$	∞	0.95	—
表 4	推力球轴承	$0.535\ D_w$		0.90	$1-\sin\alpha/3$

注：ISO 281:2007 表 2 和表 4 中的 f_c值，是将本表中的沟道半径和降低系数分别代入式(15)、式(20)和式(25)计算而得。

4.2 单列推力球轴承的轴向基本额定动载荷 C_a

4.2.1 接触角 $\alpha \neq 90°$的推力球轴承

如 4.1，对于接触角 $\alpha \neq 90°$的推力球轴承：

$$C_a = f_c (\cos\alpha)^{(c-h-1)/(c-h+2)} \tan\alpha\ Z^{(c-h-3e+2)/(c-h+2)} D_w^{\ (2c+h-5)/(c-h+2)} \quad \cdots\cdots(16)$$

对于多数推力球轴承，轴向基本额定动载荷的理论值除导入向心球轴承额定载荷的降低系数 λ 之外，还由于滚动体中载荷分布不均而降低，降低系数以 η 表示。

因此，系数 f_c由式(17)给出：

$$f_c = \lambda\eta \frac{1.3}{4^{(2c+h-2)/(c-h+2)}\ 0.5^{3e/(c-h+2)}} A_1 \left(\frac{2r_i}{2r_i - D_w}\right)^{0.41} \frac{(1-\gamma)^{(1.59c+1.41h-5.82)/(c-h+2)}}{(1+\gamma)^{3e/(c-h+2)}} \gamma^{3/(c-h+2)} \times \left\{1 + \left[\left(\frac{r_i}{r_e}\times\frac{2r_e - D_w}{2r_i - D_w}\right)^{0.41}\left(\frac{1-\gamma}{1+\gamma}\right)^{(1.59c+1.41h+3e-5.82)/(c-h+2)}\right]^{(c-h+2)/3}\right\}^{-3/(c-h+2)} \quad \cdots\cdots(17)$$

同理，考虑球尺寸的影响，将试验常数 $e=10/9$，$c=31/3$ 和 $h=7/3$ 代入式(16)和式(17)，得：

$$C_a = f_c (\cos\alpha)^{0.7} \tan\alpha\ Z^{2/3} D_w^{\ 1.8} \qquad (D_w \leqslant 25.4\ \text{mm}) \quad \cdots\cdots(18)$$

$$C_a = 3.647 f_c (\cos\alpha)^{0.7} \tan\alpha\ Z^{2/3} D_w^{\ 1.4} \qquad (D_w > 25.4\ \text{mm}) \quad \cdots\cdots(19)$$

$$f_c = 0.089 A_1 \lambda\eta \left(\frac{2r_i}{2r_i - D_w}\right)^{0.41} \frac{\gamma^{0.3}(1-\gamma)^{1.39}}{(1+\gamma)^{1/3}} \times \left\{1 + \left[\left(\frac{r_i}{r_e}\times\frac{2r_e - D_w}{2r_i - D_w}\right)^{0.41}\left(\frac{1-\gamma}{1+\gamma}\right)^{1.72}\right]^{10/3}\right\}^{-3/10} \quad \cdots\cdots(20)$$

当计算 C_a的单位为牛顿时，$0.089A_1$之值是 98.066 5。ISO 281:2007 表 4 中右边的 f_c值，是将沟道

半径和表 1 中给出的降低系数代入式(20)计算而来的。

4.2.2 接触角 $\alpha=90^\circ$ 的推力球轴承

如 4.1,对于接触角 $\alpha=90^\circ$ 的推力球轴承:

$$C_a=f_c Z^{(c-h-3e+2)/(c-h+2)} D_w^{(2c+h-5)/(c-h+2)} \quad \cdots\cdots(21)$$

$$f_c=\lambda\eta\frac{1.3}{4^{(2c+h-2)/(c-h+2)}0.5^{3e/(c-h+2)}}A_1\left(\frac{2r_i}{2r_i-D_w}\right)^{0.41}\gamma^{3/(c-h+2)}\times\left\{1+\left[\left(\frac{r_i}{r_e}\times\frac{2r_e-D_w}{2r_i-D_w}\right)^{0.41}\right]^{(c-h+2)/3}\right\}^{-3/(c-h+2)} \quad \cdots\cdots(22)$$

其中,$\gamma=D_w/D_{pw}$。

同理,考虑球尺寸的影响,将试验常数 $e=10/9$,$c=31/3$ 和 $h=7/3$ 代入式(21)和式(22),得:

$$C_a=f_c Z^{2/3}D_w^{1.8} \qquad (D_w\leqslant 25.4\ \text{mm}) \quad \cdots\cdots(23)$$

$$C_a=3.647f_c Z^{2/3}D_w^{1.4} \qquad (D_w>25.4\ \text{mm}) \quad \cdots\cdots(24)$$

$$f_c=0.089A_1\lambda\eta\left(\frac{2r_i}{2r_i-D_w}\right)^{0.41}\gamma^{0.3}\times\left\{1+\left[\left(\frac{r_i}{r_e}\times\frac{2r_e-D_w}{2r_i-D_w}\right)^{0.41}\right]^{10/3}\right\}^{-3/10} \quad \cdots\cdots(25)$$

当计算 C_a 的单位为牛顿时,$0.089A_1$ 之值是 98.066 5。ISO 281:2007 表 4 左边第二栏中的 f_c 值,是将沟道半径和表 1 中给出的降低系数代入式(25)计算而来的。

4.3 双列或多列推力球轴承的轴向基本额定动载荷 C_a

按照概率乘积定律,整个推力球轴承轴向基本额定动载荷与旋转垫圈和静止垫圈的轴向基本额定动载荷之间的关系由式(26)给出:

$$C_{ak}=\left[C_{a1k}^{-(c-h+2)/3}+C_{a2k}^{-(c-h+2)/3}\right]^{-3/(c-h+2)} \quad \cdots\cdots(26)$$

$$\left.\begin{aligned}C_{a1k}&=Q_{C1}\sin\alpha\ Z_k\\C_{a2k}&=Q_{C2}\sin\alpha\ Z_k\end{aligned}\right\} \quad \cdots\cdots(27)$$

$$C_a=\left[C_{a1}^{-(c-h+2)/3}+C_{a2}^{-(c-h+2)/3}\right]^{-3/(c-h+2)} \quad \cdots\cdots(28)$$

$$\left.\begin{aligned}C_{a1}&=Q_{C1}\sin\alpha\sum_{k=1}^{n}Z_k\\C_{a2}&=Q_{C2}\sin\alpha\sum_{k=1}^{n}Z_k\end{aligned}\right\} \quad \cdots\cdots(29)$$

式中:

C_{ak} ——整个推力球轴承第 k 列的轴向基本额定动载荷;

C_{a1k}——整个推力球轴承旋转垫圈第 k 列的轴向基本额定动载荷;

C_{a2k}——整个推力球轴承静止垫圈第 k 列的轴向基本额定动载荷;

C_a ——整个推力球轴承的轴向基本额定动载荷;

C_{a1} ——整个推力球轴承旋转垫圈的轴向基本额定动载荷;

C_{a2} ——整个推力球轴承静止垫圈的轴向基本额定动载荷;

Z_k ——每 k 列的球数。

将式(26)、式(27)和式(29)代入式(28),整理式(28)得:

$$C_a=\sum_{k=1}^{n}Z_k\left[\frac{\left(Q_{C1}\sin\alpha\sum_{k=1}^{n}Z_k\right)^{-(c-h+2)/3}+\left(Q_{C2}\sin\alpha\sum_{k=1}^{n}Z_k\right)^{-(c-h+2)/3}}{\left(\sum_{k=1}^{n}Z_k\right)^{-(c-h+2)/3}}\right]^{-3/(c-h+2)}$$

$$=\sum_{k=1}^{n}Z_k\left[\sum_{k=1}^{n}\frac{\{[(Q_{C1}\sin\alpha\ Z_k)^{-(c-h+2)/3}+(Q_{C2}\sin\alpha\ Z_k)^{-(c-h+2)/3}]^{-3/(c-h+2)}\}^{-(c-h+2)/3}}{Z_k^{-(c-h+2)/3}}\right]^{-3/(c-h+2)}$$

$$=\sum_{k=1}^{n}Z_k\left[\sum_{k=1}^{n}\left(\frac{Z_k}{C_{ak}}\right)^{(c-h+2)/3}\right]^{-3/(c-h+2)}$$

将试验常数 $c=31/3$ 和 $h=7/3$ 代入，得：

$$C_a=(Z_1+Z_2+Z_3+\cdots+Z_n)\left[\left(\frac{Z_1}{C_{a1}}\right)^{10/3}+\left(\frac{Z_2}{C_{a2}}\right)^{10/3}+\left(\frac{Z_3}{C_{a3}}\right)^{10/3}+\cdots+\left(\frac{Z_n}{C_{an}}\right)^{10/3}\right]^{-3/10}\quad\cdots\cdots(30)$$

球数为 Z_1、Z_2、Z_3、…、Z_n 的各列的额定载荷 C_{a1}、C_{a2}、C_{a3}、…、C_{an} 按 4.2 中相应的单列推力球轴承的公式计算。

4.4 向心滚子轴承的径向基本额定动载荷 C_r

按与得到 4.1 中点接触式(10)相似的过程，利用式(4)和式(5)，得向心滚子轴承(线接触)的径向基本额定动载荷：

$$C_r=0.377\frac{1}{2^{(c+h-1)/(c-h+1)}\ 0.5^{2e/(c-h+1)}}B_1\frac{(1-\gamma)^{(c+h-3)/(c-h+1)}}{(1+\gamma)^{2e/(c-h+1)}}\gamma^{2/(c-h+1)}\times$$
$$\left\{1+\left[1.04\left(\frac{1-\gamma}{1+\gamma}\right)^{(c+h+2e-3)/(c-h+1)}\right]^{(c-h+1)/2}\right\}^{-2/(c-h+1)}(iL_{we}\cos\alpha)^{(c-h-1)/(c-h+1)}\times$$
$$Z^{(c-h-2e+1)/(c-h+1)}D_{we}^{(c+h-3)/(c-h+1)}\quad\cdots\cdots(31)$$

式中：

B_1 ——试验确定的比例常数；

γ ——$D_{we}\cos\alpha/D_{pw}$；

其中：

D_{pw}——滚子组节圆直径；

D_{we}——滚子平均直径；

α ——公称接触角；

L_{we}——滚子有效接触长度；

i ——滚子列数；

Z ——每列滚子数。

其中，接触角 α、滚子数 Z、平均直径 D_{we} 和有效接触长度 L_{we} 由轴承结构确定。另外，$\gamma=D_{we}\cos\alpha/D_{pw}$ 是无量纲的，故方程式(31)右边"$iL_{we}\cdots$"之前的值用系数 f_c 表示更方便。因此，

$$C_r=f_c(iL_{we}\cos\alpha)^{(c-h-1)/(c-h+1)}Z^{(c-h-2e+1)/(c-h+1)}D_{we}^{(c+h-3)/(c-h+1)}\quad\cdots\cdots(32)$$

考虑到应力集中(即边缘载荷)和使用常数代替变化的寿命公式指数(见第 6 章)，向心滚子轴承的径向基本额定动载荷应予以修正。对应力集中的修正是导入降低系数 λ，对指数变化的修正是导入系数 ν，系数 f_c 中包含这两个系数很方便，这两个系数值由试验确定，则系数 f_c 由式(33)给出：

$$f_c=0.377\lambda\nu\frac{1}{2^{(c+h-1)/(c-h+1)}\ 0.5^{2e/(c-h+1)}}B_1\frac{(1-\gamma)^{(c+h-3)/(c-h+1)}}{(1+\gamma)^{2e/(c-h+1)}}\gamma^{2/(c-h+1)}\times$$
$$\left\{1+\left[1.04\left(\frac{1-\gamma}{1+\gamma}\right)^{(c+h+2e-3)/(c-h+1)}\right]^{(c-h+1)/2}\right\}^{-2/(c-h+1)}\quad\cdots\cdots(33)$$

韦布尔斜率 e、常数 c 和 h 由试验确定。根据文献[1]和[2]，以及后来对球面滚子、圆柱滚子和圆锥滚子轴承进行的验证试验，额定载荷公式中的试验常数规定如下：

$e=9/8$

$c=31/3$

$h=7/3$

将试验常数 $e=9/8$，$c=31/3$ 和 $h=7/3$ 代入式(32)和式(33)，得：

$$C_r=f_c(i\ L_{we}\cos\alpha)^{7/9}Z^{3/4}D_{we}{}^{29/27} \quad\cdots\cdots(34)$$

$$f_c=0.483B_1 0.377\lambda\nu\frac{\gamma^{2/9}(1-\gamma)^{29/27}}{(1+\gamma)^{1/4}}\left\{1+\left[1.04\left(\frac{1-\gamma}{1+\gamma}\right)^{143/108}\right]^{9/2}\right\}^{-2/9} \quad\cdots\cdots(35)$$

当计算 C_r 的单位为牛顿时，$0.483B_1$ 的值是 551.13373。ISO 281:2007 表 7 中的 f_c 值，是将表 2 中给出的降低系数代入式(35)计算而来的。

表 2 滚子轴承的降低系数

ISO 281:2007 中表的编号	轴承类型	降低系数	
		$\lambda\nu$	η
表 7	向心滚子轴承	0.83	—
表 10	推力滚子轴承	0.73	$1-0.15\sin\alpha$
注：ISO 281:2007 表 7 和表 10 中的 f_c 值，是将本表中的降低系数分别代入式(35)、式(39)和式(43)计算而得。			

4.5 单列推力滚子轴承的轴向基本额定动载荷 C_a

4.5.1 接触角 $\alpha\neq90°$ 的推力滚子轴承

延伸 4.1 得：

$$C_a=f_c(L_{we}\cos\alpha)^{(c-h-1)/(c-h+1)}\tan\alpha\ Z^{(c-h-2e+1)/(c-h+1)}D_{we}{}^{(c+h-3)/(c-h+1)} \quad\cdots\cdots(36)$$

对于推力滚子轴承，轴向基本额定动载荷的理论值除导入向心滚子轴承额定载荷的降低系数 λ 之外，还由于滚动体中载荷分布不均而降低，降低系数以 η 表示。

因此，系数 f_c 由式(37)给出：

$$f_c=\lambda\nu\eta\frac{1}{2^{(c+h-1)/(c-h+1)}0.5^{2e/(c-h+1)}}B_1\frac{(1-\gamma)^{(c+h-3)/(c-h+1)}}{(1+\gamma)^{2e/(c-h+1)}}\gamma^{2/(c-h+1)}\times\left\{1+\left[\left(\frac{1-\gamma}{1+\gamma}\right)^{(c+h+2e-3)/(c-h+1)}\right]^{(c-h+1)/2}\right\}^{-2/(c-h+1)} \quad\cdots\cdots(37)$$

将试验常数 $e=9/8$、$c=31/3$ 和 $h=7/3$ 代入，得：

$$C_a=f_c(L_{we}\cos\alpha)^{7/9}\tan\alpha\ Z^{3/4}D_{we}{}^{29/27} \quad\cdots\cdots(38)$$

$$f_c=0.483B_1\lambda\nu\eta\frac{\gamma^{2/9}(1-\gamma)^{29/27}}{(1+\gamma)^{1/4}}\left\{1+\left[\left(\frac{1-\gamma}{1+\gamma}\right)^{143/108}\right]^{9/2}\right\}^{-2/9} \quad\cdots\cdots(39)$$

当计算 C_a 的单位为牛顿时，$0.483B_1$ 的值是 551.133 73。ISO 281:2007 表 10 中右边的 f_c 值，是将表 2 中给出的降低系数代入式(39)计算而来的。

4.5.2 接触角 $\alpha=90°$ 的推力滚子轴承

延伸 4.1 得：

$$C_a = f_c L_{we}^{(c-h-1)/(c-h+1)} Z^{(c-h-2e+1)/(c-h+1)} D_{we}^{(c+h-3)/(c-h+1)} \quad (40)$$

$$f_c = \lambda\nu\eta \frac{1}{2^{(c+h-1)/(c-h+1)} 0.5^{2e/(c-h+1)}} B_1 \gamma^{2/(c-h+1)} 2^{-2/(c-h+1)} \quad (41)$$

将试验常数 $e=9/8$、$c=31/3$ 和 $h=7/3$ 代入，得：

$$C_a = f_c L_{we}^{7/9} Z^{3/4} D_{we}^{29/27} \quad (42)$$

$$f_c = 0.41 B_1 \lambda\nu\eta\gamma^{2/9} \quad (43)$$

当计算 C_a 的单位为牛顿时，$0.41B_1$ 的值是 472.453 88。ISO 281:2007 表 10 左边第二栏中的 f_c 值，是将表 2 中给出的降低系数代入式(43)计算而来的。

4.6 双列或多列推力滚子轴承的轴向基本额定动载荷 C_a

按照概率乘积定律，整个推力滚子轴承轴向基本额定动载荷与旋转垫圈和静止垫圈的轴向基本额定动载荷之间的关系由式(44)给出：

$$C_{ak} = \left[C_{a1k}^{-(c-h+1)/2} + C_{a2k}^{-(c-h+1)/2} \right]^{-2/(c-h+1)} \quad (44)$$

$$\left. \begin{aligned} C_{a1k} &= Q_{C1} \sin\alpha \ Z_k L_{wek} \\ C_{a2k} &= Q_{C2} \sin\alpha \ Z_k L_{wek} \end{aligned} \right\} \quad (45)$$

$$C_a = \left[C_{a1}^{-(c-h+1)/2} + C_{a2}^{-(c-h+1)/2} \right]^{-2/(c-h+1)} \quad (46)$$

$$\left. \begin{aligned} C_{a1} &= Q_{C1} \sin\alpha \sum_{k=1}^{n} Z_k L_{wek} \\ C_{a2} &= Q_{C2} \sin\alpha \sum_{k=1}^{n} Z_k L_{wek} \end{aligned} \right\} \quad (47)$$

式中：

C_{ak} ——整个推力滚子轴承第 k 列的轴向基本额定动载荷；

C_{a1k}——整个推力滚子轴承旋转垫圈第 k 列的轴向基本额定动载荷；

C_{a2k}——整个推力滚子轴承静止垫圈第 k 列的轴向基本额定动载荷；

C_a ——整个推力滚子轴承的轴向基本额定动载荷；

C_{a1} ——整个推力滚子轴承旋转垫圈的轴向基本额定动载荷；

C_{a2} ——整个推力滚子轴承静止垫圈的轴向基本额定动载荷；

Z_k ——每 k 列的滚子数。

将式(44)、式(45)和式(47)代入式(46)，整理式(46)得：

$$C_a = \sum_{k=1}^{n} Z_k L_{wek} \left[\frac{\left(Q_{C1} \sin\alpha \sum_{k=1}^{n} Z_k L_{wek}\right)^{-(c-h+1)/2} + \left(Q_{C2} \sin\alpha \sum_{k=1}^{n} Z_k L_{wek}\right)^{-(c-h+1)/2}}{\left(\sum_{k=1}^{n} Z_k L_{wek}\right)^{-(c-h+2)/3}} \right]^{-2/(c-h+1)}$$

$$= \sum_{k=1}^{n} Z_k L_{wek} \left[\sum_{k=1}^{n} \frac{\left\{ \left[(Q_{C1} \sin\alpha \ Z_k L_{wek})^{-(c-h+1)/2} + (Q_{C2} \sin\alpha \ Z_k L_{wek})^{-(c-h+1)/2} \right]^{-2/(c-h+1)} \right\}^{-(c-h+1)/2}}{Z_k L_{wek}^{-(c-h+1)/2}} \right]^{-2/(c-h+1)}$$

$$= \sum_{k=1}^{n} Z_k L_{wek} \left[\sum_{k=1}^{n} \left(\frac{Z_k L_{wek}}{C_{ak}} \right)^{(c-h+1)/2} \right]^{-2/(c-h+1)}$$

将试验常数 $c=31/3$ 和 $h=7/3$ 代入，得：

$$C_a = (Z_1 L_{we1} + Z_2 L_{we2} + Z_3 L_{we3} + \cdots + Z_n L_{wen}) \times \left[\left(\frac{Z_1 L_{we1}}{C_{a1}} \right)^{9/2} + \left(\frac{Z_2 L_{we2}}{C_{a2}} \right)^{9/2} + \left(\frac{Z_3 L_{we3}}{C_{a3}} \right)^{9/2} + \cdots + \left(\frac{Z_n L_{wen}}{C_{an}} \right)^{9/2} \right]^{-2/9} \quad (48)$$

滚子数为 Z_1、Z_2、Z_3、…、Z_n、长度为 L_{we1}、L_{we2}、L_{we3}、…、L_{wen} 的各列的额定载荷 C_{a1}、C_{a2}、C_{a3}、…、C_{an} 按 4.2 中相应的单列推力滚子轴承的公式计算。

5 当量动载荷

5.1 当量动载荷公式

5.1.1 单列向心轴承的理论径向当量动载荷 P_r

如果符号的下角 1 和 2 分别表示相对于载荷方向旋转和静止的套圈，则对单列向心轴承套圈寿命有决定性影响的滚动体载荷的平均值由式(49)给出：

$$\left.\begin{aligned} Q_{C1} &= Q_{max} J_1 = \frac{F_r}{Z\cos\alpha}\frac{J_1}{J_r} = \frac{F_a}{Z\sin\alpha}\frac{J_1}{J_a} \\ Q_{C2} &= Q_{max} J_2 = \frac{F_r}{Z\cos\alpha}\frac{J_2}{J_r} = \frac{F_a}{Z\sin\alpha}\frac{J_2}{J_a} \end{aligned}\right\} \quad \cdots\cdots (49)$$

式中：

Q_{max}——滚动体最大载荷；

J_1 ——Q_{C1} 与 Q_{max} 的相关系数；

J_2 ——Q_{C2} 与 Q_{max} 的相关系数；

F_r ——径向载荷；

F_a ——轴向载荷；

J_r ——径向载荷积分；

J_a ——轴向载荷积分；

Z ——滚动体数；

α ——公称接触角。

径向和轴向载荷积分由式(50)给出：

$$\left.\begin{aligned} J_r &= J_r(\varepsilon) = \frac{1}{2\pi}\int_{-\varphi_0}^{+\varphi_0}\left[1-\frac{1}{2\varepsilon}(1-\cos\varphi)\right]^t \cos\varphi \, d\varphi \\ J_a &= J_a(\varepsilon) = \frac{1}{2\pi}\int_{-\varphi_0}^{+\varphi_0}\left[1-\frac{1}{2\varepsilon}(1-\cos\varphi)\right]^t d\varphi \end{aligned}\right\} \quad \cdots\cdots (50)$$

式中：

t ——3/2(点接触)；

t ——1.1(线接触)；

φ_0——承载弧度之半；

ε ——表示轴承承荷区宽度的参数。

对点接触和线接触分别导入符号：

$$J(t,s) = \left\{\frac{1}{2\pi}\int_{-\varphi_0}^{+\varphi_0}\left[1-\frac{1}{2\varepsilon}(1-\cos\varphi)\right]^t d\varphi\right\}^{1/s} \quad \cdots\cdots (51)$$

$$\left.\begin{aligned} J_1 = J_1(\varepsilon) = J\left(\frac{9}{2};\ 3\right); \quad & J_2 = J_2(\varepsilon) = J\left(5;\ \frac{10}{3}\right) \\ J_1 = J_1(\varepsilon) = J\left(\frac{9}{2};\ 4\right); \quad & J_2 = J_2(\varepsilon) = J\left(5;\ \frac{9}{2}\right) \end{aligned}\right\} \quad \cdots\cdots (52)$$

如果 P_{r1} 和 P_{r2} 是相应套圈的径向当量动载荷，则由于套圈的径向位移($\varepsilon=0.5$)：

$$Q_{C1} = \frac{P_{r1}}{Z\cos\alpha}\frac{J_1(0.5)}{J_r(0.5)}; \quad Q_{C2} = \frac{P_{r2}}{Z\cos\alpha}\frac{J_2(0.5)}{J_r(0.5)} \quad \cdots\cdots (53)$$

其中，$J_1(0.5)$、$J_2(0.5)$和$J_r(0.5)$的值在表3中给出。

表3　$J_r(0.5)$、$J_a(0.5)$、$J_1(0.5)$、$J_2(0.5)$和 w 的值

参量	点接触		线接触		点和线接触	
	单列轴承	双列轴承	单列轴承	双列轴承	单列轴承	双列轴承
$J_r(0.5)$	0.228 8	0.457 7	0.245 3	0.490 6	0.236 9	0.473 9
$J_a(0.5)$	0.278 2	0	0.309 0	0	0.293 2	0
$J_1(0.5)$	0.562 5	0.692 5	0.649 5	0.757 7	0.604 4	0.724 4
$J_2(0.5)$	0.587 5	0.723 3	0.674 4	0.786 7	0.629 5	0.754 3
$J_r(0.5)/J_a(0.5)$	0.822	—	0.794	—	0.808	—
$J_r(0.5)/J_1(0.5)$	0.407	0.661	0.378	0.648	0.392	0.654
$J_r(0.5)/J_2(0.5)$	0.389	0.633	0.364	0.623	0.376	0.628
$J_2(0.5)/J_1(0.5)$	1.044		1.038		1.041	
$\dfrac{J_r(0.5)}{\sqrt{J_1(0.5)J_2(0.5)}}$	0.398 (≈0.40)	0.647 (≈0.65)	0.371	0.635	0.384	0.641
w	10/3		9/2		180/47	
$2^{1-(1/w)}$	1.625		1.714		1.669	

由式(49)、式(53)和下式：

$$\left(\frac{P_r}{C_r}\right)^w=\left(\frac{P_{r1}}{C_1}\right)^w+\left(\frac{P_{r2}}{C_2}\right)^w$$

得：

$$\left.\begin{aligned}\frac{P_r}{F_r}&=\left[\left(\frac{C_r}{C_1}\frac{J_r(0.5)}{J_1(0.5)}\frac{J_1}{J_r}\right)^w+\left(\frac{C_r}{C_2}\frac{J_r(0.5)}{J_2(0.5)}\frac{J_2}{J_r}\right)^w\right]^{1/w}\\\frac{P_r}{F_a\cot\alpha}&=\left[\left(\frac{C_r}{C_1}\frac{J_1}{J_1(0.5)}\right)^w+\left(\frac{C_r}{C_2}\frac{J_2}{J_2(0.5)}\right)^w\right]^{1/w}\frac{J_r(0.5)}{J_a}\end{aligned}\right\}\quad\cdots\cdots(54)$$

式中：

C_r——径向基本额定动载荷；

C_1——旋转套圈的径向基本额定动载荷；

C_2——静止套圈的径向基本额定动载荷；

w——pe（p——寿命公式中的指数；e——韦布尔斜率）。

由于轴承套圈的径向位移（$\varepsilon=0.5$）和固定外圈载荷（$C_1=C_i$，C_i为内圈基本额定动载荷；$C_2=C_e$，C_e为外圈基本额定动载荷），根据式(54)，对点接触和线接触，可得：

$$\left.\begin{aligned}P_r=F_r=\frac{J_r(0.5)}{J_a(0.5)}F_a\cot\alpha=0.822F_a\cot\alpha\\P_r=F_r=\frac{J_r(0.5)}{J_a(0.5)}F_a\cot\alpha=0.794F_a\cot\alpha\end{aligned}\right\}\quad\cdots\cdots(55)$$

对于$\varepsilon=0.5$和固定内圈载荷（$C_1=V_fC_e$；$C_2=C_i/V_f$），可得：

$$P_r=V_fF_r\quad\cdots\cdots(56)$$

式中：

V_f——旋转系数。

点接触和线接触的 V_f 系数分别在 1±0.044 和 1±0.038 之间变化。在 ISO 281:2007 中，旋转系数 V_f 被删掉了。

注：在 ISO/R 281 中，为安全起见，对向心轴承（调心球轴承除外）给出的旋转系数 V_f 值为 1.2。

由于轴承套圈的轴向位移（$\varepsilon=\infty$）和固定外圈载荷（$C_1=C_i$；$C_2=C_e$），

$$\left.\begin{aligned} P_r &= YF_a \\ Y &= f_1\frac{C_i}{C_e}\frac{J_r(0.5)}{J_1(0.5)}\cot\alpha \end{aligned}\right\} \qquad \cdots\cdots(57)$$

系数 $f_1(C_i/C_e)$ 在 1 和 $1/V_f=J_1(0.5)/J_2(0.5)$ 之间变化。在这两个值之间，导入一个最近似的几何平均值 $1/\sqrt{V_f}$（见表 3），则：

$$Y=\frac{J_r(0.5)}{\sqrt{J_1(0.5)J_2(0.5)}}\cot\alpha \qquad \cdots\cdots(58)$$

对于非调心轴承，必须考虑制造精度对系数 Y 的影响。

式(58)中给出的 Y 值用降低系数 η 加以修正：

$$Y_1=\frac{Y}{\eta} \qquad \cdots\cdots(59)$$

对于联合载荷，在 $C_1/C_2\approx0$ 和 $C_2/C_1\approx0$ 的极限情况下，式(54)给出了 F_r/P_r 与 $F_r\cot\alpha/P_r$ 的相关值，与图 1 中给出的曲线相对应。

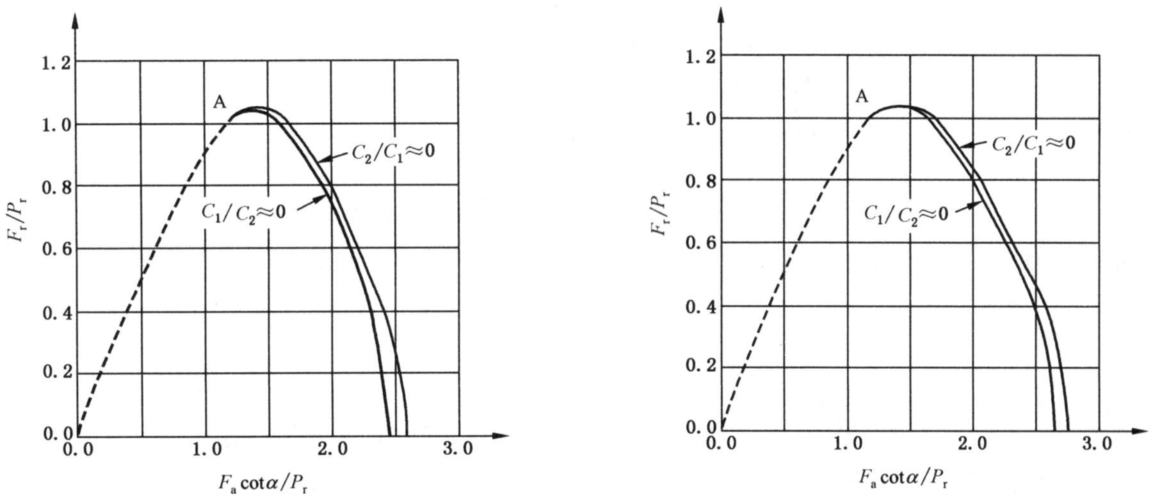

a) 点接触　　　b) 线接触

说明：

A ——点 A；

C_1——旋转套圈的径向基本额定动载荷；

C_2——静止套圈的径向基本额定动载荷；

F_a——轴向载荷；

F_r——径向载荷；

P_r——向心轴承的径向当量动载荷；

α ——公称接触角。

图 1　具有恒定接触角 α 的单列向心轴承的径向当量动载荷 P_r

点A代表 $\varepsilon=0.5$，即轴承套圈的径向位移。对点接触和线接触的这些点，分别为：

$$\left.\begin{aligned} F_a &= 1.22F_r\tan\alpha \\ F_a &= 1.26F_r\tan\alpha \end{aligned}\right\} \quad \cdots\cdots(60)$$

5.1.2 双列向心轴承的理论径向当量动载荷 P_r

对于双列向心轴承，符号Ⅰ和Ⅱ分别代表相应的列，决定旋转和静止套圈寿命的因素是平均值：

$$\left.\begin{aligned} Q_{C1} &= J_1 Q_{max\ \mathrm{I}} \\ Q_{C2} &= J_2 Q_{max\ \mathrm{II}} \end{aligned}\right\} \quad \cdots\cdots(61)$$

式中：

$$\left.\begin{aligned} J_1 &= \left[J_1(\varepsilon_{\mathrm{I}})^w + \left(\frac{Q_{max\ \mathrm{II}}}{Q_{max\ \mathrm{I}}}\right)^w J_1(\varepsilon_{\mathrm{II}})^w\right]^{1/w} \\ J_2 &= \left[J_2(\varepsilon_{\mathrm{I}})^w + \left(\frac{Q_{max\ \mathrm{II}}}{Q_{max\ \mathrm{I}}}\right)^w J_2(\varepsilon_{\mathrm{II}})^w\right]^{1/w} \end{aligned}\right\} \quad \cdots\cdots(62)$$

对于游隙为零的轴承：

$$\left.\begin{aligned} \varepsilon_{\mathrm{I}} + \varepsilon_{\mathrm{II}} &= 1 \quad (\varepsilon_{\mathrm{I}} \leqslant 1) \\ \varepsilon_{\mathrm{II}} &= 0 \quad (\varepsilon_{\mathrm{I}} > 1) \end{aligned}\right\} \quad \cdots\cdots(63)$$

如果导入双列轴承的 J_r、J_a、J_1 和 J_2 值，则根据单列轴承的式(54)得到轴承的当量载荷。这里 $J_r(0.5)$、$J_a(0.5)$、$J_1(0.5)$ 之值在 $\varepsilon_{\mathrm{I}}=\varepsilon_{\mathrm{II}}=0.5$ 时是有效值(见表3)。

$C_1/C_2\approx0$ 和 $C_2/C_1\approx0$ 的极限情况下，见图2中的曲线。

如果 $\varepsilon_{\mathrm{I}}<1$，两列均承受载荷，对点接触和线接触，即如：

$$\left.\begin{aligned} F_a &< 1.67F_r\tan\alpha \\ F_a &< 1.91F_r\tan\alpha \end{aligned}\right\} \quad \cdots\cdots(64)$$

如果 F_a 远大于此值，则仅一列承受载荷。在此情况下，双列轴承的寿命可按单列轴承理论计算。

如果 $P_{r\mathrm{I}}$ 是作为单列轴承考虑的承载列的当量径向载荷，则 P_r 是双列轴承的当量载荷：

$$\frac{P_r}{P_{r\mathrm{I}}} = \frac{C_r}{C_1} = 2^{1-(1/w)} \quad \cdots\cdots(65)$$

图1和图2是在假设接触角恒定的基础上计算得出，图1a)和图2a)亦近似地适用于角接触沟型球轴承，如果 $\cot\alpha'$ 由式(66)确定：

$$\left(\frac{\cos\alpha}{\cos\alpha'} - 1\right)^{3/2}\sin\alpha' = \left[\frac{c_c}{(2r/D_w)-1}\right]^{3/2}\frac{F_a}{ZD_w{}^2} \quad \cdots\cdots(66)$$

式中：

c_c ——与弹性模量和密合度 $2r/D_w$ 有关的压缩常数；

r ——沟道半径；

D_w——球直径。

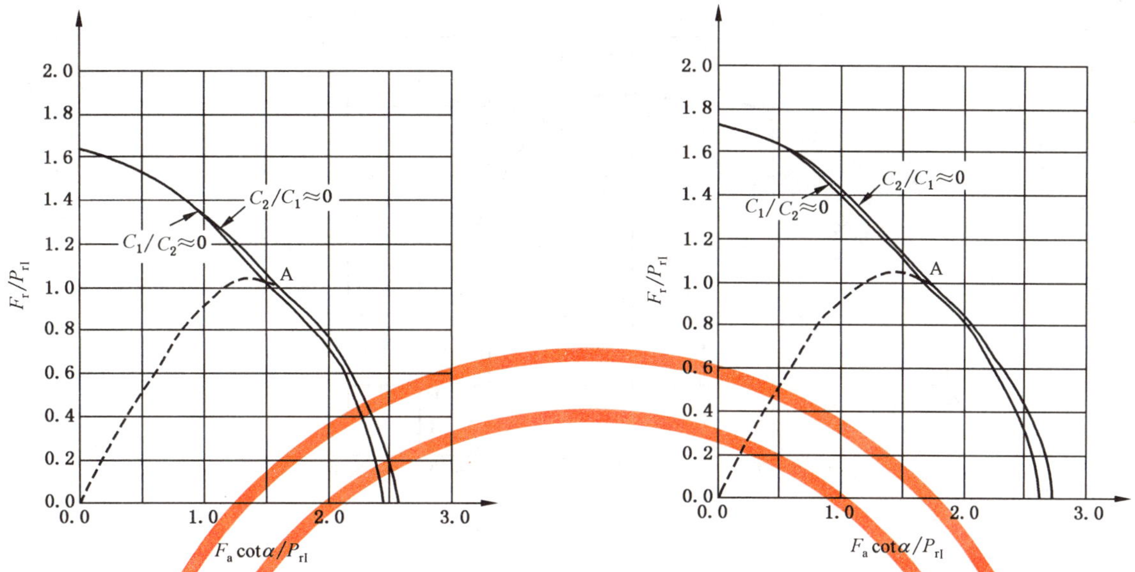

a) **点接触** b) **线接触**

说明：

A ——点 A；

C_1 ——旋转套圈的径向基本额定动载荷；

C_2 ——静止套圈的径向基本额定动载荷；

F_a ——轴向载荷；

F_r ——径向载荷；

P_{rI} ——被视为单列轴承的承载列的径向当量动载荷；

α ——公称接触角。

图 2 具有恒定接触角 α 的双列向心轴承的径向当量动载荷 P_{rI}

5.1.3 径向接触沟型球轴承理论径向当量动载荷 P_r

图 3 适于径向接触沟型球轴承。曲线 AC 由式(54)和下列近似公式确定：

$$\tan\alpha' \approx \left[\frac{2c}{(2r/D_w)-1}\right]^{3/8}\left(1-\frac{1}{2\varepsilon}\right)^{3/8}\left(\frac{F_a}{J_a iZD_w{}^2}\right)^{1/4} \quad\cdots\cdots(67)$$

并给出了 F_r/P_r 与 $F_a\cot\alpha'/P_r$ 之间的函数关系，其中 α' 是按式(68)[1] 计算的接触角：

$$\tan\alpha' \approx \left[\frac{2c}{(2r/D_w)-1}\right]^{3/8}\left(\frac{F_a}{iZD_w{}^2}\right)^{1/4} \quad\cdots\cdots(68)$$

式(68)是根据式(67)在中心轴向载荷 $F_a=F_r=0$，即 $\varepsilon=\infty$ 和 $J_a=1$ 的情况下得到的。

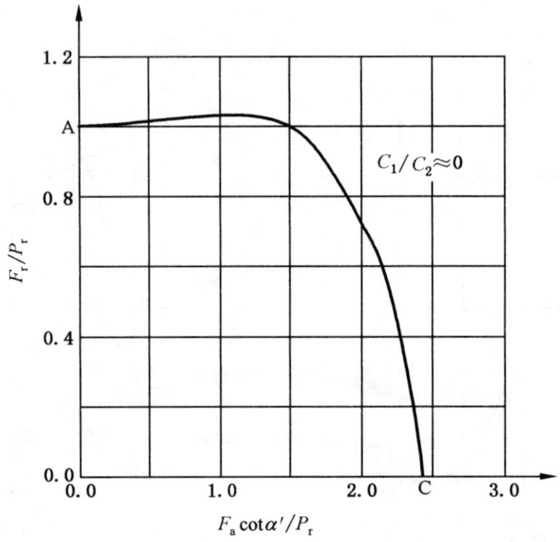

说明：

A ——点 A；

C ——点 C；

C_1——旋转套圈的径向基本额定动载荷；

C_2——静止套圈的径向基本额定动载荷；

F_a——轴向载荷；

F_r——径向载荷；

P_r——向心轴承的径向当量动载荷；

α'——根据式(68)计算的接触角。

图 3　径向接触沟型球轴承的径向当量动载荷 P_r

5.1.4　具有恒定接触角的向心轴承径向当量动载荷的实用公式

实用时，最好用图 4 中的折线 A_1BC(单列轴承)和折线 ABC(双列轴承)代替图 1 和图 2 中的理论曲线。

图 4 中的直线 A_1B 的方程为：

$$F_r/P_{rI}=1$$

因此，当 $F_a/F_r \leqslant \xi\tan\alpha$ 时，得：

$$P_{rI}=F_r \quad \cdots\cdots(69)$$

且经过点 B(ξ,1)和点 C(a,0)的直线的方程为：

$$\frac{(F_r/P_{rI})-1}{(F_a\cot\alpha/P_{rI})-\xi}=\frac{-1}{a-\xi}$$

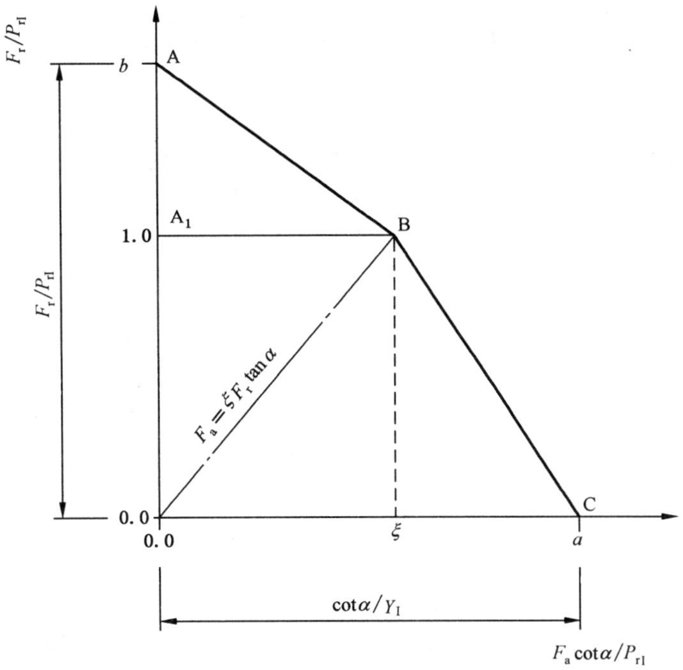

说明：

A、A_1、B、C——点；

a ——线 BC 在横坐标上的截距(点 C 的 x 坐标)；

b ——线 AB 在纵坐标上的截距(点 A 的 y 坐标)；

F_a ——轴向载荷；

F_r ——径向载荷；

P_{rI} ——向心轴承Ⅰ列的径向当量动载荷；

Y_I ——向心轴承Ⅰ列的轴向载荷系数；

α ——公称接触角；

ξ ——$F_a\cot\alpha/P_{rI}$ 在点 B 的 x 坐标处的值。

图 4　具有恒定接触角 α 的向心轴承的径向当量动载荷 P_{rI}

当 $F_a/F_r>\xi\tan\alpha$ 时，由式(69)可得：

$$\left.\begin{array}{l} P_{rI}=\left(1-\dfrac{\xi}{a}\right)F_r+\dfrac{1}{a}\cot\alpha\ F_a\equiv X_1F_r+Y_1F_a \\ \text{其中,} \\ X_1=1-\dfrac{\xi}{a}=1-\xi\ Y_1\tan\alpha \\ \text{因此,根据式(59),} \\ X_1=1-\dfrac{J_r(0.5)}{\sqrt{J_1(0.5)J_2(0.5)}}\dfrac{\xi}{\eta} \\ Y_1=\dfrac{J_r(0.5)\cot\alpha}{\sqrt{J_1(0.5)J_2(0.5)}}\dfrac{1}{\eta} \end{array}\right\} \quad \cdots\cdots(70)$$

对于双列轴承，直线 AB 的方程为：

$$\frac{F_r/P_{rI}-b}{F_a\cot\alpha/P_{rI}}=\frac{1-b}{\xi}$$

据此，

$$P_{r\mathrm{I}}=\frac{F_r}{b}+\left(\frac{b-1}{b}\right)\frac{F_a\cot\alpha}{\xi}$$

因此，当 $F_a/F_r\leqslant\xi\tan\alpha$ 时，得：

$$\left.\begin{aligned}&P_r=2^{1-(1/w)}P_{r\mathrm{I}}=F_r+[2^{1-(1/w)}-1]\frac{\cot\alpha}{\xi}F_a\equiv X_3F_r+Y_3F_a\\&\text{其中，}\\&X_3=1;Y_3=[2^{1-1/w}-1]\frac{1}{\xi}\cot\alpha\end{aligned}\right\}\qquad(71)$$

另外，当 $F_a/F_r>\xi\tan\alpha$ 时，根据式(70)(代表直线 BC 的方程)，可得：

$$\left.\begin{aligned}&P_r=2^{1-(1/w)}P_{r\mathrm{I}}=2^{1-(1/w)}X_1F_r+2^{1-(1/w)}Y_1F_a\equiv X_2F_r+Y_2F_a\\&\text{其中，}\\&X_2=2^{1-(1/w)}X_1;Y_2=2^{1-(1/w)}Y_1\end{aligned}\right\}\qquad(72)$$

综合上列各式，表 4 列出了具有恒定接触角 α 的向心轴承径向当量动载荷 P_r 和系数 X 与 Y 的公式。

表 4 具有恒定接触角 α 的向心轴承径向当量动载荷 P_r 和系数 X 与 Y 的公式

		单列轴承	双列轴承
公式	$F_a/F_r\leqslant e$	$P_r=F_r$	$P_r=X_3F_r+Y_3F_a$
	$F_a/F_r>e$	$P_r=X_1F_r+Y_1F_a$	$P_r=X_2F_r+Y_2F_a$
径向载荷系数 X 轴向载荷系数 Y		$X_1=1-\frac{J_r(0.5)}{\sqrt{J_1(0.5)J_2(0.5)}}\frac{\xi}{\eta}$ $Y_1=\frac{J_r(0.5)\cot\alpha}{\sqrt{J_1(0.5)J_2(0.5)}}\frac{1}{\eta}$	$\frac{X_2}{X_1}=\frac{Y_2}{Y_1}=2^{1-(1/w)}$ $X_3=1$ $Y_3=\frac{1}{\xi}[2^{1-(1/w)}-1]\cot\alpha$
寿命离散度 e		$e=\xi\tan\alpha$	

5.1.5 向心球轴承径向当量动载荷 P_r 的实用公式

通常，向心球轴承的接触角随载荷而变化，如果用式(66)给出的轴向载荷 F_a 作用下的接触角 α' 代替 α，表 4 也能近似地适用于角接触球轴承。

因此，根据表 3，

$$\left.\begin{aligned}&X_1=1-0.4\frac{\xi}{\eta};\quad Y_1=\frac{0.4}{\eta}\cot\alpha'\\&X_2=1.625X_1;\quad Y_2=1.625Y_1\\&X_3=1;\qquad\quad Y_3=\frac{0.625}{\xi}\cot\alpha'\end{aligned}\right\}\qquad(73)$$

对于单列和双列径向接触沟型球轴承，图 3 中的理论曲线由图 5 中的折线 A_1BC 所代替。

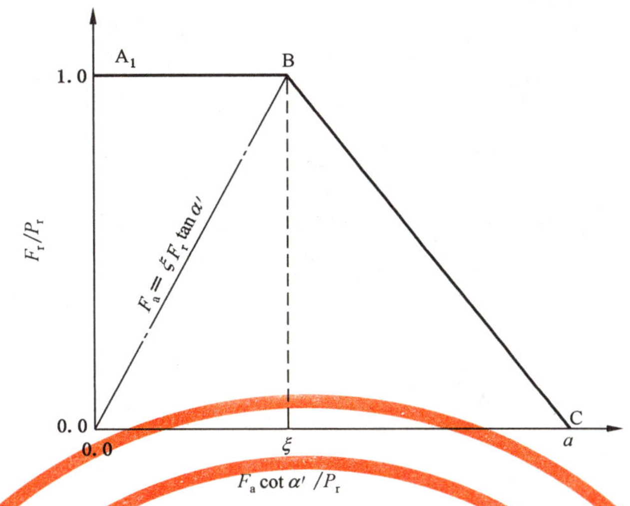

说明：

A_1、B、C——点；

a ——线 BC 在横坐标上的截距（点 C 的 x 坐标）；

F_a ——轴向载荷；

F_r ——径向载荷；

P_r ——向心轴承的径向当量动载荷；

α' ——根据式(68)计算的接触角；

ξ ——$F_a\cot\alpha/P_{r\,\mathrm{I}}$ 在点 B(x 坐标处)的值。

图 5 径向接触沟型球轴承的径向当量动载荷 P_r

对于此类轴承，

$$\left.\begin{aligned} X_1 &= X_2 = 1-0.4\frac{\xi}{\eta} \\ Y_1 &= Y_2 = 0.4\frac{\cot\alpha'}{\eta} \\ X_3 &= 1;\quad Y_3 = 0 \end{aligned}\right\} \qquad \cdots\cdots(74)$$

对于调心球轴承，可考虑接触角与载荷无关($\alpha'=\alpha$)且 $\eta=1$。

5.1.6 推力轴承轴向当量动载荷 P_a 的实用公式

对于 $\alpha\neq 90°$ 的单向和双向推力轴承，其径向和轴向载荷系数 X_a 和 Y_a 分别是根据单、双列向心轴承的径向当量动载荷 P_r 公式得到的。

即对单向轴承，当 $F_a/F_r>\xi\tan\alpha$ 时，

$$Y_1P_a=P_r=X_1F_r+Y_1F_a$$

于是，

$$\left.\begin{aligned} &P_a=\frac{X_1}{Y_1}F_r+F_a\equiv X_{a1}F_r+Y_{a1}F_a \\ &\text{其中，} \\ &X_{a1}=\frac{X_1}{Y_1};\quad Y_{a1}=1 \end{aligned}\right\} \qquad \cdots\cdots(75)$$

对于双向轴承，当 $F_a/F_r>\xi\tan\alpha$ 时，

$$\left.\begin{aligned}&P_a=\frac{X_2}{Y_2}F_r+F_a\equiv X_{a2}F_r+Y_{a2}F_a\\&\text{其中，}\\&X_{a2}=\frac{X_2}{Y_2};\quad Y_{a2}=1\end{aligned}\right\}\quad\cdots\cdots(76)$$

另外，当 $F_a/F_r\leqslant\xi\tan\alpha$ 时，近似得：

$$Y_2P_a=P_r=X_3F_r+Y_3F_a$$

因此，

$$\left.\begin{aligned}&P_a=\frac{X_3}{Y_2}F_r+\frac{Y_3}{Y_2}F_a\equiv X_{a3}F_r+Y_{a3}F_a\\&\text{其中，}\\&X_{a3}=\frac{X_3}{Y_2};\quad Y_{a3}=\frac{Y_3}{Y_2}\end{aligned}\right\}\quad\cdots\cdots(77)$$

综合上列各式，表 5 列出了推力轴承轴向当量动载荷 P_a 和系数 X_a 与 Y_a 的公式。

表 5　推力轴承轴向当量动载荷 P_a 和系数 X_a 与 Y_a 的公式

		单向轴承	双向轴承
公式	$F_a/F_r\leqslant e$	—	$P_a=X_{a3}F_r+Y_{a3}F_a$
	$F_a/F_r>e$	$P_a=X_{a1}F_r+Y_{a1}F_a$	$P_a=X_{a2}F_r+Y_{a2}F_a$
径向载荷系数 X_a 轴向载荷系数 Y_a		$X_{a1}=\frac{X_1}{Y_1}$ $Y_{a1}=1$	$X_{a2}=\frac{X_2}{Y_2}$ $Y_{a2}=1$ $X_{a3}=\frac{X_3}{Y_2}$ $Y_{a3}=\frac{Y_3}{Y_2}$
寿命离散度 e		$e=\xi\tan\alpha$	

5.2　系数 X、Y 和 e

5.2.1　向心球轴承

5.2.1.1　ξ 值

对于单列径向接触沟型球轴承，文献[1]在试验成果的基础上，给出的值是 $\xi=1.2$；而对其他轴承，$\xi=1.5$，该值接近理论曲线。但是，在后来试验的基础上，ISO/R 281 对径向接触沟型球轴承和 $\alpha=5°$ 的单列角接触沟型球轴承，取 $\xi=1.05$；对其他角接触沟型球轴承，取 $\xi=1.25$；对调心球轴承，取 $\xi=1.5$（文献[3]）。

5.2.1.2　η 值

降低系数 η 与接触角 α 有关，由式(78)给出：

$$\eta=1-k\sin\alpha\quad\cdots\cdots(78)$$

在经验和最初试验的基础上，文献[1]给出 $k=0.4$，文献[2]给出 $k=0.15\sim0.33$。在 ISO/R 281 中，对于径向接触沟型球轴承($\alpha=5°$)和 $\alpha=5°$、$10°$、$15°$的角接触沟型球轴承取 $k=0.4(1/2.5)$；对于 $\alpha=20°\sim45°$的角接触沟型球轴承，取 $k=1/2.75$(文献[3])。

注： ISO/R 281 不包括 $\alpha=45°$轴承的系数。该角度轴承的系数在 ISO 281:2007 中予以规定。

5.2.1.3 接触角 α'值

对于径向接触沟型球轴承以及公称接触角 $\alpha\leqslant15°$的角接触球轴承，实际接触角随载荷不同而变化相当大。因此，ISO 281:2007 的表 3 给出了与相对轴向载荷相关的所有系数。

对于径向接触沟型球轴承(假定其为公称接触角 $\alpha=5°$的角接触球轴承)，根据具有公称接触角 α 的角接触球轴承的式(66)，在轴向载荷 F_a 作用下，接触角 α'值可由式(79)进行计算：

$$\left(\frac{\cos5°}{\cos\alpha'}-1\right)^{3/2}\sin\alpha'=\left[\frac{c}{(2r/D_w)-1}\right]^{3/2}\frac{F_a}{iZD_w^{\ 2}} \quad\cdots\cdots(79)$$

当 $2r/D_w=1.035$ 时，$c=0.000\ 438\ 71$，单位为牛顿和毫米。

表 6 列出了当 $2r/D_w=1.035$ 时，按式(66)和式(79)计算的接触角 α'值。

$\alpha\geqslant20°$的角接触球轴承，轴向载荷对接触角的影响相对较小，因此，ISO 281:2007 的表 5 仅列出了每个 α 的一组 X、Y 和 e 系数。关于对这些轴承的计算规则，见 5.2.2.3。

表 6 径向和角接触沟型球轴承($\alpha=5°$、$10°$和 $15°$)接触角 α'值

$F_a/ZD_w^{\ 2}$ [a]		$\alpha=5°$	$\alpha=10°$	$\alpha=15°$
lbf/in²	MPa[b]	α'		
25	0.172 37	10.230°	12.953°	16.781°
50	0.344 74	11.811°	14.177°	17.652°
100	0.689 48	13.734°	15.768°	18.866°
150	1.034 21	15.037°	16.893°	19.767°
200	1.378 95	16.048°	17.786°	20.503°
300	2.068 4	17.607°	19.187°	21.688°
500	3.447 4	19.809°	21.207°	23.488°
750	5.171 1	21.761°	23.028°	25.075°
1000	6.894 8	23.263°	24.444°	26.360°

[a] 对于径向接触沟型球轴承，为 $F_a/iZD_w^{\ 2}$。

[b] 1 MPa = 1 N/mm²。

5.2.2 各类型向心球轴承的 X、Y 和 e 值

综上所述，X、Y 和 e 值的计算方法如下(见表 10 和表 11)。

5.2.2.1 径向接触沟型球轴承

$$X_1=X_2=1-\frac{0.4\times1.05}{1-0.4\sin5°}=0.564\ 8\approx0.56$$

$$Y_1=Y_2=\frac{0.4\cot\alpha'}{1-0.4\sin5°}=0.414\ 45\cot\alpha'$$

$$e=1.05\tan\alpha'$$

当 $F_a/iZD_w^2=6.89$ MPa 时，Y_1 的计算值为 0.964 1≈0.96。考虑到与 $\alpha \geqslant 20°$ 的角接触沟型球轴承 Y_1 值的相互关系，将其修正为 1.00(见图 6)；即计算的接触角 $\alpha'=23.262°$($\alpha'=\tan^{-1}0.414\ 45$)修正为 22.512°。因此，计算的 e 值为 0.451 42≈0.45 变为 0.435 2≈0.44[$e=1.05\tan22.512°$ 或 $0.4\times1.05/(1-0.4\sin5°)$]。

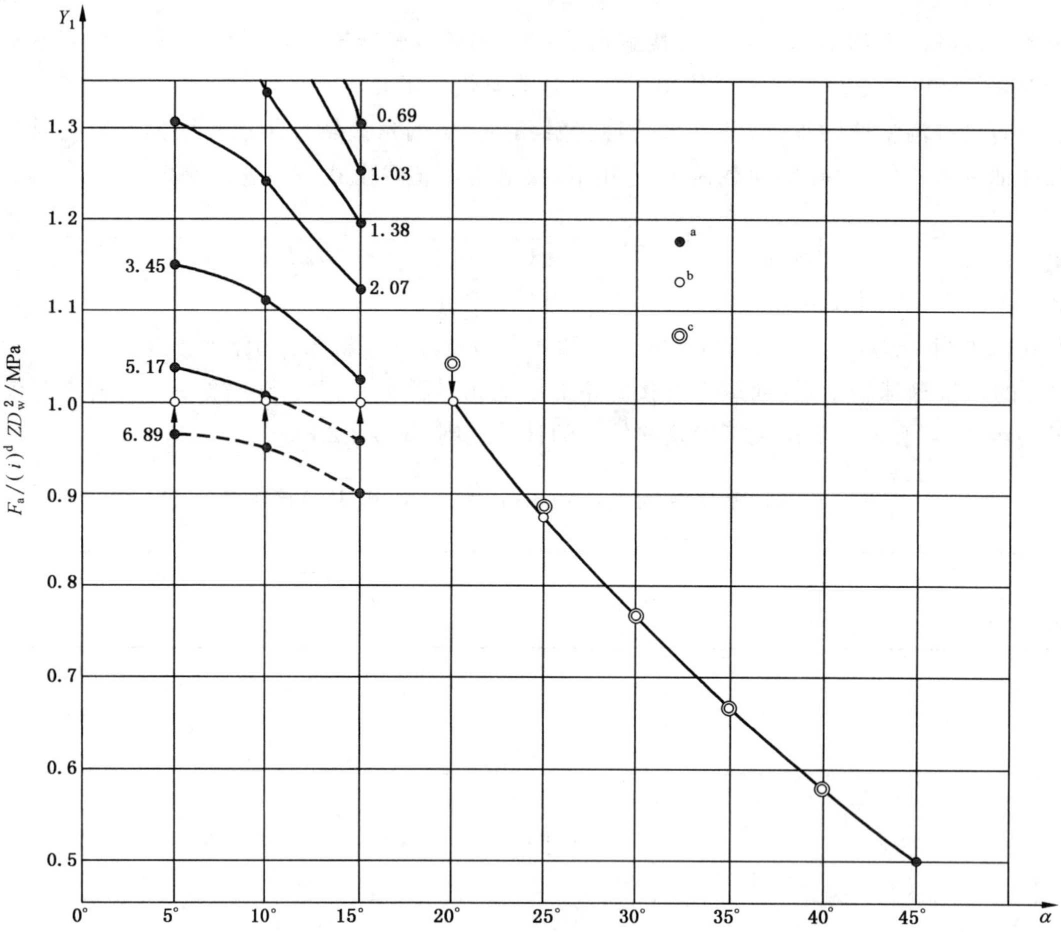

说明：

D_w——球直径；

F_a——轴向载荷；

i——球或滚子列数；

Y_1——轴向载荷系数；

Z——每列球或滚子数；

α——公称接触角；

[a] 计算值。

[b] 修正值。

[c] TC4 N36 给出的值。

[d] 径向接触沟型球轴承包含的系数 i。

图 6　径向接触和角接触沟型球轴承 Y_1 的修正值

5.2.2.2 $\alpha \leqslant 15^\circ$的角接触沟型球轴承

对于$\alpha = 5^\circ$的单列轴承，X_1、Y_1和e值与上述径向接触沟型球轴承相同。

对于$\alpha = 5^\circ$的双列轴承，

$$X_2 = 1.625 \times 0.48 = 0.78$$

因为，

$$X_1 = 1 - \frac{0.4 \times 1.25}{1 - 0.4\sin 5^\circ} = 0.4819 \approx 0.48$$

$$Y_2 = 1.625 Y_1$$

式中：

$$Y_1 = \frac{0.4\cot\alpha'}{1 - 0.4\sin 5^\circ} = 0.414\ 45\cot\alpha'$$

$$Y_3 = \frac{0.625\cot\alpha'}{1.25} = 0.5\cot\alpha'$$

$$e = 1.25\tan\alpha'$$

当$F_a/ZD_w^2 = 6.89$ MPa 时，采用接触角α'为 22.512°，因此，

$$Y_2 = 1.625 \times 1 = 1.625 \approx 1.63$$

$$Y_3 = 0.5\cot 22.512^\circ$$

或

$$Y_3 = 1.25(1 - 0.4\sin 5^\circ) = 1.206\ 4 \approx 1.21$$

和

$$e = 1.25\tan 22.512^\circ$$

或

$$e = \frac{0.4 \times 1.25}{1 - 0.4\sin 5^\circ} = 0.518\ 1 \approx 0.52$$

对于$\alpha = 10^\circ$和$\alpha = 15^\circ$的轴承，

$$X_1 = 1 - \frac{0.4 \times 1.25}{1 - 0.4\sin\alpha}$$

$$X_2 = 1.625 X_1$$

$$Y_1 = \frac{0.4\cot\alpha'}{1 - 0.4\sin\alpha}$$

$$Y_2 = 1.625\ Y_1$$

$$Y_3 = \frac{0.625\cot\alpha'}{1.25} = 0.5\cot\alpha'$$

$$e = 1.25\tan\alpha'$$

即$\alpha = 10^\circ$时，$X_1 = 0.462\ 7 \approx 0.46$，$Y_1 = 0.429\ 86\cot\alpha'$；$\alpha = 15^\circ$时，$X_1 = 0.442\ 3 \approx 0.44$，$Y_1 = 0.446\ 19\cot\alpha'$。

由于上述原因，在Y_1的计算值小于 1 时，应使$Y_1 = 1.00$（见图 6）。因此，当$F_a/iZD_w^2 = 6.89$ MPa 时，

$$Y_2 = 1.625 \approx 1.63$$

$$Y_3 = 0.5\cot 23.261^\circ$$

或

$$Y_3 = 1.25(1 - 0.4\sin 10^\circ) = 1.163\ 22 \approx 1.16$$

和

$$e = 1.25\tan 23.261^\circ$$

或

$$e=\frac{0.4\times1.25}{1-0.4\sin10^\circ}=0.537\ 3\approx0.54$$

而且当 $F_a/ZD_w{}^2=5.17\text{MPa}$ 和 $F_a/ZD_w{}^2=6.89\ \text{MPa}$ 时，

$$Y_2=1.625\times1=1.625\approx1.63$$

$$Y_3=0.5\cot24.046^\circ$$

或

$$Y_3=1.25(1-0.4\sin15^\circ)=1.120\ 6\approx1.12$$

和

$$e=1.25\tan24.046^\circ$$

或

$$e=\frac{0.4\times1.25}{1-0.4\sin15^\circ}=0.557\ 7\approx0.56$$

5.2.2.3 $\alpha=20^\circ\sim45^\circ$的角接触沟型球轴承

$$X_1=1-\frac{0.4\times1.25}{1-(1/2.75)\sin\alpha}$$

见表 7。

$$X_2=1.625X_1$$

表 7 $\alpha=20^\circ\sim45^\circ$轴承的 X_1 值

α	X_1	α	X_1
20°	0.429 0≈0.43	35°	0.368 2≈0.37
25°	0.409 2≈0.41	40°	0.347 5≈0.35
30°	0.388 9≈0.39	45°	0.326 9≈0.33

对于 Y_1 值，原则上使用表 8，即文件 ISO/TC 4 N36(＝TC4 N56＝TC4 N110，见下面的注)中给出的值，其中第一和第二个值 1.04 和 0.89 在考虑与 $\alpha\leqslant15^\circ$的 Y_1 值的相互关系后，分别修正为 1.00 和0.87(见图 6)。

表 8 Y_1 值

α	Y_1	α	Y_1
20°	1.04 修正为 1.00	35°	0.66
25°	0.89 修正为 0.87	40°	0.57
30°	0.76	(45°)	(0.50)

而 Y_2、e 和 Y_3 值按式(73)的式(80)进行计算：

$$\left.\begin{aligned}Y_2&=1.625Y_1\\e&=\frac{1-X_1}{Y_1}\\Y_3&=\frac{0.625}{e}\end{aligned}\right\}\quad\cdots\cdots(80)$$

注：Y_1 值得按式(81)计算：

$$Y_1 = \frac{0.4}{\eta}\cot\alpha' = \frac{0.4}{1-(1/3)\sin\alpha'}\cot\alpha' \qquad (81)$$

其中，接触角 α'值由下式确定：

$$\cos\alpha' = 0.972\ 402\cos\alpha$$

计算如表 9。

表 9 α'值

α	α'	α	α'
20°	23.97°	35°	37.20°
25°	28.20°	40°	41.85°
30°	32.63°	(45°)	(46.56°)

α 和 α'之间的关系来自式 (66)，由于

$$\frac{2r}{D_w} = \frac{r_i}{D_w} + \frac{r_e}{D_w} = 0.517\ 5 + 0.53 = 1.047\ 5$$

$$c_c = 0.000\ 458\ 35$$

且滚动体载荷

$$F_a/ZD_w^2\sin\alpha' = 4.903\ 3\ \text{MPa}\ (=0.5\ \text{kgf/mm}^2)$$

此外，$\alpha=45°$的轴承并未包括在 ISO/R281 中，其 Y_1值为 0.498 6≈0.50 是由式(81)确定的，并与由式(80)求得的其他系数 Y_2、Y_3和 e 值一起规定在 ISO 281-1:1977 中。

5.2.2.4 调心球轴承

取 $\alpha=\alpha'$，$\eta=1$，$\xi=1.5$，

$X_1 = 1-0.4\times1.5 = 0.4$

$X_2 = 1.625\times0.4 = 0.65$

$Y_1 = 0.4\cot\alpha$

$Y_2 = 1.625\ Y_1 = 0.65\cot\alpha$

$Y_3 = \dfrac{0.625\cot\alpha}{1.5} = 0.416\ 7\cot\alpha \approx 0.42\cot\alpha$

$e = 1.5\tan\alpha$

5.2.3 向心球轴承 X、Y 和 e 系数表

表 10 汇总了计算每种类型向心球轴承系数 X、Y 和 e 以及 α'、ξ 和 η 值所用的基本公式。

5.2.4 不同于标准的 Y 和 e 的计算值

表 11 列出了按表 6 给出的接触角 α'计算的 Y 和 e 值，它们不同于 ISO 281:2007 表 2 给出的值，最大误差在±0.02 之内。

这种微小差异是由于系数 Y 和 e 值与接触角 α'有关。但是，对于给定的 F_a/ZD_w^2（或 F_a/iZD_w^2）值，α'不能直接按式(66)和式(79)计算。

因此，认为误差是由于接触角 α'计算值不精确造成的。

5.2.5 推力球轴承

5.2.5.1 基本公式

根据表 3、表 4 和表 5，得到确定系数 X、Y 和 e 的基本公式列于表 12。

表 10　向心球轴承 X、Y 和 e 系数汇总表

<table>
<tr><th colspan="2" rowspan="3">轴承类型</th><th colspan="2">单列轴承</th><th colspan="4">双列轴承</th><th rowspan="3">e</th><th rowspan="3">α'</th><th rowspan="3">ξ</th><th rowspan="3">η</th></tr>
<tr><th colspan="2">$\frac{F_a}{F_r}>e$</th><th colspan="2">$\frac{F_a}{F_r}\leqslant e$</th><th colspan="2">$\frac{F_a}{F_r}>e$</th></tr>
<tr><th>X_1</th><th>Y_1</th><th>X_3</th><th>Y_3</th><th>X_2</th><th>Y_2</th></tr>
<tr><td colspan="2">径向接触沟型球轴承</td><td rowspan="12">$1-\frac{0.4\xi}{\eta}$</td><td rowspan="5">$\frac{0.4}{\eta}\cot\alpha'\geqslant 1.00$</td><td rowspan="12">1</td><td>0</td><td>$1-\frac{0.4\xi}{\eta}$</td><td>$\frac{0.4}{\eta}\cot\alpha'\geqslant 1.00$</td><td rowspan="5">$\xi\tan\alpha'\leqslant 0.4\frac{\xi}{\eta}$</td><td>由公式(1)确定[a]</td><td>1.05</td><td rowspan="3">$1-\frac{\sin 5^\circ}{2.5}$</td></tr>
<tr><td rowspan="10">角接触沟型球轴承</td><td>α</td><td rowspan="4">$\frac{0.625}{\xi}\cot\alpha'\geqslant 1.562\ 5\frac{\eta}{\xi}$</td><td rowspan="11">$1.625X_1$</td><td rowspan="11">$1.625Y_1$</td><td rowspan="4">由公式(2)确定[b]</td><td rowspan="2">1.05(单列)
1.25(双列)</td></tr>
<tr><td>5°</td></tr>
<tr><td>10°</td><td rowspan="8">1.25</td><td rowspan="2">$1-\frac{\sin\alpha}{2.5}$</td></tr>
<tr><td>15°</td></tr>
<tr><td>20°</td><td>1.00[c]</td><td rowspan="6">$\frac{0.625}{e}$</td><td rowspan="6">$\frac{1-X_1}{Y_1}$</td><td rowspan="6">—</td><td rowspan="6">$1-\frac{\sin\alpha}{2.75}$</td></tr>
<tr><td>25°</td><td>0.87[c]</td></tr>
<tr><td>30°</td><td>0.76[c]</td></tr>
<tr><td>35°</td><td>0.66[c]</td></tr>
<tr><td>40°</td><td>0.57[c]</td></tr>
<tr><td>45°</td><td>0.50[c]</td></tr>
<tr><td colspan="2">调心球轴承</td><td>$\frac{0.4}{\eta}\cot\alpha'$</td><td>$\frac{0.625}{\xi}\cot\alpha'$</td><td>$\xi\tan\alpha'$</td><td>$\alpha$</td><td>1.5</td><td>1</td></tr>
</table>

注： 对于 $\alpha=20^\circ$ 和 $\alpha=25^\circ$ 轴承的 Y_1 值 1.04 和 0.89，为与 $\alpha<20^\circ$ 的数值相协调，分别修正为 1.00 和 0.87。

[a] 公式(1) $\frac{\cos 5^\circ}{\cos\alpha'}=1+0.012\ 534\left(\frac{F_a}{iZD_w^{\ 2}\sin\alpha'}\right)^{2/3}$

[b] 公式(2) $\frac{\cos\alpha^\circ}{\cos\alpha'}=1+0.012\ 534\left(\frac{F_a}{iZD_w^{\ 2}\sin\alpha'}\right)^{2/3}$

[c] 由 $Y_1=0.4\cot\alpha'/[1-(1/3)\sin\alpha']$ 确定。其中，α' 由 $\cos\alpha'=0.972\ 4\cos\alpha$ 确定。

5.2.5.2 ξ 和 η 值

如角接触沟型球轴承，不同的 ξ 取相同值 1.25，η 取为 $1-(1/3)\sin\alpha$。

5.2.5.3 接触角的值

具有大接触角的推力球轴承的接触角随轴向载荷 F_a 的变化很小，可用公称接触角 α。

表 11 不同于 ISO 281:2007 表 2 的 Y 和 e 的计算值（$\alpha \leqslant 15°$）

F_a/ZD_w^2 [a] MPa			0.172	0.345	0.689	1.03	1.38	2.07	3.45	5.17	6.89
向心球轴承		Y_1		1.98	1.70	1.54	1.44				b
		e						0.33			b
角接触球轴承	$\alpha=5°$ 双列轴承	Y_2		3.22	2.76	2.50	2.34				b
		Y_3	2.77	2.39	2.05	1.86	1.74			1.25	b
		e			0.31						b
	$\alpha=10°$	Y_1	1.87	1.70		1.42		1.24	1.11		b
		Y_2	3.04	2.76		2.31		2.02	1.80		b
		Y_3	2.17		1.77	1.65	1.56	1.44	1.29	1.18	b
		e			0.35			0.43	0.48	0.53	b
	$\alpha=15°$	Y_1	1.48		1.31	1.24			1.03	b	b
		Y_2	2.41		2.13	2.02			1.67	b	b
		Y_3	1.66			1.39			1.15	b	b
		e				0.45			0.54	b	b

a 对于径向接触沟型球轴承，为 F_a/iZD_w^2。

b 修正值。

表 12 系数 X、Y 和 e 的基本公式

系数	基本公式
$X_{a1}=X_{a2}$	$(2.5\eta-\xi)\tan\alpha$
X_{a3}	$\frac{20}{13}\eta\tan\alpha$
$Y_{a1}=Y_{a2}$	1
Y_{a3}	$\frac{25}{26}\frac{\eta}{\xi}$
e	$\xi\tan\alpha$

5.2.5.4 X_a、Y_a 和 e 值

综上所述，X_a、Y_a 和 e 值计算如下：

$$\left.\begin{aligned}X_{a1}&=X_{a2}=\left[2.5\left(1-\frac{1}{3}\sin\alpha\right)-1.25\right]\tan\alpha\\&=1.25\left(1-\frac{2}{3}\sin\alpha\right)\tan\alpha\\X_{a3}&=\frac{20}{13}\left(1-\frac{1}{3}\sin\alpha\right)\tan\alpha\\Y_{a1}&=Y_{a2}=1\\Y_{a3}&=\frac{25}{26}\left(1-\frac{1}{3}\sin\alpha\right)\frac{1}{1.25}=\frac{10}{13}\left(1-\frac{1}{3}\sin\alpha\right)\\e&=1.25\tan\alpha\end{aligned}\right\}\qquad\cdots\cdots(82)$$

ISO 281:2007 表 5 中对于 $\alpha=45°\sim85°$的系数 X、Y 和 e 值是按式(82)计算的。ISO/R 281 规定数值仅适于 $\alpha=45°$、60°和 75°,其中 $\alpha=60°$的 Y_{a3}值 0.54 有错误,在 ISO 281:2007 中已修改为 0.55。

5.2.6 向心滚子轴承

5.2.6.1 ξ 和 η 值

对于向心滚子轴承,采用 $\xi=1.5$ 和 $\eta=1-0.15\sin\alpha$（文献[2]）。

5.2.6.2 X_a、Y_a和 e 值

对于向心滚子轴承,按滚子与轴承套圈间的接触分为三种不同类型:

a) 与两套圈为点接触;

b) 与两套圈为线接触;

c) 与一套圈为线接触而与另一套圈为点接触。

表 13 列出了三种不同接触情形和接触角为 $\alpha=0°$、20°和 40°时 X、Y 和 e 系数值,它们是按表 3 和表 4 计算的。

表 13 点接触 a)、线接触 b)以及点、线接触 c)轴承系数 X、Y 和 e 的计算值

α	接触类型	X_1	$\frac{Y_1}{\cot\alpha}$	X_3	$\frac{Y_3}{\cot\alpha}$	X_2	$\frac{Y_2}{\cot\alpha}$	$\frac{e}{\tan\alpha}$
0°	a)	0.40	0.40	1	0.42	0.65	0.65	1.5
	b)	0.44	0.37	1	0.48	0.75	0.63	1.5
	c)	0.42	0.38	1	0.45	0.70	0.63	1.5
20°	a)	0.37	0.42	1	0.42	0.60	0.68	1.5
	b)	0.41	0.39	1	0.48	0.70	0.67	1.5
	c)	0.39	0.40	1	0.45	0.65	0.67	1.5
40°	a)	0.34	0.44	1	0.42	0.55	0.72	1.5
	b)	0.38	0.41	1	0.48	0.65	0.70	1.5
	c)	0.36	0.42	1	0.45	0.60	0.70	1.5
平均值		0.39	0.40	1	0.45	0.65	0.67	1.5
实用值		0.4	0.4	1	0.45	0.67	0.67	1.5

这些系数的平均值列在表 13 的下部。实际使用时,这些值应圆整。圆整值列在平均值的下面。考

虑到 Y_1 与 Y_2 之间的关系，将 X_2 值由 0.65 改为 0.67。

因此，

$$\left.\begin{array}{ll} X_1 = 0.4 & Y_1 = 0.4\cot\alpha \\ X_2 = 0.67 & Y_2 = 0.67\cot\alpha \\ X_3 = 1 & Y_3 = 0.45\cot\alpha \\ e = 1.5\tan\alpha & \end{array}\right\} \quad \cdots\cdots (83)$$

5.2.7 推力滚子轴承

5.2.7.1 ξ 和 η 的值

同向心滚子轴承，取 $\xi = 1.5$ 和 $\eta = 1 - 0.15\sin\alpha$。

5.2.7.2 X_a、Y_a 和 e 的值

按照表 5 和方程(83)

$$\left.\begin{array}{ll} X_{a1} = \tan\alpha & Y_{a1} = 1 \\ X_{a2} = \tan\alpha & Y_{a2} = 1 \\ X_{a3} = 1.492\ 5\tan\alpha \approx 1.5\tan\alpha & Y_{a3} = 0.671\ 6 \approx 0.67 \\ e = 1.5\tan\alpha & \end{array}\right\} \quad \cdots\cdots (84)$$

6 基本额定寿命

对单个滚动轴承或一组在同一条件下运转、近于相同的滚动轴承而言，滚动轴承的基本额定寿命是与 90% 的可靠度相关的寿命。

方程(85)和方程(86)由方程(4)～方程(6)推导而来：

$$QL_{10}{}^{3e/(c-h+2)} = Q_C \quad (\text{点接触}) \quad \cdots\cdots (85)$$

$$QL_{10}{}^{2e/(c-h+1)} = Q_C \quad (\text{线接触}) \quad \cdots\cdots (86)$$

由于滚动体载荷与轴承载荷成比例，Q_C 和 Q 分别与基本额定动载荷 C_r 或 C_a、径向当量动载荷 P_r 和轴向当量动载荷 P_a 成比例，由方程(85)和方程(86)可得下列方程：

$$\left.\begin{array}{l} L_{10} = \left(\dfrac{C_r}{P_r}\right)^{(c-h+2)/3e} \\ \text{或者} \\ L_{10} = \left(\dfrac{C_a}{P_a}\right)^{(c-h+2)/3e} \end{array}\right\} \quad (\text{点接触}) \cdots\cdots (87)$$

$$\left.\begin{array}{l} L_{10} = \left(\dfrac{C_r}{P_r}\right)^{(c-h+1)/2e} \\ \text{或者} \\ L_{10} = \left(\dfrac{C_a}{P_a}\right)^{(c-h+1)/2e} \end{array}\right\} \quad (\text{线接触}) \cdots\cdots (88)$$

将试验常数 $e = 10/9$(点接触)，$e = 9/8$(线接触)，$c = 31/3$ 和 $h = 7/3$ 分别代入方程(87)和方程(88)：

$$\left.\begin{array}{l} L_{10}=\left(\dfrac{C_{r}}{P_{r}}\right)^{3} \\ \text{或者} \\ L_{10}=\left(\dfrac{C_{a}}{P_{a}}\right)^{3} \end{array}\right\} \text{(点接触)} \qquad (89)$$

$$\left.\begin{array}{l} L_{10}=\left(\dfrac{C_{r}}{P_{r}}\right)^{4} \\ \text{或者} \\ L_{10}=\left(\dfrac{C_{a}}{P_{a}}\right)^{4} \end{array}\right\} \text{(线接触)} \qquad (90)$$

一般说来，当载荷达到某一载荷时，滚子与滚道间的接触由点接触变为线接触，故同一轴承在不同的载荷范围，寿命指数由 3～4 变动。为适用于所有的滚子轴承和所有的载荷范围，需要有一个统一的计算方法。为此，所有类型的滚子轴承使用下列同一寿命公式：

$$\left.\begin{array}{l} L_{10}=\left(\dfrac{C_{r}}{P_{r}}\right)^{10/3} \\ \text{或者} \\ L_{10}=\left(\dfrac{C_{a}}{P_{a}}\right)^{10/3} \end{array}\right\} \qquad (91)$$

由使用统一指数所造成的寿命计算值和实际值之间的差异可利用对额定载荷的补偿性修正（见4.4）而减小。

参 考 文 献

[1] LUNDBERG,G.,PALMGREN,A. Dynamic capacity of rolling bearings. *Acta Polytechn.*: *Mech. Eng. Ser.*1947,1,pp. 1-50

[2] LUNDBERG,G.,PALMGREN,A. Dynamic capacity of roller bearings. *Acta Polytechn.*, *Mech. Eng. Ser.*1952,2,pp. 1-32

[3] AOKI,Y. On the evaluating formulae for the dynamic equivalent load of ball bearings. *J. Jpn Soc.LubricationEng.* 1970,15, pp. 485-496

[4] TALLIAN,T. Weibull distribution of rolling contact fatigue life and deviations therefrom. *ASLE Trans.*1962,5,pp. 183-196

ICS 21.100.20
J 11

中华人民共和国国家标准化指导性技术文件

GB/Z 32332.2—2015/ISO/TR 1281-2:2008

滚动轴承 对ISO 281的注释 第2部分:基于疲劳应力系统方法的修正额定寿命计算

Rolling bearings—Explanatory notes on ISO 281—Part 2:
Modified rating life calculation, based on a systems approach to fatigue stresses

(ISO/TR 1281-2:2008, IDT)

2015-12-31 发布 2016-04-01 实施

中华人民共和国国家质量监督检验检疫总局
中国国家标准化管理委员会 发布

前　　言

GB/Z 32332《滚动轴承　对 ISO 281 的注释》分为以下两个部分：

——第 1 部分：基本额定动载荷和基本额定寿命；

——第 2 部分：基于疲劳应力系统方法的修正额定寿命计算。

本部分为 GB/Z 32332 的第 2 部分。

本部分按照 GB/T 1.1—2009 给出的规则起草。

本部分使用翻译法等同采用 ISO/TR 1281-2:2008《滚动轴承　对 ISO 281 的注释　第 2 部分：基于疲劳应力系统方法的修正额定寿命计算》和 ISO/TR 1281-2:2008/Cor.1:2009。

与本部分中规范性引用的国际文件有一致性对应关系的我国文件如下：

——GB/T 18854—2002　液压传动　液体自动颗粒计数器的校准(ISO 11171:1999,MOD)

本部分还做了下列编辑性修改：

——纳入国际标准技术勘误 ISO/TR 1281-2:2008/Cor.1:2009 的内容，这些内容涉及的条款已通过在其外侧页边空白位置的垂直双线(‖)进行了标示。

本部分由中国机械工业联合会提出。

本部分由全国滚动轴承标准化技术委员会(SAC/TC 98)归口。

本部分起草单位：洛阳轴承研究所有限公司、上海斐赛轴承科技有限公司。

本部分主要起草人：李飞雪、赵联春。

引　言

自 ISO 281:1990[25] 发布以来，已获得了许多关于污染、润滑、材料的疲劳载荷极限、安装内应力、淬火应力等对轴承寿命影响方面的知识。因此，目前可以更全面地考虑影响疲劳载荷的因素。

这方面的实际应用首次在 ISO 281:1990/Amd.2:2000 中给出，其规定了如何将新的知识协调地应用于寿命公式中，但其缺点是仅以笼统的方式给出了污染和润滑的影响。ISO 281:2007 将此修改单纳入并规定了一实用方法，来考虑润滑条件、污染的润滑剂以及轴承材料的疲劳载荷对轴承寿命的影响。

GB/Z 32332 的本部分汇编了起草 ISO 281:2007 过程中所用的背景资料，以供参考，并可在修订 ISO 281 时，保证该标准的适用性。

业经长期证实，采用基本额定寿命 L_{10} 作为轴承性能判据是令人满意的，该寿命是与 90% 可靠度、常用高质量材料、良好加工质量和常规运转条件相关的寿命。

但对于许多应用场合，人们已开始希望计算不同可靠度水平的寿命和/或在规定的润滑和污染条件下更精确的寿命计算。已经发现，采用当代高质量轴承钢，在良好的运转条件下并在低于某一赫兹滚动体接触应力下运转，如果不超过轴承钢的疲劳极限，轴承能达到远长于 L_{10} 的寿命。反之，如果在不良的运转条件下，轴承寿命将低于 L_{10} 寿命。

ISO 281:2007 中已使用了疲劳寿命计算的系统方法。该方法通过将全部影响因素归因于滚动体接触处和接触区下方产生的附加应力，可对由于相关因素的变化和相互作用而对系统寿命产生的影响予以考虑。

滚动轴承　对 ISO 281 的注释 第 2 部分:基于疲劳应力系统方法的修正额定寿命计算

1　范围

除了可靠度寿命修正系数 a_1,ISO 281:2007 还基于寿命计算的系统方法,引入了寿命修正系数 a_{ISO}。这些系数在修正额定寿命公式中使用。

$$L_{nm}=a_1 a_{ISO} L_{10} \quad \cdots\cdots(1)$$

ISO 281:2007 给出了一定范围可靠度的 a_1 值以及对基于系统方法的修正系数 a_{ISO} 进行估算的方法。L_{10} 为基本额定寿命。

GB/Z 32332 的本部分给出了关于推导 a_1 和 a_{ISO} 的补充背景资料。

注:a_{ISO} 的推导主要基于文献[5]中提出的理论,该文献还涉及污染系数 e_C 和计算 a_{ISO} 时所考虑的其他因素的相当复杂的理论背景。

2　规范性引用文件

下列文件对于本文件的应用是必不可少的。凡是注日期的引用文件,仅注日期的版本适用于本文件。凡是不注日期的引用文件,其最新版本(包括所有的修改单)适用于本文件。

GB/T 6391—2010　滚动轴承　额定动载荷和额定寿命(ISO 281:2007,IDT)

ISO 11171　液压传动　液体自动颗粒计数器的校准(Hydraulic fluid power—Calibration of automatic particle counters for liquids)

3　符号

下列符号适用于本文件。其他的一些符号在其所用的章或条中专门定义。

A:寿命公式推导中的比例常数

a_{ISO}:基于寿命计算系统方法的寿命修正系数

a_{SLF}:文献[5]中的基于寿命计算系统方法的应力-寿命系数(与 ISO 281 中的寿命修正系数 a_{ISO} 相同)

a_1:可靠度寿命修正系数

C:基本额定动载荷,N

C_u:疲劳载荷极限,N

C_0:基本额定静载荷,N

c:应力-寿命公式中的指数(文献[5]和 ISO 281 中,$c=31/3$)

D_{pw}:球或滚子组节圆直径,mm

dV:体积单元积分,mm^3

e:韦布尔指数(球轴承为 10/9,滚子轴承为 9/8)

e_C:污染系数

F_r:轴承径向载荷(轴承实际载荷的径向分量),N

L_n:对应于失效概率 n%的寿命,百万转

L_{nm}:修正额定寿命,百万转

L_{we}:滚子有效长度(适用于额定载荷的计算),mm

L_{10}:基本额定寿命,百万转

N:载荷循环次数

n:失效概率,用百分数表示

P:当量动载荷,N

P_u:疲劳载荷极限,N(与 C_u 相同)

Q_{max}:单个接触的最大载荷,N

Q_u:单个接触的疲劳载荷,N

Q_0:轴承载荷为 C_0 时的单个接触的最大载荷,N

S:可靠度(幸存概率),用百分数表示

s:不确定度系数

w:载荷-应力关系式中的指数(球轴承为 1/3,滚子轴承为 1/2.5)

x:按 ISO 11171 标定的污染物颗粒尺寸,μm

Z:每列滚动体数

α:公称接触角,(°)

β_{cc}:润滑剂清洁程度(见文献[5]和第 5 章)

$\beta_{x(c)}$:污染物颗粒尺寸为 x(见上述符号 x)时的过滤比

注:代号(c)表示污染物颗粒尺寸 xμm 的颗粒计数器是按照 ISO 11171 标定的自动光学单粒计数器(APC)。

η_b:润滑系数

η_c:污染系数(与 ISO 281 中的污染系数 e_C 相同)

κ:黏度比,ν/ν_1

Λ:油膜厚度与表面综合粗糙度之比

ν:工作温度下的实际运动黏度,mm^2/s

ν_1:得到充足润滑所需的参考运动黏度,mm^2/s

τ_j:体积单元 dV 的疲劳应力判据,10^6 Pa

τ_u:剪切疲劳应力极限,10^6 Pa

4 可靠度寿命修正系数 a_1

4.1 总则

在轴承寿命范畴内,对于一组在相同条件下运转的近于相同的滚动轴承,可靠度定义为该组轴承期望达到或超过规定寿命的百分率。

单个滚动轴承的可靠度是该轴承达到或超过规定寿命的百分率。因此,可靠度可表示为幸存概率。如果幸存概率表示为 S%,则失效概率为$(100-S)$%。

利用可靠度寿命修正系数 a_1,可计算不同失效概率水平下的轴承寿命。

4.2 可靠度寿命修正系数的推导

4.2.1 二参数韦布尔关系式

疲劳试验通常需要几批 10 套～30 套轴承且具有足够数量的失效轴承,此时使用二参数韦布尔分布可对其做出令人满意的概括和描述。

即：

$$L_n = \eta \left[\ln\left(\frac{100}{S}\right)\right]^{1/e} \qquad (2)$$

$$n = 100 - S \qquad (3)$$

式中：

S ——可靠度(幸存概率)，%；

n ——失效概率，%；

e ——韦布尔指数($n<10$ 时，设为 1.5)；

η ——特征寿命。

用寿命 L_{10}(对应于 10%失效概率或 90%幸存概率)作参照，使用公式(2)，L_n/L_{10}可表示为：

$$L_n = L_{10}\left[\frac{\ln(100/S)}{\ln(100/90)}\right]^{1/e} \qquad (4)$$

通过包含可靠度寿命修正系数 a_1，公式(4)可表示为：

$$L_n = a_1 L_{10} \qquad (5)$$

于是，得出可靠度寿命修正系数 a_1：

$$a_1 = \left[\frac{\ln(100/S)}{\ln(100/90)}\right]^{1/e} \qquad (6)$$

4.2.2 可靠度寿命修正系数的试验研究

文献[6]～[8]证实，可靠度不超过 90%时二参数韦布尔分布是有效的；可靠度超过 90%时，试验结果表明公式(6)不够准确。

根据文献[8]，重新绘制了图 1、图 2，图 1、图 2 阐释了文献[6]～[8]以及其他资料中试验结果的概况。图 1 中，汇总了用可靠度系数(标记为 a_{1x})表示的试验结果。曲线表示试验结果的平均值。图 2 中，a_{11x}表示试验结果的可靠度置信区间($\pm 3\sigma$)的下限，其中 σ 为标准偏差。

图 1 表明了所有平均值曲线的 a_{1x}值均超过 0.05，图 2 证实了可靠度寿命修正系数的渐近值 $a_1 = a_{1x} = 0.05$ 是安全可靠的。

4.2.3 三参数韦布尔关系式

试验(4.2.2)表明，当幸存概率大于 90%时，三参数韦布尔分布能更好地表示幸存概率。

三参数韦布尔关系式可表示为：

$$L_n - \gamma = \eta \left[\ln\left(\frac{100}{S}\right)\right]^{1/e} \qquad (7)$$

其中，γ 为第三韦布尔参数。

引入系数 C_γ，使 γ 定义为 L_{10}的函数，γ 可表示为：

$$\gamma = C_\gamma L_{10} \qquad (8)$$

$$L_n - C_\gamma L_{10} = (L_{10} - C_\gamma L_{10})\left[\frac{\ln(100/S)}{\ln(100/90)}\right]^{1/e} \qquad (9)$$

$$L_n = a_1 L_{10} \qquad (10)$$

新的可靠度寿命修正系数 a_1定义为：

$$a_1 = (1 - C_\gamma)\left[\frac{\ln(100/S)}{\ln(100/90)}\right]^{1/e} + C_\gamma \qquad (11)$$

系数 C_γ代表图 2 中 a_1的渐近值，即 0.05。该值和所选的韦布尔斜率 $e=1.5$ 能很好地表示图 2 中的曲线。将这些数值代入公式(11)，可靠度寿命修正系数的公式可表示为：

$$a_1 = 0.95\left[\frac{\ln(100/S)}{\ln(100/90)}\right]^{2/3} + 0.05 \quad\cdots\cdots(12)$$

表1列出了按公式(11)计算出来的 $C_\gamma=0$ 和 $e=1.5$ 时的可靠度系数和按公式(12)计算出来的可靠度系数以及 ISO 281:1990[25] 中的可靠度寿命修正系数 a_1。只对可靠度 S 从 90%～99.95%进行了计算。

ISO 281:2007 采用了按公式(12)计算出来的 a_1 值。

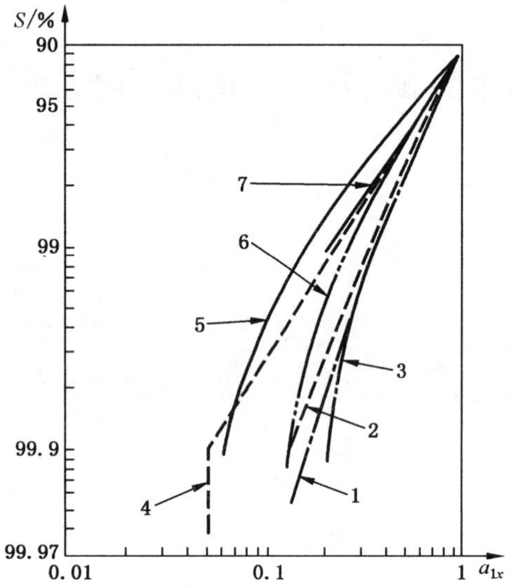

说明：

a_{1x}——可靠度系数；

S ——可靠度；

1 ——文献[8](全部)；

2 ——文献[8](球轴承)；

3 ——文献[8](滚子轴承)；

4 ——文献[6]；

5 ——文献[7]；

6 ——Okamoto 等；

7 ——ISO 281。

图1 a_{1x} 系数

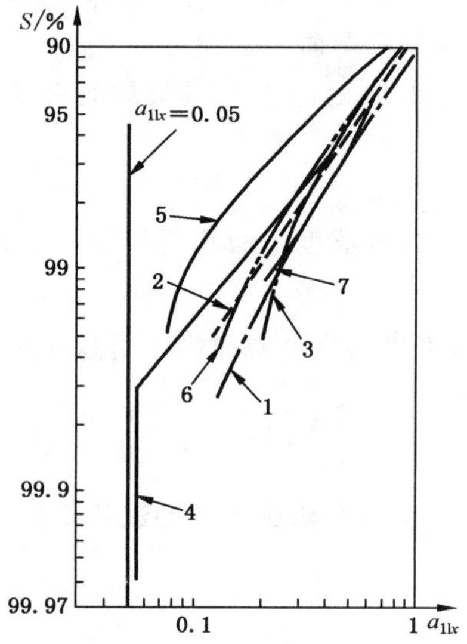

说明：

a_{11x}——可靠度置信区间±3σ的下限；

S ——可靠度；

1 ——文献[8](全部)；

2 ——文献[8](球轴承)；

3 ——文献[8](滚子轴承)；

4 ——文献[6]；

5 ——文献[7]；

6 ——Okamoto 等；

7 ——ISO 281。

图2 a_{11x} 系数

经许可，图1、图2根据文献[8]重新绘制。

表1 不同韦布尔分布的可靠度寿命修正系数 a_1

可靠度 S %	可靠度系数 a_1		
	ISO 281:1990[25]	$C_\gamma=0, e=1.5$	$C_\gamma=0.05, e=1.5$
90	1	1	1
95	0.62	0.62	0.64

表 1（续）

可靠度 S %	可靠度系数 a_1		
	ISO 281:1990[25]	$C_\gamma=0, e=1.5$	$C_\gamma=0.05, e=1.5$
96	0.53	0.53	0.55
97	0.44	0.44	0.47
98	0.33	0.33	0.37
99	0.21	0.21	0.25
99.5	—	0.13	0.17
99.9	—	0.04	0.09
99.95	—	0.03	0.08

利用 $C_\gamma=0$、$e=1.5$ 的曲线和 $C_\gamma=0.05$、$e=1.5$ 的曲线，图 3 显示了失效概率和幸存概率与可靠度寿命修正系数 a_1 的关系。

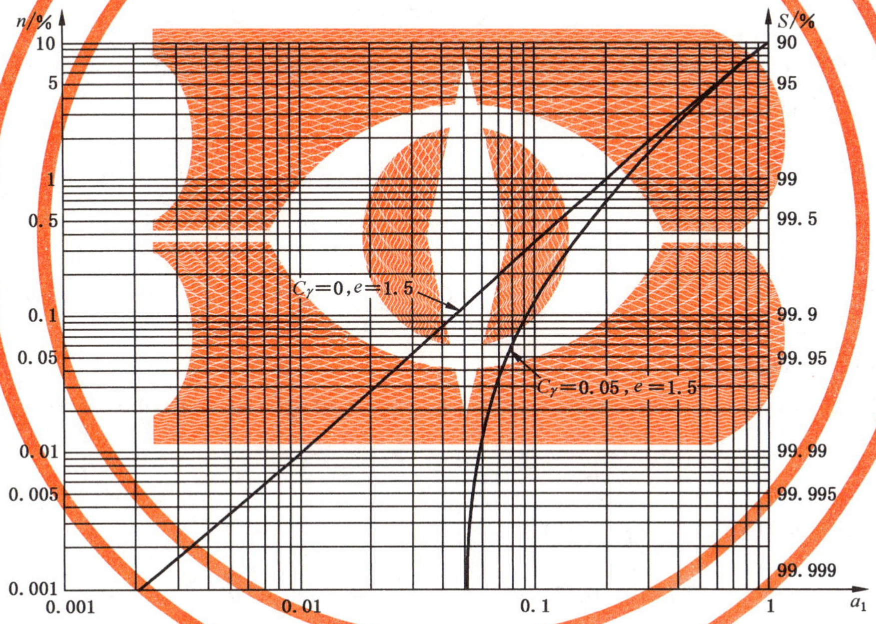

说明：

a_1——可靠度寿命修正系数；

C_γ——a_1 的渐近值；

e ——韦布尔指数；

n ——失效概率；

S ——幸存概率($S=100-n$)。

图 3　$C_\gamma=0$ 和 $C_\gamma=0.05$ 的韦布尔分布

5　寿命修正系数 a_{ISO} 的背景

5.1　总则

文献[5]描述了 ISO 281 中寿命修正系数 a_{ISO}（在文献[5]中被称为应力-寿命系数，表示为 a_{SLF}）的推导。根据文献[22],本部分给出了推导 a_{SLF} 系数的详细信息。

根据文献[5]的 3.2 以及也适用于 ISO 281 的条件(即宏观比例系数 $\eta_{\mathrm{a}}=1$ 和 $A=0.1$),a_{SLF} 的公式可表示为:

$$a_{\mathrm{SLF}}=0.1\left\langle 1-\left(\eta_{\mathrm{b}}\eta_{\mathrm{c}}\frac{P_{\mathrm{u}}}{P}\right)^{w}\right\rangle^{-c/e} \qquad (13)$$

润滑系数 η_{b} 和污染系数 η_{c} 的背景在分别 5.2 和 5.3 中予以说明,污染系数 η_{c} 相当于 ISO 281 中的系数 e_{C}。

5.2 润滑系数 η_{b}

本条规定了润滑质量(ISO 281 中用黏度比 κ 表征)及其对疲劳应力的影响之间的关系。

为此,与理想、光滑接触为特征的轴承相比,由实际滚动轴承(具有标准滚道表面粗糙度)所引起的疲劳寿命下降,从纯赫兹应力、无摩擦、应力分布假设开始,就需要被量化。

这可以通过对实际轴承(具有标准滚道表面粗糙度)和假设具有理想光滑、无摩擦接触表面的轴承的理论疲劳寿命进行比较来完成。于是,公式(14)的寿命比就得以量化:

$$\frac{L_{10,\mathrm{rough}}}{L_{10,\mathrm{smooth}}}=\frac{a_{\mathrm{SLF,rough}}}{a_{\mathrm{SLF,smooth}}} \qquad (14)$$

由于寿命公式中 $(C/P)^{p}$ 是常数,因此,公式(14)中的比值可使用公式(15)(见文献[21])的 Ioannides-Harris 疲劳寿命应力积分进行数值估算。

$$\ln\frac{100}{S}\approx AN^{e}\int_{V_{\mathrm{R}}}\frac{\langle\tau_{\mathrm{i}}-\tau_{\mathrm{u}}\rangle^{c}}{z'^{h}}\mathrm{d}V \qquad (15)$$

式中:

h ——深度指数;

z'——加权应力的平均深度;

τ ——表示应力指标。

公式(15)中,影响公式(14)中寿命比的相关量是相关体积应力积分 I,可表示为:

$$I=\int_{V_{\mathrm{R}}}\frac{\langle\tau_{\mathrm{i}}-\tau_{\mathrm{u}}\rangle^{c}}{z'^{h}}\mathrm{d}V \qquad (16)$$

利用公式(15)和公式(16),寿命公式可表示为:

$$L_{10}=10^{-6}Nu^{-1}\approx\left(\frac{\ln(100/90)}{AI}\right)^{1/e}u^{-1} \qquad (17)$$

公式(17)中的基本额定寿命(转数)可表示为达到 90% 概率的载荷循环次数 N 除以套圈每转一周,滚动体对滚道上某点的滚辗次数 u。

公式(17)中,应力积分 I 可在标准粗糙度和理想光滑接触两种情况下进行计算,而且,利用公式(14) 和公式(17),还可估算滚道表面粗糙度对轴承寿命的预期影响。于是,采用下列推导公式:

$$\left(\frac{L_{10,\mathrm{rough}}}{L_{10,\mathrm{smooth}}}\right)_{(m,n)}=\left(\frac{I_{\mathrm{smooth}}}{I_{\mathrm{rough}}}\right)^{1/e}_{(m,n)}=\left(\frac{a_{\mathrm{SLF,rough}}}{a_{\mathrm{SLF,smooth}}}\right)_{(m,n)} \qquad (18)$$

通常,该比值取决于表面形貌(符号 m)和表面分离量或所介入的润滑油膜量(符号 n)。

根据公式(13),通过引入应力-寿命系数,可直接从公式(18)导出润滑系数。在标准轴承粗糙度和假设的理想、清洁润滑剂的情况(通过将系数 η_{c} 设为 $\eta_{\mathrm{c}}=1$ 来表示)下,应力-寿命系数可表示为:

$$a_{\mathrm{SLF,rough}}=0.1\left\langle 1-\left(\eta_{\mathrm{b}}\frac{P_{\mathrm{u}}}{P}\right)^{w}\right\rangle^{-c/e} \qquad (19)$$

同理,在良好润滑、假设轴承具有理想光滑表面的情况下,即 $\kappa\geqslant 4$,并且根据文献[5]中 η_{b} 范围的定义,$\eta_{\mathrm{b}}=1$,则公式(19)可表示为:

$$a_{\text{SLF,smooth}} = 0.1\left\langle 1-\left(\frac{P_{\text{u}}}{P}\right)^{w}\right\rangle^{-c/e} \quad \cdots\cdots\cdots\cdots\cdots\cdots\cdots\cdots\cdots(20)$$

将公式(19)和公式(20)代入公式(18),可导出公式(21):

$$\eta_{\text{b}}(m,n)=\frac{P}{P_{\text{u}}}\left\langle 1-\left\langle 1-\left(\frac{P_{\text{u}}}{P}\right)^{w}\right\rangle\left(\frac{I_{\text{smooth}}}{I_{\text{rough}}}\right)_{(m,n)}^{-1/c}\right\rangle^{1/w} \quad \cdots\cdots\cdots\cdots\cdots\cdots\cdots\cdots\cdots(21)$$

公式(21)显示推导 η_{b} 值的矩阵($m \times n$)可从疲劳寿命计算和标准粗糙度轴承滚道表面的相关应力体积积分计算开始构建,计算应扩展至包括各种表面分离量(油膜厚度),从薄油膜直到滚动体和滚道接触面被完全隔开。

针对滚动轴承的实际表面,可采用下列步骤来推导 $\eta_{\text{b}(m,n)}$ 值:

1) 利用光学轮廓法测绘各种滚动轴承表面;

2) 计算轴承最大承载接触处的工作条件;

3) 计算由表面形貌、润滑条件引起的压力波动,并利用 FFT 法(傅立叶变换的快速算法)计算出压力波动引起的弹性变形;

4) 利用公式(16)计算光滑接触表面的赫兹应力积分;

5) 叠加光滑接触表面赫兹应力,计算出内应力,并利用公式(16)估算实际粗糙度接触表面的疲劳应力积分;

6) 根据公式(21),计算与轴承参考工作条件和该条件下的黏度比相关的 η_{b}。

按照上述方法,构建一组 $\eta_{\text{b}(m,n)}$ 值,所得到的 κ 对 η_{b} 的曲线图和内插曲线示于图 4。为了清楚起见,只显示了一组具有代表性的标准轴承滚道表面的数据。形成的 $\eta_{\text{b}(m,n)}$ 曲线显示了一种典型的趋势:随着接触表面名义润滑条件 κ 的减小,η_{b} 将快速下降。

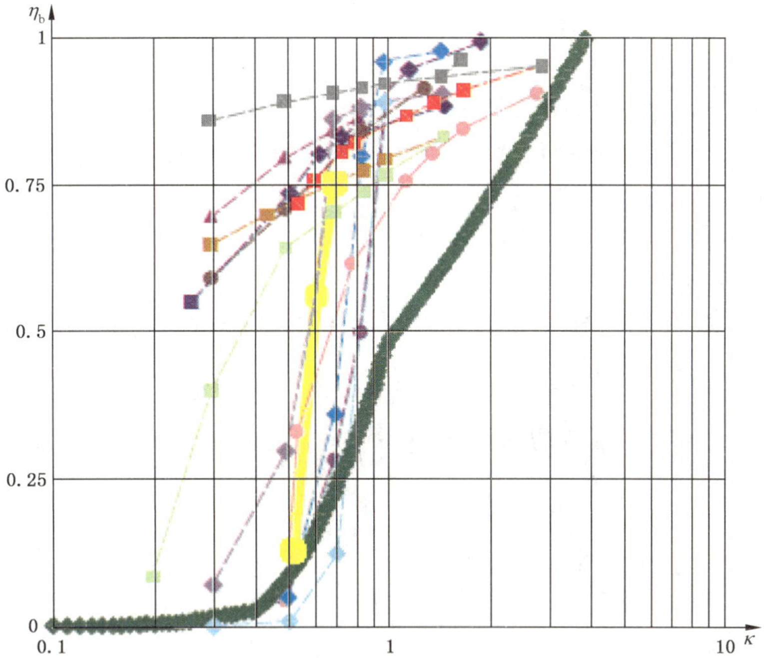

说明:

η_{b}——润滑系数;

κ ——黏度比。

图 4 计算出来的不同表面粗糙度样本的润滑系数与 ISO 281 中所用润滑系数(粗线)的比较汇总

图4示出了计算出来的不同表面粗糙度的润滑系数，以及为了比较，在ISO 281中所用的润滑系数(用粗线表示)，粗线代表的公式一般为：

$$\eta_b(\kappa)_{nom}=\eta_b\frac{(\kappa)_{brg}}{(\psi)_{brg}}=\left(3.387-\frac{b_1(\kappa)}{\kappa^{b2(\kappa)}}\right)^{5/2} \quad\cdots\cdots(22)$$

系数 $b_1(\kappa)$ 和 $b_2(\kappa)$ 按 κ 范围的三个区间划分，ψ_{brg} 为表征轴承四种主要几何形状的系数(见文献[5])。ψ_{brg} 基本上说明了应力集中的原因，而这些应力集中主要是由宏观几何学(如轴承零件的几何精度)以及轴承运动学和所产生的动力学(如滚动体引导)造成的附加影响引起的。因此，ψ_{brg} 值基本上是通过试验确定的。它与计算向心和推力球、滚子轴承的基本额定动载荷时所用的减少系数 λ 和 ν 类似(见ISO/TR 1281-1)，取决于轴承污染样本的疲劳试验。

在与各种表面粗糙度样本的估算值 η_b 曲线进行比较时，图4中的粗线显示了良好的安全裕度，且对于ISO 281中所用的润滑系数的额定值而言，选用公式(22)是相当安全的。

公式(22)在文献[5]中予以描述，并且与轴承制造商目录中使用了多年的通过试验推导出来的 $a_{23}(\kappa)$ 图的原理十分相似。

5.3 污染系数 η_c

ISO 281中记作 e_C 的污染系数与 η_c 相同。

在评定污染系数时，也可采用与评定润滑系数相同的基本方法。正如润滑系数的情况一样，滚道上存在压痕的滚动轴承的疲劳寿命也需要被量化。该寿命应与具有理想光滑滚动接触表面(光滑表面寿命积分)的轴承的寿命进行比较。

因此，寿命比得以量化：

$$\left(\frac{L_{10,dented}}{L_{10,smooth}}\right)_{(m,n,i)}=\left(\frac{I_{smooth}}{I_{dented}}\right)^{1/e}_{(m,n,i)}=\left(\frac{a_{SLF,dented}}{a_{SLF,smooth}}\right)_{(m,n,i)} \quad\cdots\cdots(23)$$

根据前面的分析，上述比值可使用Ioannides-Harris疲劳积分进行数值估算，假定该比值与表面压痕量(用符号 m 表示)、赫兹接触区的尺寸(用符号 n 表示)以及介入滚动体和滚道接触处的润滑剂量(用符号 i 表示)有关。

为了降低分析的复杂性，从压痕(假定是主要因素)和由综合粗糙度引起的所有应力中排除局部应力增大的影响——于是，$\eta_b=1$。

假设主要影响因素是污染物颗粒引起的压痕，根据公式(13)，标准轴承的应力-寿命系数可表示为：

$$a_{SLF,dented}=0.1\left\langle 1-\left(\eta_c\frac{P_u}{P}\right)^w\right\rangle^{-c/e} \quad\cdots\cdots(24)$$

同理，对于表面无压痕的轴承，污染系数可设为 $\eta_c=1$，此时应力-寿命系数可表示为：

$$a_{SLF,smooth}=0.1\left\langle 1-\left(\frac{P_u}{P}\right)^w\right\rangle^{-c/e} \quad\cdots\cdots(25)$$

将公式(24)和公式(25)代入公式(23)，得出：

$$\eta_{c\,(m,n,i)}=\frac{P}{P_u}\left\langle 1-\left\langle 1-\left(\frac{P_u}{P}\right)^w\right\rangle\times\left(\frac{I_{smooth}}{I_{dented}}\right)^{-1/c}_{(m,n,i)}\right\rangle^{1/w} \quad\cdots\cdots(26)$$

公式(26)显示推导 η_c 值的矩阵 (m,n,i) 可从相关体积疲劳-应力积分的计算开始构建，相关体积疲劳-应力积分应针对若干不同轴承滚道上的各种污染压痕量进行计算。

此时，为了计算不同滚动体/滚道接触表面的相关体积应力积分[见公式(16)]，矩阵的构建也可通过使用Ioannides-Harris滚动接触疲劳寿命公式(15)来完成。经具有不同污染物颗粒量的润滑剂润滑的轴承的寿命比[公式(23)]基本上可以被估算出来。

为完成上述计算，需要对经具有不同颗粒污染程度的润滑剂润滑的轴承的典型滚道上发现的压痕数进行衡量。轴承滚道上发现的压痕数的统计测值可直接显示一给定润滑油清洁度和相关工作条件的影响。

数值计算得出的压痕区的应力积分是表征公式(26)中污染系数的参数。如图5所示,一给定几何形状的压痕在压痕处所引起的应力的大小和分布,受压痕处存在的润滑油膜厚度的影响很大,厚油膜将使压痕处产生的接触应力减小(衰减)并重新分布;而很薄的油膜厚度将使应力集中加剧并使应力升至最高。

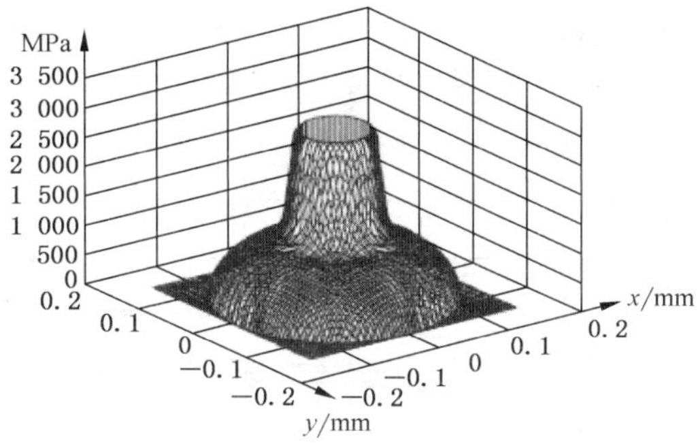

a) 干摩擦(无润滑油膜)条件下的接触应力

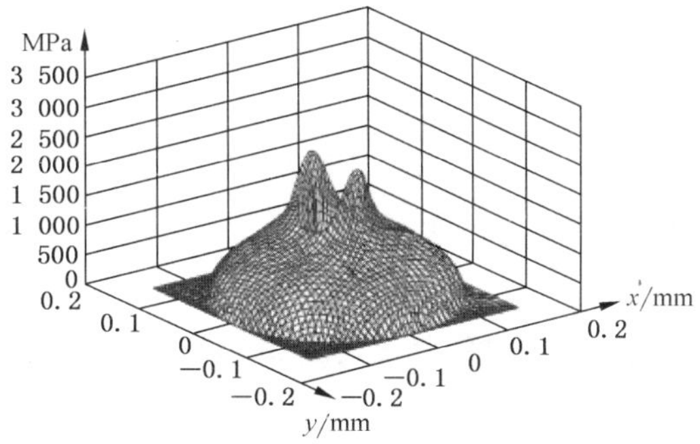

b) 同样的压痕由于滚动接触处存在0.55 μm油膜造成接触应力衰减

说明:

y——方向;

x——方向。

图5 在干摩擦和润滑条件下,几何形状简化的压痕(直径150 μm,深度5 μm)的滚辗接触压力计算示例

公式(23)中,轴承尺寸对寿命比有影响。大轴承的光滑表面应力积分较大,它对压痕应力积分起主导作用,因此大直径轴承在寿命修正系数方面占优势。

对轴承滚道上发现的若干不同压痕形貌求解公式(26)时,可利用理论估算 η_c 系数的工具。

分析结果与根据公式(27)和公式(28)计算污染系数 η_c 时所用的简化标准图相似。这些公式用于计算ISO 281中的污染系数 e_C(与 η_c 系数相同)。

$$\eta_c(\kappa, D_{pw})_{\beta cc} = K \quad \cdots\cdots(27)$$

$$K = \min[C_1(\beta_{cc})\kappa^{0.68} D_{pw}{}^{0.55}, 1]\{1 - [C_2(\beta_{cc}) D_{pw}{}^{-1/3}]\} \quad \cdots\cdots(28)$$

式中,系数 C_1、C_2 是常数,由润滑油清洁度等级 β_{cc} 确定,而 β_{cc} 取决于ISO 4406[3]中的清洁度代号或在线过滤循环油的当量过滤比 $\beta_{x(c)}$。对于脂润滑,β_{cc} 取决于估算的污染水平。

与 η_b 模型不同,η_c 模型取决于3个变量,因此,基于公式(26)的 η_c 的理论模型的比较就更加复杂,而ISO 281的模型则基于公式(27)和公式(28)。

根据相同清洁度极限和尺寸计算出来的两种情况的比较示于图6和图7中。

图6中,在在线过滤条件下,只对两种极端清洁度条件下的相同尺寸 $D_{pw}=50$ mm的轴承进行了计算。利用公式(26)进行数值计算时所用的清洁度水平和利用ISO 281中的 e_C 线图得出的清洁度水平相当于ISO 4406:1999[3]中的代号—/13/10和—/19/16。

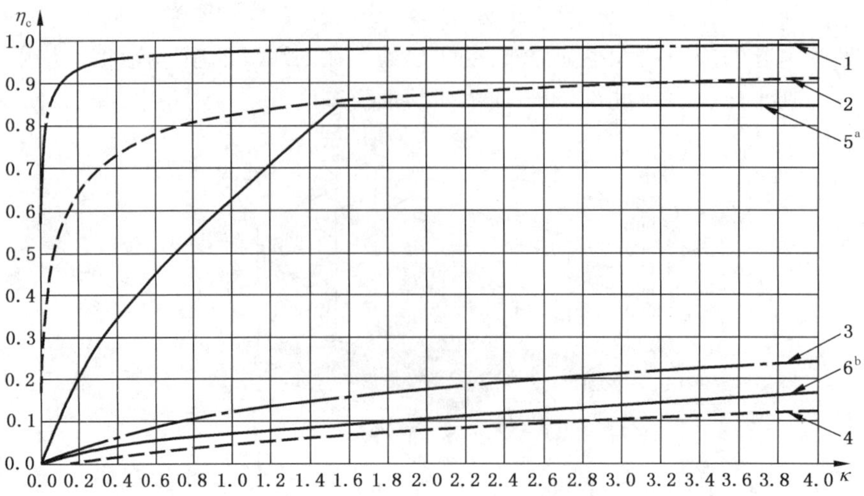

说明：

η_c——污染系数，1 和 2、3 和 4 形成了数值推导出来的污染系数的范围；

κ ——黏度比，5、6 污染系数与 ISO 281 中的 e_C 曲线相当。

注：轴承的节圆直径为 50 mm。

[a] 高度清洁(ISO 4406:1999[3] 中的代号：—/13/10)。

[b] 严重污染(ISO 4406:1999[3] 中的代号：—/19/16)。

图 6 在在线过滤条件下，对在高度清洁和严重污染条件下运转的轴承数值推导出来的污染系数(不连续的线)和与 ISO 281 中的 e_C 线图(实线)相当的污染系数的比较

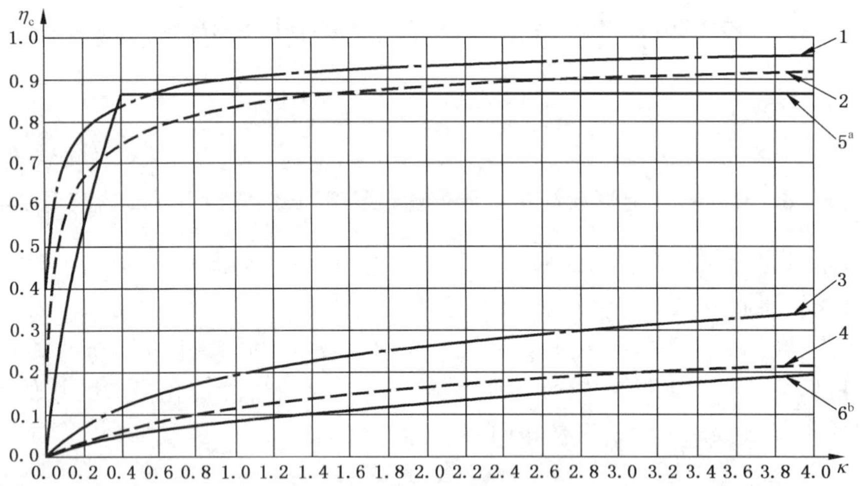

说明：

η_c——污染系数，1 和 2、3 和 4 形成了数值推导出来的污染系数的范围；

κ ——黏度比，5、6 污染系数与 ISO 281 中的 e_C 曲线相当。

[a] D_{pw} = 2 000 mm。

[b] D_{pw} = 25 mm。

图 7 在油浴润滑条件下，对在相当于 ISO 4406:1999 代号—/15/12 和—/17/14 范围平均值的清洁度水平下运转的轴承数值推导出来的污染系数(不连续的线)和与 ISO 281 中的 e_c 线图(实线)相当的污染系数的比较

图 7 中,在油浴条件下,对两种不同的极端轴承尺寸 $D_{pw}=2\ 000$ mm 和 $D_{pw}=25$ mm 进行了计算。利用公式(26)进行数值计算时所用的清洁度水平和利用 ISO 281 中的 e_C线图得出的清洁度水平相当于 ISO 4406:1999[3]中代号－/15/12 和－/17/14 范围的平均值。

在图 6 和图 7 中,数值计算出来的 $\eta_{c(m,n,i)}$结果和基于 ISO 281 线图的 η_c值显示了良好的相关性,只是根据 ISO 281 线图得出的数值略微安全一些,这些线图能很好地复现理论模型[公式(26)]随润滑剂的清洁度等级(图 6)和直径变化(图 7)而变化的特性。

根据 ISO 281,关于 e_C 值的函数相关性,可以看出:

a) 对于较大的 κ 值,ISO 281 模型显示了与理论的良好相关性;

b) 对于较小的 κ 范围,ISO 281 模型响应曲线仍然适用,而且在某些情况下,污染系数的估算结果更保守一些。

然而,仍可以看出,事实上,对于较小的 κ 范围,理论模型的不确定度更大一些,因为它仅基于简单的名义油膜厚度,而失效机理主要与局部缺陷相关,因此,ISO 281 采用保守的方法似乎合理些。

5.4 试验结果

5.4.1 总则

在预先确定的污染条件下进行轴承的疲劳试验不是一件简单的事情。在试验环境中模拟标准工业应用(如齿轮箱)中预计的各种类型的滚辗压痕轨迹图和压痕损伤,并用某一 ISO 4406[3]润滑油清洁度代号表征出来时存在着许多困难。

例如,试验环境中的润滑剂容器可能比轴承一般应用场合中的大,而且,注入轴承的方式也可能与轴承实际应用中通常出现的情况存在明显差异。

于是,在确定试验条件时,应将进入试验轴承和被滚辗的颗粒实际总数作为污染参照条件。这样可避免过度的压痕损伤,而这些损伤可能会错误显示滚动轴承的典型或常规使用条件。

因此,清洁度水平是系统中原来存在的污染物和来自循环油并被循环油带走的颗粒之间平衡的结果。

这些困难,还有其他困难,已经阻止了人们以前试图使用纯试验方法来确定轴承额定寿命污染系数的想法。然而,过去已经完成了各种润滑油污染条件下的疲劳试验,而且也获得了相当数量的试验结果,因此,可将 ISO 281 污染系数的特性曲线与这些寿命试验进行比较。

轴承寿命试验中所用的清洁度条件基本上可分为三个等级(5.4.2～5.4.4)。

5.4.2 标准轴承寿命试验

主要目的是试验轴承寿命,试验采用具有良好润滑过滤能力的 $\beta_{x(c)}=3$(或更好)的多次高效过滤系统。采用该过滤系统,预计清洁度代号为 ISO 4406:1999[3]代号－/13/10～－/14/11。根据所测轴承的平均直径范围,预计由这种全油润滑试验得出的 e_C系数为 0.8～1。

5.4.3 密封轴承的试验

该轴承寿命试验中,污染的润滑油在密封轴承四周流动。润滑油事先经过固定数量的硬(≤750 HV)金属颗粒污染,污染物颗粒的尺寸通常分布在 25 μm～250 μm 范围内。

轴承密封圈起到了过滤作用,只有数量有限的小尺寸颗粒能够侵入并污染轴承。该类试验被列为轻度污染(油浴,ISO 4406:1999[3]代号－/15/12～－/16/13)。在给定的试验条件下,预计该类试验的 e_C系数为 0.3～0.5。

5.4.4 预污染试验

试验先从循环油系统跑合 30 min 开始。循环油系统被固定数量的硬(≤750 HV)金属颗粒(尺寸范围 25 μm～50 μm)污染。污染条件下的跑合时间过后，轴承在标准清洁的条件下进行试验。

该过程对产生可重复的压痕轨迹(即轴承滚道上预先确定的压痕)是非常有效的。在给定的试验条件下，该类试验被列为典型的严重污染(油浴，ISO 4406:1999[3]代号－/17/14～－/19/15)。预计该类疲劳试验的 e_C 系数为 0.01～0.3。

5.4.5 试验结果的估算

根据试验导出的 L_{10} 值获得污染系数，以得到有限的最具有代表性的试验数据。然后，将试验导出的污染系数与 ISO 281 中的 e_C 曲线进行对比。

对比情况示于图 8～图 10。图形显示由于试验数据点(所给疲劳试验数据的性质是可用的)数量有限，因此在与 e_C 曲线进行比较时，不能显示明显的趋势线。然而，仍可以看出，与三类不同清洁度相关的点的平均值和 ISO 281 的相关曲线能很好地匹配。的确，根据试验数据点拟合的趋势线与所有检测情况的相应 e_C 曲线的一致性很好。

显然，只根据试验数据是不可能对模型响应曲线进行详细估算的。困难主要是在轴承寿命试验中，所试验轴承节圆直径的范围是有限的。寿命试验轴承的节圆直径通常在 50 mm～140 mm，因此，也就限制了与 ISO 281 中 e_C 线图进行比较的范围。

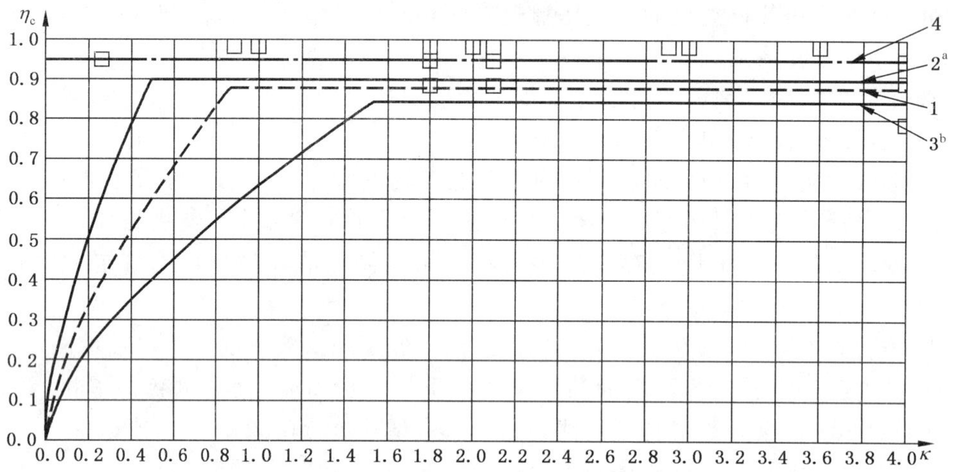

说明：

η_c ——污染系数；

κ ——黏度比；

□ ——轴承寿命试验数据点；

1 ——线 2 和线 3 的趋势线；

2,3 ——范围的边界线，与 ISO 281 中的相当，基于在线过滤、清洁度在 ISO 4406:1999[3]代号－/13/10～－/14/11 范围内；

4 ——被测轴承的趋势线(试验数据点的拟合曲线)。

a D_{pw}＝200 mm。

b D_{pw}＝50 mm。

图 8 根据轴承寿命试验得到的污染系数与 ISO 281 中的 $\boldsymbol{\eta}_c(e_C)$ 曲线范围的比较

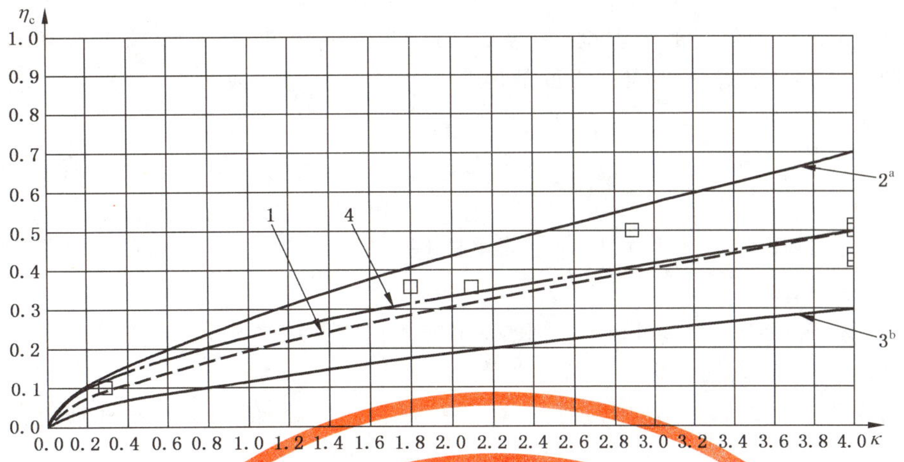

说明：

η_c ——污染系数；

κ ——黏度比；

□ ——密封轴承试验数据点；

1 ——线 2 和线 3 的趋势线；

2,3 ——范围的边界线，与 ISO 281 中的相当，基于油浴润滑、清洁度在 ISO 4406:1999[3] —/15/12～—/16/13 范围内；

4 ——被测轴承的趋势线（利用原点的试验数据点的拟合曲线）。

a D_{pw}＝100 mm。

b D_{pw}＝30 mm。

图 9 根据密封轴承试验得到的污染系数与 ISO 281 中的 $\eta_c(e_C)$ 曲线范围的比较

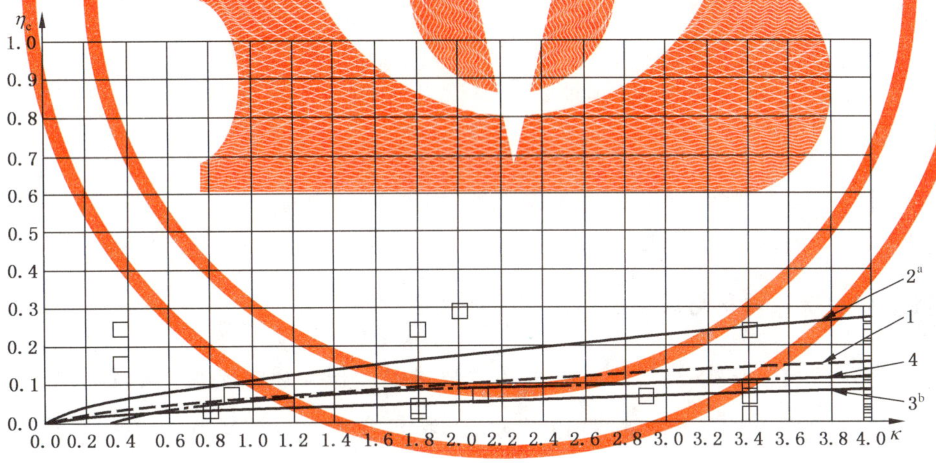

说明：

η_c ——污染系数；

κ ——黏度比；

□ ——预污染跑合轴承试验数据点；

1 ——线 2 和线 3 的趋势线；

2,3 ——范围的边界线，与 ISO 281 中的相当，基于预污染跑合轴承、清洁度在 ISO 4406:1999[3] —/17/14～—/19/15 范围内；

4 ——被测轴承的趋势线（利用原点的试验数据点的拟合曲线）。

a D_{pw}＝100 mm。

b D_{pw}＝25 mm。

图 10 根据预污染跑合轴承试验得到的污染系数与 ISO 281 中的 $\eta_c(e_C)$ 曲线范围的比较

此外，所有试验结果均与在相对重载($P/C \geqslant 0.4$)条件下测试的轴承相关。然而，众所周知，在低载(如 $P/C << 0.3$)和有相当数量的高硬度(粗金属)固体颗粒存在的条件下，将导致磨损过早发生并使预期寿命显著降低。但本标准未规定这方面的内容。因为它已超出或接近 ISO 281“范围”中通常所考虑的常规工作条件的范围了。

5.5 结论

第 5 章证实了通过以下 a)和 b)可构建一简单的理论框架来指导估算 ISO 281 所用的润滑和污染系数。

a) 准确预测疲劳应力(即 Ioannides-Harris 相关体积疲劳应力积分)的先进计算工具；

b) 得到认可的应力-寿命系数基本方法论。

通过与试验结果的比较，显示使用该方法得出的结果与高、中、低污染水平和润滑条件的试验结果相符。

此外，对于很难通过试验进行测试的大尺寸轴承，可通过理论数值估算来解决。对于 2000 mm 的轴承，$\eta_{c(m,n,i)}$ 的数值计算结果和基于 ISO 281 的 η_c 值也在图 7 中显示了良好的匹配性。

上述理论和试验方法证实，实验测试和理论估算相结合，为 ISO 281 中 e_C 线图的确立提供了良好的支撑。

5.6 根据文献[5]公式(19.a)，污染系数的实际应用

5.6.1 总则

ISO 281 中确立的 η_c 线图和公式的理论和试验背景资料已在 5.5 中予以说明。现对文献[5]公式(19.a)中复杂的最终污染系数与 ISO 281 中使用的污染系数之间的联系进行说明。

5.6.2 文献[5]中的公式(19.a)

文献[5]公式(19.a)在图 11 中图示说明。示意图从左到右显示污染系数 η_c(与 ISO 281 中的污染系数 e_C 相当)取决于成比例的赫兹宏观接触面积 $\tilde{A}_0$ 和成比例的赫兹微观接触面积 $\tilde{A}_m(\kappa)$，其中，$\tilde{A}_m(\kappa)$ 由表面不规则度 $\Omega_{rgh}(\kappa)$ 形成；$\tilde{A}_0$ 由污染物颗粒造成的压痕 $\Omega_{dnt}(D_{pw}, \beta_{cc})$ 形成。D_{pw} 为轴承滚动体节圆直径，β_{cc} 表示润滑剂的清洁程度。

5.6.3 成比例的微观接触面积与成比例的宏观接触面积之比

在 $[\tilde{A}_m(\kappa)/\tilde{A}_0]^{3/2c}$ 中，符号 $\tilde{A}_m/\tilde{A}_0$ 表示赫兹微观接触面积与赫兹宏观接触面积之比。

在 $[\tilde{A}_m(\kappa)/\tilde{A}_0]^{3/2c}$ 中，比值 $\tilde{A}_m/\tilde{A}_0$ 可以缩放，以满足文献[5]附录 A.6 中的条件，对于润滑系数 η_b，$\kappa = 4$ 时，$\eta_b = 1$；$\kappa = 0.1$ 时，$\eta_b = 0$。

对于标准滚动轴承粗糙度，成比例的接触面积的比值 $[\tilde{A}_m(\kappa)/\tilde{A}_0]^{3/2c}$ 是根据正常表面微凸体接触计算进行估算的，且其取决于表面的润滑分离程度，因此，与黏度比 κ 有关。

该估算遵循文献[9]中的滚动轴承接触面的表面微凸体应力分析。对于表面微凸体接触计算，可使用文献[9]中记录的表面 2 的面积值。

5.6.4 表面微凸体显微应力期望函数

与显微接触面积 $\Omega_{rgh}(\kappa)$ 相关的表面微凸体显微应力期望函数取决于接触表面的分离程度(用 κ 表示)。初始表面粗糙度下，其大小与节圆直径 D_{pw} 有关，D_{pw} 对 $\Omega_{rgh}(\kappa)$ 也有影响。

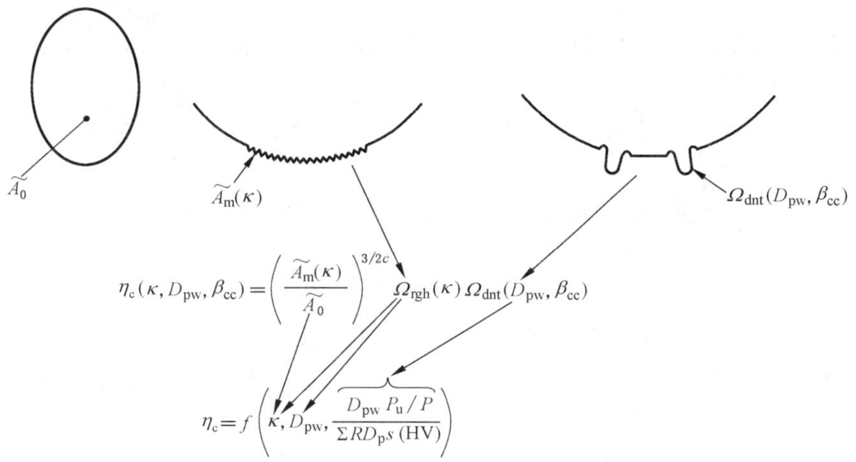

说明：

$\widetilde{A}_0$ ——成比例的赫兹宏观接触面积；

$\widetilde{A}_m(\kappa)$ ——成比例的赫兹微观接触面积；

D_{pw} ——轴承节圆直径；

(HV) ——污染物颗粒硬度系数；

P ——当量动载荷；

P_u ——疲劳载荷极限；

s ——不确定系数；

β_{cc} ——润滑剂的清洁程度；

η_c ——污染系数(与 ISO 281 中的 e_C 相当)；

κ ——黏度比；

ΣR ——污染平衡因子；

$\Omega_{dnt}(D_{pw},\beta_{cc})$——凹痕损伤期望函数(污染物颗粒造成的压痕)；

$\Omega_{rgh}(\kappa)$ ——轴承表面微凸体显微应力期望函数(表面不规则度)。

图 11 文献[5]中的公式(19.a)

5.6.5 凹痕损伤期望函数

5.6.5.1 来源

最初，凹痕损伤期望函数 $\Omega_{dnt}(D_{pw},\beta_{cc})$是作为轴承节圆直径 D_{pw}、参量ΣR 和进入轴承的污染物颗粒的大小 D_p之间简单的指数关系建立的。

污染平衡因子ΣR 考虑了安装后的污染、运转过程中污染物的侵入、系统产生的污染以及从系统移除的污染。

对于油浴润滑，润滑清洁度根据符合 ISO 4406[3] 的清洁度等级给出。如果润滑油循环，还应使用系统的过滤效率(用过滤比 $\beta_{x(c)}$ 定义)。

在图 11 $\Omega_{dnt}(D_{pw},\beta_{cc})$的表达式中，不确定系数 s 和污染物颗粒硬度系数[表示为(HV)]的影响在 5.6.5.2～5.6.5.4 中予以说明。

5.6.5.2 不确定系数

对于经过在线过滤的油润滑和油浴润滑，e_C线图的选用要利用 ISO 4406[3] 清洁度代号来完成。

这些代号的缺点是记录的最大颗粒尺寸仅为 15 μm，但从疲劳的观点来看，最危险的是润滑剂中更大的颗粒。

利用在线过滤器，过滤比 $\beta_{x(c)}$ 相当好地反映了期望的最大颗粒尺寸。对于油浴润滑，所测的 ISO 4406[3] 代号却不能反映最大颗粒尺寸。

对于经过在线过滤的油和油浴样品，当二者采用相同的 ISO 4406[3] 代号时，其最大颗粒尺寸却是完全不同的。

一个示例见图 12，可以发现，利用在线过滤器，最大颗粒尺寸约为 30 μm。

对于油浴润滑，还可以发现更大的颗粒。

对采用不同润滑方法和不同轴承应用条件下的油进行了试验，并对结果进行了评估。如 ISO 281 所述，过滤和颗粒计数不是很精确科学，认识到这一点非常重要。

进行了大量的试验并进行了评估后，得到了类似于图 12 所示的特性。这使油浴和经过在线过滤的油在采用相同的 ISO 4406[3] 代号时，在经过在线过滤的最大颗粒尺寸范围内可采用同样的直线。事实上，油浴中，一些比经过在线过滤后得到的颗粒还大的颗粒也可以予以考虑。

根据各种不同的试验结果，不同 ISO 4406[3] 代号的可预计的油浴润滑的最大颗粒尺寸已经被估算出来，并利用图 11 中的不确定系数 s 予以考虑。油浴润滑可预计的较大颗粒的影响在 e_C 线图和公式中予以考虑。

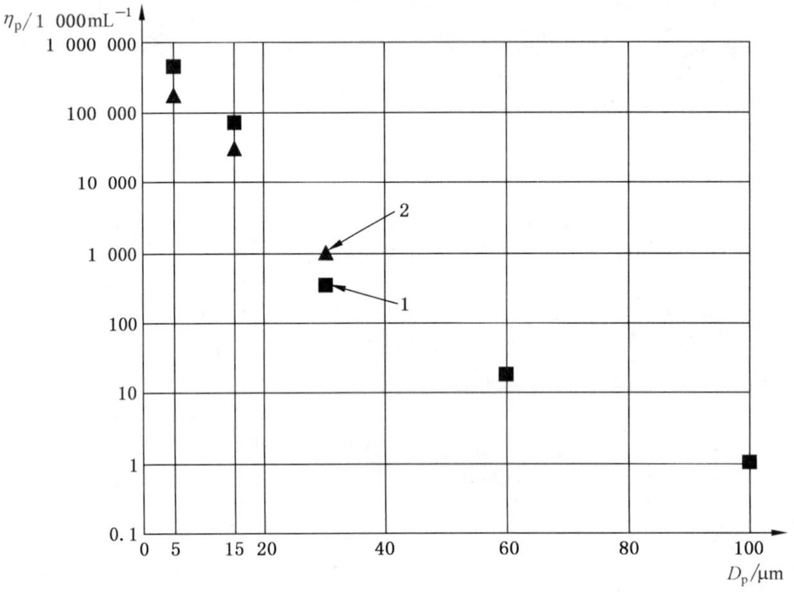

说明：

D_p——颗粒尺寸；

η_p——颗粒密度；

1 ——油浴；

2 ——在线过滤。

图 12　油浴和在线过滤润滑系统所测颗粒计数图

5.6.5.3　被较大、较硬的碎屑颗粒严重污染的不确定系数

文献[10]、[23]和[24]列出了论文的三个部分，其中对重度污染油的球和滚道接触处的油膜厚度对轴承寿命的影响进行了研究。对于清洁的油浴，提供了一定量的 100 μm～150 μm 的较硬颗粒，颗粒硬度为 800 HV。深沟球轴承 6206 在以 2 500 r/min 的速度旋转期间，油浴被压缩空气搅动以防止颗粒沉到底部。

为了凸显颗粒效应，因此，试验条件与正常条件完全不同。ISO 281 中，假设污染物总是由不同尺寸和硬度的颗粒混合物组成，其中小颗粒占多数。使用经过在线过滤的润滑剂，过滤器过滤掉了最大颗粒，只有很少的颗粒——尺寸略大于由过滤比决定的颗粒尺寸，通过过滤器(见 5.6.5.2)。

采用油浴润滑，最大颗粒也能进入滚动体和滚道的接触处，即使很多较大颗粒沉到油浴的底部。

文献[10]、[23]和[24]显示，在试验条件下，厚油膜对轴承寿命的不利影响比薄油膜更大，这与通常的期望相反。

在 ISO 281 的新寿命理论中，根据文献[5]，轴承寿命由赫兹宏观接触 $[\tilde{A}_{m}(\kappa)/\tilde{A}_{0}]^{3/2c}$、显微接触 $\Omega_{rgh}(\kappa)$ 以及凹痕损伤期望函数 $\Omega_{dnt}(D_{pw},\beta_{cc})$ 决定。

采用油浴润滑且油膜厚度较薄时，赫兹宏观接触 $[\tilde{A}_{m}(\kappa)/\tilde{A}_{0}]^{3/2c}$ 和显微接触 $\Omega_{rgh}(\kappa)$ 对轴承寿命的影响较大；油膜较厚时，其影响较小，但另一方面，由于有更多较大的颗粒更可能进入滚动体和滚道接触处，因此，凹痕损伤期望函数 $\Omega_{dnt}(D_{pw},\beta_{cc})$ 对厚油膜的影响更大。对于轴承应用中正常的污物条件，不同油膜厚度下碎屑的影响，如上所述，可在寿命计算中得到平衡。

注：然而，试验中为便于达到恒定的污物条件，相当多的大颗粒被搅动，显然，厚油膜更易有大颗粒进入。这将造成更多的压痕，因此，与薄油膜试验的寿命相比，轴承的寿命更短。

对于所有试验，由于有非常多的大颗粒进入球和滚道接触处，因此，轴承寿命均远远短于采用 ISO 281 方法(假设通常的颗粒分布中，最大尺寸为 150 μm)预期的寿命。因此，在所采用的试验条件下，不确定系数非常大。

试验也证实综合油膜厚度、颗粒大小和颗粒的数量对轴承寿命具有非常大的影响。各种相似的影响只能通过如 ISO 281 中使用的系统方法来处理，乘法因数不能对影响轴承疲劳寿命的各因素之间的相互关系作出解释。

5.6.5.4 颗粒硬度对污染的影响

ISO 281 中的 e_{C} 线图主要基于轴承应用中的一般污染，即淬硬钢颗粒(700 HV)和较软颗粒(如来自保持架、安装和环境)的混合物。来自环境的非常硬的脆颗粒(超过 700 HV)，如沙粒，也能对润滑剂造成污染，但这些颗粒在滚动体接触处被压碎成小颗粒，因此，从疲劳的观点来看，危险不大。

在车间，环境也可能存在非常硬的颗粒，如来自砂轮的金刚砂，它能穿过密封圈，污染润滑剂。

与淬硬钢污染相比，该种污染的危险程度可从图 13、图 14 所描述的理论和实际分析的结果得到。

图 13 中，D 和 t 表示颗粒的形态，其中 t 为厚度，D 为压平后的尺寸。图形显示了不同尺寸和维氏硬度的颗粒的安全区和不安全区。

图 13 显示了在用油膜隔开的钴钢平台之间、颗粒压碎之前，安全和不安全的颗粒径深比预测线。虚线上方的直线代表那些刚好弹性嵌入平台、但其硬度足够高、还未进一步发生挤压的颗粒。虚线下方曲线上的颗粒则在压碎过程中被进一步挤压，以致最终形状刚好能弹性嵌入平台。

图 13 显示在安全区，无永久性压痕产生；然而，试验的定义意味着不安全区包括了所有尺寸的永久性压痕，但显然小颗粒对寿命的影响是微不足道的。

最危险的是 $D/t=1$ 的圆颗粒。试验表明，硬度在 35 HV～600 HV 之间的影响最大。

图 13、图 14 中所描述的试验未表明韧性(不易碎)为多大时是安全的，非常硬的污染物颗粒对轴承寿命有影响，但由于所形成的压痕深度取决于颗粒硬度，因此，轴承寿命减少的风险会随着颗粒硬度的增加而增大，包括硬度超过 600 HV。

图 14 显示了压在钴钢平台之间的尺寸为 D 的颗粒的径深比 D/t。垫片的尺寸(t)范围用于确定那些弹性嵌入平台但又未损伤平台的颗粒和造成塑性压痕的颗粒之间的转变。曲线代表由刚性平台分析(线 2)和弹性平台分析(线 1)预测的转变。

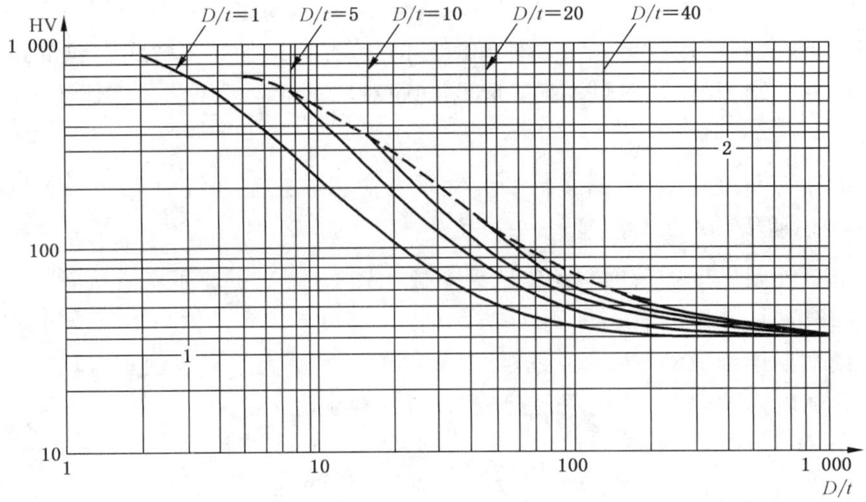

说明：

D ——原始颗粒直径；

HV——维氏硬度；

t ——油膜(垫片)厚度；

1 ——安全；

2 ——不安全。

图 13 颗粒的维氏硬度和原始颗粒直径与油膜厚度之比的关系

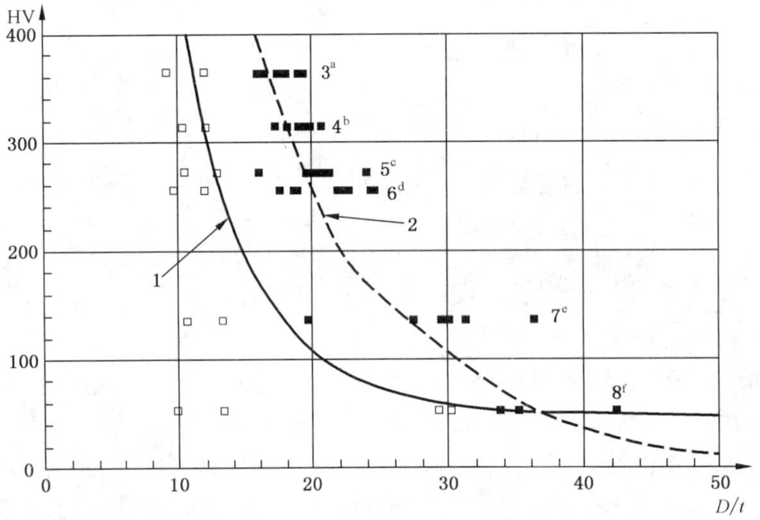

说明：

D ——原始颗粒直径；

HV——维氏硬度；

t ——油膜(垫片)厚度；

1 ——弹性分析(有摩擦)；

2 ——刚性平台(有摩擦)；

□ ——弹性嵌入平台但又未造成平台损伤的颗粒；

■ ——造成塑性压痕的颗粒。

a 银亮钢。

b 焊棒。

c 低碳钢。

d 黄铜。

e 铜。

f 铝。

图 14 颗粒破坏性的维氏硬度与颗粒尺寸 *D* 和钴钢平台之间距离 *t* 的函数关系

5.6.5.5 ISO 281 中污染系数线图的估算

根据文献[9]，当估算函数 $\Omega_{rgh}(\kappa)$ 和 $\Omega_{dnt}(D_{pw},\beta_{cc})$ 时，对表面微凸体和凹痕接触应力分析采用了与 5.6.3 中估算 $[\widetilde{A}_m(\kappa)/\widetilde{A}_0]^{3/2c}$ 相同的过程。

利用对函数$[\widetilde{A}_{m}(\kappa)/\widetilde{A}_{0}]^{3/2c}$、$\Omega_{rgh}(\kappa)$和$\Omega_{dnt}(D_{pw},\beta_{cc})$接触应力分析结果的直接曲线拟合方程，完成了图 11 中方程的函数形式的最终推导。

在文献[9]的粗糙度接触计算中，给出了有关实际接触面积、表面微凸体下方的最大剪切应力幅值和接触点数量的详细信息；而且，完成了滚动接触表面不同分离值的计算。应注意，在 ISO 281 的污染系数 e_C 曲线中，根据工程实践所建议的补充安全判据，引入了上限。

e_C系数的分析估算仍在初始阶段，因此，它主要是在由实验室测试和应用工程领域经验所支撑的经验基础上确立的。

5.7 文献[5]和 ISO 281 中寿命修正系数之间的差异

文献[5]中，作为 κ 函数的 a_{SLF}，按 κ 值的三个范围确定，尽管在范围边界处，κ 值有点不连续。由于在文献[5]中只有线图，因此，这毫无问题。但在 ISO 281 中，还给出了 a_{ISO} 公式，为避免公式中出现不连续，对公式略微做了修改。计算得出的 a_{SLF} 和 a_{ISO} 之间非常小的差异可以忽略不计。

6 ISO 281 的 A.4 和 A.5 中所用 ISO 4406[3] 清洁度代号范围的背景资料

6.1 总则

ISO 281:2007 的附录 A 中，系数 e_C 是根据各种工作条件下的润滑油清洁度进行估算的。5 μm[或 6 μm(c)]和 15 μm[或 14 μm(c)]颗粒尺寸的 ISO 4406[3] 清洁度代号用于确定油的清洁度。将 5 μm[或 6 μm(c)]和 15 μm[或 14 μm(c)]颗粒的计数量在图上绘出，并用线相连，线延长至可能的最大颗粒尺寸(见图 15 和图 16)。这样的线上，每一基本 ISO 4406[3] 代码级在 5 μm、15 μm 和线的末端用大圆点示出。对于每一基本代码级，估算清洁度系数 e_C 的线图和公式可在 ISO 281:2007 的附录 A 中得到。

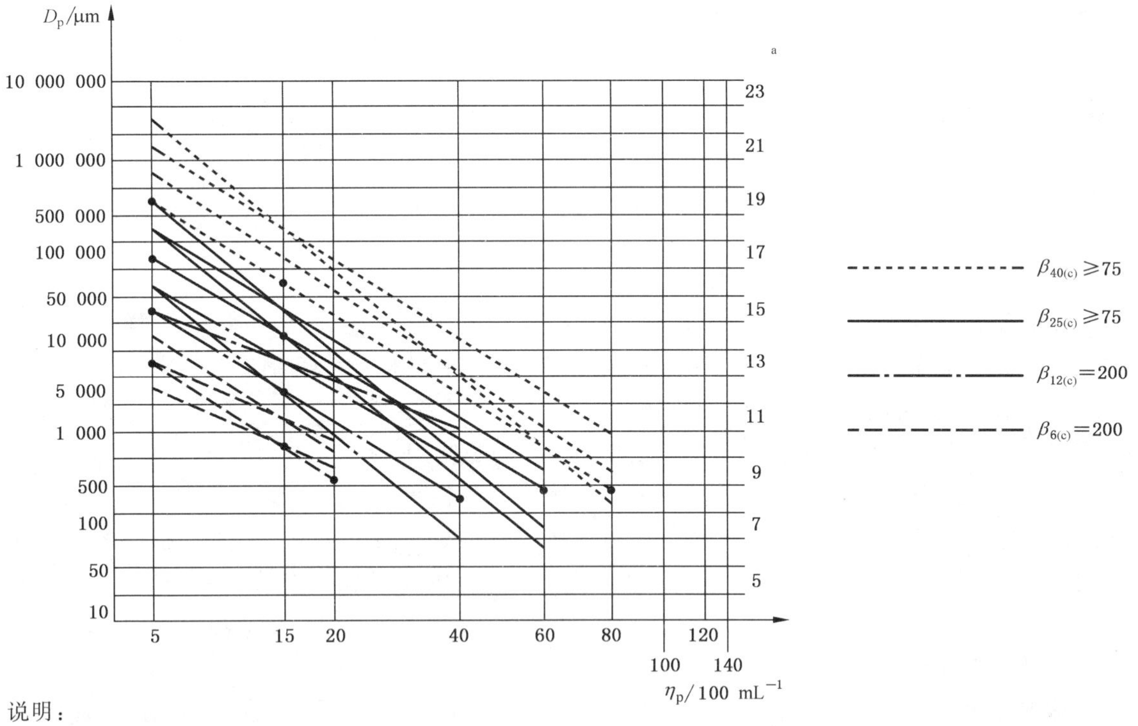

说明：

D_p——颗粒尺寸；

η_p——颗粒密度；

● ——基本代号。

a 代号。

图 15 经过在线过滤的油

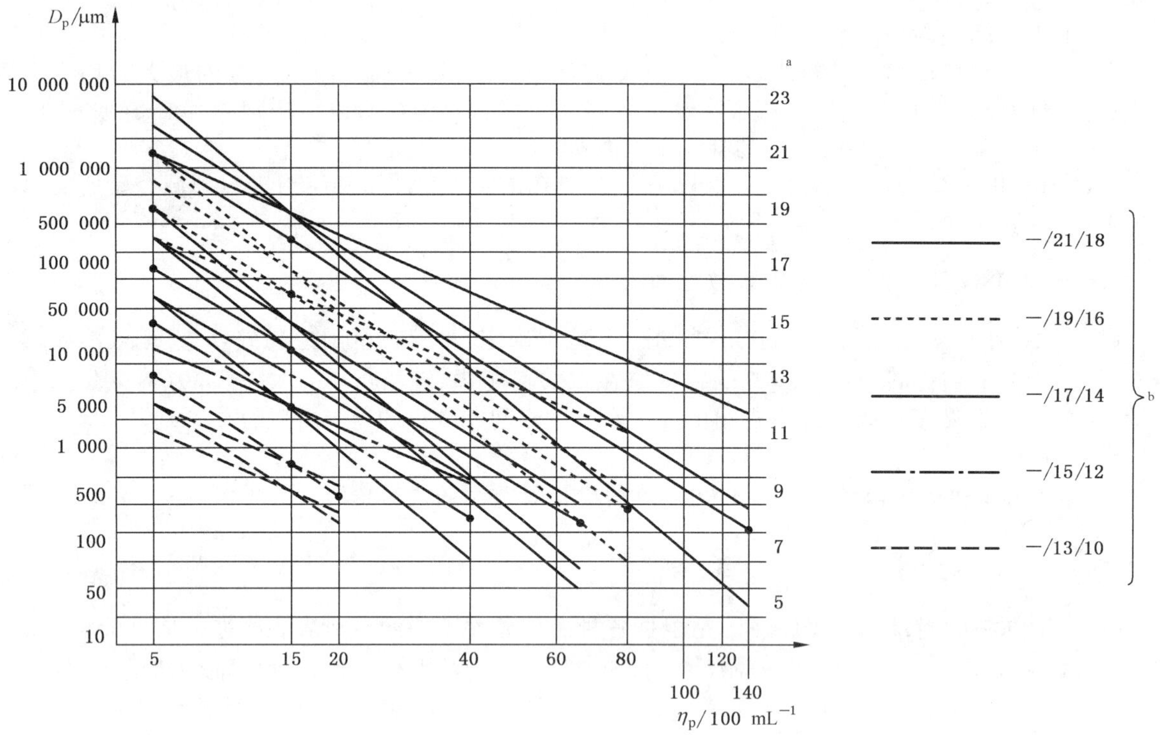

说明：

D_p——颗粒尺寸；

η_p——颗粒密度；

●——基本代号。

[a] 代号。

[b] 符合 ISO 4406 的代号。

图 16 油浴

线延长的原因：在 ISO 4406 中，测值是基于比 15 μm 小的颗粒，对于滚动轴承，这样小的颗粒主要只对小轴承的疲劳寿命有影响。大量的小颗粒主要引起滚道和滚动体的磨损。

由滚道疲劳(如由滚道表面的剥落)引起的轴承失效，主要是由大于 15 μm 的颗粒造成的，此外，支撑寿命修正系数 a_{ISO} 的理论也是基于较大硬颗粒的尺寸和数量的。

因此，图中的线被延长，而且基线提供有三个大圆点。延长线末端的大圆点代表由试验和各种实际应用结果而确定的某些尺寸和数量的颗粒。已对使用各种过滤比的过滤器进行在线过滤的循环油润滑和油浴润滑进行了颗粒计数，特别是对不同润滑条件下大颗粒的数量进行了专门研究。

由于不能预计取自工作中的轴承的油样品的颗粒计数结果是否完全符合某条基线，因此，每条基线给出了一个可接受的范围，用周围的线表示。

每一基本代码级用一代号定义，如—/13/10，根据 ISO 4406[3]，其中 13 代表 5 μm[或 6 μm(c)]颗粒的计数量，10 代表 15 μm[或 14 μm(c)]颗粒的计数量。

对于在线过滤，不同过滤比 $\beta_{x(c)}$ 的可能的最大颗粒尺寸能相当精确地估算出来；但对于油浴润滑，估算则不太准确，由于比图 15 所示颗粒还大的颗粒也被预计进去，因此，这由不确定系数来补偿。

6.2 经过在线过滤的油

对于经过在线过滤的油，基本 ISO 4406[3] 代码级及其对不同过滤比 $\beta_{x(c)}$ 推荐的范围示于图 15。

利用图 15，基本 ISO 4406:1999[3] 代号及其对不同过滤比 $\beta_{x(c)}$ 的范围推荐于表 2。

表 2 推荐的基本 ISO 4406:1999[3] 代号及其对不同过滤比的范围

污染物颗粒尺寸 x 时的过滤比 $\beta_{x(c)}$	ISO 4406:1999 代号	ISO 4406:1999 代号范围
$\beta_{6(c)}=200$	—/13/10	—/12/10，—/13/11，—/14/11
$\beta_{12(c)}=200$	—/15/12	—/16/12，—/15/13，—/16/13
$\beta_{25(c)}\geqslant 75$	—/17/14	—/18/14，—/18/15，—/19/15
$\beta_{40(c)}\geqslant 75$	—/19/16	—/20/17，—/21/18，—/22/18

6.3 油浴

对于油浴，基本 ISO 4406[3] 代码级及其推荐的范围示于图 16。范围略严于在线过滤循环油润滑。事实上，大颗粒在油浴润滑中能被预计，这主要通过不确定系数 s 予以考虑。

利用图 16，基本 ISO 4406:1999[3] 代号及其范围推荐于表 3。

表 3 推荐的基本 ISO 4406:1999[3] 代号及其范围（油浴）

ISO 4406:1999 代号	ISO 4406:1999 代号范围
—/13/10	—/12/10，—/11/9，—/12/9
—/15/12	—/14/12，—/16/12，—/16/13
—/17/14	—/18/14，—/18/15，—/19/15
—/19/16	—/18/16，—/20/17，—/21/17
—/21/18	—/21/19，—/22/19，—/23/19

6.4 油雾润滑的污染系数

油雾润滑在 ISO 281 中未作为单独的润滑方法被提及。

对于油雾润滑，ISO 281:2007 中 9.3.3.2 也适用，污染系数 e_C 的常规参考值，同其他润滑方法一样，也可根据 ISO 281:2007 中表 13 进行选择。ISO 281:2007 中表 13 示出了润滑良好的轴承的典型污染级别。

若使用清洁度水平的更多信息时，油雾润滑 e_C 的精确和详细推荐值可利用 ISO 281:2007 中 A.6 脂润滑的线图和公式得到。

估算油雾润滑的 e_C 时，可利用 ISO 281:2007 中表 A.1 以及通过与脂润滑的工作条件进行比较而估计出来的轴承应用的油雾润滑条件来选择线图和公式。此时，其他因素，如安装的清洁度、环境和密封、油浴或非油浴已予以考虑。

7 磨损的影响

7.1 通用定义

磨损是指在使用过程中,两个滑动或滚动/滑动接触表面相互作用造成材料的不断移失。

对由于磨损造成失效的时间进行理论推断是非常复杂和不全面的。下面给出了有关轴承磨损的一些通用信息,并就其对轴承运转的影响进行讨论。

7.2 磨粒磨损

磨粒磨损是由于润滑不充分使接触表面的微凸体相互作用或由于外界颗料侵入造成滚道上的材料被去除。在持续的磨损过程中,表面变暗至一定程度,随磨粒的粒度和性质而异。由于旋转表面和保持架上的材料被磨掉,这些颗粒数量逐渐增加,最终磨损进入一个加速过程,从而导致轴承失效。但如果经过“适度的跑合”之后,磨损停止,这对轴承寿命的影响就不一定是负面影响了。

7.3 轻度磨损

有时轴承必须在很小 κ 值(远远低于1)的情况下运转,如:旋转速度非常低和/或工作温度非常高。由于使用了良好的润滑剂(为防止发生涂抹而添加了适当的添加剂),在“跑合”过程中,当接触表面变得平滑时,运转条件得到很大改善,滚道表面的不规则度变小,因此,实际上 κ 值增大。相当清洁的运转条件需要提高 κ 值,由于不存在外界颗粒,表面呈现一个光亮、镜状外观。

轴承寿命相对由最初 κ 值表示的寿命增加很多,并且“跑合”后,轴承运转温度稳定或者甚至降低。对于噪声,也是如此。

7.4 磨损对疲劳寿命的影响

滚动体和滚道之间的接触条件会由于磨损而发生改变。在生产加工后,滚动体和滚道之间的密合度就确定了,以便得到尽可能最好的接触条件。对于滚子接触,最重要的是在运转过程中避免边缘应力。

由于磨损可获得完全吻合,即零载荷下的线接触,因此,在运转过程中,滚子接触处将产生边缘载荷。即使磨损本身非常小,不会引起轴承失效,但这种边缘载荷则能大大地减少轴承的疲劳寿命。

由磨损引起的特殊类型的边缘载荷,发生在曲线滚子和滚道的接触处,如球面滚子轴承(见图17)中。在旋转过程中,曲线接触处在相反的方向发生局部滑动(见图18)。在滑动改变方向的位置,只发生滚动而不发生滑动(见图17所示的滚动点)。存在磨料颗粒时,在接触的滑动部分发生磨损,而未发生滑动的位置则不发生磨损。对于球面滚子轴承,则造成波浪形接触——未发生滑动的位置具有两个峰。在运转过程中,峰接触处的高接触应力经常造成小片状剥落和早期疲劳失效。

7.5 对疲劳寿命影响较小的磨损

7.4所示类型的表面疲劳主要发生在磨损率较低时,即未造成进一步的破坏或由于磨损颗粒的数量很小。

此时,磨损率使峰在形成之前就被磨掉,表面疲劳失效通常没有发生。轴承失效是由其他原因引起的,例如,对于以很低转速旋转的大轴承,由于磨损造成径向游隙过大可能是轴承持续运转很长一段时间之后更换轴承的原因。

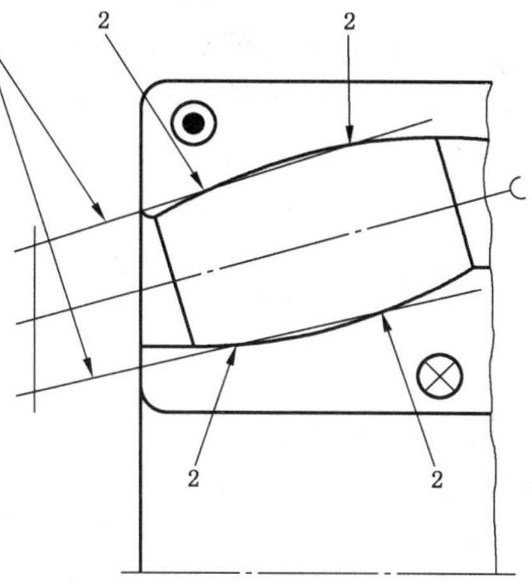

说明：
1——滚动区；
2——滚动点。

图 17 曲线接触中的接触状态

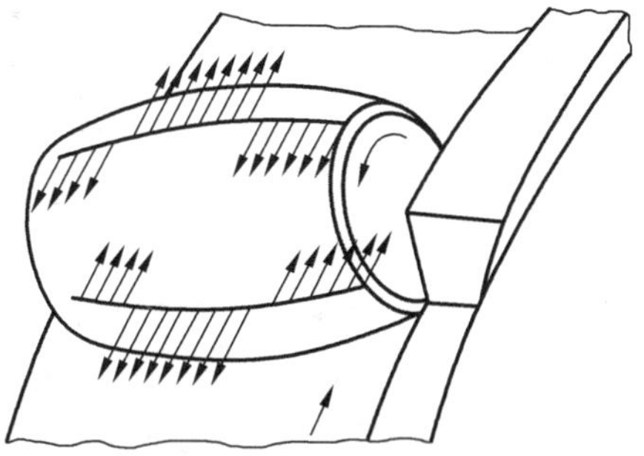

图 18 曲线接触中的滑动

7.6 粘着磨损

粘着磨损是材料从一表面转移到另一表面，并伴随有摩擦发热，有时还伴有表面回火或重新淬火。这一过程会在接触区产生局部应力集中并可能导致开裂或剥落。

由于滚动体承载较轻并且在其反复进入承载区时，受到强烈的加速作用，因此，在滚动体和滚道之间会发生涂抹(滑伤)(见图 19)。为避免发生涂抹，增大润滑剂黏度和(或)在润滑剂中添加极压(EP)添加剂通常是有用的。润滑油一般比润滑脂能更好地避免发生这种涂抹。当载荷相对于转速过小时，滚动体和滚道之间也会发生涂抹。

由于润滑不充分，挡边引导面和滚子端面均会发生涂抹(见图 20)。对于满装滚动体(无保持架)轴承，受润滑和旋转条件件的影响，滚动体之间的接触处也会发生涂抹。此时，建议增大润滑剂黏度和(或)在润滑剂中添加 EP 添加剂。

如果轴承套圈相对其支承面(如安装轴或轴承座)“转动”，则在套圈端面与其轴向支承面之间的接触处也会发生涂抹，甚至还会引起图 21 所示的套圈开裂。当作用于轴承上的径向载荷相对轴承套圈旋转并且轴承套圈以很小的间隙(间隙配合)安装在其支承面上时，常会发生这种损伤。由于两零件直径之间存在微小差异，造成其周长也存在微小差异，因此，在径向载荷作用下在某一点接触时，旋转速度也存在微小差异。将套圈相对其支承面的旋转速度存在微小差异的滚动运动称为“蠕动”。如果可以接受在运转过程中没有间隙的更紧一些的配合，通常能解决此问题。

发生蠕动时，套圈和支承面接触区内的微凸体被滚辗，造成套圈表面外观光亮。在蠕动过程中，滚辗经常发生，但不一定伴随有套圈和支承面接触处的滑动，此外，还可看到其他损伤，如擦伤、微动腐蚀和磨损。在某些承载条件下且当套圈和支承面之间的过盈量不够大时，则以微动腐蚀为主。

图 19～图 21 复制于 ISO 15243[4]。

图 19　滚道表面上的涂抹

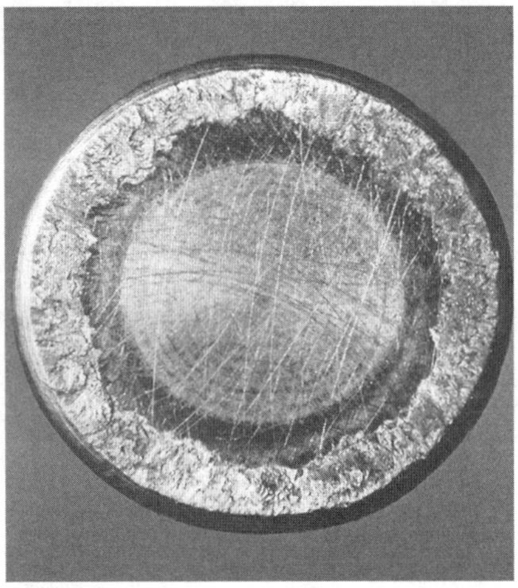

图 20　滚子端面上的涂抹

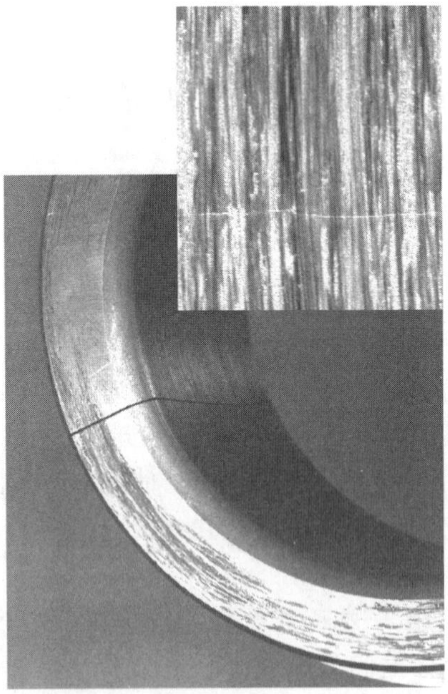

图 21　套圈端面上的涂抹(套圈同时断裂)

8 腐蚀环境对滚动轴承寿命的影响

8.1 总则

轴承在腐蚀环境中工作会减少其使用寿命，有时甚至减少很多。尽管存在大量有关腐蚀环境对轴承寿命影响的知识，但只有少量有用的数据可估计对轴承寿命的影响，根据试验记录的结果也是迥然相异。

8.2 氢对寿命减少的影响

8.2.1 氢原子的侵入

研究表明，腐蚀环境中寿命减少的主要原因是由于氢原子的侵入。

润滑剂中的水分对轴承的疲劳寿命是有害的。在轴承旋转过程中，水溶入润滑油。在外加应力作用下，水和轴承钢表面相互作用产生氢，从而导致氢脆失效。

接触区内的赫兹应力实质上主要是压应力，但在边缘却是拉应力。在拉应力作用下，氢被吸引到位错的核心，在反复应力循环过程中，氢将抑制位错，从而逐步引起孔隙聚结(层裂)，并导致轴承滚道的早期失效。

氢对寿命减小的影响在文献[11]中有较为详细的描述。

8.2.2 源自滚道接触处的氢原子

8.2.2.1 总则

源自润滑剂中含氢的液体，如水、酸以及润滑剂本身，氢原子能通过滚动体和滚道接触区内的化学和放电过程释放出来。氢原子侵入轴承钢，其中一些会碰击颗粒夹杂物。

氢原子释放主要发生在旋转过程中，此时，滚动体和滚道接触阻止了表面保护层的形成。

8.2.2.2 水对轴承寿命的影响

建立一个关于润滑剂中的水分对轴承寿命影响的通用原则是非常困难的，研究结果也显示非常离散。文献[12]示出了一些试验结果。

对于在实际运转过程中或试验中进行了良好防护的轴承中的水含量，利用 ISO 281 计算出来的轴承寿命是有效的。预计的水含量为 0.02%～0.05%(质量分数)。如果可能，应采用较小值。

一般说来，如果水含量从 0.02%(质量分数)每翻一倍，轴承寿命将减少一半；相反，如果水含量接近 0，预计轴承寿命将超过两倍。这些原则基于承载较轻轴承的试验结果。但实验室试验表明，水含量对承载较重轴承寿命的影响较低。

这些图仅能作为非常粗略的估计，因为不同的油、脂和添加剂对润滑剂中水的影响的作用是不同的。

水含量超过 1%(质量分数)可能不会对疲劳寿命有更多的影响，但却可能会发生其他形式的损伤，如涂抹、腐蚀以及滚动体和滚道接触处成膜能力的降低，这将造成轴承的使用寿命非常短。欲理论估计这样条件下轴承的预期使用寿命是不可能的，此外，使用寿命也与支撑滚动轴承疲劳寿命计算的理论无关。

8.2.2.3 EP 添加剂对轴承寿命的影响

当滚动体接触处的油膜厚度非常薄(κ 值很小，如 $\kappa<0.5$)时，润滑剂中的 EP 添加剂用于改善润滑

条件,还用于防止承载较轻的滚子和滚道之间发生涂抹,如特别重的滚子减速进入承载区时。

然而,目前最常用的硫-磷型 EP 添加剂,对轴承的疲劳寿命也会产生不利影响。文献[12]中记录的试验对此有所描述。

产生这种不利影响的原因是由于存在不可能完全避免的湿气,在旋转过程中,滚动体接触处产生硫酸和磷酸,促进了氢原子的释放。如 8.2.1 所述,氢原子侵入钢中将大大减少轴承的疲劳寿命。

随着温度的升高,轴承寿命将减少,温度超过 90 ℃时,含有 EP 添加剂的润滑剂只有经过严格试验后才能使用。

8.2.3 轴承钢中的氢

由于轴承钢中也存在由氢原子和金属(如铁)组成的氢化物,因此,氢很难消除。

钢锭中氢化物的含量很高,但经过一段时间并通过轧制和锻造,氢化物含量将大大减少。通过反复锻造,夹杂物也越来越小,氢化物含量也越来越低,从疲劳强度的观点来看,钢的质量提高了。

对于小的球轴承,钢的氢含量能低至 0.1×10^{-6}(质量分数);对于大轴承,含量为 2×10^{-6}(质量分数)或更高。

氢夹杂物对轴承寿命具有不利影响,它增加了 8.2.1 中描述的源自滚道表面的氢原子的影响。

8.2.4 结论

润滑剂和钢中的氢原子导致轴承钢疲劳强度降低。由于颗粒夹杂物周围氢原子的聚集,因此,用于计算额定动载荷的疲劳应力极限大大降低了,尤其敏感的是承受拉应力的区域。

为避免疲劳应力极限的降低,润滑剂中的水分应尽可能减少。而且,如果需要使用 EP 添加剂,应仔细挑选并使之与运转温度相适合。当规定轴承钢的技术要求时,不仅要考虑钢的清洁度的重要性,而且还要考虑有效的轧制和锻造工艺的重要性。

8.3 腐蚀

8.3.1 通用定义

腐蚀是金属表面上的一种化学反应。

8.3.2 锈蚀

当钢制滚动轴承零件与湿气(如水或酸)接触时,表面发生氧化。随后出现腐蚀麻点,最后表面出现剥落(见图 22)。在源自麻点的裂纹处,有时会发生内圈开裂。如 8.2 所述,因氢原子的侵入而引起的氢脆处,开裂的风险增大。

图 22 滚子轴承外圈上的腐蚀

图 23 球轴承内圈和外圈滚道上的接触腐蚀

当润滑剂中的水分或劣化的润滑剂与其相邻的轴承零件表面发生反应时，在滚动体和轴承套圈之间的接触区内可发现一种特定形式的锈蚀，在深度锈蚀阶段，接触区在对应于球或滚子节距的位置将会变黑，最终产生腐蚀麻点(见图 23 和图 24)。

锈蚀，经常与表面疲劳一起，如以片状剥落的形式，造成轴承使用寿命很短。通过计算来估算使用寿命或疲劳寿命当然是不可能的。轴承应用中应防止水分的侵入。

图 22～图 27 复制于 ISO 15243[4] 中的照片。

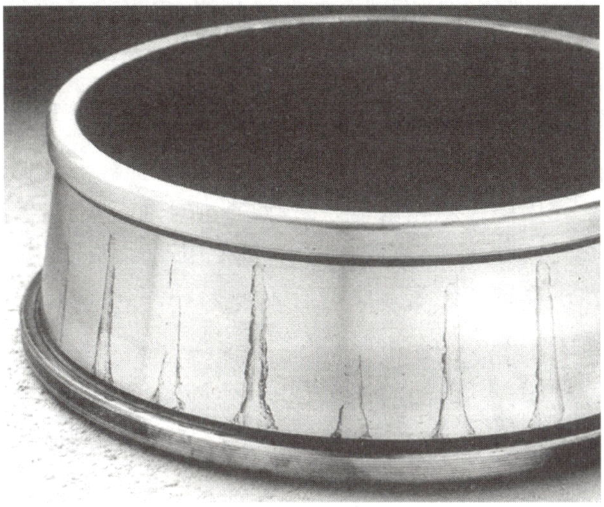

图 24　轴承滚道上的接触腐蚀

8.3.3　摩擦腐蚀

8.3.3.1　通用定义

摩擦腐蚀是在某些摩擦条件下，由配合表面之间相对微小运动引起的一种化学反应。这些微小运动导致表面和材料氧化，可看到粉状锈蚀和(或)一个或两个配合表面上材料的缺失。

8.3.3.2　微动腐蚀

接触表面作微小往复摆动时，传递载荷的配合界面会发生微动腐蚀，表面微凸体氧化并被磨去，反之亦然；最后发展成粉状锈蚀(氧化铁)。轴承表面发亮或变成黑红色(见图 25)。出现这种失效，一般是由于不合适的配合(配合过盈量太小或表面太粗糙)以及载荷和(或)振动造成的。

图 25　内圈内孔表面上的微动腐蚀

8.3.3.3 伪压痕

周期性振动时，由于弹性接触面的微小运动和(或)回弹，滚动体和滚道接触区将出现伪压痕。根据振动强度、润滑条件或载荷的不同，腐蚀和磨损会同时产生，在滚道上形成浅的凹陷。

对于静止轴承，凹陷出现在滚动体节距处，并常变成淡红色或发亮(见图 26)。

在旋转过程中，由振动造成的伪压痕则表现为间距较小的波纹状凹槽(见图 27)，这些凹槽不同于电流引起的波纹状凹槽。与电流通过造成的波纹状凹槽相比，由振动造成的波纹状凹槽底部发亮或被腐蚀，而电流通过造成的凹槽底部则颜色发暗。电流引起的损伤还可通过滚动体上也有波纹状凹槽这一现象予以识别。

注：本文件将伪压痕划归为腐蚀，但其他文件有时将其划归为磨损。

伪压痕带来的问题是振动和噪音，这常常需要在引起早期表面疲劳的凹陷出现之前更换轴承。

为避免出现伪压痕，轴承应用中应避免微小运动，如通过对轴承永久性地或仅在运输过程中施加轴向预载荷。在某些对微小运动特别敏感的轴承应用中，可使用不太敏感的轴承代替。例如，在预计会出现轴向微小运动的应用场合，用球轴承代替圆柱滚子轴承。

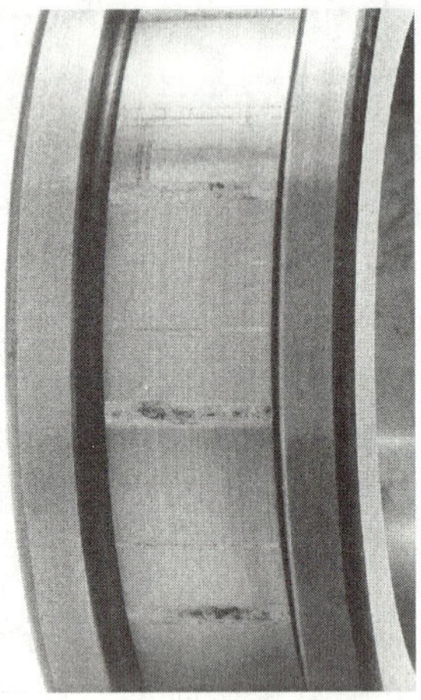

图 26 圆柱滚子轴承内圈滚道上的伪压痕

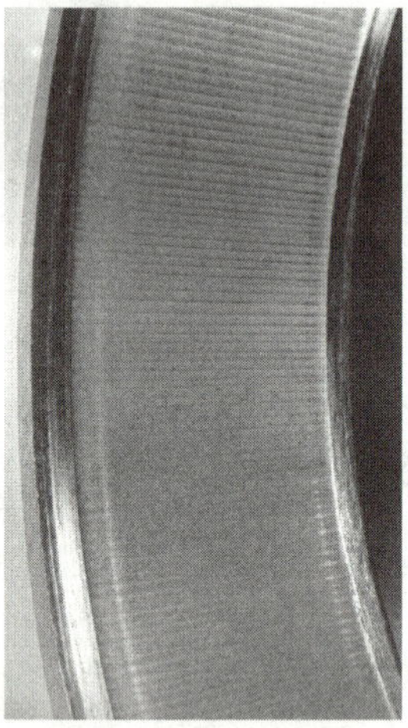

图 27 圆锥滚子轴承外圈上的波纹状凹槽

9 成套轴承的疲劳载荷极限

9.1 轴承尺寸的影响

ISO 281:2007 中 B.3.2.2 和 B.3.3 关于 C_u 公式中，节圆直径 $D_{pw}>100$ mm 时，球轴承使用了减少系数 $(100/D_{pw})^{0.5}$，滚子轴承使用了 $(100/D_{pw})^{0.3}$。

减少系数主要基于轴承的疲劳应力极限随轴承尺寸的增大而降低这一事实。对于大尺寸轴承，钢锭在轧制和锻造工序中缺乏有效的变形是其中的原因之一。

对于高质量的轴承钢，节圆直径 $D_{pw}\leqslant 100$ mm 的轴承在接触应力 1 500 MPa 时达到疲劳极限，而节圆直径为 500 mm 轴承用钢的疲劳试验显示，在接触应力 1 100 MPa 时达到疲劳应力极限(见文献[12]的 2.2.3)。

由于 1 100/1 500＝0.73，预计节圆直径为 500 mm 轴承的疲劳载荷极限将减少 70%～80%。这已经通过在疲劳载荷极限计算公式中增加上述减少系数[$D_{pw}>100$ mm 时，球轴承 $(100/D_{pw})^{0.5}$，滚子轴承 $(100/D_{pw})^{0.3}$]予以考虑。考虑到大尺寸轴承疲劳极限的减少，系数 $(100/D_{pw})$ 及其指数是通过实用工程学估算确定的。

图 28 和图 29 基于滚动体接触处下方的最大剪切应力，这些剪切应力是由计算载荷 C_u 引起的，而 C_u 则利用 ISO 281:2007 中 B.3.3 的简化公式计算得出。已完成了对两种类型不同尺寸轴承的计算。

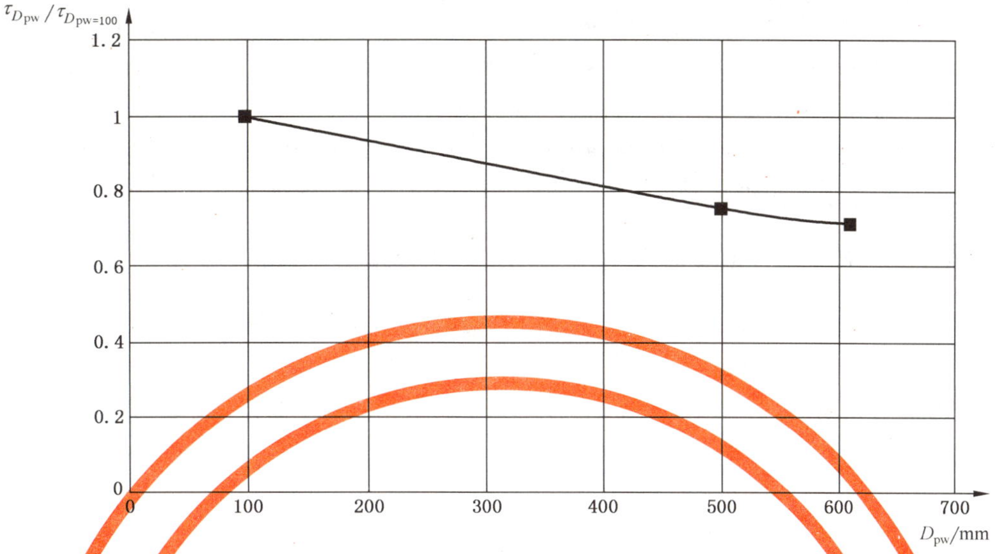

说明：

D_{pw} ——节圆直径；

$\tau_{D_{pw}}$ ——D_{pw} 的剪切应力；

$\tau_{D_{pw=100}}$ ——$D_{pw=100}$ 时的剪切应力。

图 28 深沟球轴承随节圆直径变化的最大剪切应力

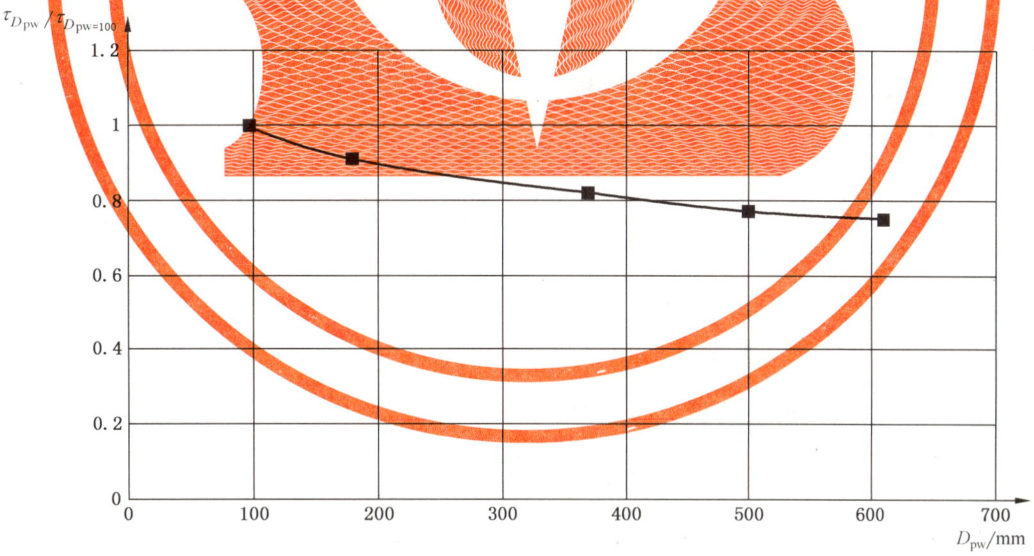

说明：

D_{pw} ——节圆直径；

$\tau_{D_{pw}}$ ——D_{pw} 的剪切应力；

$\tau_{D_{pw=100}}$ ——$D_{pw=100}$ 时的剪切应力。

图 29 圆柱滚子轴承随节圆直径变化的最大剪切应力

曲线示出了对于具有某一节圆直径 D_{pw} 的轴承，由计算载荷 C_u（利用简化公式）引起的最大接触剪切应力除以节圆直径为 100 mm 轴承的相应剪切应力的比值。

在与剪切应力相同的载荷条件下，对接触应力也进行了计算，而且结果几乎与最大接触应力完全一样，也随节圆直径变化，因此，剪切应力曲线也可代表接触应力与节圆直径之间的关系。

曲线图证实能对剪切应力水平做出合理的解释，而且剪切应力水平随轴承尺寸的增大而减小。节圆直径为 500 mm 时，所示轴承的减少量为 70%～80%。

因此，曲线图证实，基于大尺寸轴承疲劳应力的减少，根据实用工程学方法确定的球轴承的减少系数 $(100/D_{pw})^{0.5}$ 和滚子轴承的减少系数 $(100/D_{pw})^{0.3}$ 的结果是可靠的。

9.2 计算滚子轴承疲劳载荷极限时，疲劳载荷极限除以基本额定静载荷的关系式

在 ISO 281:2007 中 B.3.3.3 计算滚子轴承 C_u 的简化公式中，使用了 $C_u = C_0/8.2$ 关系式，这里对关系式中数值 8.2 的背景进行解释。

根据滚子轴承的有关文献（如文献[18]），当轴承游隙为 0 时，轴承径向载荷为：

$$F_r = 0.245\,3 Q_{max} Z \cos\alpha \qquad (29)$$

式中：

Q_{max} ——单个接触的最大载荷，N；

Z ——每列滚动体的最大数；

α ——公称接触角，(°)。

对于工作中的 N 组轴承游隙，经常使用公式(30)：

$$F_r = 0.2 Q_{max} Z \cos\alpha \qquad (30)$$

具有该游隙时，承载区扩大至 130°左右。

由于 C_0 基于工作中具有 N 组游隙的轴承，因此，将 $F_r = C_0$ 和 $Q_{max} = Q_0$ 代入公式(30)；同样，由于 C_u 基于具有零游隙的轴承，将 $F_r = C_u$ 和 $Q_{max} = Q_u$ 代入公式(29)，于是，可以导出公式(31)：

$$\frac{C_0}{C_u} = \frac{Q_0}{Q_u} \frac{0.2}{0.245\,3} \qquad (31)$$

根据滚子轴承文献，如文献[18]，对于线接触，$Q \approx p^2$，其中 p 为滚子/滚道接触处的压力。因此：

对于 C_0，根据 ISO 76[1]，最大接触应力 $p = 4\,000$ MPa。

对于 C_u，根据 ISO 281:2007 中 9.3.1，最大接触应力 $p = 1\,500$ MPa。

于是，公式(31)可写成：

$$\frac{C_0}{C_u} = \left(\frac{4\,000}{1\,500}\right)^2 \frac{0.2}{0.245\,3} \qquad (32)$$

最大应力 1 500 MPa 是在平均赫兹应力约为 1 250 MPa 时得到的（见图 30），图中显示接触应力是接触长度 x 对滚子有效长度 L_{we} 之比（表示为 $2x/L_{we}$）的函数。由于 C_u 与该值有关，公式(32)可写成：

$$\frac{C_0}{C_u} = \left(\frac{4\,000}{1\,500}\right)^2 \frac{0.2}{0.245\,3} \left(\frac{1\,500}{1\,250}\right)^2 = 8.31 \qquad (33)$$

根据接触条件，C_0/C_u 的实际范围为 7.2～9.5，常用值为 8.2，与公式(33)得出的值非常接近。

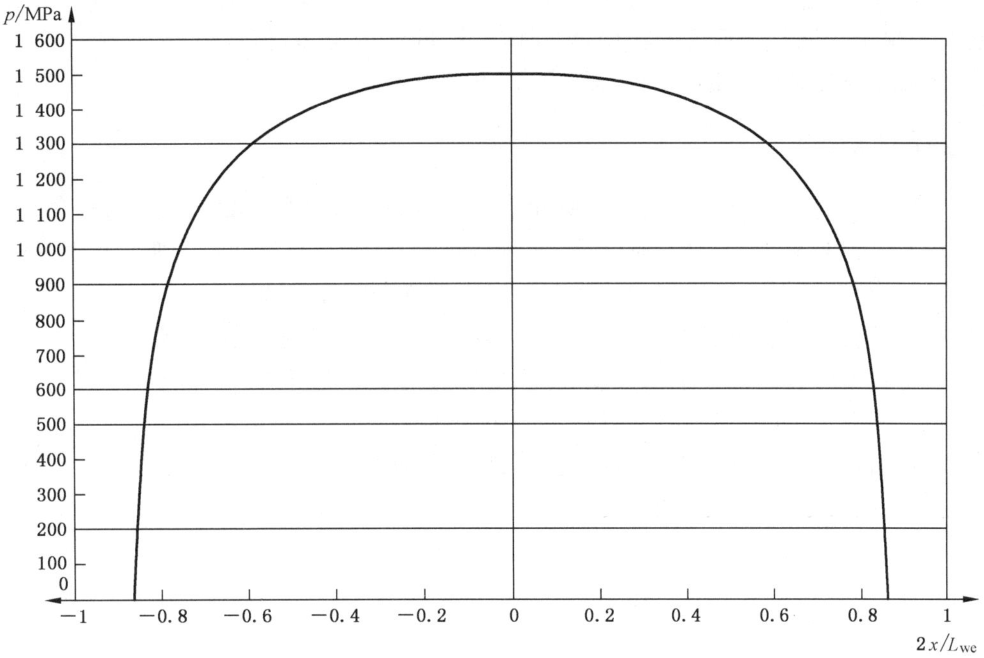

说明：

L_{we}——滚子有效长度；

p ——载荷 $P=C_u$时的接触应力；

x ——接触长度。

注：赫兹接触应力为 1 250 MPa；实际接触应力为 1 500 MPa。

图 30　滚子轴承承受与基本额定静载荷相当的载荷时的接触应力分布

10　环向应力、温度和颗粒硬度对轴承寿命的影响

10.1　环向应力

轴承应用中，为避免套圈相对轴或轴承座旋转，从而避免微动磨损，要求采用不同程度的过盈。过盈量主要取决于作用载荷的大小，其次取决于轴的转速。作用载荷越大和轴的转速越高，为防止轴旋转的过盈量也越大。多数情况下，过盈在轴承内圈上引起拉应力，即环向应力。众所周知，它将减小滚动轴承的疲劳寿命（文献[12]～[14]）。环向应力也可由套圈的高速旋转引起，同时，轴承套圈（和滚动体）内存在附加的内应力场，在套圈制造过程中也会产生残余应力场。这些应力在轴承旋转过程中会发生实质性的改变（文献[15]）。残余应力通常比环向应力大，随距套圈表面的深度而异，可为压应力或拉应力。

这两种累积在一起的附加应力构成了内应力场，这些内应力（过盈配合和/或套圈高速旋转、残余应力）叠加在由接触表面应力引起的次表面应力场上，决定轴承的疲劳寿命。内应力与轴承运转条件、运转时间之间的关系是目前研究的主题。但在标准出版时，将其定量引入轴承额定寿命标准中的认知水平还不够充分。

10.2　温度

轴承零件的热处理导致钢材发生变化，这导致在交变接触应力场下显微组织发生改变，改变程度不仅取决于钢的合金成分及其热处理工艺，还取决于作用载荷和温度（文献[15]）。这些显微组织改变包

括残余奥氏体的转变、残余应力和组织的变化，以及随着局部硬度变化，大、小角度白色腐蚀带的形成。显然，所有这些取决于套圈运转温度的转变，均影响套圈的疲劳寿命，但如前所述，标准出版时，将温度的影响定量引入轴承额定寿命标准中的认知水平还不够充分。

10.3 污染物颗粒的硬度

由润滑剂中包含的颗粒污染物在轴承套圈和滚动体表面造成的损伤以及随后造成的轴承寿命降低在许多出版物中都已得到确认。显然，对于金属颗粒，其大小、形状和硬度都是非常重要的颗粒属性，它们连同轴承尺寸、轴承运转参数决定了轴承寿命的减少程度（a_{ISO}寿命系数或污染系数 e_C）。

颗粒为脆性（如陶瓷）颗粒时，颗粒大小及其材料的断裂韧性是重要参数（文献[17]）。这些参数决定了实际颗粒破碎接近弹流润滑接触的程度、颗粒碎屑的大小以及所造成的损伤（压痕）。

进行标准化计算时，上面所述的有关颗粒参数方面的知识通常是非常有限的，因此，文献[5]和 ISO 281 中的 e_C线图是根据具有代表性的淬硬钢的颗粒硬度（700 HV）绘制的。因此，它对常规运转条件下线图中污染的影响给出了一保守的方法。

如果润滑剂中包含硬的（但不脆）颗粒且硬度超过 700 HV，硬颗粒可能减少根据 ISO 281 计算得出的修正额定寿命。

11 κ 和 Λ 的关系式

11.1 黏度比 κ

如果滚动体和滚道之间要形成充足的润滑油膜，润滑剂必须在轴承的应用场合达到其常规工作温度时具有一定的最小黏度。达到充分润滑时的润滑剂条件可用黏度比 κ 来描述：

$$\kappa = \frac{\nu}{\nu_1} \qquad \cdots\cdots (34)$$

式中：

ν ——实际运动黏度；

ν_1 ——参考运动黏度。

参考运动黏度 ν_1 考虑了为达到充分润滑所需的最小油膜厚度 h_{min}，h_{min} 与接触表面的不规则度有关。如果选用在工作温度下具有较高黏度的润滑剂，则形成较厚的油膜，它可增大接触表面的分离程度，改善润滑条件，从而提高轴承寿命。

11.2 油膜厚度与综合表面粗糙度 Λ 之比

油膜厚度对轴承寿命的影响也可用系数 Λ 进行处理：

$$\Lambda = \frac{h}{s} \qquad \cdots\cdots (35)$$

式中：

h ——油膜厚度；

s ——表面粗糙度的均方根，由式(36)给出：

$$s = \sqrt{s_1^2 + s_2^2} \qquad \cdots\cdots (36)$$

其中，s_1——接触体 1 的表面粗糙度；

s_2——接触体 2 的表面粗糙度。

11.3 Λ 的理论计算

11.3.1 线接触

为计算最小油膜厚度，根据文献[19]，得到公式(37)：

$$H_{\min} = \frac{2.65\,\bar{U}^{0.7} G^{0.54}}{\bar{Q}^{0.13}} \qquad \cdots\cdots\cdots\cdots\cdots\cdots\cdots\cdots(37)$$

根据该表达式，推导出最小油膜厚度：

$$h_{\min} = R H_{\min} \qquad \cdots\cdots\cdots\cdots\cdots\cdots\cdots\cdots(38)$$

公式(37)中参数由公式(39)～公式(42)给出：

$$\bar{U} = \frac{\eta_o U}{2E'R} \qquad \cdots\cdots\cdots\cdots\cdots\cdots\cdots\cdots(39)$$

$$G = \lambda E' \qquad \cdots\cdots\cdots\cdots\cdots\cdots\cdots\cdots(40)$$

其中：

$$E' = \frac{E}{1-\xi^2} \qquad \cdots\cdots\cdots\cdots\cdots\cdots\cdots\cdots(41)$$

$$\bar{Q} = \frac{Q}{lE'R} \qquad \cdots\cdots\cdots\cdots\cdots\cdots\cdots\cdots(42)$$

式中：

E ——弹性模量；

l ——滚子有效接触长度；

Q ——滚动体载荷；

R ——等效半径，用于计算滚动体组的旋转速度和保持架速度(与轴承套圈转速 n 相乘，即 $R\,n$)；

U ——油进入接触区的速度；

η_o——大气压下油的动力黏度；

λ ——黏压系数；

ξ ——泊松比。

利用公式(38)～公式(42)，得到：

$$h_{\min} = \frac{R\,2.65\,(\eta_o U/2E'R)^{0.7}\,(\lambda E')^{0.54}}{(Q/lE'R)^{0.13}} \qquad \cdots\cdots\cdots\cdots\cdots\cdots\cdots\cdots(43)$$

公式(35)、公式(36)和公式(43)给出了黏度 η_o 的润滑条件，用 Λ 表示。

$$\Lambda = \frac{h_{\min}}{\sqrt{s_1^2+s_2^2}} = \frac{R}{\sqrt{s_1^2+s_2^2}}\,\frac{2.65\,(\eta_o U/2E'R)^{0.7}\,(\lambda E')^{0.54}}{(Q/lE'R)^{0.13}} \equiv a\,\eta_o{}^{0.7}\lambda^{0.54} \qquad \cdots\cdots\cdots\cdots\cdots\cdots\cdots\cdots(44)$$

根据文献[19]，系数 λ 可表示为：

$$\lambda = 0.112\,2\left(\frac{\nu_o}{10^4}\right)^{0.163} \qquad \cdots\cdots\cdots\cdots\cdots\cdots\cdots\cdots(45)$$

式中：

ν_o——运动黏度，单位为平方厘米每秒(cm^2/s)。

根据下式可导出运动黏度 ν_o：

$$\nu_o = \frac{\eta_o}{\rho}$$

式中：

η_o——动力黏度；

ρ ——密度。

因此，公式(45)可写为：

$$\lambda \equiv b\eta_o^{0.163} \tag{46}$$

公式(44)给出：

$$\Lambda = a\eta_o^{0.7}\lambda^{0.54} = a\eta_o^{0.7}(b\eta_o^{0.163})^{0.54} = ab^{0.54}\eta_o^{(0.7+0.163\times0.54)} = ab^{0.54}\eta_o^{0.788} \tag{47}$$

则

$$\eta_o = \left(\frac{1}{ab^{0.54}}\right)^{1/0.788} \Lambda^{1.269} \equiv c\Lambda^{1.269} \tag{48}$$

该推导只适用于具有一定黏度的润滑油，该黏度能提供充分的润滑条件，这意味着 $\Lambda = \Lambda_1 = 1$。此特定条件下，公式(48)可写为：

$$\eta_o = c\Lambda_1^{1.269} \tag{49}$$

对于其他黏度 η_o^x，公式(48)通常可写为：

$$\eta_o^x = c\Lambda^{1.269} \tag{50}$$

此时，除了黏度由 η_o 变为 η_o^x，其他条件均相同，因此系数 c 不变。

鉴于 $\nu_o = \eta_o/\rho$，并且假定密度 ρ 恒定不变，则公式(34)可写为：

$$\kappa = \frac{\nu}{\nu_1} = \frac{\eta_o^x}{\eta_o} \tag{51}$$

$\Lambda_1 = 1$ 时，公式(49)～公式(51)给出：

$$\kappa = \frac{\eta_o^x}{\eta_o} = \frac{\Lambda^{1.269}}{\Lambda_1^{1.269}} = \Lambda^{1.269} \tag{52}$$

11.3.2 点接触

为计算最小油膜厚度，根据文献[20]，得到公式(53)：

$$H_{min} = \frac{3.63\,\bar{U}^{0.68}G^{0.49}(1 - e^{-0.68k})}{\bar{Q}^{0.073}} \tag{53}$$

通过比较公式(44)和公式(53)，并利用公式(45)，推导出：

$$\Lambda \approx \nu_o^{0.68}\lambda^{0.49} \approx \nu_o^{0.68}(\nu_o^{0.163})^{0.49} \approx \nu_o^{[0.68+(0.49\times0.163)]} \approx \nu_o^{0.76} \tag{54}$$

公式(38)可写为：

$$\nu_o \approx \Lambda^{1.316} \tag{55}$$

采用和公式(48)～公式(52)同样的方法，推导出：

$$\kappa = \Lambda^{1.316} \tag{56}$$

11.3.3 结果

通过比较公式(52)和公式(56)以及其他计算，对于点接触和线接触，κ 和 Λ 的关系式(57)确定如下：

$$\kappa = \Lambda^{1.3} \tag{57}$$

参 考 文 献

[1] ISO 76, *Rolling bearings—Static load ratings*

[2] ISO/TR 1281-1, *Rolling bearings—Explanatory notes on ISO 281—Part 1: Basic dynamic load rating and basic rating life*

[3] ISO 4406:1999, *Hydraulic fluid power—Fluids—Method for coding the level of contamination by solid particles*

[4] ISO 15243, *Rolling bearings—Damage and failures—Terms, characteristics and causes*

[5] IOANNIDES, E., BERGLING, G., GABELLI, A. *An analytical formulation for the life of rolling bearings*. Finnish Academy of Technology. Helsinki, 1999, 77 pp. (*Acta Polytechnica Scandinavica, Mechanical Engineering Series*, Monograph 137.)

[6] TALLIAN, T. Weibull distribution of rolling contact fatigue life and deviations therefrom. *ASLE Trans.*, 1962, 5, pp. 183-196

[7] SNARE, B. How reliable are bearings? *Ball Bearing J.*, 1970, 162, pp. 3-5

[8] TAKATA, H., SUZUKI, S., MAEDA, E. Experimental study of the life adjustment factor for reliability of rolling element bearings. In: *Proceedings of the JSLE International Tribology Conference*, 1985-07-08/10, Tokyo, Japan, pp. 603-608. Elsevier, New York, NY, 1986

[9] IOANNIDES, E., KUIJPERS, J.C. Elastic stresses below asperities in lubricated contacts. *J. Tribol.*, 1986, 108, pp. 394-402

[10] SADA, T., MIKAMI, T. Effect of lubricant film thickness on ball bearing life under contaminated lubrication: Part 1—Life tests for ball bearings in contaminated oil. *Jpn. J. Tribol.*, 2004, 49, pp. 631-639

[11] IMRAN, T. Effect of water contamination on the diffused content of hydrogen under stress in AISI-52100 bearing steel, Doctoral Thesis, Division of Machine Elements, Department of Mechanical Engineering, Lund Institute of Technology, 2005

[12] BARNSBY, R., DUCHOWSKI, J., HARRIS, T., IOANNIDES, E., LOSCHE, T., NIXON, H., WEBSTER, M. *Life ratings for modern rolling bearings—A design guide for the application of International Standard ISO 281/2*. ASME, New York, NY, 90 pp. (*TRIB*, Vol. 14)

[13] CZYZEWSKI, T. Influence of a tension stress field introduced in the elastohydrodynamic contact zone on rolling contact fatigue. *Wear*, 1975, 34, pp. 201-214

[14] IOANNIDES, E., JACOBSSON, B., TRIPP, J. Prediction of rolling bearing life under practical operating conditions. In: DOWSON, D. et al., eds. *Tribological design of machine elements: 15th Leeds-Lyon Symposium on Tribology*, pp. 181-187. Elsevier, Amsterdam, 1989

[15] VOSKAMP, A.P. Material response to rolling contact loading. *J. Tribol.*, 1985, 107, pp. 359-366

[16] SAYLES, R.S., HAMER, J.C., IOANNIDES, E. The effects of particulate contamination in rolling bearings—A state of the art review. *Proc. Inst. Mech. Eng.*, 1990, 204, pp. 29-36

[17] DWYER-JOYCE, R.S., HAMER, J.C., SAYLES, R.S., IOANNIDES, E. Surface damage effects caused by debris in rolling bearing lubricants, with an emphasis on friable materials. In: *Rolling element bearings—Towards the 21st century*, pp. 1-8. Mechanical Engineering Publications, London, 1990

[18] PALMGREN, A. *Grundlagen der Wälzlagertechnik* [Foundations of antifriction-bearing

technology], 3rd ed. Franckh, Stuttgart, 1964, 264 pp.

[19] DOWSON, D., HIGGINSON, G.R. Elastohydrodynamics. *Proc. Inst. Mech. Eng.*, 1967-1968, 182 (3A), pp. 151-167

[20] HAMROCK, B.J., DOWSON, D. Isothermal elastohydrodynamic lubrication of point contacts—Part Ⅲ—Fully flooded results. *J. Lubric. Technol.*, 1977, 99, pp. 264-276

[21] IOANNIDES, E., HARRIS, T.A. A new fatigue life model for rolling bearings. *J. Tribol.*, 1985, 107, pp. 367-378

[22] GABELLI, A., MORALES-ESPEJEL, G.E., IOANNIDES, E. Particle damage in Hertzian contacts and life ratings of rolling bearings. STLE Annual Meeting, Las Vegas, NV, 2005-05-15/19

[23] SADA, T. and MIKAMI, T. Effect of lubricant film thickness on ball bearing life under contaminated lubrication: Part 2—Relationship between film thickness and dent formation. *Jpn. J. Tribol.*, 2005, 50, pp. 62-67

[24] SADA, T., MIKAMI, T. Effect of lubricant film thickness on ball bearing life under contaminated lubrication: Part 3—Reciprocal action of contamination and film thickness. *Jpn. J. Tribol.*, 2005, 50, pp. 43-49

[25] ISO 281:1990, *Rolling bearings—Dynamic load ratings and rating life*